全国水利行业规划教材　高职高专水利水电类
中国水利教育协会策划组织

城市水利工程建筑物

主　编　冯　峰　吴初昌
主　审　赵志贡　朱歧武

黄河水利出版社
·郑州·

内容提要

本书是全国水利行业规划教材，是根据中国水利教育协会全国水利水电高职教研会制定的城市水利工程建筑物课程教学大纲编写完成的。本书主要介绍了城市水利工程常见建筑物的类型、结构，简要工程计算方法等。全书共分4个部分12个项目，包括绪论、土石坝、橡胶坝、堤防、水闸、河岸溢洪道、渠道、交叉建筑物、落差建筑物、城市输水管网、水泵站、工程布置等。

本书为高职高专院校和成人高校城市水利、水务工程、水务管理和水利工程专业的通用教材，也可供其他相近专业作为教学参考书和有关工程技术人员参考。

图书在版编目(CIP)数据

城市水利工程建筑物/冯峰，吴初昌主编. —郑州：黄河水利出版社，2011.7 (2014.6 修订重印)

全国水利行业规划教材

ISBN 978-7-5509-0082-0

Ⅰ.①城… Ⅱ.①冯… ②吴… Ⅲ.①市政工程-水工建筑物-教材 Ⅳ.①TU99 ②TV6

中国版本图书馆CIP数据核字(2011)第135484号

组稿编辑：王路平 电话：0371-66022212 E-mail：hhslwlp@163.com

出 版 社：黄河水利出版社

地址：河南省郑州市顺河路黄委会综合楼14层 邮政编码：450003

发行单位：黄河水利出版社

发行部电话：0371-66026940、66020550、66028024、66022620(传真)

E-mail：hhslcbs@126.com

承印单位：河南地质彩色印刷厂

开本：787 mm×1 092 mm 1/16

印张：18.25

字数：420千字　　印数：1 601—4 000

版次：2011年7月第1版　　印次：2014年6月第2次印刷

2014年6月修订

定价：36.00元

前 言

本书是根据《教育部、财政部关于实施国家示范性高等职业院校建设计划,加快高等职业教育改革与发展的意见》(教高[2006]14号)、《教育部关于全面提高高等职业教育教学质量的若干意见》(教高[2006]16号)等文件精神,由全国水利水电高职教研会拟定的教材编写规划,在中国水利教育协会指导下,由全国水利水电高职教研会组织编写的第二轮水利水电类专业规划教材。第二轮教材以学生能力培养为主线,具有鲜明的时代特点,体现出实用性、实践性、创新性的教材特色,是一套理论联系实际、教学面向生产的高职高专教育精品规划教材。

在编写中充分考虑了教材的专业适用性,以及城市水利、水务管理等专业发展的需要,广泛征求了相关企业和用人单位对本专业学生的专业知识与能力素质要求,并吸收了本学科工程技术的最新成果和进展。

为了体现高等职业技术教育的特点,同时考虑到高职高专学生的特点及培养目标的要求,本书有如下特点:

(1)认真贯彻了"以项目化教学为主导,以单元教学为主线"的高职教学主导思想,按照突出实用性、突出理论知识的应用和有利于实践能力培养的原则,体现了项目的学习内容与工作过程相吻合、项目的技能培养与具体岗位相适合、项目的理论教学与实践环节相融合的主导思想。内容安排顺序以"用水过程"为一条主线,将4大部分(挡水建筑物、泄水建筑物、输水建筑物和取水建筑物)12个项目进行串联,按照建筑物的用途,循序渐进,由浅入深,学习情景不断变化,并全部采用新标准、新规范。

(2)加强了教材的实用性和系统性,突出了相关的基本概念、原理及有关计算公式的应用条件,不强调理论的系统性,减少了烦琐的公式推导过程,加强了工程实例的应用内容,文字简练,通俗易懂,以利于学生扩展思维,举一反三,提高应用能力,解决相关实践和工程问题。

(3)注重了教材的校企合作,工学结合。在教材的编写过程中,广泛听取了相关水利单位和企业对学生职业能力的要求,将理论知识和技能训练融入项目。课程内容不仅注重以专业为本,更注重工学结合,每个项目都是构成课程的主体,每个项目都设计成以生产过程为主线带动理论学习与技能学习的任务驱动模型,利用生产项目激发学习动机,通过理论学习获得一定的知识能力;通过相关实训项目的锻炼获得技能能力、综合动手能力和团队协作能力。

(4)培养了学生的自学能力和创新能力,每个项目前面都有教学基本要求、能力培养目标、学习重点与难点、项目的专业定位等内容,有利于学生有的放矢,掌握学习重点。项目后都附有小结和思考题,有利于学生理解、掌握和巩固专业知识。

本书编写人员及编写分工如下:黄河水利职业技术学院郝满、贾洪涛编写项目一;黄河水利职业技术学院冯峰编写项目二、项目三;河南省豫东水利工程管理局赵口分局吴初昌编写项目四、项目七；黄河水利职业技术学院汪明霞、田静编写项目五；开封第一黄河河务局姜丽娜编写项目六；黄河水利职业技术学院张鹏飞、田静编写项目八；新安提黄灌区管理所李新阳编写项目九、项目十一；黄河水利职业技术学院徐鹏、贾洪涛编写项目十；黄河水利职业技术学院程林编写项目十二。本书由冯峰、吴初昌担任主编并负责全书统稿，由黄河水利职业技术学院赵志贡教授和朱歧武教授担任主审。

在本教材整个编写过程中，得到了张尧旺老师的大力帮助和指导，在此表示衷心的谢意。编写中参考和借鉴了有关教材和科技文献资料的内容，在此一并表示感谢。

由于编者水平有限，书中难免存在缺点和疏漏，恳请各位专家、同行和广大读者批评指正。

编　者

2011 年 4 月

目　录

第一部分　挡水建筑物

第二部分　泄水建筑物

第三部分　输水建筑物

项目一　绪　论

教学基本要求

(1)单元一。了解城市水资源开发利用发展过程,了解城市水利科学的发展概况及我国城市水利发展存在的问题和研究展望,熟悉我国城市水利工程的总体目标和城市水利工程建设的任务。

(2)单元二。掌握水利工程、水工建筑物的概念,了解水工建筑物的工作特点和分类。明确工程分等和建筑物分级的标准,掌握洪水标准和安全超高的选用。

(3)单元三。明确城市等别和防洪建筑物的级别,掌握城市防洪工程洪水标准和安全超高的选用。

(4)单元四。掌握本课程的主要内容和学习方法。

能力培养目标

(1)能够确定水利工程的等别和水工建筑物的级别,正确选用洪水标准和建筑物的安全超高。

(2)能够从防洪角度确定城市等别和防洪建筑物级别,正确选用城市防洪工程洪水标准和安全超高。

学习重点与难点

重点是水利工程、水工建筑物、城市水利的概念。

难点是正确理解水利工程的等别、水工建筑物级别、城市等别和防洪建筑物级别的划分标准。

项目的专业定位

通过本项目,让学生了解我国城市水利发展的概况、存在的问题以及未来的发展方向。明确城市水利工程和建筑物的基本概念和工作特点,掌握等级划分标准、洪水标准和安全超高的选定。掌握本课程所涉及的4大部分12个项目所涵盖的内容,主要解决的专业问题,并使学生掌握正确的学习方法,激发学习本课程的热情。

单元一　城市水利发展概况

随着社会的发展和工业化程度的提高,形成农村人口大规模向城市转移的浪潮,使城市人口日益增长。预计到2025年,世界城市人口将达50亿人,占世界总人口的57.5%。目前,我国的城市总数为669个,城镇人口则由1978年的17 245万人,增加到2000年的45 594万人,占全国人口的36.1%,平均年增长率为4.5%,城市化的进程十分迅猛。目前,在我国和世界上都已出现一批具有数十万、数百万甚至超过1 000万人口的城市,城市面积也急剧膨胀，使城区及其周边区域的自然、文化和生态系统都发生了显著的改变。这种进程对现有水资源和水环境造成了日益增大的压力，在许多地区，水资源和水环境已成为制约经济发展和社会进步的重要因素。为了实现社会可持续发展的总体目标，或者说为保证城市的长期持续存在，城市水利问题已成为亟待研究的重要课题，被列入特别议程。

城市水利是为了解决城市防洪、供水、排水，以及处理城市的废水等所进行的水利工作。城市水问题是社会经济发展的产物。发达国家在各自经济的高速发展阶段都曾不同程度地遭遇过这一问题，并为之付出了沉重的代价和巨额的治理费用。我国在城市化进程中水的危机带来的困难与挑战将更多、更复杂。城市水利是研究城市中与水有关的水资源、水环境、水生态和水灾害等问题的专门技术科学，是水科学中为研究城市化后日益突出的城市水问题而发展起来的一门新兴边缘科学。其目的是通过对城市水资源进行综合评价、合理规划、科学调度、水环境保护和治理、河流整治、防洪除涝、供水兴利、交通航运、旅游景观、改善生存环境等方面的工作，以达到城市有效并持续开发利用水资源等目标，为城市水利的综合发展提供科学的依据。

一、城市水利的发展概况

水是人类赖以生存的最重要基本要素之一，是人类生活和经济生产不可缺少，也是无可替代的重要物质基础。水和文明是息息相关的，人类的历史是与水的利用紧密联系在一起的。早期文明发源于两河流域、尼罗河、印度河和黄河流域，根据自然条件，趋利避害，在这些流域逐渐产生人类的最早城市，并且世界上的许多大城市都是坐落在江河湖海的岸边，以便利用天然的港口和渡口，为城市发展提供生产和生活用水，城市与水之间基本保持了生态平衡。但随着经济的发展和城市规模的不断扩大，水与城市的关系并不是初始时期那样单纯了，城市在利用水的同时，也引起天然水文条件的改变，带来诸多不利的影响。水资源贫乏是造成城市环境恶化的重要因素，甚至使城市萎缩和衰亡。目前，世界上许多城市的发展前景依旧取决于水这一有限和脆弱的宝贵资源。

（一）城市水资源开发利用的三个阶段

城市水资源是指可供城市发展、公众生活和进行城市基础设施建设利用的地表水和地下水。尽管所有城市的水资源条件不同，经济发展情况各不相同，开发城市的历程也多有差异，但是对每个城市的水资源开发利用过程都可以大体分为三个阶段。

第一阶段是自由开发阶段。在这个阶段，生产力的发展水平和居民生活水平还比较低，只依靠自然状况下的水资源，就可以基本满足人们的需要，因此人们并不认为水是一种有限资源，而且还认为水是自然界无偿提供的资源，是取之不尽、用之不竭的。水的资源属性也不被人们承认。于是人们就毫无顾忌地任意开发，城市水资源既无须保护，也无从管理。可以说，水资源的开发带有盲目性、掠夺性和破坏性，不合理的用水和浪费用水现象随处可见，即采取“随用随弃”原则，在排水与排污方面，则把雨水、废水和污水作为负担，通过新建和扩建的城市排水与排污渠道，尽快、尽远地排离城市，采取的是“尽快排出了事”的原则。这个阶段经历的时间很长，就现在形成的大多数城市而言，一般是从城市初具规模一直到20世纪中期。

第二阶段是从水资源的供需基本平衡到需求量大于可供水量的阶段。这个阶段大体开始于20世纪60年代。第二次世界大战后，世界经济有了一个相对稳定发展的时期，城市工业有了较快发展，人口大量向城市聚集，对水的需求量大幅度增加。但由于水资源在地域和时间分配的不均匀性，再加之污废水的直接排放，减少了水资源的可利用量，出现了水荒危机。在这种情况下，人们开始认识到水的价值，初步体会到水是一种宝贵资源，而且也是非常有限的，人们普遍采取了蓄水、引水等工程措施，以补救本地区水资源的不足。从这一时期开始，人们注意到对水资源进行保护和管理的重要性，逐步采取和完善技术的、经济的、法律的与行政的等各种措施来限制、压缩用水量的增加，以缓解日益严重的缺水压力。

第三阶段是综合开发利用水资源，进行可持续发展的阶段。随着经济生产的进一步发展和民众生活水平的不断提高，我们的文化也在不断增加自然形态水的价值，户外活动、生物环境保护，甚至湖泊河流之美，都使得水的价值开始超过传统用途。这样的城市水资源开发利用中，不仅要看重水的使用价值，还必须重视水资源和水环境协调发展的问题。正如1992年的联合国环境和发展大会上通过的《21世纪议程》中提到的那样：淡水是一种有限资源，不仅为维持地球上一切生命所必需，而且对一切社会经济部门都具有生死攸关的重要意义。人们已开始深刻地认识到只有更合理、更科学地保护、开发、利用和管理水资源，才有可能维持经济的持续增长，人类才有继续生存下去的生态环境。对水资源的可持续发展将变为自觉行动。

就目前我国城市水资源规划管理的现状来看，大部分城市已进入第二阶段和第三阶段之间，也有少数城市开始进入第三阶段。

（二）城市水利科学发展概况

水利科学的起点可以溯源到阿基米德（Archimedes）浮体定律（公元前250年）的发现，经历了中世纪的长期停滞，直到达·芬奇（Da Vinci，1452～1519年）建造船闸等水利工程时提出了阻力规律，1638年伽利略（Galileo，1564～1642年）为建造船闸进行了梁的强度试验，水利科学才得到进一步的发展。可以说，生产推动了技术进步，技术进步孕育了水利科学。伴随着城市化后日益突出的城市水问题而发展起来的分支学科——城市水利学，开始时只是针对个别地区的个别问题，简单地满足城市规划、设计和管理运用的需要，进行一些简单的分析计算，而后随着城市化的进展和研究工作的不断深入，才逐渐发展形成的。尽管城市水资源的开发利用可以追溯到最早的城市的形成阶段，但城市水利学作为一门科学被承认的发展进程大致可分为三个阶段：19世纪中叶至20世纪60年代为形成城市水利的孕育阶段，基本上是运用一些常规的水利学方法来解决有关城市水利问题。如水力学的谢才（Chezy）公式、堰闸的出流公式等，水文学的降雨径流推理公式、下渗曲线、单位线等方法，并且以城市防洪为主，重点进行河道整治，修建防洪堤坝，但河道水质污染日趋严重。20世纪60～70年代是城市水利迅速发展、逐渐成为独立学科阶段。在这期间，建立了一些具有特色的分析方法，先后提出了一些适应于不同问题的、大型的综合性城市水资源模型，以及城市雨洪产汇流模型，并开始重视河流水质污染问题，进行了大规模的污染治理。世界上许多城市都努力使河岸恢复自然状态，使河水变成清澈流动的水。20世纪80年代以来，随着计算机技术的普及，以及系统科学的发展，城市水利科学进入较为定型成熟的阶段。欧美各国主要城市广泛开展了扩大供水、防治污染、雨洪排水等各项工作,重点进行了河流的生态学和美学的建设,提高了水的质量,美化了空间和水边区域,提出了使城市发展接近自然、创造河流文化的重要观点。在这期间,我国也开始重视城市水利问题的研究,比如在20世纪80年代初河海大学的朱元生教授就开始了城市水文的教学和科研工作,系统地翻译和介绍了大量国外城市水文方面的研究成果,并结合我国城市的特点研究了城市产汇流规律,建立了城市雨洪计算模型。80年代末北京水利水电科学研究院的刘树坤教授则专门系统地研究了城市防洪问题,在我国一些城市建立了防洪风险图。2000年12月25日,中国水利学会城市水利专业委员会成立,通过组织国内外城市水利领域的学术交流和科技考察活动,进行课题研究,开展技术推广等,将促进城市水利这一具有综合性的学科领域得以完善和发展,为城市的现代化管理和经济社会可持续发展作出积极的贡献。

二、我国城市水利发展存在的问题

(一)水资源

水是一种自然资源,也是一种社会商品,水资源的数量和质量决定了它的使用性质。河川径流和地下水是城市的主要可利用资源。据2009年统计资料,我国的水资源总量在世界各国中占第6位,人均占有水资源量却只有世界水平的1/4,在世界银行统计的153个国家中排在第88位,因此已被列为世界13个人均水资源贫水国之一,因而水资源供需关系十分紧张,成为我国许多城市经济发展的重要制约因素。

干旱缺水是我国城市水资源面临的主要问题。由于我国各地气候上的差异,水资源在地区分布上极不平衡,并且与人口的分布极不匹配。全国81%的水资源集中分布在长江及其以南地区,而该地区人口占全国的53.5%,耕地占全国的35.2%,其中40%以上又集中于西南五省区,这是先天决定的。从人均占有量看,人均占有淡水资源量南方最高和北方最低可以相差10倍,西部比东部可以高达500~600倍。这是我国北方属于资源型缺水的根本原因,南方地区水资源虽然比北方丰富,但由于水体污染,水质型缺水也是相当严重。目前,全国性的干旱缺水越来越严重,使得我国水资源供需矛盾更加突出。到20世纪90年代初期,我国的水利工程供水能力达5 000亿m^3,其中89%用于农业,8.5%用于工业,城镇生活用水约1.9%。但因当地水资源不足,或水资源供水工程跟不上,不少地区出现水资源供需紧张局面,特别是城市供水问题更为突出。据2005年的资料统计,全国669个城市中,缺水城市有400多个,其中严重缺水城市就有110个。从目前经济发展速度来看,若不开源节流,每年城市缺水将超过200亿m^3,严重影响了居民生活和经济发展。由于地表水资源供水不足,北方许多地区不得不强行超采地下水,已经使地下水资源入不敷出,导致地下水位逐年下降,形成大面积的下降漏斗和局部的地面沉降。上海、天津、西安、北京等城市的下降漏斗不断扩大,最大下沉量都在数米以上。例如,目前上海市地面平均沉降1.5 m,有的地方达2.5 m;天津市的地面最大沉降已接近3 m,其中塘沽地区地面已在海平面以下,需依靠海堤保护,形势是非常严峻的。

此外,我国城市水资源开发管理方面体制不协调,水行政部门管供水和防洪,建设部门管沿河景观规划,环保部门管排污,各自为政,这严重地阻碍了水资源的综合管理,所以有必要进行有效的整治和协调。

由于城市各类用水量的增长在近期仍将继续，因此集中力量提高供水能力，狠抓节水措施，加强水资源的供需管理，特别是针对干旱缺水期间的供需管理问题，是今后城市水利面临的最迫切任务之一。

（二）水环境

水环境问题是自然因素和人为因素影响，使水体的水文、资源和环境特征朝着不利于人类利用的主要方向演变所致。我国的城市水环境问题主要是水体污染，越来越多的河流、湖泊和地下含水层正受到生活、工业和农业废物的严重污染。全国七大流域中，太湖、淮河、黄河水质最差，均有70%以上的河段受到污染。海河、松辽河污染也相当严重，污染河段占60%以上。90%以上的城市水域污染严重，近50%的重点城镇集中饮用水源不符合取水标准。目前，全国饮用水源污染的主要城市有近百个，因水源污染导致城市缺水占总缺水量的60%～70%。如上海的苏州河、南京的秦淮河等污染问题很突出。过去城市内的内河和湖塘一般都是旅游景点，但近年来由于服务行业的大量增加，废水、弃渣和生活垃圾不但淤塞河道，而且污染环境，使大多水系水色变黑，气味难闻，破坏了自然景观，影响了水资源的开发潜力，直接危害了一些生态系统，导致水生物死亡，水上休闲娱乐活动深受影响，也危害了附近居民的生存健康。许多城市的水质污染现已达到了不能容忍的程度。

河道功能退化、河流枯萎也是城市面临的另一个严重的水环境问题。1972～1997年的26年间，黄河下游共有20年发生断流，并且断流时间越来越长，1997年断流时间近10个月。海河流域由于水资源匮乏，中下游平原地区的河流基本干涸，河口淤积严重。由于河流枯萎，天然径流很小，几乎无自净能力，使邻近城市的河道变成了排污沟，进一步加剧了城市水环境恶化。

受地表水的影响，地下水质也在逐年恶化，尤以工业比较集中的北方城市为重。在全国118个主要城市中，64%的城市地下水受到严重污染，33%的城市地下水受到轻度污染。海河流域地下水资源量为271.6亿m^3，受到污染的为171.5亿m^3，占总量的63.1%，有一半的地下水不适宜饮用，其中占1/3的水资源连农业灌溉的标准都达不到，完全丧失了使用价值。需要注意的是，地下水一旦受到污染就很难净化，重新恢复需要几个世纪的时间。

另外，在我国的城市规划中，出于防洪安全的担心，几乎没有考虑到河流风景的自然环境，总是不断地改变堤岸地带，随便裁弯取直，侵占河道，不停地控制河道水流，肆意改变水流的自然形态，其结果是几乎90%的水流不再以自然方式流动，而是把水流挤在狭窄的堤坝内，并且这些堤坝仅出于防洪需要，设计单一，很少考虑与自然环境的协调性，严重损害了水对生态和城市的价值，破坏了城市河畔的景观。

面临城市水环境的严峻形势，今后应将改善水环境作为城市经济、社会发展的主要目标，加强治理的科技含量和理论依据，走可持续发展之路，使经济发展水平与资源条件、环境状况相适应，充分体现水在生态学和美学方面的价值，使城市回归自然。

（三）水灾害

城市水灾害主要包括江河两岸城市由于洪水泛滥、决堤或上游溃坝所遭受的洪水灾害，沿海城市由于风暴潮、海啸所造成的海洋灾害，沿湖城市由于湖水高涨、排水受阻而造成的内涝灾害，暴雨强度超过城市排水能力所造成的城市积水涝灾，以及山地城市经常遇到的山洪、泥石流、降雨滑坡、崩崖等灾害。其中，洪涝灾害是最普通和最主要的城市水灾害。

城市化后的热岛作用、建筑物的阻碍作用及空气中尘埃和凝结核作用会使降雨量增大。此外，流域部分地区屋顶、街道和停车场等为不透水表面所覆盖，使得地表蓄水量和入渗量大幅度降低，导致地下径流的减少和地表径流的增加。还有河道的整治、排水系统的管网化，使洪水汇流速度加快，洪量更为集中。也就是说，由于城市化，城市洪涝灾害的损失程度也要大大增加。另外，洪涝灾害还可能使城市经济和生活紧密依赖的暖气、煤气、通信、交通等网络系统不能正常工作，造成城市运行的瘫痪，带来巨大的经济损失和社会影响。

由于防洪设施建设在很大程度上是社会公益事业，直接的投入没有直接的经济效益，致使各级政府和部门对其投入还很不够，造成防洪工程建设进展缓慢，工程配套落后于城市发展的需要。也就是说，普遍忽视了城市化后的洪涝灾害问题，使得我国目前城市防治水灾害中主要存在以下两个问题：

(1)防洪标准偏低。我国主要江河的防洪标准一般只能防御20~30年一遇的洪水，而一些发达国家及发展中国家的主要江河和重要城市的防洪标准一般已达到100~200年一遇。在1997年统计的全国640座城市中，只有北京、上海、沈阳、哈尔滨等几个城市的防洪标准达到了100年一遇，大多数城市也只能达到20~50年一遇的标准。其中，621座城市受到不同类型洪水的威胁，在这些有防洪任务的城市中，70%的城市防御能力低于国家规定的标准，10%的城市根本没有任何防洪安全措施。

(2)城市排涝能力不足。许多城市在发展建设过程中忽视排水工程的完善，即使较大城市也只按2年一遇或5年一遇降雨考虑排水系统的设计。这样，一旦遇到较大暴雨，城市内雨水积水严重，特别是雨水系统与污水系统未采取分流措施，使污水四溢，造成卫生环境恶化。对于新建的深圳市，1995年7月9日的连续两次暴雨洪水，由于排涝能力不足，造成市区积水，水深达2 m以上，很多企业、商店、宾馆、住宅进水，大量物资浸泡，下凹式立交桥全部淹没，交通中断，经济损失惨重。

从近几年城市受灾害情况看，我国城市防灾的能力十分脆弱，城市防洪的形势依旧很严峻。无论是在防洪理论上，还是在防洪实践上，都存在着许多薄弱环节。因此，需要根据城市现代化发展的需要，不断研究新情况，更新旧观念，以科学的态度加快城市防灾理论方法的研究，从流域治理规划和城市总体规划的角度，来推动城市防灾建设的全面发展。

(1)城市水利工程作为城市的重要基础设施，必须适度超前建设。当前，城市水利基础设施建设严重滞后于城市发展，要采取切实有效措施加快城市水利建设步伐，以城市水利的率先发展更好地支撑和保障城市的健康发展。

(2)保障城市供水安全。在制定流域和区域水资源综合规划时，优先考虑和安排城市生活用水，协调好生活、生产经营和生态环境用水。城市供水要协调用水需求，适度超前建设，实现多库串联，水系联网，地表水与地下水联调，优化配置水资源，优先满足城镇饮用水源地的取水。要加强水源保护，建立和完善水量、水质监测体系，在有条件的地方推行分质供水，建设战略储备水源和就急备用水源。鼓励开发利用非传统水源，切实保障居民生活饮水安全。

(3)加快城市防洪防涝工程建设。在继续实施既定流域、区域性防洪工程建设的同时，根据国家制定的城市防洪标准和城市防洪规划，加快建设城市防洪防涝工程。

(4)整治和完善城市水系。要把城市水系纳入流域、区域水系中统筹规划，在保证河道功能的前提下进行综合治理，实现城市河湖与流域、区域河湖沟通，增强引排能力，建成“挡得住、排得出、引得进、调得活”的城市水利网络。城区河道要体现城市特点、城市历史、城市文化、以人为本和改善人居环境。强化河湖岸线和堤防的综合治理，推广堤路结合、堤林结合及生态型自然保护坡和工程性护坡相结合。

(5)加强城市水生态系统保护与修复。要结合城市水系整治，实施雨污分流、清淤保洁、岸线整治、景观营造、环境美化，真正做到河畅、水清、岸绿、景美，逐步建立城市的水资源循环利用体系，大力发展循环用水系统和中水利用系统。

三、城市水利的研究展望

城市水利科学是一门比较年轻的学科，它的学科特点在于综合性，因为城市中与水有关的问题涉及水文循环的所有要素:水、土地、空气和能源，即它们与所有的人类活动都有着更加密切的联系。但作为一门学科，它必须有自己独特的理论体系，因而对城市的功能进行综合分析和全面了解城市化的自然过程，是研究城市水利学科的基础。在城市水利科学研究中，应根据城市容易造成水资源短缺、水环境恶化和水灾害损失严重等特点，引入新理论、新方法和新技术来解决这些日益突出的城市水利问题。结合我国城市的具体特点，展望和构建城市水利研究的初步体系，其发展战略和研究重点应包括以下几个方面。

(一)城市水利信息系统的研究

加强城市水利信息监测及资料分析、存储和检索水平的研究，开发城市水资源、水环境、水灾害预报模型和经济规划模型，建立城市水利可靠的交互式的数据库，以及有关的地理信息系统，并应用标准和其他手段以确保数据的兼容性，收集、吸收、分析和显示多部门的有关城市水利信息，同时使决策最优化。进行环境和水灾害时空分布特征的监测和评价，及时提供有关水资源的供需信息和质量状态。

(二)城市水资源评价、利用和管理的研究

把环境、经济和社会的考虑结合起来，加强对全国缺水城市水资源评价和开发策略的研究，使水资源、水环境管理与国民经济持续发展相协调。考虑地表系统水资源、水环境、水灾害的相互作用和转化机理，评估确定城市水资源的极限承载力。探讨气候变化条件下的水资源评价和管理战略。研究干旱情况下的城市水资源管理问题。以城市需要和优先次序为基础，对水资源持续合理的利用、保护和管理进行统筹规划。

通过对城市节水、合理用水及地表水、地下水、淡化海水等多种水资源开发利用的研究，探讨节水型经济的标准和管理模式，探讨从经济、技术、法律和行政上全面加强城市合理用水途径，通过提高公众觉悟、宣传教育方案以及调整水费等经济手段，推广合理用水方法。

城市水资源管理机制中要反映出水作为社会、经济和维持生命的商品作用，考虑水的真正成本和用户支付能力，通过需求管理、价格机制和调控措施，实施城市水资源的合理分配。对城市地表水和地下水资源进行数量和质量的联合管理，从科学的观点出发，整体对待，通过各部门机构的协调合作，高层次地改善城市水资源的综合管理。

(三)城市水资源水环境保护的研究

确定城市可以持续开发的地表水和地下水资源，以及其他可供开发的水源，制定保护和利用这些水资源的计划。注意公众健康，建立饮用水保护区，研究如何控制水生环境中疾病传播的媒介。全面评价地下水资源的现状，划分和确定地下水资源保护区，探讨如何在不同条件下采取必要的有效措施，防止和控制地下水层的污染。

促使城市生活污水和工业废水处理设施的建立。在污染源头采用生物科学等新技术、新产品和改变工艺来减少污染，通过废水再用、循环利用和回收处理，以及环境无害化安全处理，尽量减少和预防水污染。对所有各类污染源坚决实行“污染者付款”的原则，使污染和退化的水体复原，以恢复水生环境和生态系统。

从生态学和美学的角度，研究水在城市规划中的作用，即美化城市水环境，改善城市生活质量，使城市回归自然，创造有特色的城市河流文化。探讨水在休闲娱乐中的作用，以及在维护绿化带中的重要性，使水与城市风光综合起来，体现城市水域的观光游览价值。

(四)城市水灾害的研究

根据城市发展运行模式，研究城市水灾害发生的原因和规律，及其未来的发展情势。研究城市化后影响降雨分布和水灾害特征的水文因素、地理因素和人为因素等及其变化特点，确定这些因素的变化对城市防灾的影响及对城市水灾害模式的影响。

根据城市水灾害的特点，对城市防洪进行全面论证，按水系行洪能力制定统一的城市排水规划，通过防洪事业中投资、效益、损失、风险的相互关系，探讨城市防洪的新思想和新途径。研究洪灾损失统计指标体系和计算方法，发展完善适合我国国情的防洪政策法规和防洪经济理论，建立综合性城市防洪安全社会保障体系。

加强防洪蓄水设施建设，提高城市对雨洪的调蓄能力。研究城市防洪管理中风险损失与成本效益平衡的非工程措施。通过流域和城市防洪总体规划，建立城市防洪预报预警系统、洪水调度指挥系统和防洪抢险系统，并使之逐步现代化。研究防洪基金集资与使用方法，以及洪灾风险评价方法，发展水灾害保险事业。研究缺水城市的洪水及洪水资源利用问题，探讨防洪兴利兼顾的发展模式。

单元二　水利工程与水工建筑物

一、水利工程

水利工程是指对自然界的地表水和地下水进行控制和调配，以达到除害兴利的目的而修建的工程。在时间上重新分配水资源，做到防洪补枯，以防止洪涝灾害和发展灌溉、发电、供水、航运等事业。

水利工程按其所承担的任务可分为以下几种。

(一)河道整治与防洪工程

河道整治主要是通过整治建筑物和其他措施,防止河道冲蚀、改道和淤积,使河流的外形和演变过程都能满足防洪与兴利等各方面的要求。一般防治洪水的措施是"上拦下排,两岸分滞"的工程体系。"上拦"是防洪的根本措施,不仅可以有效防治洪水,而且可以综合地开发利用水土资源。就是在山地丘陵地区进行水土保持,拦截水土,有效地减少地面径流;在干、支流的中上游兴建水库拦蓄洪水,调节下泄流量不超过下游河道的过流能力。

(二)农田水利工程

农业是国民经济的基础,通过建闸修渠等工程措施,形成良好的灌、排系统,来调节和改变农田水分状态和地区水利条件,使之符合农业生产发展的需要。农田水利工程一般包括以下几种:

(1)取水工程。从河流、湖泊、水库、地下水等水源适时适量地引取水量,用于农田灌溉的工程称为取水工程。在河流中引水灌溉时,取水工程一般包括抬高水位的拦河坝(闸)、控制引水的进水闸、排沙用的冲沙闸、沉沙池等。当河流流量较大、水位较高能满足引水灌溉要求时,可以不修建拦河坝(闸)。当河流水位较低又不宜修建坝(闸)时,可建提灌站,提水灌溉。

(2)输水配水工程。将一定流量的水流输送并配置到田间的建筑物的综合体称为输水配水工程。如各级固定渠道系统及渠道上的涵洞、渡槽、交通桥、分水闸等。

(3)排水工程。各级排水沟及沟道上的建筑物称为排水工程。其作用是将农田内多余水分排泄到一定范围以外,使农田水分保持适宜状态,满足通气、养料和热状况的要求,以适应农作物的正常生长,如排水沟、排水闸等。

(三)水力发电工程

将具有巨大能量的水流通过水轮机转换为机械能,再通过发电机将机械能转换为电能的工程措施称为水力发电工程。落差和流量是水力发电的两个基本要素。为了有效地利用天然河道的水能,常采取工程措施,修建能集中落差和流量的水工建筑物,使水流符合水力发电工程的要求。在山区常用的水能开发方式是拦河筑坝,形成水库,它既可以调节径流又可以集中落差。在坡度很陡或有瀑布、急滩、弯道的河段,而上游又不许淹没时,可以沿河岸修建引水建筑物(渠道、隧洞)来集中落差和流量,开发水能。

(四)供水和排水工程

供水是将水从天然水源中取出,经过净化、加压,用管网供给城市、工矿企业等用水部门;排水是排除工矿企业及城市废水、污水和地面雨水。城市供水对水质、水量及供水可靠性上要求很高;排水必须符合国家规定的污水排放标准。我国水源不足,现有供、排水能力与科技和生产发展以及人民物质文化生活水平的不断提高不相适应,特别是城市供水与排水的要求愈来愈高;水质污染问题也加剧了水资源的供需矛盾,而且恶化环境,破坏生态。

(五)航运工程

航运包括船运与筏运(木、竹浮运)。内河航运有天然水道(河流、湖泊等)和人工水道(运河、河网、水库、闸化河流等)两种。利用天然河道通航,必须进行疏浚、河床整治、改善河流的弯曲情况、设立航道标志,以建立稳定的航道。当河道通航深度不足时,可以通过拦河建闸、坝的措施抬高河道水位;或利用水库进行径流调节,改善水库下游的通航条件。人工水道是人们为了改善航运条件,开挖人工运河、河网及渠化河流,以节省航程,节约人力、物力、财力。

二、水利枢纽

为了综合利用水资源,达到防洪、灌溉、发电、供水、航运等目的,需要修建几种不同类型的建筑物,以控制和支配水流,满足国民经济发展的需要,这些建筑物通称为水工建筑物,而由不同水工建筑物组成的综合体称为水利枢纽。水利枢纽的作用可以是单一的,但多数是综合利用的水利枢纽。枢纽正常运行中各部门之间对水的要求有所不同。如防洪部门希望汛前降低水位来加大防洪库容,而兴利部门则希望扩大兴利库容而不愿汛前过多地降低水位;水力发电只是利用水的能量而不消耗水量,发电后的水仍可用于农业灌溉或工业供水,但发电、灌溉和供水的用水时间不一定一致。因此,在设计水利枢纽时,应使上述矛盾能得到合理解决,以做到降低工程造价,满足国民经济各部门的需要。

三、水工建筑物的分类

(一)按建筑物的用途分类

(1)挡水建筑物。用以拦截江河,形成水库或壅高水位,如各种坝和闸,以及为抗御洪水或挡潮,沿江河海岸修建的堤防、海塘等。

(2)泄水建筑物。用以宣泄在各种情况下,特别是洪水期的多余入库水量,以确保大坝和其他建筑物的安全,如溢流坝、溢洪道、泄洪洞等。

(3)输水建筑物。为灌溉、发电和供水的需要从上游向下游输水用的建筑物,如输水洞、引水管、渠道、渡槽等。

(4)取水建筑物。是输水建筑物的首部建筑,如进水闸、扬水站等。

(5)整治建筑物。用以整治河道,改善河道的水流条件,如丁坝、顺坝、导流堤、护岸等。

(6)专门建筑物。专门为灌溉、发电、供水、过坝需要而修建的建筑物,如电站厂房、沉沙池、船闸、升船机、鱼道、筏道等。

(二)按建筑物使用时间分类

水工建筑物按使用时间的长短分为永久性建筑物和临时性建筑物两类。

(1)永久性建筑物。这种建筑物在运用期长期使用,根据其在整体工程中的重要性又分为主要建筑物和次要建筑物。主要建筑物是指该建筑物失事后将造成下游灾害或严重影响工程效益,如闸、坝、泄水建筑物、输水建筑物及水电站厂房等;次要建筑物是指失事后不致造成下游灾害和对工程效益影响不大且易于检修的建筑物,如挡土墙、导流墙、工作桥及护岸等。

(2)临时性建筑物。这种建筑物仅在工程施工期间使用,如围堰、导流建筑物等。

有些水工建筑物在枢纽中的作用并不是单一的,如溢流坝既能挡水,又能泄水;水闸既可挡水,又能泄水,还可作取水之用。

四、水工建筑物的特点

水工建筑物与其他土木建筑物相比,除工程量大、投资多、工期较长外,还具有以下几个方面的特点。

(一)工作条件复杂

由于水的作用形成了水工建筑物特殊的工作条件:挡水建筑物蓄水以后,除承受一般的地震力和风压力等水平推力外,还承受很大的水压力、浪压力、冰压力、地震动水压力等水平推力,对建筑物的稳定性影响极大;通过水工建筑物和地基的渗流,对建筑物和地基产生渗透压力,还可能产生浸蚀和渗透破坏;当水流通过水工建筑物下泄时,高速水流可能引起建筑物的空蚀、振动以及对下游河床和两岸的冲刷;对于特定的地质条件,水库蓄水后可能诱发地震,进一步恶化建筑物的工作条件。

水工建筑物的地基是多种多样的。在岩基中经常遇到节理、裂隙、断层、破碎带及软弱夹层等地质构造,在土基中可能遇到粉细沙、淤泥等构成的复杂土基。为此,在设计以前必须进行周密的勘测,作出正确的判断,为建筑物的选型和地基处理提供可靠的依据。

(二)施工条件复杂

第一,水工建筑物的兴建,需要解决好施工导流问题,要求在施工期间,在保证建筑物安全的前提下,河水应能顺利下泄,必要的通航、过木要求应能满足,这是水利工程设计和施工中的一个重要课题;第二,工程进度紧迫,工期也比较长,截流、度汛需要抢时间、争进度,否则将导致拖延工期;第三,施工技术复杂,水工建筑物的施工受气候影响较大,如:大体积混凝土的温度控制和复杂的地基较难处理,填土工程要求一定的含水量和一定的压实度,雨季施工有很大的困难;第四,地下、水下工程多,排水施工难度比较大;第五,交通运输比较困难,高山峡谷地区更为突出等。

(三)对国民经济的影响巨大

水利枢纽工程和单项的水工建筑物可以承担防洪、灌溉、发电、航运等任务,同时又可以绿化环境,改良土壤植被,发展旅游,甚至建成优美的城市等,但是,如果处理不当也可能产生消极的影响。如:水库蓄水越多,则效益越高,但淹没损失也越大,不仅导致大量移民和迁建,还可能引起库区周围地下水位的变化,直接影响到工农业生产,甚至影响生态环境;库尾的泥沙淤积,可能会使航道恶化。堤坝等挡水建筑物万一失事或决口,将会给下游人民的生命财产和国家建设带来灾难性的损失。1975 年 8 月我国河南省遭遇特大洪水,加之板桥、石漫滩两座水库垮坝,使下游 1 100 万亩(1 亩 = $1/15\ hm^2$,下同)农田受淹,京广铁路中断,死亡达 9 万人。

五、工程分等和水工建筑物分级

为了贯彻执行国家的经济和技术政策,达到既安全又经济的目的,应把水利水电枢纽工程按其规模、效益及其在国民经济中的重要性分等,再将枢纽中的不同建筑物按其所属工程的等别和重要性分级。级别高的建筑物,对设计及施工的要求也高,级别低的建筑物则可以适当降低。

根据《水利水电工程等级划分及洪水标准》(SL 252—2000)规定,水利水电枢纽工程的等别按表1-1确定。综合利用的水利水电枢纽工程,当按其各项用途分别确定的等别不同时,应按其中的最高等别确定整个工程的等别。

表1-1　水利水电枢纽工程等别

工程等别	工程规模	水库总库容（$\times10^8$ m^3）	防洪		治涝	灌溉	供水	发电
			保护城镇及工矿企业的重要性	保护农田（$\times10^4$亩）	治涝面积（$\times10^4$亩）	灌溉面积（$\times10^4$亩）	供水对象重要性	装机容量（$\times10^4$kW）
Ⅰ	大(1)型	≥10	特别重要	≥500	≥200	≥150	特别重要	≥120
Ⅱ	大(2)型	10~1.0	重要	500~100	200~60	150~50	重要	120~30
Ⅲ	中型	1.0~0.10	中等	100~30	60~15	50~5	中等	30~5
Ⅳ	小(1)型	0.10~0.01	一般	30~5	15~3	5~0.5	一般	5~1
Ⅴ	小(2)型	0.01~0.001	—	<5	<3	<0.5	—	<1

注:①总库容是指水库最高水位以下的静库容;

②治涝面积和灌溉面积均是指设计面积。

单项用途的永久性水工建筑物,应根据其用途相应的等别和其本身的重要性按表1-2确定级别。多用途的水工建筑物,应根据其各用途相应的等别中最高者和其本身的重要性按表1-2确定级别。

表1-2　水利水电工程永久性建筑物级别

工程等别	主要建筑物	次要建筑物
Ⅰ	1	3
Ⅱ	2	3
Ⅲ	3	4
Ⅳ	4	5
Ⅴ	5	5

六、永久性水工建筑物洪水标准

设计永久性建筑物所采用的洪水标准分为正常运用(设计情况)和非常运用(校核情况)两种情况。应根据工程规模、重要性和基本资料等情况,按山区、丘陵区、平原区分别确定,详见表1-3和表1-4。

在山区、丘陵区,土石坝一旦失事后对下游造成特别重大灾害时,1级建筑物的校核洪水标准应取可能最大洪水(PME)或10 000年一遇洪水,2~4级建筑物可提高一级设计,并按提高后的级别确定洪水标准。对混凝土坝、浆砌石坝,当洪水漫顶将造成严重的损失时,1级建筑物的校核洪水标准经过专门论证并报主管部门批准,可取可能最大洪水(PME)或10 000年一遇洪水。

表 1-3　山区、丘陵区水利水电枢纽工程水工建筑物洪水标准

项目			水工建筑物级别				
			1	2	3	4	5
洪水重现期（年）	设计情况		1 000 ~ 500	500 ~ 100	100 ~ 50	50 ~ 30	30 ~ 20
	校核情况	土石坝	可能最大洪水（PME）或 10 000 ~ 5 000	5 000 ~ 2 000	2 000 ~ 1 000	1 000 ~ 300	300 ~ 20
		混凝土坝、浆砌石坝	5 000 ~ 2 000	2 000 ~ 1 000	1 000 ~ 500	500 ~ 200	200 ~ 100

表 1-4　平原区水利水电枢纽工程永久性建筑物洪水标准

项目		永久性水工建筑物级别				
		1	2	3	4	5
		洪水重现期（年）				
设计情况	水库工程	300 ~ 100	100 ~ 50	50 ~ 20	20 ~ 10	10
	拦河水闸	100 ~ 50	50 ~ 30	30 ~ 20	20 ~ 10	10
校核情况	水库工程	2 000 ~ 1 000	1 000 ~ 300	300 ~ 100	100 ~ 50	50 ~ 20
	拦河水闸	300 ~ 200	200 ~ 100	100 ~ 50	50 ~ 20	20

七、水工建筑物的超高

水利水电工程永久性挡水建筑物顶部高程，应按工程设计情况和校核情况时的静水位加相应的波浪爬高、风壅增高和安全加高确定。其安全加高应不小于表 1-5 中的规定。

表 1-5　永久性挡水建筑物安全加高　（单位：m）

建筑物类型及运用情况			永久性挡水建筑物级别			
			1	2	3	4、5
土石坝	设计		1.5	1.0	0.7	0.5
	校核	山区、丘陵区	0.7	0.5	0.4	0.3
		平原、滨海区	1.0	0.7	0.5	0.3
混凝土闸坝、浆砌石闸坝	设计		0.7	0.5	0.4	0.3
	校核		0.5	0.4	0.3	0.2

当水利水电工程永久性挡水建筑物顶部设有稳定、坚固和不透水的且与建筑物的防渗体紧密结合的防浪墙时，防浪墙顶部高程也可按表 1-5 确定，但挡水建筑物顶部高程应不低于水库正常蓄水位。

不过水的临时性挡水建筑物顶部高程，应按设计洪水位加波浪高度，再加安全加高确定。安全加高值按表 1-6 确定。

表 1-6　临时性挡水建筑物安全加高　（单位：m）

临时性挡水建筑物类型	临时性挡水建筑物级别	
	3	4、5
土石结构	0.7	0.5
混凝土、浆砌石结构	0.4	0.3

过水的临时性挡水建筑物顶部高程，应按设计洪水位加波浪高度确定，不另加安全加高。

单元三　城市防洪标准和防洪建筑物级别

为了防治洪水危害，保护城市安全，我国城市范围内的河(江)洪、海潮、山洪和泥石流防治等防洪工程都应遵循统一的城市防洪规划设计和建设技术要求。城市防洪工程设计应以城市总体规划及所在江河流域防洪规划为依据，全面规划、综合治理、统筹兼顾、讲求效益，城市范围内的河道及沿岸的土地利用必须服从行洪要求。各项工程建设及其防洪标准不得低于该城市的防洪标准。

一、城市等别和防洪标准

城市等别应根据所保护城市的重要程度和人口数量划分为 4 等，见表 1-7。

表 1-7　城市等别

城市等别	分等指标	
	重要程度	城市人口(万人)
一	特别重要城市	≥150
二	重要城市	150 ~ 50
三	中等城市	50 ~ 20
四	小城市	≤20

注：①城市人口是指市区和近郊区非农业人口；
②城市是指国家按行政建制设立的直辖市、市、镇。

城市防洪标准应根据城市等别、洪灾类型按表 1-8 分析确定。对于情况特殊的城市，经上级主管部门批准，防洪标准可以适当提高或降低。城市分区设防时可根据各防护区的重要性选用不同的防洪标准。

表 1-8　城市防洪标准

城市等别	防洪标准(重现期:年)		
	河(江)洪、海潮	山洪	泥石流
一	≥200	100 ~ 50	>100
二	200 ~ 100	50 ~ 20	100 ~ 50
三	100 ~ 50	20 ~ 10	50 ~ 20
四	50 ~ 20	10 ~ 5	20

注:①标准上下限的选用应考虑受灾后造成的影响、经济损失、抢险难易以及投资的可能性等因素;
②海潮是指设计高潮位;
③当城市地势平坦排泄洪水有困难时,山洪和泥石流防洪标准可适当降低。

临时性建筑物的防洪标准可适当降低,以重现期在 5 ~ 20 年内分析确定。

二、城市防洪建筑物级别和安全超高

城市防洪建筑物级别,根据城市等别及其在工程中的作用和重要性划分为 4 级,可按表 1-9 确定。

表 1-9　城市防洪建筑物级别

城市等别	永久性建筑物级别		临时性建筑物级别
	主要建筑物	次要建筑物	
一	1	3	4
二	2	3	4
三	3	4	4
四	4	4	—

注:①主要建筑物是指失事后使城市遭受严重灾害并造成重大经济损失的建筑物,如堤防、防洪闸等;
②次要建筑物是指失事后不致造成城市灾害或者造成经济损失不大的建筑物,如丁坝、护坡等;
③临时性建筑物是指防洪工程施工期间使用的建筑物,如施工围堰等。

城市防洪建筑物的安全超高应符合表 1-10 的规定。建在防洪堤上的防洪闸和其他建筑物,其挡水部分的顶部标高不得低于堤防(护岸)的顶部标高。临时性防洪建筑物的安全超高,可较同类型建筑物降低一级。海堤允许越浪时,安全超高可适当降低。

表 1-10　城市防洪建筑物安全超高　（单位:m)

建筑物类型	建筑物级别			
	1	2	3	4
土堤、防洪墙、防洪闸	1.0	0.8	0.6	0.5
护岸、排洪渠道、渡槽	0.8	0.6	0.5	0.4

注:①安全超高不包括波浪爬高;
②越浪后不造成危害时,安全超高可适当降低。

单元四　课程内容和学习方法

一、本课程的主要内容

城市水利工程建筑物是城市水利、水务管理等专业的一门核心技能专业课。该课程以项目为载体、以工作过程为导向组织教学,以技能训练带动知识点的学习。课程内容的组织和编写本着“够用、能用、实用”的原则,体现了项目的学习内容与工作过程相吻合,项目的技能培养与具体岗位相适合,项目的理论教学与实践环节相融合的主导思想。课程内容的安排顺序以“用水过程”为一条主线将4大部分(挡水建筑物、泄水建筑物、输水建筑物和取水建筑物)12个项目进行串联,按照建筑物的用途,循序渐进,由浅入深,学习情景不断变化。课程内容根据生产要求和岗位需求设置了4大部分:挡水建筑物、泄水建筑物、输水建筑物和取水建筑物,每个部分用2~3个项目具体体现。课程内容不仅注重以专业为本,更注重工学结合,每个项目都是构成课程的主体,每个项目都设计成以生产过程为主线带动理论学习与技能学习的任务驱动模型,利用生产项目激发学习动机,通过理论学习获得一定的知识能力;通过相关实训项目的锻炼获得技能能力、创新能力、综合动手能力和团队协作能力。

该课程内容主要讲述挡水建筑物、泄水建筑物、输水建筑物、取水建筑物的基本的、通用的规律,以及各种城市水利工程建筑物的功用、性能、特点、工作条件、形式、构造、材料、地基处理和设计计算的理论和方法,培养学生从水文、地质、地形、建材以及社会发展状况等实际情况出发,分析和解决城市水利工程建筑物的总体布置、选型设计、计算分析和工程管理的相关问题等。

二、本课程的学习方法

(1)活学活用,举一反三。学习的过程应该是不断复习巩固并适当开拓已学过的基本理论、基础知识和基本技能,以提高理论分析和解决实际问题能力的过程。城市水利工程建筑物是多种多样的,本课程通过介绍一些典型的建筑物,使学生掌握建筑物的基本工作原理,以及不同建筑物的运行管理特点。例如,挡水建筑物的荷载问题、渗流问题、消能防冲问题,不同地基上建筑物的稳定及地基处理问题等,虽然都是结合某个项目进行讲授的,但其基本规律对其他项目也是适用的。这些项目之间既有联系,又有区别。比如橡胶坝和水闸闸底板的稳定计算方法是一样的,应该通过解剖经典问题,灵活运用理论知识来解决实际问题,绝不能不求甚解,照搬照套某些方法、步骤和公式,要做到举一反三,具体问题具体分析。

(2)理论与实践密切结合。城市水利工程建筑物这门课是以枢纽总体布置、建筑物运行、安全和经济等最优化为原则,讲述建筑物的设计计算与管理,并配合其他专业课,使学生更好地掌握勘测、规划、设计和施工方面的知识。建筑物设计在本课程教学内容中占有较大比重,由于客观条件是千变万化的,理论计算的结果往往不能直接作为设计成果。设计时,除理论计算外,还必须重视现场试验、类比等工程方法的运用,同时要综合考虑建筑材料参数的选定、工作条件的分析、形式构造的选择以及施工和运行管理的便利等。理论学习过程中必须考虑实际情况，树立专业概念，积极参加现场实训，总结设计、施工及工程管理经验，做到理论与实际相结合。

(3)认真做好实训和习题。实训项目是培养学生理解理论知识和提高动手实践能力的有效方法。不同建筑物的设计理论、步骤、计算参数的选择，可以通过实训项目来进一步加强和巩固，也利于培养学生制图及编制设计文件的能力。学习过程中的一些难点或重点问题，如土石坝坝顶超高值的计算、橡胶坝工程设计、水闸的消能防冲设计等，都可以通过习题作业、实训项目的方式来帮助学习和理解。因此，要求学生独立、认真地做好实训项目和习题作业，通过这一学习方式更深刻地理解不同建筑物的工作原理及设计方法，循序渐进地学好这门课。

(4)广泛阅读，开拓视野。城市水利学科的科技水平在不停地发展，《城市水利工程建筑物》这本教材只能比较精练地介绍一些最基本的知识，其理论性和系统性不如基础课程那么强，其内容也不可能完全满足设计的需要，如有些计算公式及计算参数是从试验中总结出来的经验公式及经验参数，而且可能变化和更新。为了更好地消化和理解教材内容，要求在认真听课的同时，课下还要积极阅读参考书籍、文献和资料，利于对水利科技中新技术、新理论的探讨和应用，扩大视野，开阔思路。设计时还必须参考一些规范、规程、手册和专著，才能做出正确设计。

小　结

本项目介绍了城市水资源开发利用发展过程、城市水利科学发展概况及我国城市水利存在的问题和研究展望，指出了我国城市水利工作的总体目标和城市水利工程建设的任务，介绍了水利工程、水工建筑物和城市水利等基本概念，水工建筑物的工作特点和分类，水利枢纽等别、水工建筑物级别、城市等别和防洪建筑物的级别划分标准，以及城市防洪工程洪水标准和安全超高的选用等。明确了课程任务和主要内容，并指出了本课程的学习方法和研究途径。

思考题

1. 城市水利的定义是什么？
2. 城市水资源开发利用经历哪些阶段？目前我国城市大多处在哪个阶段？
3. 简述水利工程、水工建筑物的概念。
4. 我国城市水利发展存在哪些问题？
5. 我国城市水利发展战略和研究重点包括哪些方面？
6. 简述水利工程等别和水工建筑物级别的划分标准。
7. 简述城市等别和防洪建筑物级别的划分标准。
8. 本课程的内容是什么？学好本课程应该注意哪些问题？

第一部分　挡水建筑物

项目二　土石坝

教学基本要求

(1)单元一。理解土石坝的优缺点,掌握土石坝的工作特点和设计要求,明确按坝高、施工方法、筑坝材料及防渗体位置对土石坝的分类。

(2)单元二。掌握土石坝基本剖面的设计方法,明确坝顶高程、坝顶宽和上下游坝坡的计算方法和拟定原则,掌握坝顶构造、防渗结构、排水设备的构造要求。

(3)单元三。掌握心墙坝、斜墙坝和透水地基上均质坝的渗流计算,正确理解渗流计算简图、坝体的简化和有关假定,掌握水力学法对坝体剖面进行渗流分析的基本方程,能根据地基、防渗体、排水设备的不同选用正确的公式进行渗流计算,掌握浸润线计算、绘制和修正的方法,明确渗透变形的相关概念。

(4)单元四。明确土石坝滑动面形状,掌握土石坝边坡稳定分析的不计土条间作用力的瑞典圆弧法,并能确定出最危险圆弧的位置,了解折线、复合滑动面的计算方法。

(5)单元五。明确土石坝地基处理的任务,掌握砂砾石地基处理"上防下排"的措施、方法的适用条件,了解其他地基处理的相关知识。

(6)单元六。掌握钢筋混凝土面板堆石坝的基本特点,了解其剖面尺寸和构造要求。

能力培养目标

(1)能用莆田试验站公式计算波浪爬高,确定坝顶高程,对土石坝基本剖面进行设计。

(2)能正确地选用各种不同类型地基土坝的渗流计算公式,用水力学法进行土石坝的渗流分析。

(3)能用不计土条间作用力的瑞典圆弧法分析土石坝的边坡稳定,并能确定出最危险圆弧的位置。

学习重点与难点

重点是土石坝的基本剖面设计,渗流分析和稳定分析。

难点是土石坝稳定分析中最危险圆弧的位置的确定方法和步骤。

项目的专业定位

据相关资料统计，中国已建成各类水库85 200多座，其中大型水库487座，中型水库2 955座，小型水库81 700多座。已建水库中，土石坝工程占90%以上，且低坝、小型工程多为土石坝。土石坝具有就地取材、易于施工等优点。土石坝在城市水利中，可以除水害、兴水利，发挥防洪、蓄水、灌溉、旅游等综合效益。中华人民共和国行业标准《城市防洪工程设计规范》(CJJ 50—92)指出，可以根据城市防洪要求，修建小型水库，用于拦截山洪、泥石流等。当采用小水库调蓄山洪时，应与城市供水、养鱼、旅游相结合，进行综合利用。

单元一　概　述

土石坝是指由当地土料、石料或混合料，经过抛填、碾压等方法堆筑成的挡水坝。当坝体材料以土和砂砾为主时，称土坝；以石渣、卵石、爆破石料为主时，称堆石坝；当两类材料均占相当比例时，称土石混合坝。由于筑坝材料主要来自坝区，因而也称当地材料坝。土石坝历史悠久，是世界坝工建设中应用最为广泛和发展最快的一种坝型。据统计，世界上在20世纪80年代末期兴建的百米以上的高坝中，土石坝的比例已达到75%以上。目前，世界上最高的土石坝是塔吉克斯坦罗贡坝，坝高335 m。我国坝高超过100 m的土石坝有黄河小浪底坝，坝高154 m；红水河天生桥一级水电站，坝高178 m；清江水布垭水电站，坝高241 m等。

一、土石坝的特点

土石坝得以广泛应用和发展，是因为它具有以下优点：

(1)筑坝材料就地取材。筑坝材料主要来自坝区，可节约大量水泥、木材和钢材，材料运输成本低。由于筑坝技术和施工工艺的发展，几乎任何土石料均可筑坝。

(2)适应性强。几乎能适应各种不同的地形、地质和气候条件。任何不良的坝址地基，经处理后均可筑坝。特别是在气候恶劣、工程地质条件复杂和高烈度地震区的情况下，土石坝实际上是唯一可取的坝型。

(3)施工方法选择灵活性大。能适用不同的施工方法，从简单的人工填筑到高度机械化施工均可，而且施工工序简单，施工速度快，质量也易保证。

(4)运用管理方便。土石坝结构简单，造价低廉，运行管理方便，工作可靠，维修加固和改扩建比较容易实现。

与其他坝型相比，土石坝也存在以下缺点：

(1)坝顶不能溢流。由于筑坝材料为土、石等散粒体材料，土石坝坝身通常不允许过流，因此需在坝外设置配套的泄水建筑物，施工导流也不便。

(2)坝体填筑工程量大。土料施工质量易受气候变化的影响，给施工带来困难，延长工期，增加造价。

(3)易受各种不利情况的影响。土石坝易受气候变化引起的冻融和干裂、地震引起的坝体失稳和液化、穴居动物在坝体内筑洞而形成集中涌流通道等不利影响。

二、土石坝的工作特点和设计要求

土石坝是由散粒体土石料经过填筑而成的挡水建筑物。因此,土石坝与其他坝型相比,在稳定、渗流、冲刷、沉陷等方面具有不同的特点和设计要求。

(1)稳定方面。土石坝的基本剖面形状为梯形或复式梯形。由于填筑坝体的土石料为松散体,抗剪强度低,上下游坝坡平缓,坝体体积和重量都较大,所以不会产生水平整体滑动。土石坝失稳的形式,主要是坝坡的滑动或坝坡连同部分坝基一起滑动。坝坡滑动会影响土坝的正常工作,严重的将导致工程失事。国内外土石坝的失事约有25%是坝坡失稳造成的,为了保证土石坝在各种工作条件下能保持稳定,应合理设计坝坡和防渗排水设备,施工中还要认真做好地基处理并严格控制施工质量。

(2)渗流方面。土石坝挡水后,在坝体内形成由上游向下游的渗流。渗流不仅使水库损失水量,还易引起管涌、流土等渗透变形。坝体内渗流的水面线叫做浸润线(见图2-1)。浸润线以下的土料承受着渗透动水压力,并使土的内摩擦角和凝聚力减小,对坝坡稳定不利。坝体与坝基、两岸以及其他非土质建筑物的结合面,易产生集中渗流,因此设计土石坝时必须采取防渗措施,以减少渗漏,保证坝体的渗透稳定性,并做好各种结合面的处理,避免产生集中渗流,以保证工程安全。

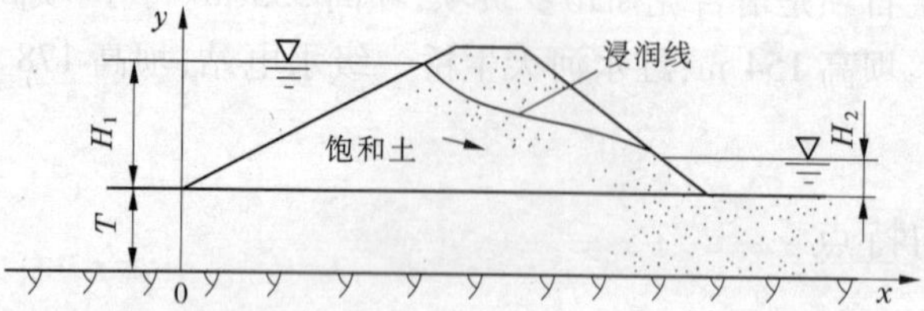

图2-1 浸润线

(3)冲刷方面。土石坝为散粒体结构,抗冲能力很低。坝体上下游水面的波浪将在水位变化范围内冲刷坝坡;大风引起的波浪可能沿坝坡爬升很高甚至翻过坝顶,造成严重事故,因库水漫顶而导致国内外土石坝失事的约占30%;降落在坝面的雨水沿坝坡下流,也将冲刷坝坡;靠近土石坝的泄水建筑物在泄水时激起水面波动,对坝坡也有淘刷作用;季节气温变化,也可能使坝坡受到冻结膨胀和干裂的影响。为避免上述不良影响,应采取以下工程措施:①在土石坝上下游坝坡设置护坡,在坝顶及下游坝面布置排水设施,以免风浪、雨水及气温变化带来有害影响;②坝顶在最高库水位以上要留一定的超高,以防止洪水漫过坝顶造成事故;③布置泄水建筑物时,注意进出口离坝坡要有一定距离,以免泄水时对坝坡产生淘刷。

(4)沉陷方面。由于土石料存在较大的孔隙,且易产生相对的移动,在自重及水压力作用下,会有较大的沉陷。沉陷使坝的高度不足,不均匀沉陷还将导致土石坝裂缝,横缝对坝的防渗极为不利。为防止坝顶低于设计高程和产生裂缝,施工时应严格控制碾压标准并预留沉陷量,使竣工时坝顶高程高于设计高程。对于重要工程,沉陷值应通过沉陷计算确定。对于一般的中小型土石坝,如坝基没有压缩性很大的土层,可按坝高的1%～2%预留沉陷值。

根据土石坝的特点,认真分析和研究基本资料,在枢纽布置时,应特别重视并尽量避免或减少土石坝与刚性建筑物的连接。对有条件的坝址,尽量选用开敞式溢洪道,以提高泄洪的超泄能力,使土石坝满足稳定、渗流、变形、冲刷以及不漫顶的要求。

三、土石坝的类型

土石坝常按坝高、施工方法和筑坝材料的组合及防渗体的相对位置进行分类。

(一)按坝高分类

土石坝按坝高可分为低坝、中坝和高坝。我国《碾压式土石坝设计规范》(SL 274—2001)规定:高度在 30 m 以下的为低坝,高度在 30 ~ 70 m 的为中坝,高度超过 70 m 的为高坝。土石坝的坝高应从坝体防渗体(不含混凝土防渗墙、灌浆帷幕、截水墙等坝基防渗设施)底部或坝轴线部位的建基面算至坝顶(不含防浪墙),取最大值。

(二)按施工方法分类

(1)碾压式土石坝。它是用适当的土料分层堆筑,并逐层加以压实(碾压)而成的坝。这种方法在土坝中用得较多。

(2)水力冲填坝。它是以水力为动力完成土料的开采、运输和填筑全部工序而建成的坝。其施工方法是用机械抽水到高出坝顶的土场,以水冲击土料形成泥浆,然后通过泥浆泵将泥浆送到坝址,再经过沉淀和排水固结而筑成坝体。这种方法因填筑质量难以完全保证,目前在国内外很少采用。

(3)定向爆破堆石坝。它是按预定要求埋设炸药,使爆出的大部分岩石抛向预期地点而形成的坝。这种坝填筑防渗部分比较困难。我国已建有 40 多座,最高的为陕西石砭峪水库大坝,坝高 82.5 m。

(三)按筑坝材料的组合和防渗体的相对位置分类

1. 土坝

土坝是指坝体的绝大部分都由土料筑成的坝。根据土料的分布情况又可分为以下几种:

(1)均质坝。均质坝的坝体基本上是由均一的壤土筑成的,整个坝体用以防渗并保持自身的稳定(见图 2-2(a))。由于黏性土的抗剪强度较低,故多用于低坝。

(2)黏土心墙坝和黏土斜墙坝。用透水性较大的土料作坝的主体,用透水性极小的黏土作防渗体的坝。防渗体设在坝体中央的或稍向上游的称为黏土心墙坝或黏土斜心墙坝(见图 2-2(b)、(c));防渗体设在上游面的称为黏土斜墙坝(见图 2-2(d))。

(3)人工材料心墙和斜墙坝。防渗体由沥青混凝土、钢筋混凝土或其他人工材料建成的坝。按其位置也可分为心墙或斜墙两种。图 2-2(e)为钢筋混凝土(或称刚性)心墙坝的示意图。

(4)多种土质坝。坝的主体(不包括防渗体、排水体和护坡等)由几种不同的土料建成的坝(见图 2-2(f))。

2. 土石混合坝

上述多种土质坝中,粗粒土改用砂砾石料筑成的坝,或用土石混合在一起的材料筑成的坝,称为土石混合坝。根据防渗体的位置和材料的不同,也可分为心墙的、斜墙的和人工材料防渗的,见图 2-2(g) ~ (j)。

3. 堆石坝

除防渗体外，坝体的绝大部分或全部由石料堆筑起来的称为堆石坝。按防渗体的布置，同样也有斜墙坝、心墙坝两种（见图 2-2(k)、(l)）。钢筋混凝土斜墙堆石坝也称为钢筋混凝土面板堆石坝（见图 2-2(k)）。

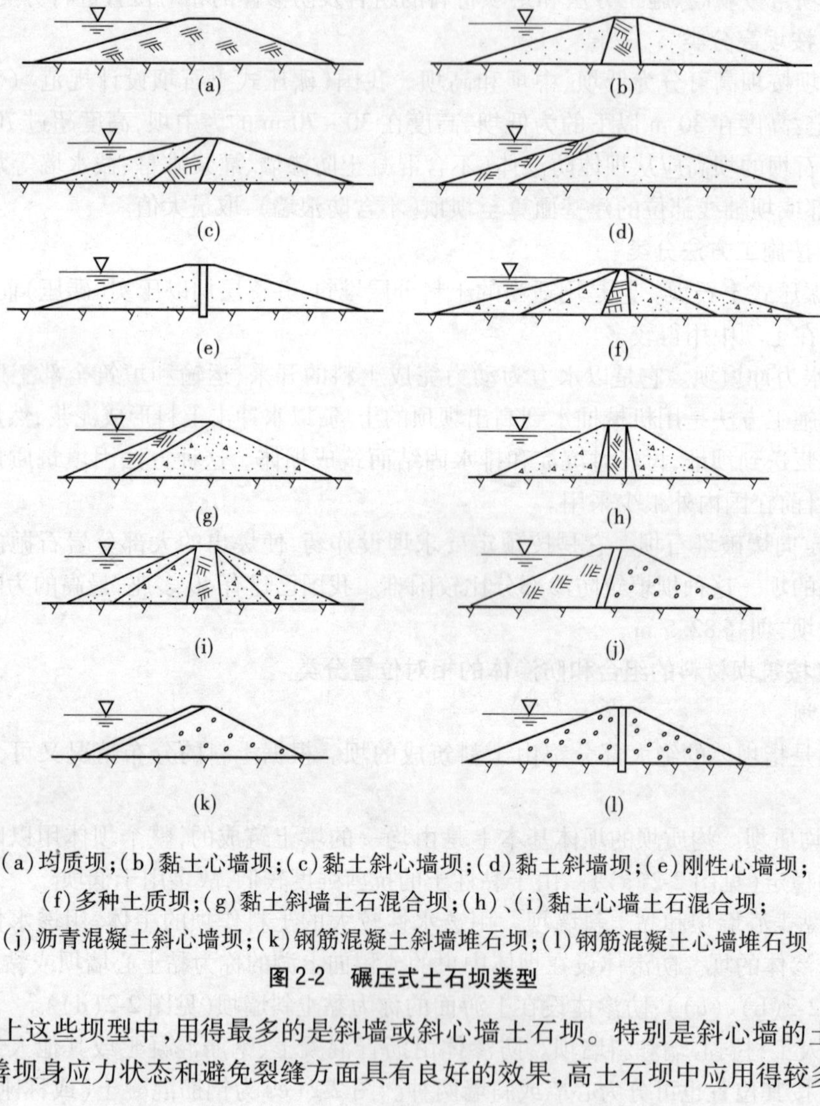

(a)均质坝；(b)黏土心墙坝；(c)黏土斜心墙坝；(d)黏土斜墙坝；(e)刚性心墙坝；(f)多种土质坝；(g)黏土斜墙土石混合坝；(h)、(i)黏土心墙土石混合坝；(j)沥青混凝土斜心墙坝；(k)钢筋混凝土斜墙堆石坝；(l)钢筋混凝土心墙堆石坝

图 2-2　碾压式土石坝类型

在以上这些坝型中，用得最多的是斜墙或斜心墙土石坝。特别是斜心墙的土石混合坝，在改善坝身应力状态和避免裂缝方面具有良好的效果，高土石坝中应用得较多。

单元二　土石坝的基本剖面和构造

土石坝的基本剖面应根据坝高、坝型、坝基、坝的等级、筑坝材料以及施工运行条件等，参照已有工程的实际经验初步拟定，然后通过渗流和稳定分析检验，最终确定合理的剖面形状。土石坝的基本剖面是梯形，其基本尺寸主要包括坝顶高程、坝顶宽度、上下游坡度、坝顶构造、防渗结构、排水设施等。

一、坝顶高程

坝顶高程根据正常运用和非常运用的静水位加相应的超高 Y 确定。Y 按式(2-1)计算(见图 2-3)。

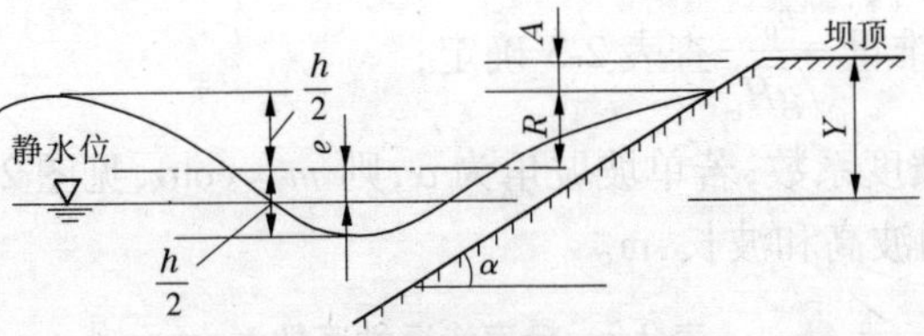

图 2-3　坝顶超高计算示意图

$$Y = R + e + A \tag{2-1}$$

$$e = \frac{Kv_0^2 D}{2gH_m}\cos\beta \tag{2-2}$$

式中　R——波浪在坝坡上的最大爬高,m;

e——最大风壅水面高度,即风壅水面超出原库水位的最大值,m;

H_m——坝前水域平均水深,m;

K——综合摩阻系数,其值变化范围为$(1.5 \sim 5.0) \times 10^{-6}$,计算时一般取 $K = 3.6 \times 10^{-6}$;

β——风向与水域中线(或坝轴线的法线)的夹角,(°);

v_0——计算风速,m/s,是指水面以上 10 m 处多年风速平均值,水库为正常蓄水位和设计洪水位时,宜采用相应洪水期多年平均最大风速的 1.5 ~ 2.0 倍,校核洪水位时,宜采用相应洪水期最大风速的多年平均值;

D——风区长度(有效吹程),m,是指风作用于水域的长度,自坝前沿风向到对岸的距离,当风区长度内水面有局部缩窄,且缩窄处的宽度 B 小于 12 倍计算波长时,用风区长度 $D = 5B$(也不小于坝前到缩窄处的距离),水域不规则时,按规范要求计算;

A——安全加高,m,根据坝的等级和运用情况,按表 2-1 确定。

表 2-1　安全加高 A

运用情况	坝的级别			
	1	2	2	4、5
正常	1.5	1.0	0.7	0.5
非常	0.7	0.5	0.4	0.3

波浪沿建筑物坡面爬升的垂直高度(由风壅水面算起)称为波浪爬高,如图 2-3 所示。它与坝前的波浪要素(波高和波长)、坝坡坡度、坡面糙率、坝前水深、风速等因素有关。波浪爬高 R 的计算,土石坝设计规范推荐采用莆田试验站公式,其具体计算方法如下:

(1)计算波浪的平均爬高 R_m。当坝坡系数 $m = 1.5 \sim 5.0$ 时,平均爬高 R_m 计算公式为:

$$R_m = \frac{K_\Delta K_w}{\sqrt{1 + m^2}} \sqrt{h_m L_m} \tag{2-3}$$

式中 K_Δ——斜坡的糙率渗透性系数,根据护面的类型查表 2-2;

K_w——经验系数,由计算风速 v_0(m/s)、水域平均水深 H_m(m)和重力加速度 g 组成的无维量 $\frac{v_0}{\sqrt{gH_m}}$ 查表 2-3 确定;

m——单坡的坡度系数,若单坡坡角为 α,则 $m = \cot\alpha$,见图 2-3;

h_m、L_m——平均波高和波长,m。

表 2-2　糙率渗透性系数 K_Δ

护面类型	K_Δ	护面类型	K_Δ
光滑不透水护面(沥青混凝土)	1.00	砌石护面	0.75 ~ 0.80
混凝土板护面	0.90	抛填两层块石(不透水基础)	0.60 ~ 0.85
草皮护面	0.85 ~ 0.90	抛填两层块石(透水基础)	0.50 ~ 0.55

表 2-3　经验系数 K_w

$\frac{v_0}{\sqrt{gH_m}}$	≤1	1.5	2.0	2.5	3.0	3.5	4.0	>5.0
K_w	1	1.02	1.08	1.16	1.22	1.25	1.28	1.30

莆田试验站的波高和波长计算如下。

①平均波高 h_m 用式(2-4)计算:

$$\frac{gh_m}{v_0^2} = 0.13\text{th}\left[0.7\left(\frac{gH_m}{v_0^2}\right)^{0.7}\right]\text{th}\left\{\frac{0.001\,8\left(\frac{gD}{v_0^2}\right)^{0.45}}{0.13\text{th}\left[0.7\left(\frac{gH_m}{v_0^2}\right)^{0.7}\right]}\right\} \tag{2-4}$$

式中符号意义同前。

②平均波长 L_m 由平均周期 T_m 和平均水深 H_m 按下述理论公式计算:

平均周期 $$T_m = 4.438h_m^{0.5} \tag{2-5}$$

当 $\frac{H_m}{L_m} \geq 0.5$ 时,称为深水波,其波长与周期有关:

$$L_m = \frac{gT_m^2}{2\pi} \approx 1.56T_m^2 \tag{2-6}$$

当 $\frac{H_m}{L_m} < 0.5$ 时,称为浅水波,其波长与周期和水深都有关:

$$L_m = \frac{gT_m^2}{2\pi}\text{th}\frac{2\pi H_m}{L_m} \tag{2-7}$$

可用逐步近似法计算。

当$\frac{gD}{v_0^2} \leqslant 1\ 760\left\{ \mathrm{th}\left[0.7\left(\frac{gH_m}{v_0^2} \right)^{0.7} \right] \right\}^{\frac{1}{0.45}}$时,式(2-4)可简化为:

$$\frac{gh_m}{v_0^2} = 0.001\ 8\left(\frac{gD}{v_0^2} \right)^{0.45} \tag{2-8}$$

(2)计算设计爬高值 R。不同累计频率的爬高 R_P 与 R_m 的比,可根据爬高统计分布表2-4确定。

表2-4 爬高统计分布(R_P/R_m 值)

h_m/H_m	P(%)									
	0.1	1	2	4	5	10	14	20	30	50
<0.1	2.66	2.23	2.07	1.90	1.84	1.64	1.53	1.39	1.22	0.96
0.1~0.3	2.44	2.08	1.94	1.80	1.75	1.57	1.48	1.36	1.21	0.97
>0.3	2.13	1.86	1.76	1.65	1.61	1.48	1.42	1.31	1.19	0.99

设计爬高值按建筑物的级别而定,对1、2、3级土石坝取累计频率 $P=1\%$ 的爬高值 $R_{1\%}$,对4、5级坝取 $P=5\%$ 的 $R_{5\%}$。

实例:某工程为Ⅱ等工程,经计算平均波高 $h_m=0.531\ 6$ m,平均水深 $H_m=62.17$ m,波浪的平均爬高 $R_m=1.324\ 2$ m,因土石坝为2级建筑物,故 $P=1\%$,根据 $h_m/H_m=0.531\ 6/62.17=0.008\ 6$,查表2-4得 $R_P/R_m=2.23$,则计算设计爬高 $R=2.23\times1.324\ 2=2.95$(m)。

当风向与坝轴的法线成一夹角 β 时,波浪爬高应乘以折减系数 K_β,其值由表2-5确定。

表2-5 斜向坡折减系数 K_β

β(°)	0	10	20	30	40	50	60
K_β	1	0.98	0.96	0.92	0.87	0.82	0.76

坝顶高程等于水库静水位与超高之和,应分别按以下三种情况进行计算:①设计洪水位+正常运用情况的坝顶超高;②校核洪水位+非常运用情况的坝顶超高;③正常高水位+非常运用情况的坝顶超高+地震安全加高。取其中最大值为坝顶高程。

坝顶设防浪墙时,超高值 Y 是指静水位与墙顶的高差。需要注意的是,计算的坝顶高程是指坝体沉降稳定后的数值。因此,竣工时的坝顶高程还应有足够的预留沉降值。对施工质量良好的土石坝,坝顶沉降值约为坝高的1%。

二、坝顶宽度

坝顶宽度与坝的稳定没有直接关系,主要根据运行、施工、构造、交通和人防等方面的要求确定。对于有交通要求的坝顶,应按道路等级遵照交通部门的规定选定。当坝高大于100 m时,其最小坝顶宽度按式(2-9)确定。

$$B_{\min} = \sqrt{H} \quad (\mathrm{m}) \tag{2-9}$$

式中　H——土石坝坝高，m。

当坝高小于 100 m 时，其坝顶最小宽度可按坝高的 10% 选用，高度 30 m 以下的坝顶最小宽度应不小于 3.0 m。坝顶宽度必须考虑心墙或斜墙顶部及反滤层布置的需要。在寒冷地区，坝顶还须有足够的厚度，以保护黏性土料防渗体免受冻害。

三、坝坡

土石坝坝坡坡度对坝体稳定及工程量大小均起重要作用。坝坡坡度选择一般遵循以下规律：

(1)上游坝坡长期处于水下饱和状态，水库水位也可能快速下降，为了保持坝坡稳定，上游坝坡常比下游坝坡缓，但堆石坝上、下游坝坡坡率的差别要比砂土料小。

(2)土质防渗体斜墙坝上游坝坡的稳定受斜墙土料特性的控制，所以斜墙的上游坝坡一般较心墙坝缓。而心墙坝，特别是厚心墙坝的下游坝坡，因其稳定性受心墙土料特性的影响，一般较斜墙坝缓。

(3)黏性土料的稳定坝坡为一曲面，上部坡陡，下部坡缓，所以用黏性土料做成的坝坡，常沿高度分成数段，每段 10 ~ 30 m，从上而下逐渐放缓，相邻坡率差值取 0.25 或 0.5。砂土和堆石的稳定坝坡为一平面，可采用均一坡率。由于地震荷载一般沿坝高呈非均匀分布，所以砂土和石料有时也做成变坡形式。

(4)由粉土、砂、轻壤土修建的均质坝，透水性较大，为了保持渗流稳定，一般要求适当放缓下游坝坡。

(5)当坝基或坝体土料沿坝轴线分布不一致时，应分段采用不同坡率，在各段间设过渡区，使坝坡缓慢变化。

土石坝坝坡确定的步骤是：根据经验用类比法初步拟定，再经过核算、修改以及技术经济比较后确定。

土石坝的坝坡初选一般参照已有工程的实践经验拟定，见表 2-6。

表 2-6　坝坡经验值

<table>
<tr><th colspan="3">类型</th><th>上游坝坡</th><th>下游坝坡</th></tr>
<tr><td rowspan="4">土坝(坝高)
(m)</td><td colspan="2"><10</td><td>1:2.00 ~ 1:2.50</td><td>1:1.50 ~ 1:2.00</td></tr>
<tr><td colspan="2">10 ~ 20</td><td>1:2.25 ~ 1:2.75</td><td>1:2.00 ~ 1:2.50</td></tr>
<tr><td colspan="2">20 ~ 30</td><td>1:2.50 ~ 1:3.00</td><td>1:2.25 ~ 1:2.75</td></tr>
<tr><td colspan="2">>30</td><td>1:3.00 ~ 1:3.50</td><td>1:2.50 ~ 1:3.00</td></tr>
<tr><td rowspan="3">分区坝</td><td rowspan="2">心墙坝</td><td>堆石(坝壳)</td><td>1:1.70 ~ 1:2.70</td><td>1:1.50 ~ 1:2.50</td></tr>
<tr><td>土料(坝壳)</td><td>1:2.50 ~ 1:3.50</td><td>1:2.00 ~ 1:3.00</td></tr>
<tr><td colspan="2">斜墙坝</td><td>石质比心墙坝缓 0.2，
土质缓 0.5</td><td>取值比心墙坝可
适当偏陡</td></tr>
</table>

续表 2-6

类型	上游坝坡	下游坝坡
人工材料面板坝	1∶1.40～1∶1.70	1∶1.30～1∶1.40（堆石） 1∶1.50～1∶1.60（卵石）
沥青混凝土面板坝	不陡于 1∶1.70	

碾压式土石坝上下游坝坡常沿高程每隔 10～30 m 设置一条马道，其宽度不小于 1.5～2.0 m，用以拦截雨水，防止冲刷坝面，同时也兼作交通、检修和观测之用，还有利于坝坡稳定。马道一般设在坡度变化处。碾压堆石坝下游坝坡亦常设 1～2 条马道。土石坝上游坝坡视情况亦可增设马道。

对经过验算，满足抗渗和稳定要求的土石坝基本剖面，需进一步通过构造设计来保障坝的安全和正常运行。土石坝的构造主要包括坝顶、护坡、防渗体及排水设施的设计和选型等。

四、坝顶构造

坝顶一般都做护面，护面的材料可采用碎石、单层砌石、沥青或混凝土，4 级以下的坝也可以采用草皮护面。如有公路交通要求，还应满足公路路面的有关规定。

坝顶上游侧常设防浪墙，防浪墙应坚固而不透水，下游侧宜设缘石。为了排除雨水，坝顶应做成向一侧或两侧倾斜的横向坡度，坡度宜采用 2%～3%。对于有防浪墙的坝顶，则宜采用单向向下游倾斜的横坡。在坝顶下游侧设纵向排水沟，将汇集的雨水经坝面排水沟排至下游。

防浪墙可用混凝土或浆砌石修建。墙的基础应牢固地埋入坝内，当土石坝有防渗体时，防浪墙墙基要与防渗体可靠地连接起来，以防高水位时漏水。防浪墙的高度一般为 1.0～1.2 m（见图 2-4）。

五、防渗体

防渗体是土石坝的主要组成部分，其作用是防渗。防渗体必须满足降低坝体浸润线、降低渗透坡降和控制渗透流量的要求，另外还需要满足结构和施工的要求。常见的防渗体形式有心墙、斜墙、铺盖、截水墙等。根据材料的不同，防渗体包括土质防渗体和人工材料防渗体（沥青混凝土、钢筋混凝土、复合土工膜），其中已建工程中大部分为土质防渗体。

（一）黏土心墙

黏土心墙一般布置在坝体中部，有时稍偏上游并稍微倾斜，以便于和坝顶的防浪墙相连接，并可使心墙后的坝壳先期施工，得到充分的先期沉降，以避免或减少裂缝，如图 2-5 所示。

心墙坝顶部厚度一般不小于 3 m，以便于机械化施工。由于心墙多为黏性土，材料的

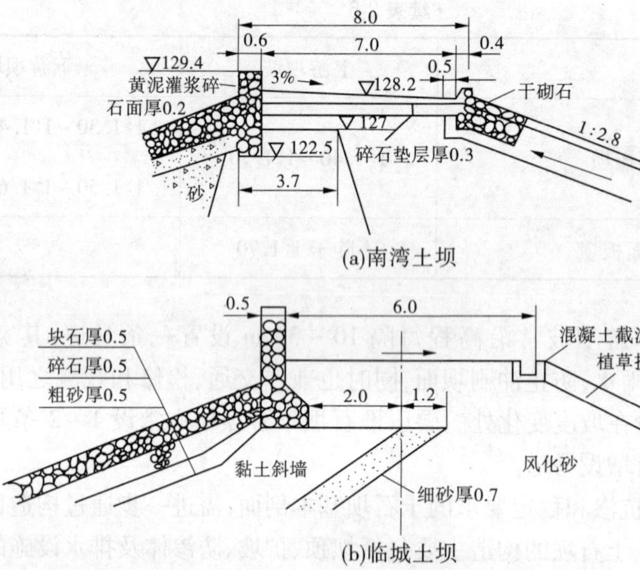

图 2-4　坝顶构造　（单位:m）

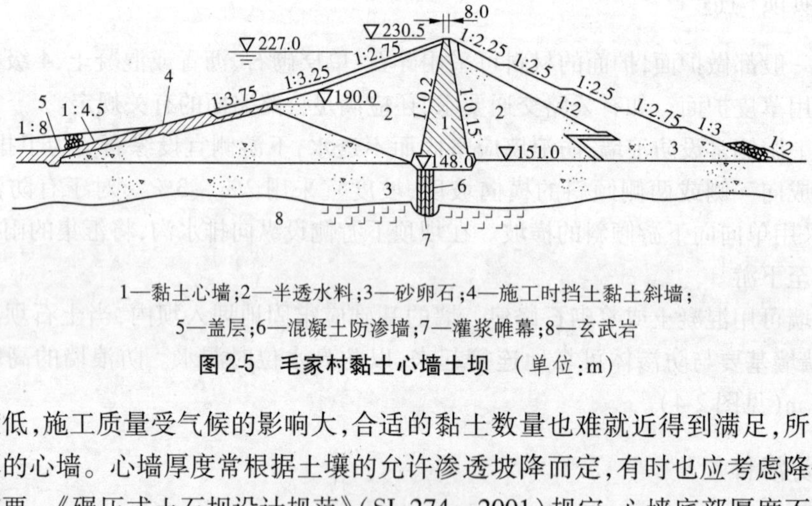

1—黏土心墙;2—半透水料;3—砂卵石;4—施工时挡土黏土斜墙;
5—盖层;6—混凝土防渗墙;7—灌浆帷幕;8—玄武岩

图 2-5　毛家村黏土心墙土坝　（单位:m）

抗剪强度低,施工质量受气候的影响大,合适的黏土数量也难就近得到满足,所以一般不宜做肥厚的心墙。心墙厚度常根据土壤的允许渗透坡降而定,有时也应考虑降低下游浸润线的需要。《碾压式土石坝设计规范》(SL 274—2001)规定,心墙底部厚度不宜小于作用水头的1/4。黏土心墙两侧边坡多为1:0.15~1:0.3,有些肥大心墙为1:0.4~1:0.5。心墙的顶部应高出设计洪水位0.3~0.6 m,且不低于校核水位,当有可靠的防浪墙时,心墙顶部高程也不应低于设计洪水位。心墙顶与坝顶之间应设有保护层,厚度不小于该地区的冰冻或干燥深度,同时按结构要求不宜小于1 m。心墙与坝壳之间应设置过渡层,过渡层的结构虽比反滤层的要求低一些,但也应采用级配良好的、抗风化的细粒石料和砂砾石料,以使整个坝体内应力传递均匀,并保证坝壳的排水效果良好。心墙与地基和两岸必须有可靠的连接。岩石地基上的心墙(见图2-6),一般还要设混凝土垫座,或修建1~3道混凝土齿墙。齿墙的高度为1.5~2.0 m,切入岩基的深度常为0.2~0.5 m,有时还要在下部进行帷幕灌浆。

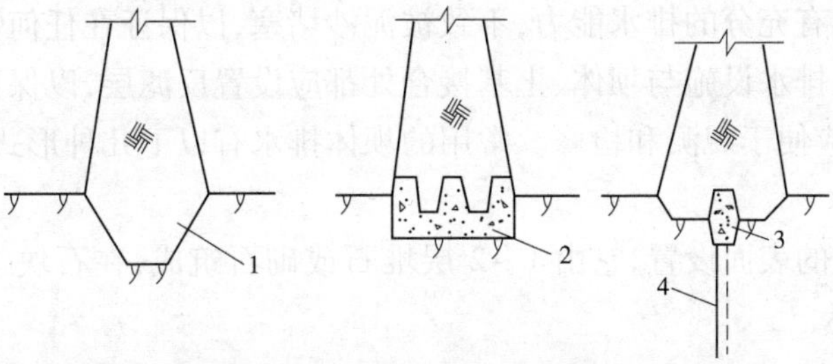

1—黏土截水墙;2—混凝土垫座;3—混凝土齿墙;4—灌浆孔

图 2-6　黏土心墙与岩基的连接形式

(二)黏土斜墙

黏土斜墙的构造除外形外,其他均与心墙类似。顶厚(指与斜墙上游坡面垂直的厚度)也不宜小于 3 m。为保证抗渗稳定,底厚不宜小于作用水头的 1/5。墙顶应高出设计洪水位 0.6 ~ 0.8 m,且不低于校核洪水位。同样,如有可靠的防浪墙,斜墙顶部也不应低于设计洪水位。为防止斜墙因弯曲、沉降而断裂,其厚度应比仅按渗透稳定条件确定的数值大。斜墙顶部和上游坡都必须设保护层,以防冲刷、冰冻和干裂。保护层常用砂、砾石、卵石或碎石等砌成,厚度不得小于冰冻和干燥深度,一般为 2 ~ 3 m。斜墙及保护层的坡度取决于土坝稳定计算的结果,一般内坡不宜陡于 1:2.0,外坡常在 1:2.5 以上。斜墙与保护层以及下游坝体之间应根据需要分别设置过渡层,如图 2-7 所示。上游的过渡层可简单一些,保护层的材料合适时,可只设一层,有时甚至不设;与坝体连接的过渡层,与心墙后的过渡层相似,但为了使应力均匀并适应变形,要求还应高一些,常需设置两层,斜墙与铺盖或截水墙的连接都应牢固。

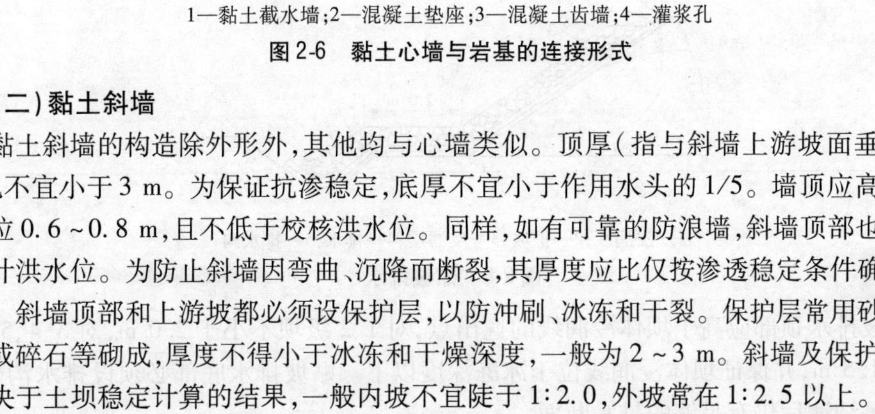

1—黏土斜墙;2—黏土铺盖;3—砂砾半透水层;4—砂砾石土基;5—混凝土盖板齿墙

图 2-7　汤河黏土斜墙土坝　(单位:m)

(三)非土料防渗体

非土料防渗体有钢筋混凝土、沥青混凝土、木板、钢板、浆砌块石和复合土工膜等,较常用的是沥青混凝土和钢筋混凝土,这些非土料的防渗体多用在堆石坝中。

六、排水设施

土石坝虽有防渗体,但仍有一定水量渗入坝体内。设置坝体排水设施,可以将渗入坝体内的水有计划地排至坝外,以达到降低坝体浸润线及孔隙水压力,防止渗透变形,增加坝坡的稳定性,防止冻胀破坏的目的。

排水设施应具有充分的排水能力,不致被泥沙堵塞,以保证在任何情况下都能自由地排出全部渗水。在排水设施与坝体、土基接合处都应设置反滤层,以保证坝体和地基土不产生渗透变形,并应便于观测和检修。常用的坝体排水有以下几种形式。

(一)贴坡排水

紧贴下游坝坡的表面设置,它由1~2层堆石或砌石筑成,在石块与坝坡之间设置反滤层,如图2-8所示。

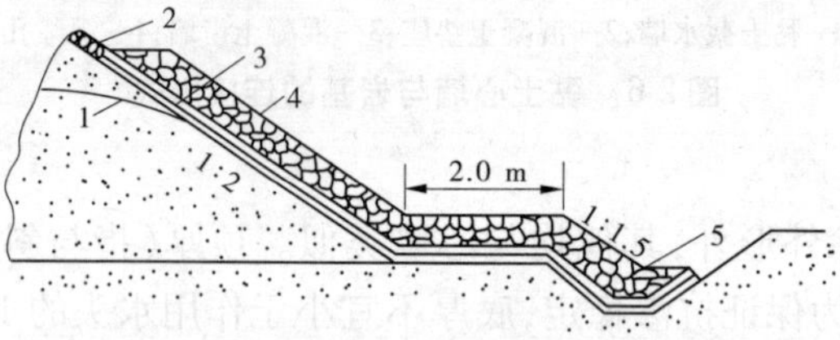

1—浸润线;2—护坡;3—反滤层;4—排水;5—排水沟

图2-8 贴坡排水

贴坡排水顶部应高于坝体浸润线的逸出点,对1、2级坝不小于2.0 m,对3、4、5级坝不小于1.5 m,并保证坝体浸润线位于冰冻深度以下。贴坡排水底部必须设排水沟,其深度要满足结冰后仍有足够的排水断面。

贴坡排水构造简单、节省材料、便于维修,但不能降低浸润线。多用于浸润线很低和下游无水的情况,当下游有水时还应满足波浪爬高的要求。

(二)棱体排水

在下游坝脚处用块石堆成棱体,顶部高程应超出下游最高水位,超出高度应大于波浪沿坡面的爬高,且对1、2级坝不小于1.0 m,对3、4、5级坝不小于0.5 m,并使坝体浸润线距坝坡的距离大于冰冻深度。堆石棱体内坡一般为1:1.25~1:1.5,外坡为1:1.5~1:2.0或更缓。顶宽应根据施工条件及检查观测需要确定,但不得小于1.0 m,如图2-9所示。

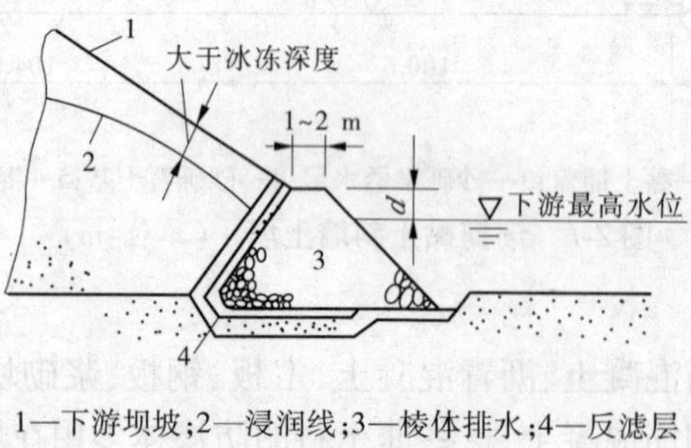

1—下游坝坡;2—浸润线;3—棱体排水;4—反滤层

图2-9 堆石棱体排水

棱体排水可降低浸润线,防止坝坡冻胀和渗透变形,保护下游坝脚不受尾水淘刷,且有支撑坝体增加稳定的作用,是效果较好的一种排水形式。多用于河床部分的下游坝脚处。但石料用量较大,费用较高,对坝体施工有干扰,检修也较困难。

(三)褥垫排水

褥垫排水是伸展到坝体内的一种排水设施,在坝基面上平铺一层厚0.4~0.5 m的块石,并用反滤层包裹。褥垫伸入坝体内的长度应根据渗流计算确定,对黏性土均质坝不大于坝底宽的1/2,对砂性土均质坝不大于坝底宽的1/3。其构造如图2-10所示。

褥垫排水向下游方向设有0.005~0.01的纵坡。排水层的厚度应根据排水量计算确定,并应满足反滤层最小厚度的要求。当下游水位低于排水设施时,降低浸润线的效果显著,还有助于坝基排水固结。但当坝基产生不均匀沉陷时,褥垫排水层易遭断裂,而且检修困难,施工时有干扰。

(四)管式排水

管式排水的构造如图2-11所示。埋入坝体的暗管可以是带孔的陶瓦管、混凝土管或钢筋混凝土管,还可以是由碎石堆筑而成的。平行于坝轴线的集水管收集渗水,经由垂直于坝轴线的横向排水管排向下游。横向排水管的间距为15~20 m。管式排水的优缺点与褥垫排水相似。排水效果不如褥垫式好,但用料少。一般用于土石坝岸坡及台地地段,因为这里坝体下游经常无水,排水效果好。

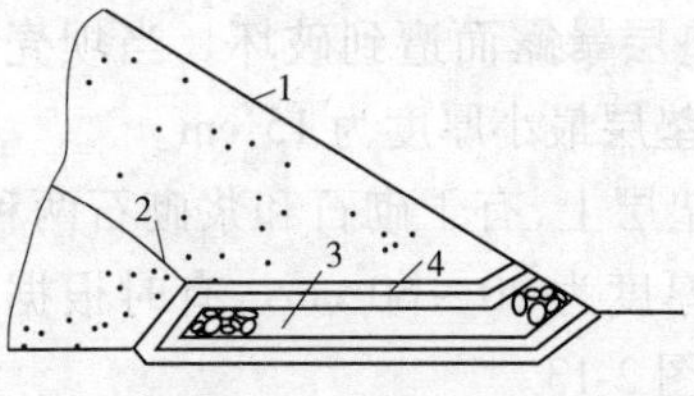

1—护坡;2—浸润线;3—排水;4—反滤层

图2-10 褥垫排水

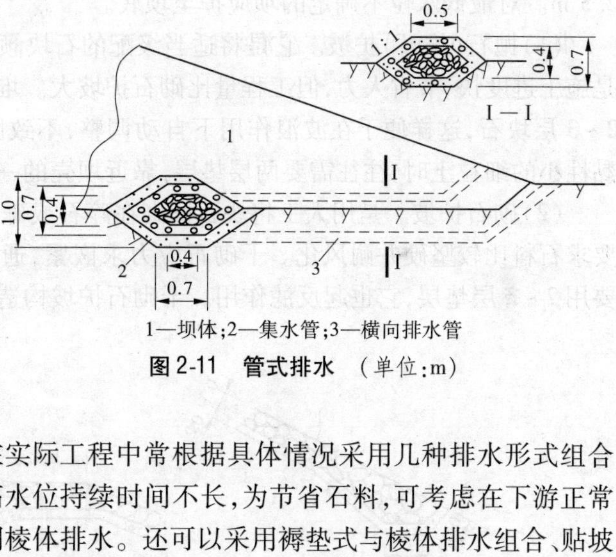

1—坝体;2—集水管;3—横向排水管

图2-11 管式排水 (单位:m)

(五)综合式排水

为发挥各种排水形式的优点,在实际工程中常根据具体情况采用几种排水形式组合在一起的综合式排水,例如若下游高水位持续时间不长,为节省石料,可考虑在下游正常高水位以上采用贴坡排水,以下采用棱体排水。还可以采用褥垫式与棱体排水组合、贴坡棱体与褥垫式排水组合等综合式排水,如图2-12所示。

七、土石坝的护坡与坝坡排水

土石坝的上游面,为防止波浪淘刷、冰层和漂浮物的损害、顺坝水流的冲刷等对坝坡的危害,必须设置护坡。土石坝下游面,为防止雨水、大风、水下部位的风浪、冰层和水流作用、动物穴居、冻胀干裂等因素对坝坡的破坏,也需设置护坡。在严寒和平原地区,护坡工程量很大,维修费用高,因此合理选择护坡形式,使其能抵抗各种因素对护坡的破坏作用,在方便维修和节省投资等方面具有重要意义。

(一)上游护坡

上游护坡的形式有抛石、干砌石、浆砌石、混凝土或钢筋混凝土、沥青混凝土或水泥土

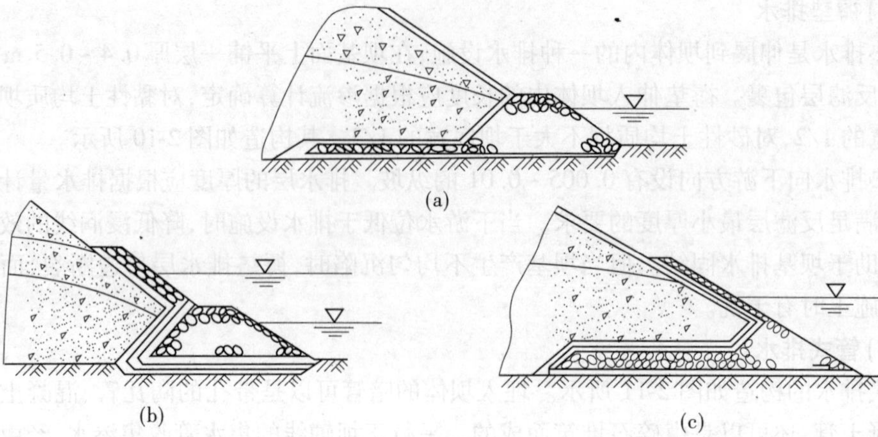

(a)褥垫与棱体排水相结合；(b)贴坡与棱体排水相结合；(c)贴坡、褥垫与棱体排水相结合

图 2-12　综合式排水

等。护坡覆盖的范围应由坝顶起护至水库最低水位以下一定距离，一般为最低水位以下 2.5 m。对最低水位不确定的坝应护至坝底。

(1)抛石(堆石)护坡。它是将适当级配的石块倾倒在坝面垫层上的一种护坡。优点是施工进度快、节省人力，但工程量比砌石护坡大。堆石护坡的厚度一般认为至少要包括 2～3 层块石，这样便于在波浪作用下自动调整，不致因垫层暴露而遭到破坏。当坝壳为黏性小的细粒土时，往往需要两层垫层，靠近坝壳的一层垫层最小厚度为 15 cm。

(2)砌石护坡。是用人工将块石铺砌在碎石或砾石垫层上，有干砌石和浆砌石两种。要求石料比较坚硬并耐风化。干砌石应力求嵌紧，通常厚度为 20～60 cm。有时根据需要用 2～3 层垫层，它也起反滤作用。干砌石护坡构造见图 2-13。

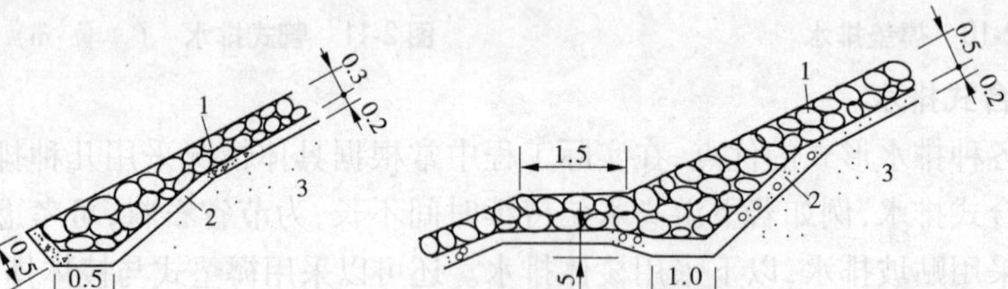

(a)马道　　　　(b)护坡坡角

1—干砌石；2—垫层；3—坝体

图 2-13　干砌石护坡构造　(单位：m)

浆砌石块石护坡能承受较大的风浪，也有较好的抗冰层推力的性能。但水泥用量大，造价较高。若坝体为黏性土，则要有足够厚度的非黏性土防冻垫层，同时要留有一定缝隙，以便排水通畅。

(3)混凝土和钢筋混凝土板护坡。当筑坝地区缺乏石料时可考虑采用此种形式。预制板的尺寸一般采用：方形板为 1.5 m×2.5 m、2 m×2 m 或 3 m×3 m，厚度为 0.15～0.20 m。预制板底部设砾石或碎石垫层。现场浇筑的尺寸可大一些，可采用 5 m×5 m、

10 m×10 m 甚至 20 m×20 m。严寒地区冰推力对护坡危害很大,因此也有用混凝土板做护坡的,但其垫层厚度要超过冻深,见图 2-14。

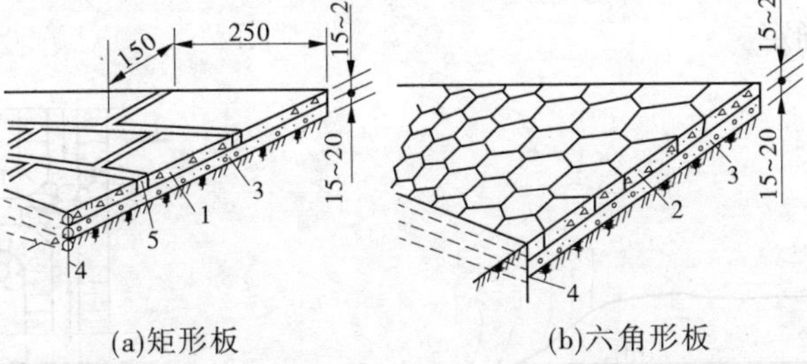

1—矩形混凝土板;2—六角形混凝土板;3—碎石或砾石;4—木档柱;5—结合缝

图 2-14　混凝土板护坡　(单位:cm)

(4)水泥土护坡。将粗砂、中砂、细砂掺上 7% ~12% 的水泥(重量比),分层填筑于坝面作为护坡,叫水泥土护坡。它是随着土石坝的填筑逐层填筑压实的,每层压实的厚度不超过 15 cm。这种护坡厚度 0.6 ~0.8 m,相应水平宽度 2 ~3 m,见图 2-15。

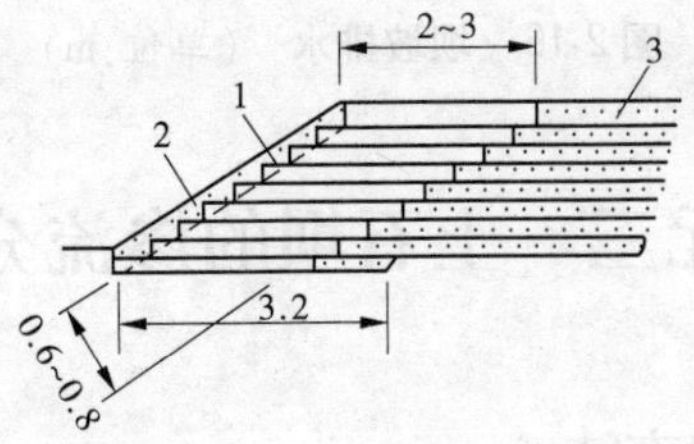

1—土壤水泥土护坡;2—潮湿土壤保护层;3—压实的透水土料

图 2-15　水泥土护坡　(单位:m)

这种护坡经过实际运用,在最大浪高 1.8 m 并经数十年的冻融情况下,只有少量裂缝,护坡没有破坏。寒冷地区护坡在水库冰冻范围内,水泥含量应增加一些,常用 8% ~14%。

以上各种护坡的垫层按反滤层要求确定。垫层厚度一般对砂土可用 15 ~30 cm 以上,卵砾石或碎石可用 30 ~60 cm 以上。

(二)下游护坡

下游护坡主要是为防止被水冲刷和人为破坏,一般宜采用简化形式。适用于下游护坡的形式有堆石、卵石和碎石、草皮等。其护坡范围为由坝顶护至排水棱体,无排水棱体时护至坝脚。

气候温和地区的黏性土均质坝,草皮护坡是常用的形式。若坝坡为无黏性土,则应在草皮下铺一层厚 0.2 ~0.3 m 的腐殖土,护坡效果良好。碎石或卵砾石护坡,一般直接铺在坝坡上,厚 10 ~15 cm。下游坝面需要全部护砌。

(三)坝坡排水

为了防止雨水的冲刷,在下游坝坡上常设置纵横向连通的排水沟(见图 2-16)。沿土石坝与岸坡的接合处,也应设置排水沟以拦截山坡上的雨水。坝面上的纵向排水沟沿马道内侧布置，用浆砌石或混凝土板铺设成矩形或梯形。若坝较短，纵向排水沟拦截的雨水可引至两岸的排水沟排至下游。若坝较长，则应沿坝轴线方向每隔 50 ~ 100 m 设一横向排水沟，以便排除雨水。排水沟的横断面一般深 0.2 m、宽 0.3 m，必要时可按 1 h 暴雨强度和积水面积计算确定。

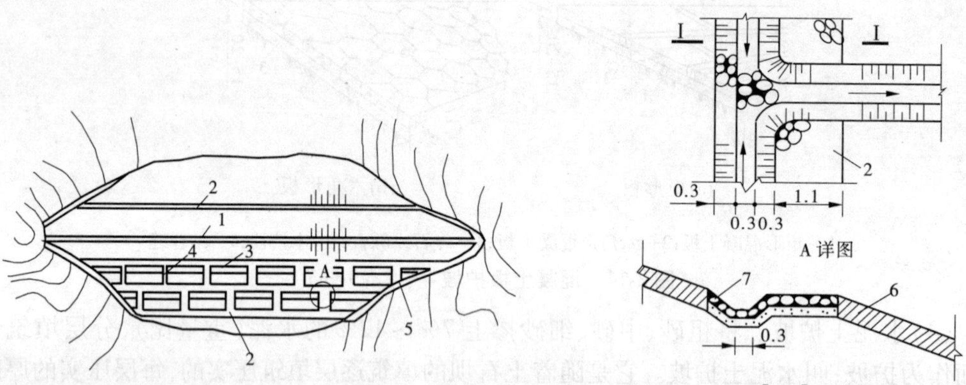

1—坝坡；2—马道；3—纵向排水沟；4—横向排水沟；5—岸坡排水沟；6—草皮护坡；7—浆砌石排水沟

图 2-16　坝坡排水　（单位：m）

单元三　土石坝的渗流分析

一、渗流分析的目的和方法

（一）渗流分析的目的

（1）确定坝体浸润线和下游渗流出逸点的位置（坝体内渗透水流的自由水面为浸润面，在坝的横剖面上则显示为浸润线，如图 2-1 所示），保证不同部位正确采用土壤的重度、抗剪强度等物理、力学指标，为坝体稳定、沉降变形的计算和排水设备的选择提供依据，也为水上、水下分区设置土料提供依据。

（2）确定坝体与坝基的渗流量，为了估计水库渗漏损失和确定坝体排水设备的尺寸。

（3）确定坝坡出逸段和下游地基表面的出逸坡降，以及不同土层之间的渗透坡降，判断该处的渗透稳定性。

（4）确定库水位降落时上游坝壳内自由水面的位置，估算由此产生的孔隙水压力，供上游坝坡稳定分析之用。

根据以上的分析结果，对初拟的坝剖面进行修正。

（二）渗流分析的方法

土石坝渗流计算方法主要有解析法、手绘流网法和数值法三种。

（1）解析法分为流体力学法和水力学法。前者理论严谨，但只能用于某些边界条件较为简单的情况；水力学法计算简易，精度可满足工程要求，得到了广泛的应用，本单元主要介绍水力学法。

(2)手绘流网法是一种简单易行的方法,能够求渗流场内任一点渗流要素,并具有一定的精度,但在渗流场内具有不同土质,且其渗透系数差别较大的情况下较难应用。

(3)遇到复杂地基或多种土质坝,可用数值法。数值法可以计算不稳定渗流和较复杂的渗流问题。近年来,随着计算机的快速发展,数值法得到了广泛应用。

二、水力学法

用水力学法进行土石坝的渗流计算时,有以下假定:①坝体土为均质,坝内各点在各个方向的渗透系数相同;②渗流为层流,且符合达西定律;③渗流是渐变流,过水断面上各点的坡降和流速是相等的。《碾压式土石坝设计规范》(SL 274—2001)规定,需计算下列水位组成的情况:①上游正常蓄水位与下游相应的最低水位;②上游设计洪水位与下游相应的最高水位;③上游校核洪水位与下游相应的最高水位;④库水位降落时上游坝坡稳定最不利的情况。

(一)渗流基本公式

对于不透水地基上矩形土体内的渗流,如图2-17所示。

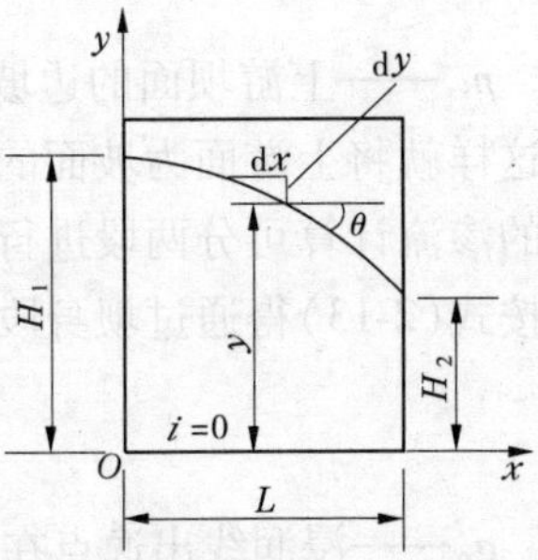

图2-17 不透水地基上矩形土体内的渗流计算图

应用达西定律,渗透流速 $v=KJ$,K 为渗透系数,J 为渗透坡降。根据假定,任一铅直过水断面内各点渗流坡降均相等,则全断面的平均流速 v 为:

$$v = -K\frac{dy}{dx} \tag{2-10}$$

设 q 为单宽流量,则

$$q = vy = -Ky\frac{dy}{dx} \tag{2-11}$$

将式(2-11)变为:

$$q dx = -Ky dy \tag{2-12}$$

等式两端积分,x 由0至 L,y 由 H_1 至 H_2,经整理则得:

$$q = \frac{K(H_1^2 - H_2^2)}{2L} \tag{2-13}$$

若将式(2-13)两端积分的上、下限改为 x 由0至 x,y 由 H_1 至 y,则得浸润线方程:

$$q = \frac{K(H_1^2 - y^2)}{2x}$$

即

$$y = \sqrt{H_1^2 - \frac{2q}{K}x} \tag{2-14}$$

由式(2-14)可知,浸润线是一个二次抛物线。式(2-13)和式(2-14)为渗流基本公式,当渗流量 q 已知时,即可绘制浸润线,若边界条件已知,即可计算单宽渗流量。

(二)不透水地基上均质土石坝的渗流计算

以下游有水而无排水设备的情况为例。

计算时将土坝剖面分为上游楔形体、中间段和下游楔形体三段,如图2-18所示。

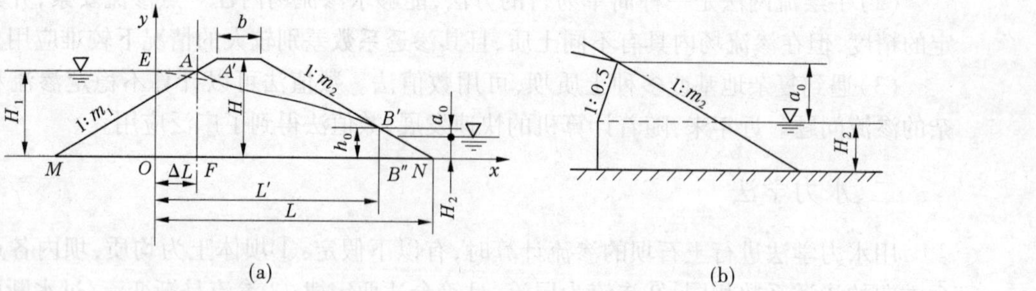

图 2-18　不透水地基上均质坝的渗流计算图

为了简化计算，根据电拟试验的结果，上游楔形体 AMF 可用高度为 H_1（上游水深）、宽度为 $\Delta L = \lambda H_1$ 的等效矩形代替，λ 值由下式计算：

$$\lambda = \frac{m_1}{2m_1 + 1} \tag{2-15}$$

式中　m_1——上游坝面的边坡系数，如为变坡则取平均值。

这样就将上游面为坡面的渗流转换为上游面为铅直面的土石坝渗流问题。对所讨论情况的渗流计算可分两段进行，即坝身段（$AMB''B'$）及下游楔形体段（$B'B''N$），见图 2-18。

按式（2-13）得通过坝身段的渗流量为：

$$q_1 = K\frac{H_1^2 - (H_2 + a_0)^2}{2L'} \tag{2-16}$$

式中　a_0——浸润线出逸点在下游水面以上高度；

K——坝身土壤渗透系数；

H_1——上游水深；

H_2——下游水深；

L'——含义见图 2-18（a）。

通过下游楔形体的渗流量，可分下游水位以上及以下两部分计算，见图 2-18（b）。

根据试验研究认为，下游水位以上的坝身段与楔形体段以 1∶0.5 的等势线为分界面，下游水位以下部分以铅直面作为分界面，与实际情况更相近，通过下游楔形体的总渗流量为 q_2：

$$q_2 = q_2' + q_2'' = K\frac{a_0}{m_2 + 0.5}\left(1 + \frac{H_2}{a_0 + a_m H_2}\right) \tag{2-17}$$

式中，$a_m = \dfrac{m_2}{2(m_2 + 0.5)^2}$。

根据水流连续条件 $q_1 = q_2 = q$，并联立式（2-16）、式（2-17），就可求出两个未知数渗流量 q 和逸出点高度 a_0。

浸润线由式（2-14）确定。上游坝面附近的浸润线需作适当修正：自 A 点作与坝坡 AM 正交的平滑曲线，曲线下端与计算求得的浸润线相切于 A' 点，见图 2-18（a）。

当下游无水时，以上各式中的 $H_2 = 0$；当下游有贴坡排水时，因其不能降低浸润线位置，计算方法与下游不设排水时相同。带褥垫排水的均质坝和带棱体排水的均质坝渗流计算公式见表 2-7。

表 2-7　各种不同类型地基土坝渗流计算的公式

地基类型	坝型		计算简图	计算公式：浸润线方程	计算公式：q
不透水地基	均质坝	带棱体排水	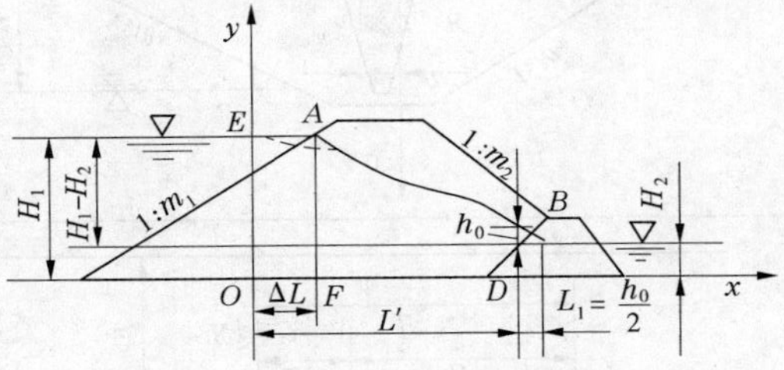	$y=\sqrt{H_1^2-\frac{2q}{K}x}$	$q=\frac{K[H_1^2-(H_2+h_0)^2]}{2L'}$ $h_0=\sqrt{L'^2+(H_1-H_2)^2}-L'$
		带褥垫排水	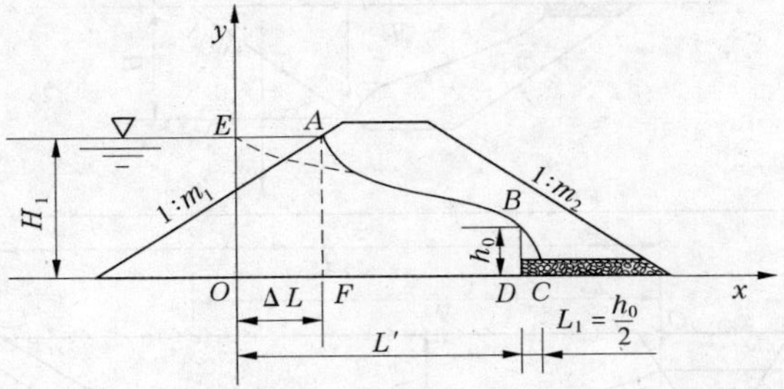	$y=\sqrt{H_1^2-\frac{2q}{K}x}$	$q=\frac{K}{2L'}(H_1^2-h_0^2)$ $h_0=\sqrt{L'^2+H_1^2}-L'$
	心墙坝		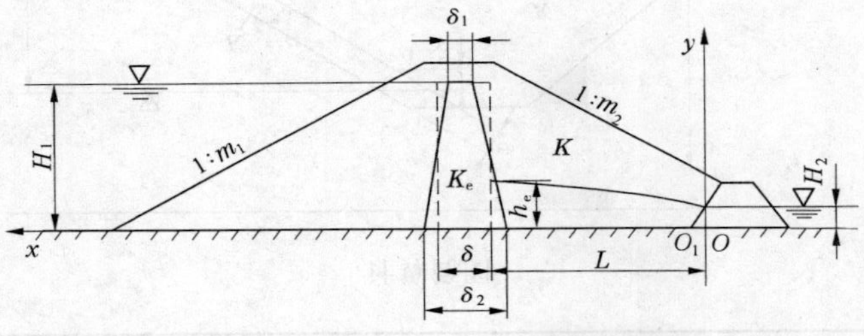	$y=\sqrt{\frac{2q}{K}x+H_2^2}$	联立下式求解 h_e、q $\begin{cases} q=K_e\frac{H_1^2-h_e^2}{2\delta} \\ q=K\frac{h_e^2-H_2^2}{2L} \end{cases}$

续表 2-7

地基类型	坝型	计算简图	计算公式	
			浸润线方程	q
不透水地基	斜墙坝	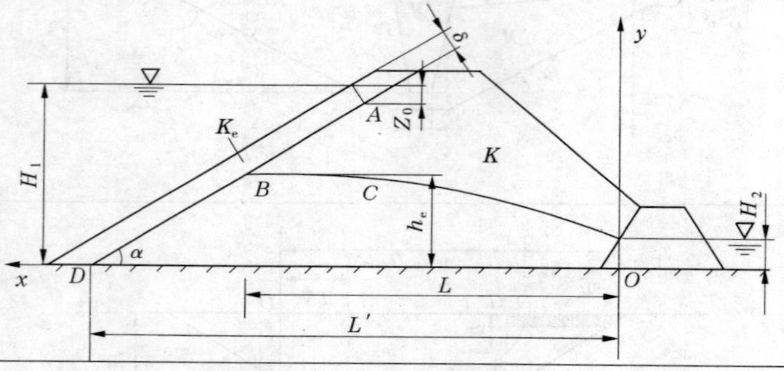	$y=\sqrt{\frac{2q}{K}x+H_2^2}$	联立下式求解 h_e、q $\begin{cases} q=K\frac{h_e^2-H_2^2}{2L} \\ q=K_e\frac{H_1^2-h_e^2-(\delta\cos\alpha)^2}{2\delta\sin\alpha} \end{cases}$
有限深透水地基	均质坝	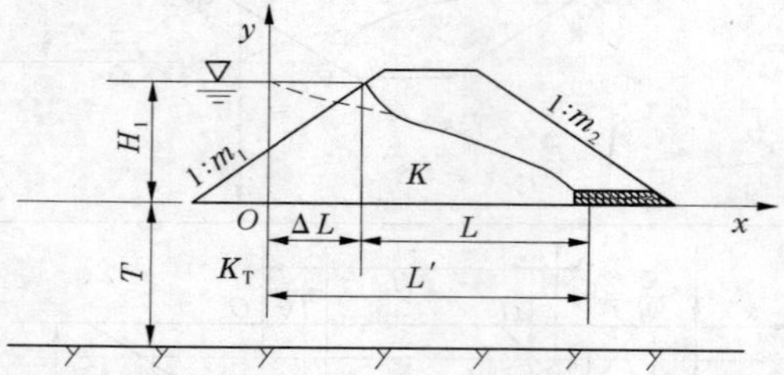	$y=\sqrt{H_1^2-\frac{2q}{K}x}$	$q=K\frac{H_1^2}{2L'}+K_T\frac{TH_1}{L'+0.44T}$
	心墙坝	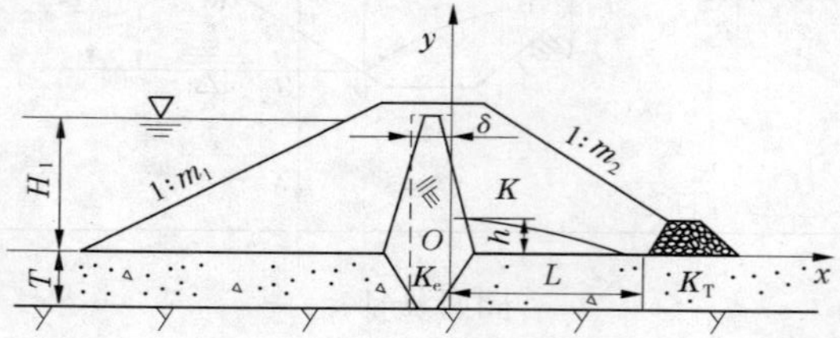	$y^2=h^2-\frac{h^2}{L}x$	联立下式求解 h、q $\begin{cases} q=K_e\frac{(H_1+T)^2-(h+T)^2}{2\delta} \\ q=K\frac{h^2}{2L}+K_T\frac{h}{L+0.44T}T \end{cases}$

(三)有限深透水地基上土石坝的渗流计算

1. 均质土坝

对坝体透水性和地基透水性相似的，可先假定地基不透水，按上述方法确定坝体的渗流量 q_1 和浸润线；然后假定坝体不透水，计算坝基的渗流量 q_2；最后将 q_1 和 q_2 相加，即可近似地得到坝体和坝基的渗流量。坝体浸润线可不考虑坝基渗透的影响，仍用地基不透水情况下算出的结果，如图 2-19 所示。

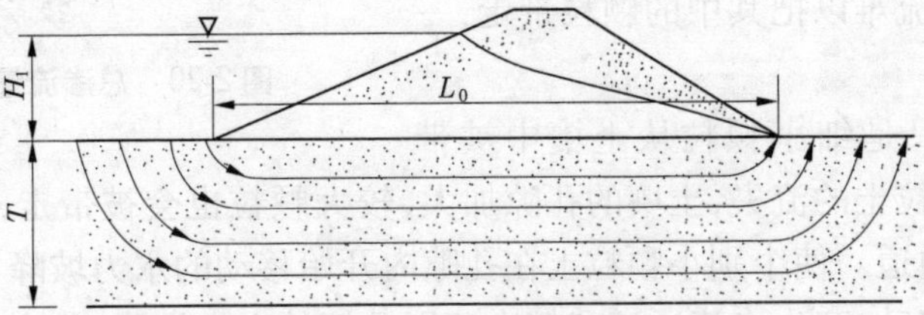

图 2-19 透水地基上均质坝渗流计算

对于有褥垫排水的情况，因地基渗水而使浸润线稍有下降，可近似地假定浸润线与排水起点相交。由于渗流渗入地基时要转一个 90°的弯，流线长度比坝底长度 L' 要增大些。根据试验和流体力学分析，增大的长度约为 $0.44T$。

2. 心墙土石坝

有限深透水地基上的心墙坝，一般都做有截水墙，以拦截透水地基渗流。心墙土料的渗透系数 K_e 常比坝壳土料的小得多，故可近似地认为上游坝壳中无水头损失，心墙前的水位仍为水库的水位。计算时一般分为心墙与截水墙段、下游坝壳与坝基段分别计算渗流量。由于心墙后浸润线的位置较低，可近似地取浸润线末端与堆石棱体的上游端相交。利用渗流的连续性，联立求得 q 和 h。

当下游有水时，可近似地假定浸润线逸出点在下游水面与堆石棱体内坡的交点处，用上述同样的方法进行计算。

表 2-7 给出各种不同类型地基土坝渗流计算的公式。

(四)总渗流量计算

计算总渗流量时，应根据地形及透水层厚度的变化情况，将土石坝沿坝轴线分为若干段，如图 2-20 所示，然后分别计算各段的平均单宽渗流量，则全坝的总渗透流量 Q 可按下式计算：

$$Q = \frac{1}{2}[q_1 l_1 + (q_1 + q_2) l_2 + \cdots + (q_{n-2} + q_{n-1}) l_{n-1} + q_{n-1} l_n] \tag{2-18}$$

式中 $l_1, l_2, \cdots, l_n$——各段坝长；

$q_1, q_2, \cdots, q_{n-1}$——断面 1，断面 2，…，断面 $n-1$ 处的单宽渗流量。

三、渗透变形及其防止措施

(一)渗透变形的形式

土石坝及地基中的渗流，由于机械或化学作用，可能使土体产生局部破坏，称为渗透变形。渗透变形的形式及其发生发展过程与土料性质、土粒级配、水流条件以及防渗排水措施等因素有关，通常可分为下列几种形式：

(1)管涌。在渗流作用下，坝体或坝基中的细小颗粒被渗流带走逐步形成渗流通道的现象称为管涌，常发生在坝的下游坡或闸坝下游地基面渗流逸出处。没有凝聚力的无黏性砂土、砾石砂土中容易出现管涌；黏性土的颗粒之间存在有凝聚力，渗流难以把其中的颗粒带走，一般不易发生管涌。

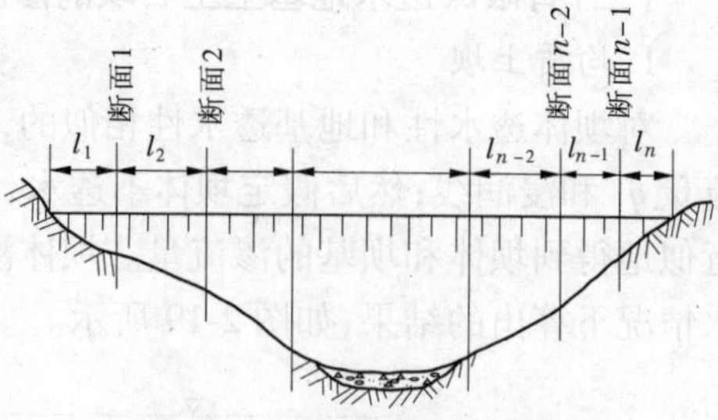

图 2-20　总渗流量计算示意图

管涌开始时只是细小颗粒从土壤中被带出，以后随着小颗粒土的流失，土壤的孔隙加大，较大颗粒也会被带走，逐渐向内部发展，形成集中的渗流通道。使个别小颗粒土在孔隙内开始移动的水力坡降，称为临界坡降；使更大的土粒开始移动，产生渗流通道和较大范围破坏的水力坡降，称为破坏坡降。

(2)流土。在渗流作用下，成块土体被掀起浮动的现象称为流土。发生流土时，土体表面会出现隆起、断裂或剥落现象。它主要发生在黏性土及均匀非黏性土体的渗流出口处。发生流土时的水力坡降称为流土的破坏坡降。

(3)接触冲刷。当渗流沿两种不同土壤的接触面流动时，把其中细颗粒带走的现象，称为接触冲刷。接触冲刷可能使邻近接触面的不同土层混合起来，见图 2-21(a)。

(4)接触流土和接触管涌。渗流方向垂直于两种不同土壤的接触面时，例如在黏土心墙(或斜墙)与坝壳砂砾料之间，坝体或坝基与排水设施之间，以及坝基内不同土层之间的渗流，可能把其中一层的细颗粒带到另一层的粗颗粒中去，称为接触管涌，见图 2-21(b)。当其中一层为黏性土，由于含水量增大、凝聚力降低而成块移动，甚至形成剥蚀时，称为接触流土，见图 2-21(c)。

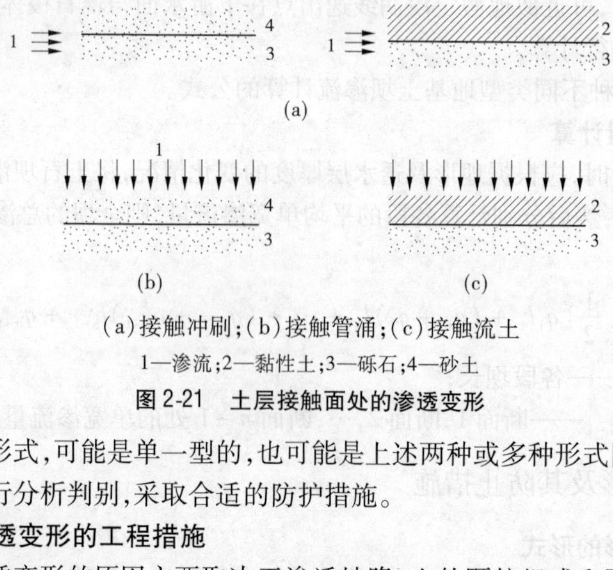

(a)接触冲刷；(b)接触管涌；(c)接触流土

1—渗流；2—黏性土；3—砾石；4—砂土

图 2-21　土层接触面处的渗透变形

渗透变形的形式，可能是单一型的，也可能是上述两种或多种形式同时出现于不同部位。设计时应进行分析判别，采取合适的防护措施。

(二)防止渗透变形的工程措施

土体发生渗透变形的原因主要取决于渗透坡降、土的颗粒组成和孔隙率等。设计时应尽量降低渗透坡降和增加渗流出口处土体抵抗渗透变形的能力。为防止渗透变形，常采取的工程措施有:全面截阻渗流,延长渗径,设置排水设施、反滤层或排渗减压井等。

设置反滤层是提高抗渗破坏能力,防止各类渗透变形特别是防止管涌的有效措施。在任何渗流流入排水设施处一般都要设置反滤层。

(1)反滤层的结构。反滤层一般是由2~3层不同粒径的非黏性土、砂和砂砾石组成的。层次排列应尽量与渗流的方向垂直,各层次的粒径则按渗流方向逐层增加,如图2-22所示。按照施工条件,水平反滤层的每层厚度最小为10~15 cm,一般为15~30 cm,垂直或倾斜反滤层的最小厚度应更大些。采用机械化施工时,每层厚度还要适当加大。

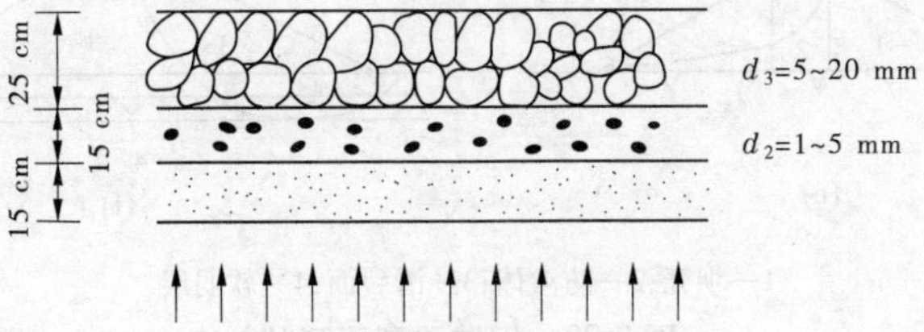

图2-22 反滤层的布置示意图

(2)反滤层的材料。反滤层的材料首先应该是耐久的、抗风化的砂石料。为保证滤土排水的正常工作,材料的布置和要求应满足如下原则:

①被保护土壤的颗粒不得穿过反滤层。但对细小的颗粒(如粒径小于0.1 mm的砂土),则可允许被带走。因为它被带走不会使土的骨架破坏,不至于产生渗透变形。

②各层的颗粒不得发生移动。

③相邻两层间,较小的一层颗粒不得穿过较粗一层的孔隙。

④反滤层不能被堵塞,而且应具有足够的透水性,以保证排水畅通。

⑤应保证耐久、稳定,其工作性能和效果应不随时间的推移和环境的改变而遭受破坏。

单元四 土石坝的稳定分析

一、概述

稳定分析是确定土石坝的设计剖面是否安全经济的重要依据。土石坝是散粒体堆筑而成的,坝坡稳定要求必须采用肥大的剖面,所以坝体不可能产生水平滑动,其失稳形式主要是坝坡滑动或坝坡与坝基一起滑动。土石坝稳定分析的目的就是验算土石坝在自重、各种情况的孔隙压力和外荷载作用下,坝坡是否具有足够的稳定性。

坝坡稳定计算时,应先确定滑裂面的形状,土石坝滑坡的形式与坝体结构、土料和地基的性质以及坝的工作条件等密切相关。图2-23所示为可能滑动的各种形式,大体可归纳为如下几种:

(1)曲线滑裂面。当滑裂面通过黏性土的部位时,其形状常是上陡下缓的曲面,由于曲线近似圆弧,因而在实际计算中常用圆弧代替,如图2-23(a)、(b)所示。

(2)直线或折线滑裂面。滑裂面通过无黏性土时,滑裂面的形状可能是直线形或折

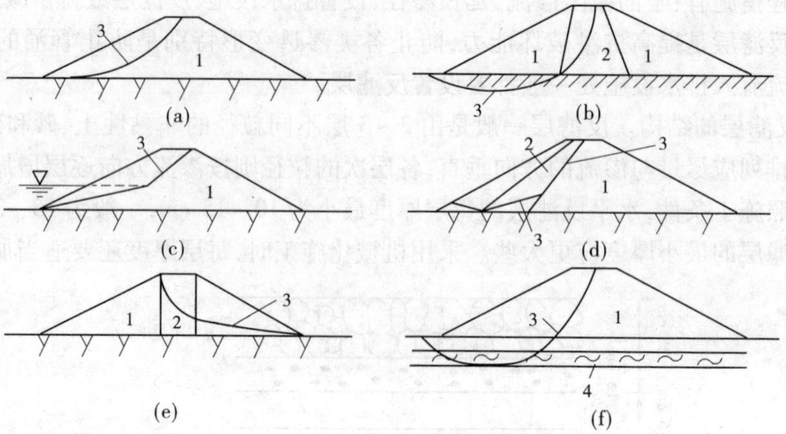

1—坝壳;2—防渗体;3—滑裂面;4—软弱层

图 2-23　坝坡滑裂面形状

线形。当坝坡干燥或全部浸入水中时呈直线形;当坝坡部分浸入水中时呈折线形,如图 2-23(c)所示。斜墙坝的上游坡失稳时,通常是沿着斜墙与坝体交界面滑动,如图 2-23(d)所示。

(3)复合滑裂面。当滑裂面通过性质不同的几种土料时,可能是由直线和曲线组成的复合形状滑裂面。图 2-23(e)所示为通过黏土心墙的圆弧和通过砂砾坝壳的直线组成的复合滑裂面;图 2-23(f)所示为坝基存在软弱夹层的情况,由两段圆弧和一段直线组合成的复合滑裂面。

二、荷载组合及稳定安全系数的标准

(一)荷载

土石坝稳定计算必须考虑的荷载有自重、渗透动水压力、孔隙水压力和地震惯性力等。

(1)自重。坝体自重一般在浸润线以上的土体按湿重度计算,浸润线以下、下游水位以上的按饱和重度计算,下游水位以下的按浮重度计算。

(2)渗透动水压力。动水压力的方向与渗透方向相同,作用在单位土体上的渗透动水压力为 γJ,γ 为水的重度,J 为该处的渗透坡降。

(3)孔隙水压力。这是黏性土体中常存在的一种力。黏性土在外荷载作用下产生压缩时,由于土体内空气和水来不及排出,外荷载便由土粒及空隙中水和空气共同承担。土粒骨架承担的应力称为有效应力,它在土体滑动时能产生摩擦力,而水和空气承担的应力称为孔隙压力,它不能产生摩擦力。土壤中的有效应力 σ' 为总应力 σ 与孔隙压力 u 之差,所以土壤的有效抗剪强度为:

$$\tau = c + (\sigma - u)\tan\varphi' = c' + \sigma'\tan\varphi' \tag{2-19}$$

式中　φ'——内摩擦角,(°);

c'——凝聚力,kPa。

孔隙压力的存在使土的抗剪强度降低,对于黏性填土或坝基,在施工期和水库水位降落期必须计算相应的孔隙压力，必要时，还要考虑施工末期孔隙压力消散的情况。孔隙压力的大小及消散速度，主要随土料性质、填土含水量、填筑速度、坝内各点荷载和排水条件不同而异，并随时间变化，因而孔隙压力的计算一般都较复杂。

目前，考虑孔隙压力的方法有两种，一种是采用总应力法，即采用不排水剪的总强度指标 φ_u、c_u 来确定土的抗剪强度 $\tau_u = c_u + \sigma\tan\varphi_u$。显然，欲使试验的总应力与土壤实际总应力状态相符，一般是难以做到的。另一种是有效应力法，即先计算孔隙压力，再把它当做一组作用在滑弧上的外力来考虑，采用由排水剪或固结快剪试验测得的有效强度指标 φ'、c'。《碾压式土石坝设计规范》(SL 274—2001)规定，对1级坝和2级以下高坝在稳定渗流期必须采用有效应力法作为依据。3级以下中低坝可采用两种方法的任一种。

(4)地震惯性力。沿土石坝高度作用于质点 i 处的水平向地震惯性力 Q 可按下式计算：

$$Q = K_H C_z W_i \alpha_i \tag{2-20}$$

竖向地震惯性力 V 可按下式计算：

$$V = \frac{2}{3} K_H C_z W_i \alpha_i \tag{2-21}$$

式中 K_H——水平向地震系数，当设计烈度为7度时 $K_H = 0.1$，8度时 $K_H = 0.2$，9度时 $K_H = 0.4$；

C_z——地震效应折减系数，$C_z = 1/4$；

W_i——集中在质点 i 的重量，kN；

α_i——质点 i 的动态分布系数，按图2-24选用，图中 α_m 为坝顶的动态分布系数，对于设计烈度为7度区、8度区和9度区的土石坝，α_m 分别取为3.0、2.5和2.0。

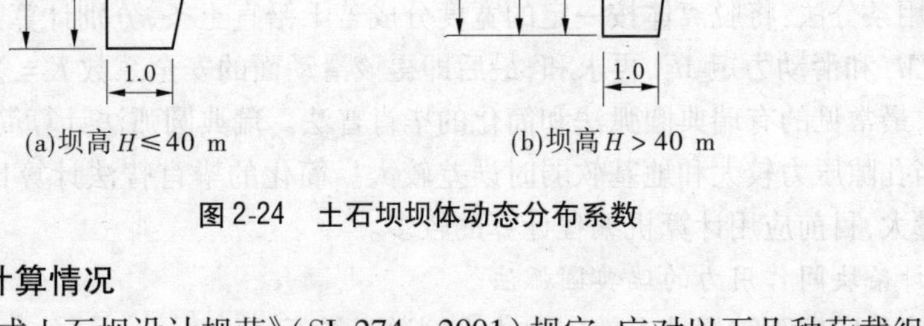

图2-24 土石坝坝体动态分布系数

(二)稳定计算情况

根据《碾压式土石坝设计规范》(SL 274—2001)规定，应对以下几种荷载组合情况进行稳定计算：

(1)正常运用情况包括：①上游为正常蓄水位，下游为相应的最低水位，或上游为设计洪水位，下游为相应的最高水位时，在稳定渗流情况下的上、下游坝坡的稳定计算；②水库水位正常降落时，上游坝坡的稳定计算。

(2)非常运用情况包括:①施工期,凡黏性填土均应考虑孔隙水压力的影响,考虑孔隙水压力消散的条件为填筑密度低、饱和度>80%、K 在 10^{-7}~10^{-3} cm/s 的大体积填土;②水库水位非常降落,如自校核洪水位降落至死水位以下,大流量泄空等情况下的上游坝坡稳定计算;③校核洪水位下有可能形成稳定渗流时的下游坝坡稳定计算;④正常运用情况遇地震时上、下游坝坡稳定验算。

(三)稳定安全系数

采用计入条块间作用力的计算方法时,坝坡的抗滑稳定安全系数应不小于表 2-8 所规定的数值。对 1 级坝和 2 级以下的高坝,以及一些比较复杂的情况,可用不计条块间作用力的简化法复核坝坡抗滑稳定安全系数,这时最小安全系数值应比表 2-8 中的规定降低 8%。

表 2-8 容许最小抗滑稳定安全系数

运用条件	工程级别			
	1	2	3	4、5
正常运用	1.50	1.30	1.25	1.20
非常运用	1.35	1.20	1.15	1.10
正常运用加地震	1.15	1.10	1.10	1.05

三、稳定分析方法

现行的边坡稳定分析方法很多,基本上都属于刚体极限平衡法。首先选定一种(或几种)破坏面的形式(如圆弧、直线、折线或复合滑动面),再在其中选取若干个可能的破坏面,分别计算出它们的安全系数,其中安全系数最小的滑动面即为最危险滑动面,相应的安全系数即为所求的安全系数。

(一)圆弧滑动面稳定计算

基本原理:假定滑动面为圆柱面,将滑动面内土体看做刚体脱离体,土体绕滑动面的圆心转动即为边坡失稳。分析时在坝轴线方向取单位坝长 1 m 按平面问题研究。工程实践中常采用条分法:将脱离体按一定的宽度分成若干铅直土条,分别计算各土条对圆心的抗滑力矩 M_r 和滑动力矩 M_s,再求和,最后即得该滑动面的安全系数 $K=\sum M_r/\sum M_s$。

目前,最常见的有瑞典圆弧法和简化的毕肖普法。瑞典圆弧法计算简单,但理论上有缺陷,且当孔隙压力较大和地基软弱时误差较大。简化的毕肖普法计算比瑞典圆弧法复杂,计算量大,目前应用计算机编程计算的较多。

1. 不计条块间作用力的瑞典圆弧法

以渗流稳定期下游坝坡有效应力法为例说明如下:

(1)将土条编号。土条宽度常取半径 R 的 1/10,即 $b=0.1R$。各块土条编号的顺序为:首先以过圆心垂线为零号土条的中心线,向上游(对下游坝坡)各土条的顺序为 1、2、3…,向下游的顺序为 -1、-2、-3…,如图 2-25 所示。

(2)土条的重量 W_i。计算抗滑力时,浸润线以上部分用湿重度,浸润线以下部分用浮

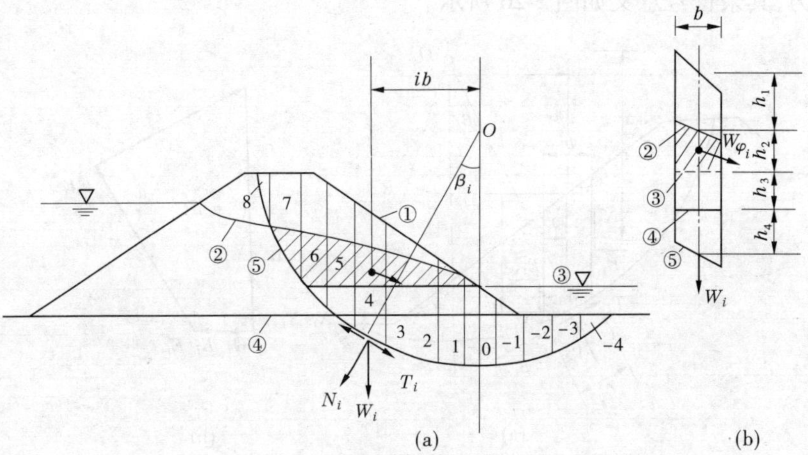

①—坝坡线；②—浸润线；③—下游水面；④—地基面；⑤—滑裂面

图 2-25　圆弧滑动计算简图

重度。

$$W_i = [\gamma_1 h_1 + \gamma_3(h_2 + h_3) + \gamma_4 h_4]b \tag{2-22}$$

式中　$h_1 \sim h_4$——土条各分段的中线高度；

γ_1、γ_3、γ_4——坝体土的湿重度、浮重度和坝基土的浮重度。

考虑渗流作用时用重度替代法。即计算滑动力时，下游水位与浸润线之间的土体用饱和重度，浸润线以上仍用湿重度计算，下游水位以下土体仍用浮重度计算。

(3)安全系数。计算公式为：

$$K = \frac{\sum\{[(W_i \pm V)\cos\beta_i - ub\sec\beta_i - Q\sin\beta_i]\tan\varphi_i' + c_i' b\sec\beta_i\}}{\sum[(W_i \pm V)\sin\beta_i + M_c/R]} \tag{2-23}$$

式中　W_i——土条重量；

Q、V——水平向和垂直向地震惯性力(向上为负，向下为正)；

u——作用于土条底面的孔隙压力；

β_i——条块重力线与通过此条块底面中点的半径之间的夹角；

b——土条宽度；

c_i'、φ_i'——土条底面的有效应力抗剪强度指标；

M_c——水平地震惯性力对圆心的力矩；

R——圆弧半径。

用总应力法分析坝体稳定时，略去公式含孔隙压力 u 的项，并将 c_i'、φ_i' 换成总应力强度指标。

2. 简化的毕肖普(Bishop)法

瑞典圆弧法不满足每一土条力的平衡条件，一般计算出的安全系数偏低。毕肖普法在这方面作了改进，近似考虑了土条间相互作用力的影响，其计算简图如图 2-26 所示。图中 E_i 和 X_i 分别表示土条间的法向力和切向力；W_i 为土条自重，在浸润线上、下分别按湿重度和饱和重度计算；Q_i 为水平力，如地震力等；N_i 和 T_i 分别为土条底部的总法向力和总切向力，其余符号意义如图 2-26 所示。

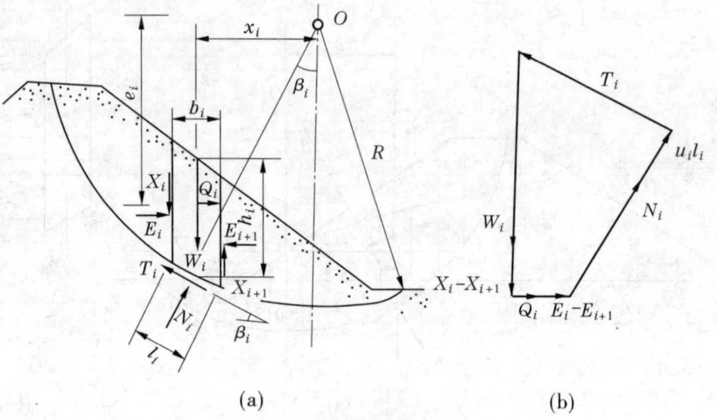

图 2-26　简化的毕肖普法

为使问题可解，毕肖普假设 $X_i=X_{i+1}$，即略去土条间的切向力，使计算工作量大为减少，而成果与精确法计算的仍很接近，故称简化的毕肖普法。安全系数计算公式为：

$$K=\frac{\sum\left\{\left[(W_i\pm V)\sec\beta_i-ub\sec\beta_i\right]\tan\varphi_i'+c_i'b\sec\beta_i\right\}\left[1/(1+\tan\beta_i\tan\varphi_i'/K)\right]}{\sum\left[(W_i\pm V)\sin\beta_i+M_c/R\right]} \tag{2-24}$$

式中符号意义同前。

3. 最危险圆弧位置的确定

上述滑动圆弧的圆心和半径都是任意选定的，求得的安全系数一般不是最小的，需经多次试算才能找到最小安全系数，如何能用最少的试算次数找到最小的安全系数，不少学者都进行了相关的研究。以下主要介绍适合均质坝的两种常用方法。

(1) B. B 方捷耶夫法。该方法认为最小安全系数的滑弧圆心在扇形 $bcdf$ 范围内（见图 2-27）。此扇形面积的两个边界为由坝坡中点 a 引出的两条线，一条为铅直线，另一条与坝坡线成 85°角。另外，两个边界是以 a 为圆心所作的两个圆弧，内、外圆弧的 R 如表 2-9所示。

表 2-9　$R_{内}$、$R_{外}$ 值

坝坡		1:1	1:2	1:3	1:4	1:5	1:6
$\frac{R}{H}$	$R_{内}$	0.75	0.75	1.0	1.5	2.2	3.0
	$R_{外}$	1.50	1.75	2.30	3.75	4.80	5.50

(2) 费兰纽斯法（Fellenius. W, 1972）。如图 2-27 所示，H 为坝高，定出距坝顶为 $2H$、距坝趾为 $4.5H$ 的 M_1 点；再从坝趾 B_1 和坝顶 A 引出 B_1M_2 和 AM_2，它们分别与下游坡及坝顶成 β_1、β_2（见表 2-10）角并相交于 M_2 点，连接 M_1M_2 线，费兰纽斯认为最危险滑弧的圆心位于 M_1M_2 的延长线附近。

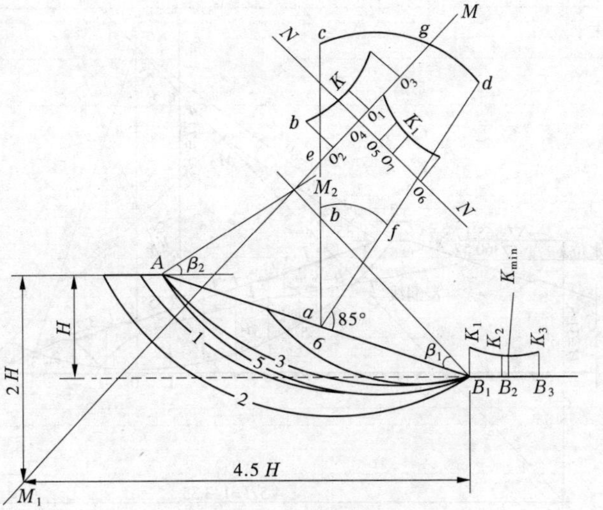

图 2-27　最危险滑弧位置示意图

表 2-10　β_1、β_2 值

坝坡	1∶1.5	1∶2	1∶3	1∶4
β_1(°)	26	25	25	25
β_2(°)	35	35	35	36

以上两种方法适用于均质坝,其他坝型也可参考。实际运用时,常将二者结合应用,即认为最危险的滑弧圆心在扇形面积中 eg 线附近,并按以下步骤计算最小的安全系数:

①在 eg 线上选取 o_1、o_2、o_3…为圆心,分别作通过 B_1 点的滑弧并计算各自的安全系数 K,按比例将 K 值标在相应的圆心上,连成曲线找出相应最小 K 的圆心,例如 o_4 点。

②再通过 eg 线上 K 最小的点 o_4,作 eg 的垂线 $N—N$,在 $N—N$ 线上选 o_5、o_6 等为圆心,同样分别过 B_1 点作滑弧,找出最小的安全系数,例如 B_1 点对应 K_1 即是。一般认为 K_1 值即为通过 B_1 点的最小安全系数,按比例将 K_1 标在 B_1 点的上方。

③根据坝基土质情况,在坝坡或坝趾外再选 B_2、B_3,同上述方法求出最小安全系数 K_2、K_3,分别按比例标在 B_2、B_3 点的上方,连接标注 K_1、K_2、K_3 诸短线的端点,即可找出相应于计算情况的坝坡稳定安全系数 $K_{\min}$。一般至少要计算 15 个滑弧才能求得 $K_{\min}$,现在常用计算机解决。

【例题 2-1】 某均质土坝如图 2-28 所示,3 级建筑物,坝高 31.85 m,坝顶宽 7 m,上下游坝坡分别为 1∶3、1∶3.25、1∶3.5 及 1∶2.75、1∶3、1∶3.25,筑坝土料为中粉质壤土,土料设计指标为:$\varphi = 20.1°$,$c = 15$ kPa,湿重度 $\gamma_m = 19.5\ kN/m^3$,浮重度 $\gamma' = 10.5\ kN/m^3$,饱和重度 $\gamma_{sat} = 20.5\ kN/m^3$。试求上游为正常高水位(水深 $H_1 = 27.52$ m),下游无水(假设下游水位与地基平)时,下游坝坡的稳定安全系数。

解:按本单元所介绍的替代法,取 1 m 坝长,采用列表的方法进行计算。

(1)按一定比例绘出坝体横剖面图,将计算的浸润线绘于图上。

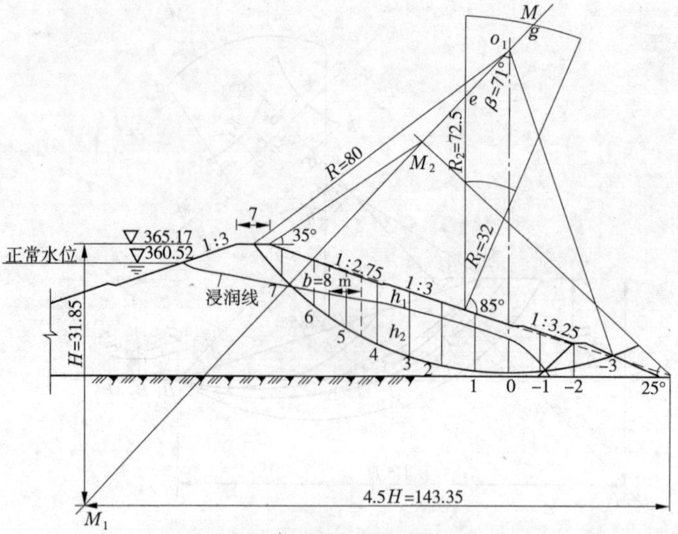

图 2-28　某均质坝稳定计算图　（单位:m）

(2)确定危险滑弧圆心的范围,见图 2-28。

(3)在 eg 线上任选一点 o_1 为圆心,以半径 $R=80$ m 作圆弧。取土条宽度 $b=8$ m,以通过圆心 o_1 的铅垂线作为 0 号土条的中线,向左右两侧量取土条,以左的编号为 1,2,…,8,以右的编号为 −1, −2, −3,各土条的 $\sin\beta_i$ 和 $\cos\beta_i$ 值填入计算表 2-11 中第②、第③栏内。

表 2-11

土条编号	$\sin\beta_i$	$\cos\beta_i$	h_{1i}	h_{2i}	$\gamma_m h_{1i}$	$\gamma' h_{2i}$	$\gamma_{sat} h_{2i}$	$\cos\beta_i\tan\varphi_i$ (⑥+⑦)	$\sin\beta_i$ (⑥+⑧)
①	②	③	④	⑤	⑥	⑦	⑧	⑨	⑩
0	0	1	4.05	8.75	78.99	91.88	179.38	65.59	0
1	0.1	0.99	4.00	10.50	78.00	110.25	215.25	71.17	29.33
2	0.2	0.98	4.50	11.50	87.75	120.75	235.75	78.03	64.70
3	0.3	0.95	4.50	11.50	87.75	120.75	235.75	75.65	97.05
4	0.4	0.92	5.50	10.00	107.25	105.00	205.00	74.57	124.90
5	0.5	0.87	7.00	7.00	136.50	73.50	143.50	69.77	140.00
6	0.6	0.80	7.50	3.50	146.25	36.75	71.75	55.91	130.80
7	0.7	0.71	7.00	—	136.50	—	—	37.01	95.55
8	0.8	0.60	0.94	—	18.33	—	—	4.20	14.66
−1	−0.1	0.99	7.00	2.50	136.50	26.25	51.25	61.53	−18.78
−2	−0.2	0.98	5.50	—	107.25	—	—	40.14	−21.45
−3	−0.3	0.95	1.60	—	31.20	—	—	11.32	−9.36
合计	—	—	—	—	—	—	—	644.89	647.40

(4)量出各土条中心线的各种土体高度 h_{1i}、h_{2i}，并填入计算表 2-11 中的第④、第⑤栏内。第 8 号土条量出宽度 $b'=3$ m，高度 $h'=2.5$ m，不足一条土条 $b=8$ m 的宽度，要将其换算成宽度 $b=8$ m、高度 $h=b'h'/b=3\times2.5/8=0.94$(m)的土条；$-3$ 号土条量出的宽度 $b'=5$ m，高度 $h'=2.5$ m，同理换算成宽度 $b=8$ m，高度 $h=b'h'/b=5\times2.5/8=1.6$(m)。

下游排水设备对于低坝可近似地采用与坝体相同的重度(偏安全)。

(5)计算表中各土条的重量。

(6)计算：$\tan\varphi=\tan20.1°=0.3819$；

弧长
$$\sum l_i=\frac{\pi R}{180°}\theta=\frac{3.14\times80}{180°}\times71°=99.0844$$

(7)将有关数值代入式(2-23)中，求坝坡稳定安全系数为：

$$K=\frac{\sum b_i(\gamma_m h_{1i}+\gamma' h_{2i})\cos\beta_i\tan\varphi_i+\sum c_i l_i}{\sum b_i(\gamma_m h_{1i}+\gamma_{sat}h_{2i})\sin\beta_i}$$

$$=\frac{\sum(\gamma_m h_{1i}+\gamma' h_{2i})\cos\beta_i\tan\varphi_i+\frac{1}{b}\sum c_i l_i}{\sum(\gamma_m h_{1i}+\gamma_{sat}h_{2i})\sin\beta_i}$$

$$=\frac{644.89+\frac{1}{8}\times15\times99.0844}{647.40}=1.28$$

(8)再取其他的圆心 o_1、o_2、o_3…重复上述的计算，即可求得最小稳定安全系数。其坝坡最小的稳定安全系数不得小于表 2-8 中规定的数值。

(二)折线滑动面法

非黏性土的坝坡，例如心墙坝的上、下游坝坡和斜墙坝的下游坝坡，以及斜墙坝的上游保护层和保护层连同斜墙一起滑动时，常形成折线滑动面。

折线滑动面法常采用两种假定：①滑楔间作用力为水平向，采用与圆弧滑动面法相同的安全系数；②滑楔间作用力平行于滑动面，采用与毕肖普法相同的安全系数。

对于部分浸水的非黏性土坝坡，由于水上与水下土的物理性质不同，滑裂面不是一个平面，而是近似折线面。以图 2-29 所示心墙坝的上游坝坡为例，说明折线滑动面法按极限平衡理论计算安全系数的方法。

图中 ADC 为任一滑裂面，折点 D 在上游水位处，以铅直线 DE 将滑动土体分为两块，其重量分别为 W_1、W_2，假定条块间作用力为 P_1，其方向平行于 DC 面，两块土体底面的抗剪强度指标分别为 φ_1、φ_2，则土块 $BCDE$ 的平衡式为：

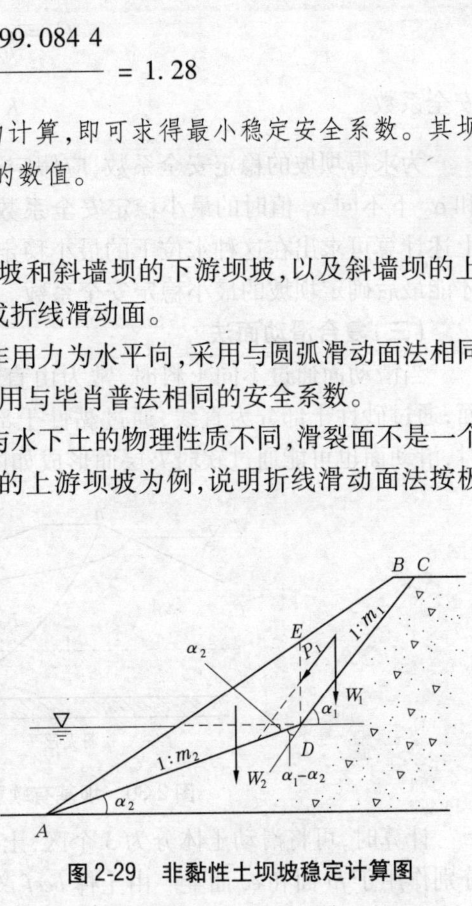

图 2-29 非黏性土坝坡稳定计算图

$$P_1-W_1\sin\alpha_1+\frac{1}{K}W_1\cos\alpha_1\tan\varphi_1=0 \tag{2-25}$$

土体 ADE 的平衡式为：

$$\frac{1}{K}W_2\cos\alpha_2\tan\varphi_2 + \frac{1}{K}P_1\sin(\alpha_1 - \alpha_2)\tan\varphi_2 - W_2\sin\alpha_2 - P_1\cos(\alpha_1 - \alpha_2) = 0 \tag{2-26}$$

由以上二式联立，可以求得安全系数 K。

若 $\varphi_1 = \varphi_2 = \varphi$，并令 $\frac{\tan\varphi}{K} = f$，则 $\sin\alpha_1 = \frac{1}{\sqrt{1+m_1^2}}$，$\cos\alpha_1 = \frac{m_1}{\sqrt{1+m_1^2}}$，$\sin\alpha_2 = \frac{1}{\sqrt{1+m_2^2}}$，$\cos\alpha_2 = \frac{m_2}{\sqrt{1+m_2^2}}$。

再将以上两式联解得：

$$f = \frac{A+B}{2} - \sqrt{\left(\frac{A+B}{2}\right)^2 - \left(\frac{B}{m_2} + C\right)} \tag{2-27}$$

式中

$$A = \frac{1+m_1^2}{m_2 - m_1}\frac{m_2}{m_1} \tag{2-28}$$

$$B = \frac{W_2}{W_1}A \tag{2-29}$$

$$C = \frac{1 + m_1 m_2}{m_1(m_2 - m_1)} \tag{2-30}$$

安全系数

$$K = \frac{\tan\varphi}{f} \tag{2-31}$$

为求得坝坡的稳定安全系数，应假定不同的 α_1、α_2 和上游水位，即先求出在某一水位和 α_2 下不同 α_1 值时的最小稳定安全系数，然后在同一水位下再假定不同的 α_2 值，重复上述计算可求出在这种水位下的最小稳定安全系数。一般还必须至少再假设两个水位，才能最后确定坝坡的最小稳定安全系数。

（三）复合滑动面法

当滑动面通过不同土料时，常为由直线与圆弧组合的形式。例如，厚心墙坝的滑动面，通过砂性土部分为直线，通过黏性土部分为圆弧。当坝基下不深处存在有软弱夹层时，滑动面也可能通过软弱夹层而形成如图 2-30 所示的复合滑动面。

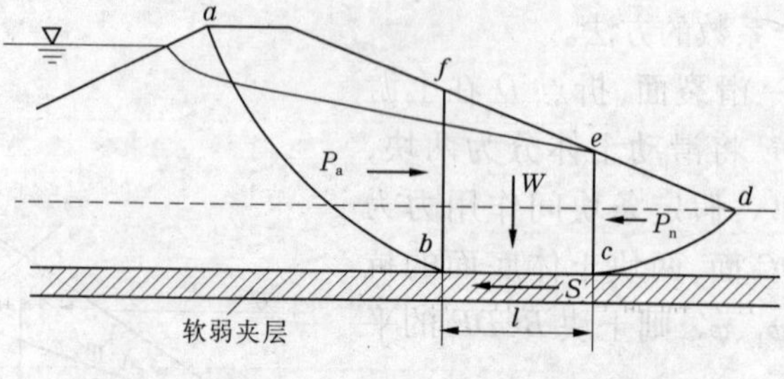

图 2-30　坝基有软弱夹层时的稳定计算简图

计算时，可将滑动土体分为 3 个区，土体 abf 的滑动推力为 P_a，土体 cde 的推力为 P_n，分别作用于 fb 面和 ec 面上。由土体 $bcef$ 产生的抗滑力 S 作用于 bc 面上，稳定安全系数 K

可表示为：

$$K=\frac{抗滑力}{滑动力}=\frac{S}{P_a-P_n}=\frac{W\tan\varphi+cl}{P_a-P_n} \tag{2-32}$$

式中　W——土体 $bcef$ 的自重；

φ、c——软弱夹层的内摩擦角和凝聚力。

求 P_a、P_n 时，也可用条分法将两边的滑动土体 abf 和 cde 分成几个条块，并假定条块间的推力近似于水平。用上述试算法，拟定一个安全系数 K，推求各条块对下一块的推力（求 P_a 时从左块开始，求 P_n 时则从右块开始），得出 P_a 和 P_n 后代入式(2-32)，如果得到的 K 值与拟定的 K 值不同，则重新拟定 K，重复计算，直至两者相等为止。当然，也要多假定几个 ab 弧和 cd 弧的位置，经过多次试算，才能求出沿这种滑动面的最小稳定安全系数。

四、提高土石坝抗滑稳定性的工程措施

土石坝的滑坡将危及大坝的安全。因此，在通过稳定复核后如其稳定安全系数不能满足设计要求，可在设计中放缓坝坡或提高土石料的填筑标准，以增加坝体的稳定性。对已建土石坝，如通过复核边坡稳定存在问题，可从以下几方面来考虑提高其抗滑稳定性。

(1)坝脚加压重或放缓坝坡。设置压重后就迫使滑动土体受到阻滞，这样既增大了滑动土体的重量，也增大了抗滑体的抗力。

(2)加强防渗、导渗措施。如图 2-31 所示，加强防渗、导渗措施可降低坝体浸润线和渗透压力，从而降低滑动力，增加其抗滑稳定性。

(3)加固地基。包括设置地基防渗体、排水减压等措施。

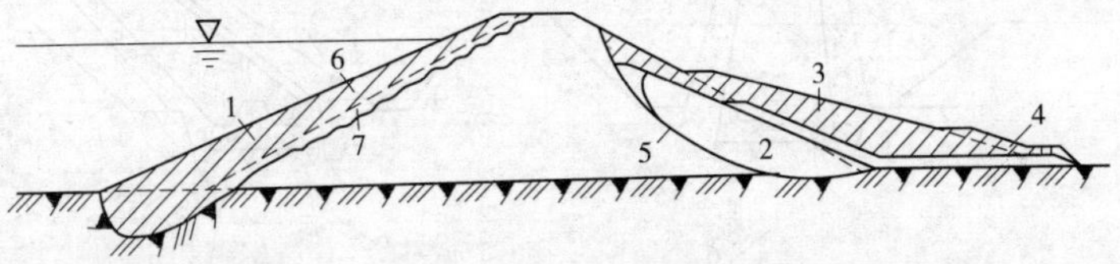

1—新建黏土斜墙；2—砂砾层；3—土料压坡体；4—排水体；5—滑动面；6—护坡；7—原上游坡

图 2-31　上游防渗、下游导渗压坡处理滑坡示意图

单元五　土石坝的地基处理

土石坝地基处理的任务是：①控制渗流，使地基以至坝身不产生渗透变形，并把渗流流量控制在允许的范围内；②保证地基稳定不发生滑动；③控制沉降与不均匀沉降，以限制坝体裂缝的发生。土石坝地基处理应力求做到技术可靠、经济合理。筑坝前要完全清除表面的腐殖土，以及可能发生集中渗流和可能发生滑动的表层土石，例如较薄的细砂层、稀泥、草皮、树根以及乱石和松动的岩块等，清除深度一般为 0.3 ~ 1.0 m，然后根据不同地基情况采取不同的处理措施。岩石地基的强度大、变形小，一般均能满足土石坝的要求，其处理的目的主要是控制渗流，本单元主要介绍非岩石地基的处理。

一、砂砾石地基处理

砂砾石地基具有强度较大、压缩变形较小的特点，对建筑在此种地基上的土石坝的地基处理主要是解决渗流的问题。处理原则一般是减少坝基的渗透量并保证坝基和坝体的抗渗稳定。处理的方法是“上防下排”。属于“上防”的有铅直方向的黏性土截水墙、混凝土防渗墙、板桩和帷幕灌浆，以及水平方向的防渗铺盖等；属于“下排”的有铅直方向的减压井和反滤式排水沟，以及水平方向的反滤式盖重等。这些措施既可以单独使用，也可以联合使用。

砂砾石地基控制渗流的措施，主要应根据地基情况、工程运用要求和施工条件选定。铅直的防渗措施能够截断地基渗流，可靠而有效地解决地基渗流问题，应考虑优先采用。

（一）黏性土截水墙

当覆盖层深度在 15 m 以内时，可开挖深槽直达不透水层或基岩，槽内回填黏性土而成截水墙（也称截水槽），心墙坝、斜墙坝常将防渗体向下延伸至不透水层而成截水墙，见图 2-32。

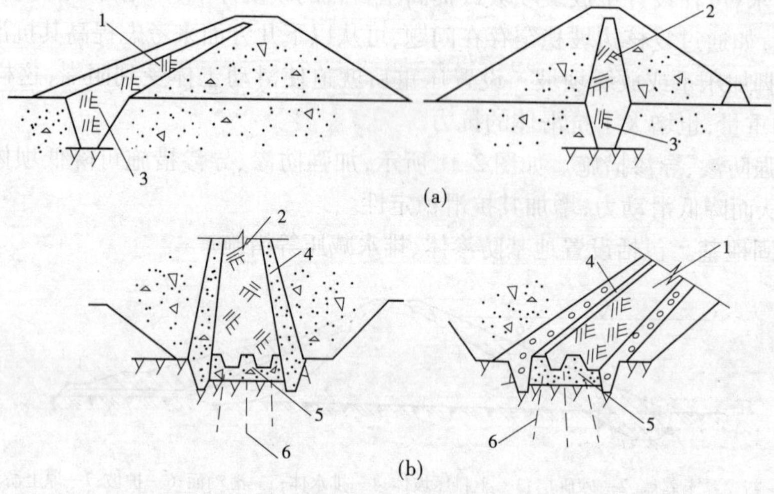

（a）截水墙的位置；（b）截水墙（或心墙、斜墙）与基岩的连接

1—黏土斜墙；2—黏土心墙；3—截水墙；4—过滤层；5—垫座；6—固结灌浆

图 2-32　黏性土截水墙

均质坝也可将坝体部分延伸至不透水层形成截水墙，如图 2-33 所示。

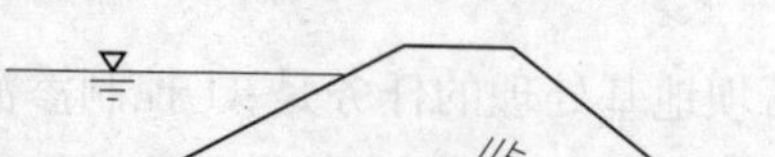

图 2-33　均质坝截水墙

截水墙底宽常根据回填土料的允许渗透坡降与基岩接触面抗渗流冲刷的允许坡降以及施工条件确定。截水墙内回填黏土、重壤土时不小于 $0.1H$（H 为作用水头），中、轻壤土不小于 $0.2H$，且一般不小于 3 m，以利于施工。截水墙的开挖边坡通常不陡于 1∶1，以保持边坡稳定。截水墙的土料应与其上部的心墙或斜墙一致。均质土坝截水墙所用土料应与坝

体相同，其截水墙的位置宜设于距上游坝脚 1/3 ~ 1/2 坝底宽处。由于目前施工机械化程度的提高，黏土截水墙的采用有向深处发展的趋势，我国土石坝截水墙的开挖深度最大约达 20 m，加拿大的下诺赫坝最大挖深已达 70 m。截水墙结构简单、工作可靠、防渗效果好，得到了广泛的应用。其缺点是槽身挖填和坝体填筑不便同时进行，若汛前要达到一定的坝高拦洪度汛，工期较紧。

(二)板桩

当透水的冲积层较厚时，可采用板桩截水，或先挖一定深度的截水槽，槽下打板桩，槽中回填黏土，即合并使用板桩和截水墙。通常采用的是钢板桩，木板桩一般只用于围堰等临时性工程。钢板桩可以穿过砾石类土和软弱或风化的岩石，有些工程的钢板桩深度已达 50 m 以上，但钢板桩难以穿过含有大卵石的土层。钢板桩并非绝对不透水，而且在砂卵石层中打钢板桩时，由于孤石的阻力，可能使板桩歪斜、脱缝或挠曲，显著地增加透水性，加之钢板桩造价较高，在我国的实际工程中用得不多。

(三)混凝土防渗墙

用钻机或其他设备在土层中造成圆孔或槽孔，在孔中浇筑混凝土，最后连成一片，成为整体的混凝土防渗墙，适用于地基渗水层较厚的情况。防渗墙厚度根据防渗和强度要求确定。按施工条件可在 0.6 ~ 1.3 m 选用(一般为 0.8 m)，因受钻孔机具的限制，墙厚不能超过 1.3 m，如不能满足设计要求，则应采用两道墙(见图 2-34)，此时厚度也不宜小于 0.6 m，因厚度减小时钻孔数量随之增大，减少的混凝土量已不能抵偿钻孔量增大的代价。混凝土防渗墙的允许坡降一般为 80 ~ 100，混凝土强度等级为 C10，抗渗等级为 P6 ~ P8，坍落度为 8 ~ 20 cm，水泥用量每 1 m^3 为 300 kg 左右。墙底应嵌入半风化岩内 0.5 ~ 1.0 m，顶端插入防渗体，插入深度应为坝前水头的 1/10，且不得小于 2 m。我国的黄河小浪底工程采用的是深度 70 m 的双排防渗墙，单墙厚 1.2 m。

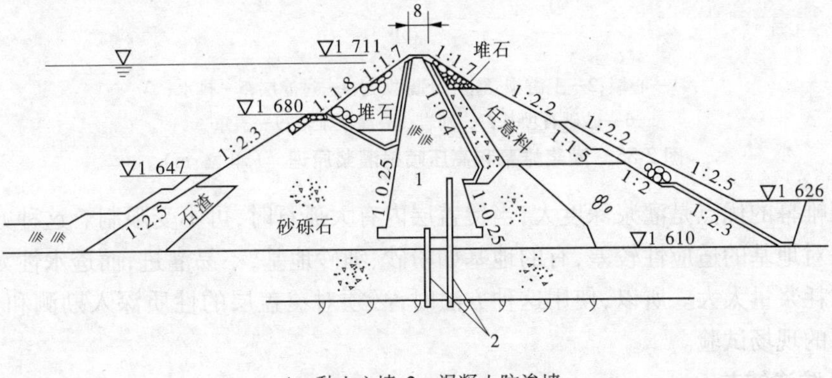

1—黏土心墙;2—混凝土防渗墙

图 2-34　碧口土石坝的混凝土防渗墙　(单位:m)

(四)灌浆帷幕

当砂卵石层很厚时，用上述三种处理方法都较困难或不够经济，可采用灌浆帷幕防渗。灌浆帷幕的厚度 T，根据帷幕最大作用水头 H 和允许水力坡降 $[J]$，按下式估算：$T = H/[J]$，一般 $[J] = 3 \sim 4$。灌浆帷幕厚度较大，因此需几排钻孔，孔距和排距由现场试验确定，通常为 3 ~ 5 m，边排孔稍密，中排孔稍稀。灌浆时，先灌边排孔，后灌中排孔，浆液由稀到浓，灌浆压力自下而上逐渐减小，由 2 500 ~ 4 000 kPa 减小到 200 ~ 500 kPa。灌浆帷幕伸入砂卵石层下的不透水层内至少 1.0 m。灌浆后将表层胶结不好的砂卵石挖除，做黏土截水墙或混凝土防渗墙。

我国在密云水库白河主坝、上马岭和毛家村土石坝的砂砾石地基中采用了水泥黏土灌浆帷幕，灌浆深度达 40 m；法国谢尔蓬松坝（见图 2-35）高 129 m，砂砾石冲积层地基，1957 年建成灌浆帷幕，深约 110 m，顶部厚度 35 m，底部厚度 15 m，钻孔 19 排，中间四排直达基岩，边孔深度逐渐变浅，渗透坡降 3.5 ~ 8。目前，在砂砾石层中最深的水泥黏土灌浆帷幕已经达 170 m。

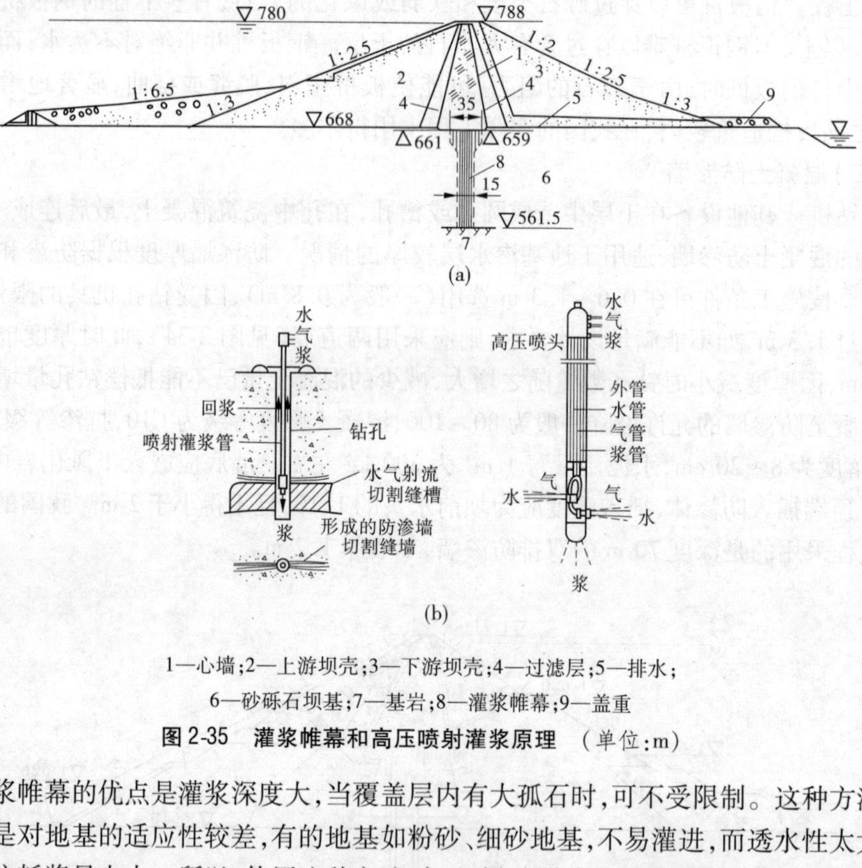

1—心墙；2—上游坝壳；3—下游坝壳；4—过滤层；5—排水；
6—砂砾石坝基；7—基岩；8—灌浆帷幕；9—盖重

图 2-35 灌浆帷幕和高压喷射灌浆原理 （单位：m）

灌浆帷幕的优点是灌浆深度大，当覆盖层内有大孤石时，可不受限制。这种方法的主要问题是对地基的适应性较差，有的地基如粉砂、细砂地基，不易灌进，而透水性太大的地基又往往耗浆量太大。所以，使用这种方法时，必须对覆盖层的性质深入勘测和分析，并进行必要的现场试验。

（五）防渗铺盖

这是一种由黏性土做成的水平防渗设施，是斜墙、心墙或均质坝体向上游延伸的部分。当采用垂直防渗有困难或不经济时，可考虑采用铺盖防渗。防渗铺盖构造简单，造价一般不高，但它不能完全截断渗流，只是通过延长渗径的办法，降低渗透坡降，减小渗透流量，所以对解决渗流控制问题有一定的局限性，其布置形式如图 2-36 所示。

铺盖常用黏土或砂质黏土材料，渗透系数应小于砂砾石层渗透系数的 1/100。铺盖长度一般为 4 ~ 6 倍水头，铺盖厚度主要取决于各点顶部和底部所受的水头差 ΔH_x 和土

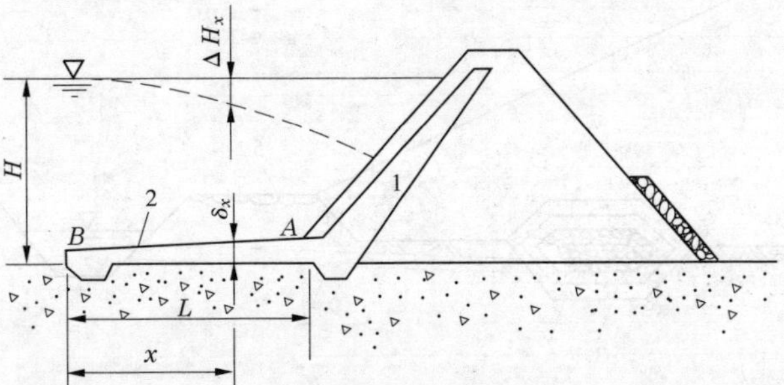

1—斜墙;2—铺盖

图 2-36 防渗铺盖示意图

料的允许坡降[J],即距上游端为 x 处的厚度应不小于 $\delta_x = \Delta H_x/[J]$,[$J$]值对于黏土可取 5~10,对于壤土可取 3~5。上游端部厚度不小于 0.5 m,与斜墙连接处常达 3~5 m。铺盖表面应设保护层,以防蓄水前黏土发生干裂及运用期间波浪作用和水流冲刷的破坏,铺盖与砂砾石地基之间应根据需要设置反滤层或垫层。巴基斯坦塔贝拉土坝坝高 147 m,坝基砂砾石层厚度约 200 m,采用了厚 1.5~10 m、长 2 307 m 的铺盖,是目前世界上最长的铺盖。我国采用铺盖防渗有成功的实例,但在运用中也确有一些发生程度不同的裂缝、塌坑、漏水等现象,影响了防渗效果,所以对高中坝、复杂地层和防渗要求较高的工程,应慎重选用。

(六)排水减压措施

在强透水地基中采用铺盖防渗时,由于铺盖不能截断渗流,使渗水量和坝趾处的逸出坡降较大,特别当坝基表层为相对不透水层时,坝趾处不透水层的下面可能有水头较大的承压水,致使坝基发生渗透变形,或造成下游地区的沼泽化。即使表层并非不透水层,冲积土的坝基也往往具有水平方向渗透系数大于垂直方向渗透系数的特点,致使坝趾处仍保持有较大的压力水头,也可能发生管涌或流土。针对以上这些情况,有时需在坝下游设置穿过相对不透水层并深入透水层一定深度的排水减压装置,以导出渗水,降低渗透压力,确保土石坝及其下游地区的安全。常用的排水减压设施有排水沟和排水减压井。

(1)排水沟。在坝趾稍下游平行于坝轴线设置,沟底深入到透水的砂砾石层内,沟顶略高于地面,以防止周围表土的冲淤。按其构造,可分为暗沟和明沟两种。图 2-37 为排水暗沟,实际上也是坝身排水的组成部分;图 2-38 为排水明沟。两者都应沿渗流方向按反滤层布置,明沟沟底应有一定的纵坡与下游的河道连接。

(2)排水减压井。排水减压井常用于不透水层较厚的情况,将深层承压水导出水面,然后从排水沟中排出,其构造如图 2-39 所示。在钻孔中插入带有孔眼的井管,周围包以反滤料,管的直径一般为 20~30 cm,井距一般为 20~30 m。有时也可施加盖重,以保证在承压水作用下的工程安全。太平湖土坝同时采用了减压井和盖重两种方法,如图 2-39 所示。

二、细砂与淤泥地基处理

(一)细砂与淤泥地基处理

饱和的均匀细砂地基在动力作用下,特别是在地震作用下易于液化,应采取工程措施

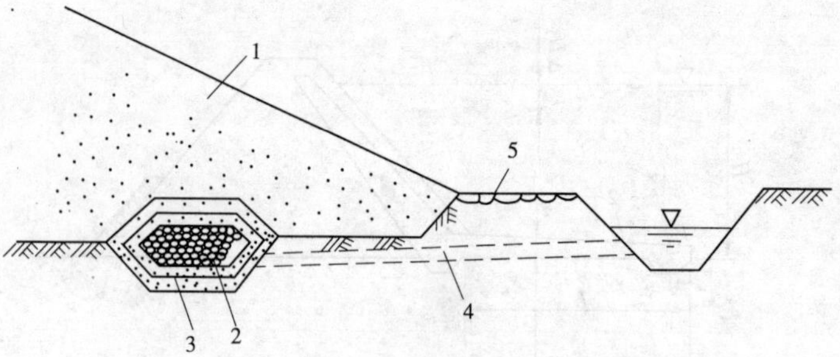

1—坝体;2—坝身排水设施;3—反滤层;4—排水暗沟;5—堆石盖重

图 2-37　排水暗沟

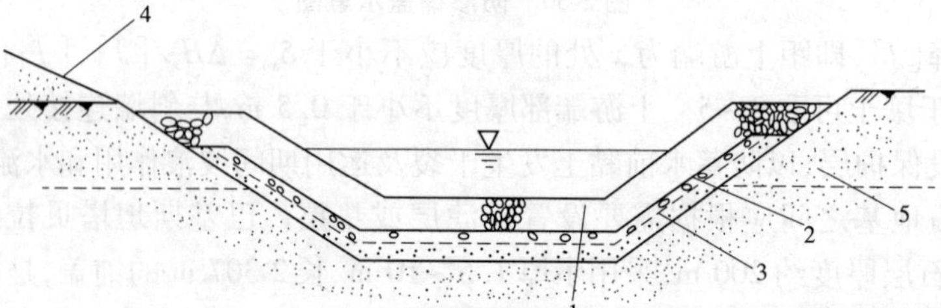

1—块石或大卵石;2—碎石;3—砂;4—坝坡;5—相对不透水层

图 2-38　排水明沟

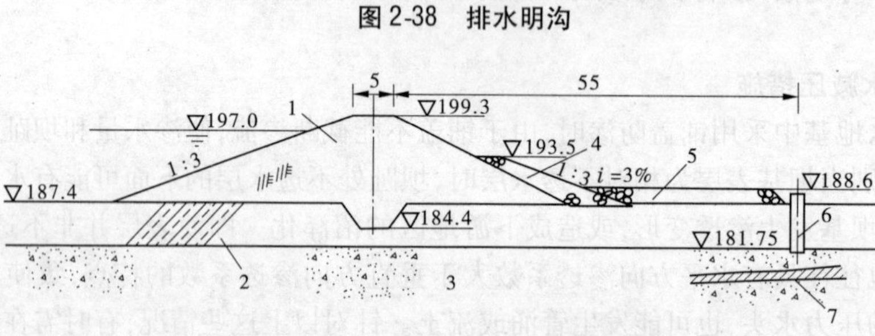

1—粉质黏土;2—重粉质壤土;3—砂砾石层;4—碎石培厚;

5—透水盖重;6—减压井;7—软弱夹层

图 2-39　太平湖土坝减压井和透水盖重　(单位:m)

加以处理。当厚度不大时,可考虑将其挖除。当厚度较大时,可首先考虑采取人工加密措施,使之达到与设计地震烈度相适应的密实状态,然后采取加盖重、加强排水等附加防护措施。

(二)淤泥层的地基处理

淤泥层地基天然含水量大,重度小,抗剪强度低,承载能力小。当埋藏较浅且分布范围不大时,一般应把它全部挖除;当埋藏较深,分布范围又较宽时,则常采用压重法或设置砂井加速排水固结。压重施加于坝趾处,它与放缓坝坡所起的作用类似,但更为有效。这种压重材料只需有一定的重量而不需按反滤层设计。

三、软黏土和黄土地基处理

当软黏土层较薄时,一般全部挖除。当土层较薄而其强度并不太低时,可只将表面较薄的可能不稳定的部位挖除,换填较高强度的砂,称为换砂法。有时只在表面填筑一层砂,以改善坝基的排水条件,加快软黏土的固结。当采用上述方法不能解决问题时,也可采用排水砂井法。

黄土地基在我国西北部地区分布较广,其主要特点是浸水后沉降较大。处理的方法一般有:预先浸水,使其湿陷加固;将表层土挖除,换土压实;夯实表层土,破坏黄土的天然结构,使其密实等。

四、坝体与地基及岸坡的连接

(一)与土质地基及岸坡的连接

坝体与土质地基及岸坡的连接必须做到:①清除坝体与地基、岸坡接触范围内的草皮、树干、树根、含有植物的表土、蛮石、垃圾及其他废料,并将清理后的地基表面土层压实;②对坝断面范围内的低强度、高压缩性软土及地震时易于液化的土层进行清除或处理;③防渗体必须坐落在相对不透水土基上,否则应采取适当的防渗处理措施;④地基覆盖层与下游坝壳粗粒料(如堆石)接触处,应符合反滤层要求,否则必须设置反滤层,以防止地基土流失到坝壳中。

为使防渗体与岸坡紧密结合,防止发生不均匀沉降而导致裂缝,岸边开挖时应大致平顺,不应成台阶状或突然变坡,岸坡上缓下陡时,凸出部位的变坡角应小于20°。土质岸坡的坡度一般不陡于1:1.5,见图2-40。

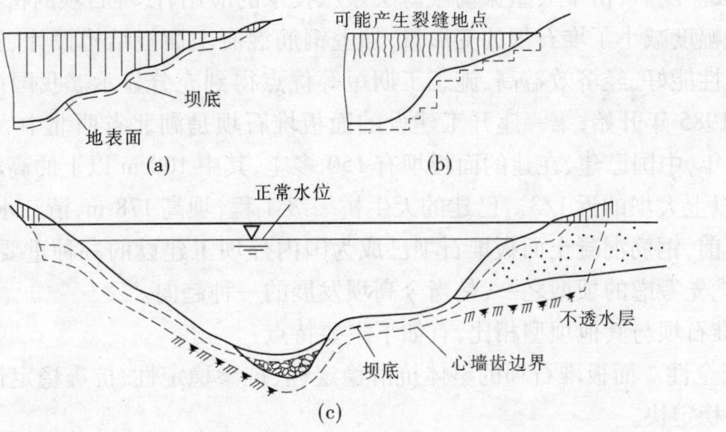

(a)正确的削坡;(b)不正确的台阶形削坡;(c)心墙坐落在不透水层上

图2-40 土石坝与岸坡的连接

心墙和斜墙在与两端岸坡连接处应扩大其断面,以加强连接处防渗的可靠性,扩大断面与正常断面之间应以渐变的形式过渡。

(二)与岩石地基及岸坡的连接

坝体与岩石地基及岸坡的连接必须做到:①坝断面范围内的岩石地基与岸坡,应清除表面松动的石块、凹处积土和突出的岩石。②土质防渗体和反滤层应与相对不透水的新鲜或弱风化岩石相连接。在开挖清理后,用混凝土或砂浆封堵清理后的张开节理裂隙和断层。基岩面上一般宜设混凝土盖板、喷混凝土层或喷浆层,将基岩与土质防渗体分隔开来，以防止接触冲刷。混凝土盖板还可兼作灌浆帽。③对失水时很快风化变质的软岩石（如页岩、泥岩等），开挖时应预留保护层（厚10～15 cm），待开始回填时，随挖除随回填，或在开挖后用喷浆保护。④土质防渗体与岩石或混凝土建筑物相接处，如防渗土料为细粒黏性土，则在邻近接触面0.5～1.0 m，应控制在高于最优含水量不大于3%的情况下填筑，在填土前用黏土浆抹面。如防渗土料为砾石土，邻近接触面应采用纯黏性土或砾石含量少的黏性土，在略高于最优含水量下填筑，使其结合良好并适应不均匀沉陷。

岩石岸坡一般不陡于1∶0.5，陡于此坡度应有专门论证，并采取必要措施，如做好结合面处的湿黏土回填、加强结合面下游的反滤层等。岩石岸坡的其他要求与土质岸坡相同。

在高坝防渗体底部混凝土盖板以下的基岩中，宜进行浅层铺盖式灌浆，以改善接触条件，在与防渗体接触的覆盖层中，也宜进行浅层铺盖式灌浆。

单元六　钢筋混凝土面板堆石坝

一、概述

堆石坝是用堆石或砂砾石碾压填筑成的坝体作为支承，并用混凝土、钢筋混凝土、沥青混凝土等材料面板作防渗体的坝的统称。堆石坝起源于美国，1940年前后至1965年为起步阶段。随后，由于大型振动碾薄层碾压技术的应用，使堆石坝的密实度得到充分提高，从而大幅度减小了堆石坝的变形量，加上钢筋混凝土面板结构设计、施工方法上的改进，其运行性能好、经济效益高、施工工期短等优点得到充分显示。我国混凝土面板堆石坝建设从1985年开始，第一座开工建设的面板堆石坝是湖北省西北中大坝，坝高95 m。截至2006年，中国已建、在建的面板坝有150多座，其中100 m以上的高坝有32座，占我国100 m以上大坝的近1/3。已建的天生桥一级工程，坝高178 m，清江水布垭工程，坝高233 m。目前，钢筋混凝土面板堆石坝已成为国内外坝工建设的一种重要坝型，是可行性研究阶段优先考虑的坝型之一，是当今高坝发展的一种趋向。

面板堆石坝与其他坝型相比，有如下主要特点：

（1）安全性。面板堆石坝的整体抗滑稳定性、抗渗稳定性、抗震稳定性都较好。坝体变形量小，稳定快。

（2）经济性。与混凝土重力坝相比，堆石坝体积为重力坝的3倍，材料价格和施工费用为其1/15。堆石坝可以就地取材，在经济上有较大的优越性，除在坝址附近开采石料外，还可以利用枢纽其他建筑物开挖的废弃石料。

（3）适用性。对地形、地质和自然条件适应性较混凝土坝强，可建在地质条件略差的坝址上，且施工不受雨天影响，对温度变化的敏感度也比混凝土坝低得多。

（4）施工特点。方便机械化施工，有利于加快施工工期和减少沉降，随着重型振动碾等大型施工机械的应用，克服了过去堆石坝抛填法沉降量很大的缺点，这也是近代面板堆石坝得到迅速发展的主要原因之一。施工度汛问题比土坝较为容易解决，可部分利用坝面溢流度汛，但应做好表面保护措施。

(5)运行和维修特点。碾压堆石坝的沉降变形量很小。澳大利亚于1971年建成的塞沙那坝,高110 m,经计算,其100年后的坝顶沉降量约为16 cm,为坝高的0.15%。混凝土面板不易产生裂缝,即使出现一些裂缝和渗漏,也较容易检查和维修。

二、钢筋混凝土面板堆石坝的剖面尺寸

(一)坝顶要求

面板堆石坝一般为梯形剖面,其坝顶宽度和坝顶高程的确定与土坝类似,其中坝顶宽度除应参考土坝的要求外,还应兼顾面板堆石坝的施工要求,以便浇筑面板时有足够的工作面和进行滑模设备的操作,一般不宜小于5 m。

面板堆石坝一般在坝顶上游侧设置钢筋混凝土防浪墙,以利于节省堆石填筑方量。防浪墙高可采用4~6 m,背水面一般高于坝顶1.0~1.2 m,底部与面板门应做好止水连接,如图2-41所示。对于低坝,也可采用与面板整体连接的低防浪墙结构。

(二)坝坡

面板堆石坝的坝坡与堆石料的性质、坝高及地基条件有关,设计时可参考类似工程拟定。对于采用抗剪强度高的堆石料,上、下游坝坡在静力条件下均可采用堆石料的天然休止角对应的坡度,鉴于经过大型振动碾碾压的堆石体内摩擦角多大于45°,因此一般采用1∶1.3~1∶1.4。对于地质条件较差或堆石料抗剪强度较低以及地震区的面板堆石坝,其坝坡应适当放缓。

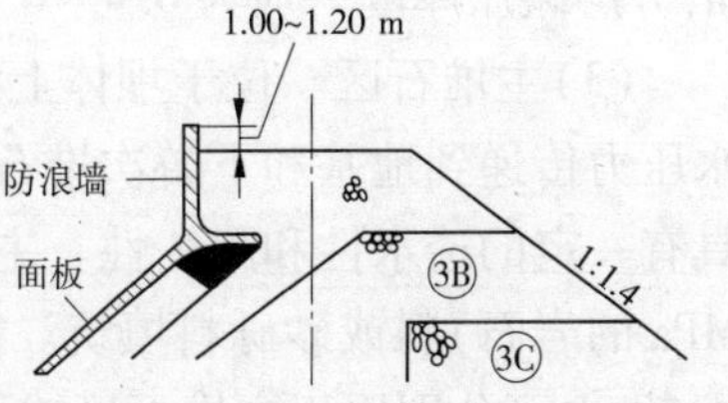

图2-41　面板堆石坝坝顶构造

三、钢筋混凝土面板堆石坝的构造

钢筋混凝土面板堆石坝主要是由堆石体和钢筋混凝土面板防渗体等组成的。

坝体应根据料源及对坝料强度、渗透性、压缩性、施工方便和经济合理等要求进行分区,并相应确定填筑标准。从上游向下游宜分为垫层区、过渡区、主堆石区、下游堆石区;在周边缝下游侧设置特殊垫层区;100 m以上高坝,宜在面板上游低部位设置上游铺盖区及盖重区。

(一)堆石体

堆石体是面板下游的填筑体,是面板堆石坝的主体部分,根据其受力情况和在坝体所发挥的功能,又可划分为垫层区(2A区)、过渡区(3A区)、主堆石区(3B区)和次堆石区(3C区),如图2-42所示。

(1)垫层区。是面板的直接支撑体,向堆石体均匀传递水压力,并起辅助渗流控制作用。垫层区应选用质地新鲜、坚硬且耐久性较好的石料,可采用经筛选加工的砂砾石、人工石料或者由两者混合掺配。高坝垫层料应具有连续级配,一般最大粒径为80~100 mm,粒径小于5 mm的颗粒含量为30%~50%,小于0.775 mm的颗粒含量应少于8%。垫层料经压实后应具有内部渗透稳定性、低压缩性、高抗剪强度,并应具有良好的施工质量。垫层施工时每层铺筑厚度一般为0.4~0.5 m,用10 t振动碾碾压4遍以上。

特殊垫层区位于周边缝下游侧垫层区内,对周边缝及其附近面板上铺设的堵缝材料

及水库泥沙起反滤作用。可以采用最大粒径小于40 mm且内部稳定的细反滤料,经薄层碾压密实,以尽量减少周边缝的位移。

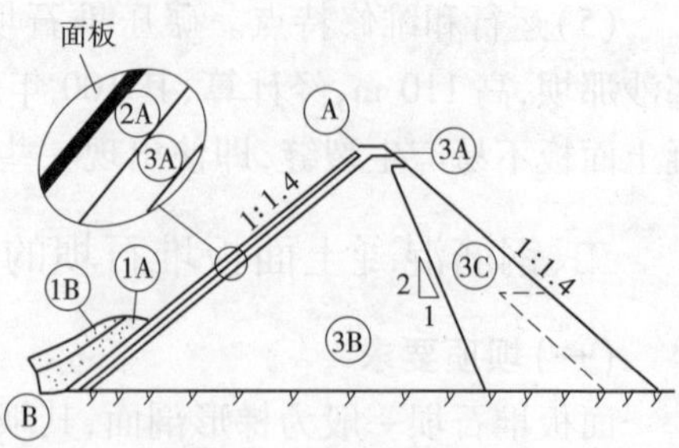

图2-42 堆石坝分区示意图

(2)过渡区。位于垫层区和主堆石区之间,保护垫层并起过渡作用。石料的粒径级配和密实度应介于垫层与主堆石区两者之间。由于垫层很薄,过渡区实际上是与垫层共同承担面板传力。此外,当面板开裂和止水失效而漏水时,过渡区应具有防止垫层内细颗粒流失的反滤作用,并保持自身的抗渗稳定性。过渡区细石料要求级配连续,最大粒径不宜超过300 mm,压实后应具有低压缩性和高抗剪强度,并具有自由排水性能。过渡区材料可采用专门开采的细堆石料、经筛选加工的天然砂砾石料或开挖隧洞石渣料等。该区水平宽度可取3~5 m,分层碾压厚度一般为0.4~0.5 m。

(3)主堆石区。位于坝体上游区内,是承受水荷载的主要支撑体。它将面板承受的水压力传递到地基和下游次堆石区,该区既应具有足够的强度和较小的沉降量,同时又应具有一定的透水性和耐久性。主堆石区宜采用硬岩(饱和无侧限抗压强度大于或等于30 MPa的岩石)料或砂砾料填筑。枢纽建筑物开挖石料符合主堆石区或下游堆石区质量要求者,也可分别用于主堆石区或下游堆石区。该区石料应级配良好,以便碾压密实。主堆石区填筑层厚一般为0.8~1.0 m,最大粒径应不超过600 mm,用10 t振动碾碾压4遍以上。

(4)次堆石区。位于坝体下游区,与主堆石区共同保持坝体稳定,其变形对面板影响轻微,因而对填筑要求可酌情放宽。石料最大粒径可达1 500 mm,填筑层厚1.5~2.0 m,用10 t振动碾碾压4遍。下游次堆石区在坝体底部下游水位以下部分,应采用能自由滤水、抗风化能力较强的石料填筑;下游水位以上部分,使用与主堆石区相同的材料,但可以采用较低的压实标准,或采用质量较差的石料,如各种软岩石(饱和无侧限抗压强度小于30 MPa的岩石)料、风化石料等。

另外,混凝土面板上游铺盖区(1A区)可采用粉土、粉细砂、粉煤灰或其他材料填筑;上游盖重区(1B区)可采用渣料填筑;下游护坡可采用干砌石,或选用超径大石,运至下游坡面,以大头向外的方式堆放。

(二)防渗面板的构造

(1)钢筋混凝土面板。采用钢筋混凝土面板作为防渗体,在堆石坝中应用较多,少量土坝也有采用。它位于堆石坝体上游面,起防渗作用。

钢筋混凝土面板要求下游非黏性土坝体必须具有很小的变形,而面板本身也应能够适应坝体的相对变形。为此,钢筋混凝土面板在坝体完成初始变形后铺筑最为理想。

钢筋混凝土面板防渗体主要由防渗面板和趾板组成,如图2-43(a)所示。面板是防渗的主体,对质量有较高的要求,即要求面板具有符合设计要求的强度、不透水性和耐久性。面板底部厚度宜采用最大工作水头的1%,考虑施工要求,顶部最小厚度不宜小于30 cm。

为使面板适应坝体变形、施工要求和温度变化的影响,面板应设置伸缩缝和施工缝,如图2-43(b)所示。垂直伸缩缝的间距,应根据面板受力条件和施工要求确定。位于面板中部一带,垂直伸缩缝间距可以取大些,一般以10~18 m为宜,靠近岸坡的垂直伸缩缝间距则应酌情减小。垂直伸缩缝宜采用平接(见图2-43(c)),不使用柔性填充物,以便最大限度地减少面板的位移。水平施工缝一般设在坝底以上1/3~1/4坝高处。采用滑模施工时,为适应滑模连续施工的要求,也可以不设水平施工缝。

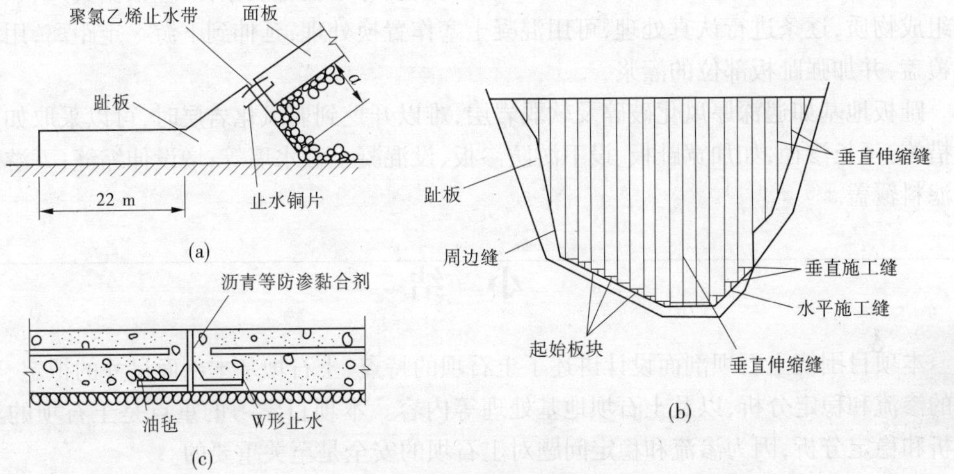

图2-43　面板与趾板及分缝布置

为控制温度和干缩裂缝及面板适应坝体变形而产生的应力,面板需要布置双向钢筋,每个方向的配筋率为0.3%~0.5%。由于面板内力分布复杂,计算有一定的难度,故一般将钢筋布置在面板中间部位。周边缝、垂直缝和水平缝附近配筋应适当加密,以控制局部拉应力和边角免遭挤压破坏。

(2)趾板(底座)。是连接地基防渗体与面板的混凝土板,是面板的底座。其作用是保证面板与河床及岸坡之间的不透水连接,同时作为坝基帷幕灌浆的盖板和滑模施工的起始工作面。

趾板的截面形式和布置如图2-43(a)所示,其沿水流方向的宽度b取决于作用水头H和坝基的性质,一般可按$b=H/J$确定,J为坝基的允许渗透比降。无资料时可取相对趾板位置水头的1/10~1/20,最小3.0 m,低坝最小可取2.0 m。对局部不良岸坡,应加大趾板宽度,增大固结灌浆范围。趾板厚度一般为0.5~1.0 m,最小厚度为0.3~0.4 m。配筋布置可与面板相同。分缝位置应与面板分缝(垂直缝)对应。如果地基为岩基,可设锚筋与岩基固定。

面板接缝设计(包括面板与趾板的周边接缝和趾板之间接缝)主要是止水布置,周边缝止水布置最为关键。面板中间部位的伸缩缝一般设1~2道止水,底部用止水铜片,上部用聚氯乙烯止水带。周边缝受力较复杂,一般用2~3道止水,在上述止水布置的中部再加PVC止水。如布置止水困难,可将周边缝面板局部加厚。

(3)面板与岩坡的连接。面板与岸坡的连接是整个面板防渗的薄弱环节,面板常因坝体产生的位移而产生变形,使其与岸坡结合不紧密,甚至出现蹦离岸坡或产生错动的现象,形成集中渗流。设计中应特别慎重对待。

趾板作为面板与岸坡的不透水连接和灌浆压帽，应置于坚硬和可灌浆的弱风化至新鲜基岩上（低坝或水头较小的岸坡段可酌情放宽），岸坡的开挖坡度不宜陡于1:0.5～1:0.7；对置于强风化或有地质缺陷岩基的趾板，应采取专门的处理措施。趾板基础开挖应做到整体平顺，不带台阶，避免陡坎和反坡，当有妨碍垫层碾压的台阶、反坡或陡坎时，应作削坡或回填混凝土处理。

趾板范围内的基岩如有断层、破碎带、软弱夹层等不良地质条件，应根据其产状、规模和组成物质，逐条进行认真处理，可用混凝土塞作置换处理，延伸到下游一定距离，用反滤料覆盖，并加强趾板部位的灌浆。

趾板地基如遇深厚风化破碎及软弱岩层，难以开挖到弱风化岩层时，可以采取如下处理措施：延长渗径，如加宽趾板、设下游防渗板、设混凝土截水墙等；增设伸缩缝；下游铺设反滤料覆盖。

小　结

本项目围绕土石坝剖面设计讲述了土石坝的特点、土石坝基本剖面尺寸的拟定、土石坝的渗流和稳定分析，以及土石坝地基处理等内容。本项目学习的重点是土石坝的渗流分析和稳定分析，因为渗流和稳定问题对土石坝的安全是至关重要的。

思考题

1. 土石坝的特点是什么？土石坝的主要类型有哪些？各有什么优缺点？适用于什么情况？

2. 土石坝的基本剖面为什么是梯形？土石坝坝顶高程如何确定？

3. 土石坝的上、下游坝坡通常采用值的范围如何？为什么上游坝坡比下游坝坡平缓？

4. 渗流分析的任务是什么？有哪些方法？常用的理论方法是什么？它的基本假定是什么？

5. 土石坝渗流变形有哪几类？流土、管涌、接触冲刷和接触流土的概念？如何防止渗透变形？

6. 土石坝坝坡滑裂面的形状有哪几种？在什么情况下易产生何种滑裂面？

7. 圆弧法的基本假定是什么？如何确定滑弧的最小稳定安全系数？

8. 土石坝为什么要设防渗体？坝身、坝基防渗有哪些方法？

9. 土石坝为什么要设置排水设备？坝体排水有几种类型？各有什么优缺点？

10. 土石坝为什么要设置反滤层？设置反滤层应遵循什么原则？通常应在哪些部位设置反滤层？

11. 为什么要进行地基处理？地基处理的目的是什么？

12. 土石坝与坝基、岸坡连接时应注意什么问题？

项目三　橡胶坝

教学基本要求

(1)单元一。了解橡胶坝的特点,掌握橡胶坝的类型、组成和适用条件。

(2)单元二。了解橡胶坝坝址选择的原则,掌握橡胶坝的等级划分和洪水标准,明确橡胶坝的布置方法。

(3)单元三。掌握橡胶坝泄洪能力计算、坝袋设计、锚固结构设计、控制系统设计和土建工程设计的基本原理和计算方法,明确橡胶坝的运行和维护,常见问题的处理等。

能力培养目标

(1)能对橡胶坝的泄流能力进行计算,正确选择和确定橡胶坝坝袋的相关参数。

(2)能对橡胶坝的锚固结构、控制系统及土建工程进行初步设计和选型。

学习重点与难点

重点是橡胶坝的泄洪能力计算,相关土建工程的计算和设计。

难点是橡胶坝坝袋参数的选择,锚固结构和控制系统的设计。

项目的专业定位

随着经济的发展、城市化进程的加快和人民生活的改善,人们对生活环境、生活质量的要求日益提高,对生存、生态环境有了更高的追求,与此同时,对城市水利建设也提出了更高的要求。水域在整个城市系统中起到增加城市视觉空间和提供游乐场所的作用。水域在当前国内外的城市规划中备受重视,充足的水量和良好完善的水生态环境不仅为城市居民提供了优美和谐的生活环境,而且已作为城市居住适宜度评价的重要指标。目前,许多城市正在通过在穿越其中及周边河流上修建橡胶坝、生态河道及整治建筑物等水生态治理工程实现宜居生活环境。橡胶坝由于管理方便、工期短、投资省的特点,适用于我国水利建设面广量大的要求;橡胶坝由于双向挡水抗侵蚀和抗海洋生物影响的特点,适用于挡潮蓄淡、补充水源的入海河段;橡胶坝由于坝高可以调节的特点,适用于多沙河流的泄洪冲沙和引水灌溉的拦沙防淤;橡胶坝由于能够坝顶溢流,水坝高度小,特别适用于城市水环境工程,也易于同周围环境相协调。因此,橡胶坝成为城市水利的重要组成部分。

单元一　概　述

橡胶坝是在20世纪50年代末,随着高分子合成纤维和橡胶工业的发展而出现的一种新型低水头水工建筑物。它以高强力合成纤维织物作受力骨架,内外涂敷橡胶作黏结保护层,按要求尺寸制成坝袋,锚固于底板上,形成封闭状,用水或气充胀,形成袋式挡水坝,也可起到水闸的作用,见图3-1。橡胶坝可升可降,既可充坝挡水,又可坍坝过流;坝高调节自如,溢流水深可以控制,起到了闸门、溢流坝和活动坝的作用。其运用条件与水闸相似,用于防洪、灌溉、发电、供水、航运、挡潮、地下水回灌以及城市园林美化等工程中。橡胶坝具有结构简单、抗震性好、施工期短、操作灵活、总造价低等优点,已广泛应用于水利、水电、水运、市政工程等。国外从 1956 年研制橡胶坝,至今已在很多国家进行了广泛应用。我国自 1965 年开始研制,试建了 60 余座橡胶坝,最早兴建的试点工程有北京右安门橡胶坝和广东洪秀全水库橡胶坝。经过研究期和发展期,现在已达到了成熟期。目前,我国已成功建设了橡胶坝 2 万余座,单跨最长 170 m,多跨最长 1 136 m,已建成坝的高度一般为 0.5 ~ 3.0 m,最高的已达 6.0 m。

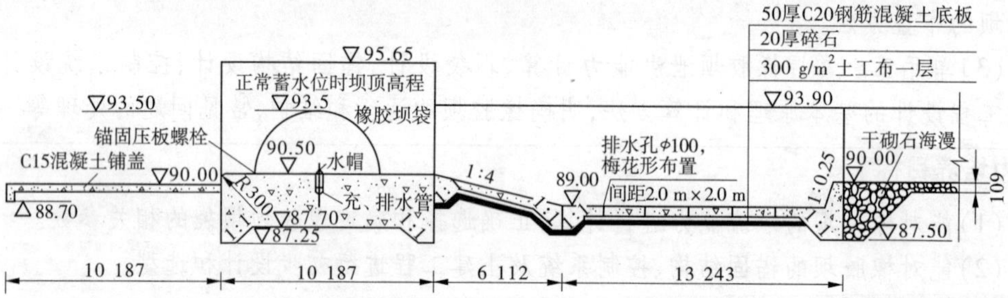

图 3-1　橡胶坝剖面图　(单位:高程,m;尺寸,mm)

一、橡胶坝的特点

橡胶坝由高强度的织物合成纤维受力骨架与合成橡胶构成,锚固在基础底板上,形成密封袋形,充入水或气,形成水坝。橡胶坝主要由基础土建部分、挡水坝体、充排水(气)设施及控制监测系统等部分组成。与传统的挡水建筑物和建筑材料相比,橡胶坝具有以下特点:

(1)造价低。橡胶坝的造价与同规模的水闸相比,一般可以减少投资 30% ~70%,从决策、设计到实施的工程建设,可以最大限度地节约资金。造价较低,这是橡胶坝的突出优点。

(2)节省“三材”。橡胶坝袋是以合成纤维织物和橡胶制成的薄柔性结构代替钢材及钢筋混凝土结构。由于不需要修建中间闸墩、工作桥和安装启闭机等,并且简化了水下结构,因此“三材”用量显著减少,一般可省钢材 30% ~50% 、水泥 50% 左右、木材 60% 以上。

(3)施工期短。橡胶坝袋是先在工厂生产,然后到现场安装,施工速度快,一般 3 ~15 d即可安装完毕,整个工程结构简单,工期一般为 3 ~6 个月,多数橡胶坝工程是当年施工当年受益。

(4)抗震性能好。橡胶坝结构简单,坝体为柔性薄壳结构,富有抗冲击弹性 35% 左右,伸长率达 600% ,能抵抗强大地震波和特大洪水的波浪冲击。

(5)不阻水,止水效果好。坝袋锚固于底板和岸墙上,基本能达到不漏水。坝袋内水(气)泄空后,紧贴在底板上,不缩小原有河床断面,无须建中间闸墩、启闭机架等结构,泄洪时不阻水、泄量大。

(6)管理方便,运行费用低。橡胶坝工程的挡水体为充满水(气)的坝袋,通过向坝袋内充排水（气）来调节坝高的升降，控制系统仅由水泵、阀门等组成，简单可靠，管理方便。比常规闸坝节省运行费用达50%左右。

同时，橡胶坝还有以下缺点：

（1）坝袋坚固性差。制造坝袋的胶布由帆布和橡胶加工而成，其厚度现多不超过20 mm，其坚固性与钢材、石料和混凝土等材料相比相差较远，在运用中易受砂石磨损、漂浮物刺破，因此不宜在多沙河道上修建。

（2）坝袋易老化，使用寿命较短。高分子材料自身存在着易老化的缺点，在长期遭受风吹雨淋、日晒湿热和坝袋交变应力的作用下，将发生不可逆的化学老化问题。根据试验和工程实践，橡胶坝的使用寿命为15～25年。坝袋使用中要经常维修，老化后要更换新坝袋。

（3）坝高受限制。《橡胶坝技术规范》（SL 227—98）的适用范围是坝高5 m及其以下的袋式橡胶坝工程。若需兴建高度大于5 m的橡胶坝，应进行专题研究和论证。

二、橡胶坝的类型

橡胶坝主要按照坝袋内充胀介质、锚固坝袋的方式和坝袋数量进行分类。

（一）按坝袋内充胀介质分类

（1）充水式橡胶坝。完全用水来充胀坝袋，如图3-2所示。

（2）充气式橡胶坝。完全用气来充胀坝袋，如图3-2所示。

（3）水气混合式橡胶坝。坝袋内部分充水，部分充气，利用了充水式橡胶坝气密性要求低的优点和充气式橡胶坝坍坝迅速的特点，但需要两套充排设备，管理运行麻烦，应用较少，如图3-3所示。

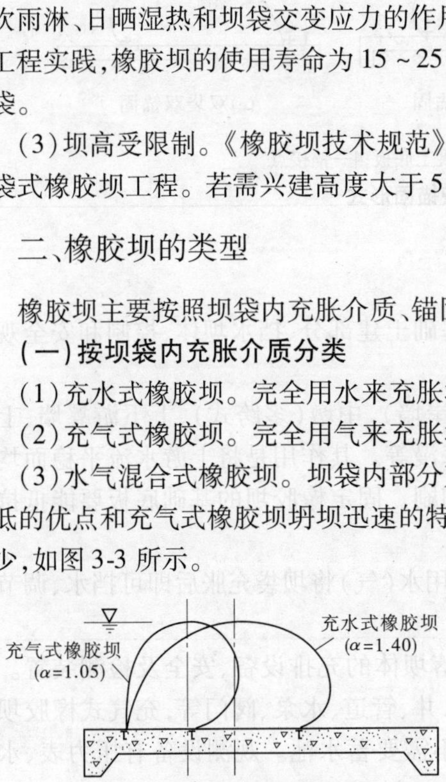

图3-2　充水（气）式橡胶坝

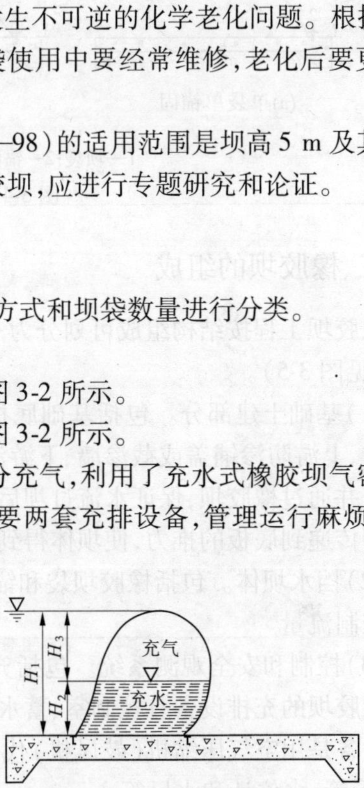

图3-3　水气混合式橡胶坝

（二）按锚固坝袋的方式分类

（1）单锚固橡胶坝。仅在坝底板的上游侧布置一条锚固线来将坝袋锚固，如图3-4（a）所示。

（2）双锚固橡胶坝。沿充胀的坝袋在底板上贴地宽度的上、下游边缘处各布置一条锚固线来锚固坝袋，如图3-4（b）所示。

（3）堵头（枕）式橡胶坝。在坝底板上布置一个矩形的锚固线来锚紧坝袋，这种橡胶坝由我国原创。

（三）按坝袋数量分类

（1）单袋式橡胶坝。只安装一个坝袋来挡水，这种是最常用的方式，如图3-4（a）、（b）所示。

（2）多袋式橡胶坝。将2个或2个以上的坝袋叠加起来，以达到所需的挡水高度，如

图 3-4(c)所示。这种方式不提倡推广应用。

还有橡胶片闸(帆式片闸),它没有封闭的空腔,需靠启闭机械来调节挡水高度。刚柔组合结构的橡胶坝,是将钢结构与坝袋胶布相组合来完成预定功能的。经过工程实践考验后,现主要推广单袋式的充水或充气的橡胶坝。

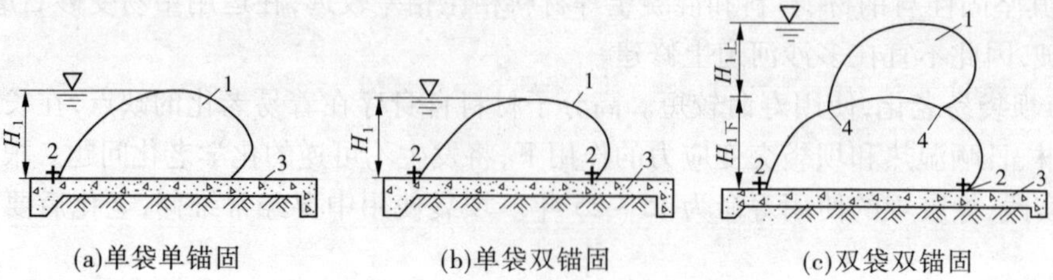

1—坝袋;2—锚固点;3—混凝土底板;4—锚接点

图 3-4　橡胶坝袋锚固形式

三、橡胶坝的组成

橡胶坝工程按结构组成可划分为三部分:基础土建部分、挡水坝体、控制和安全观测系统(见图 3-5)。

(1)基础土建部分。包括基础底板、边墩(岸墙)、中墩(多跨式)、上下游翼墙、上下游护坡、上游防渗铺盖或截渗墙、下游消力池、海漫等。其作用是将上游水流平稳而均匀地引入并通过橡胶坝,保证水流过坝后不产生淘刷。固定橡胶坝的基础底板要能抵抗通过锚固传递到底板的推力,使坝体得到稳定。

(2)挡水坝体。包括橡胶坝袋和锚固结构,用水(气)将坝袋充胀后即可挡水、调节水位和控制流量。

(3)控制和安全观测系统。包括充胀和坍落坝体的充排设备、安全及检测装置。充水式橡胶坝的充排设备有控制室、蓄水池或集水井、管道、水泵、阀门等,充气式橡胶坝的充排设备是用空气压缩机(鼓风机)代替水泵,不需要蓄水池。观测设备有压力表、水封管、U 形管、水位计和水尺等。

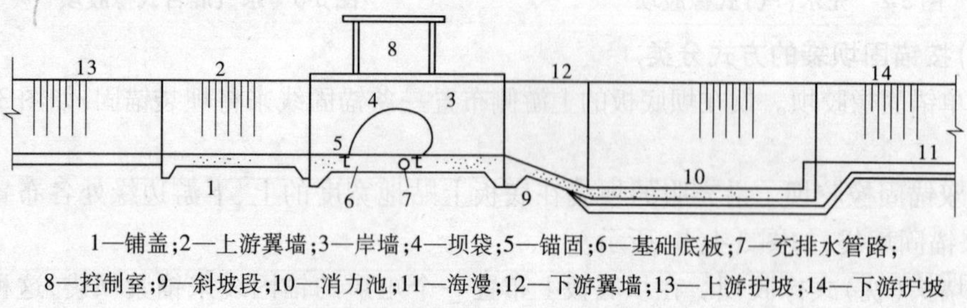

1—铺盖;2—上游翼墙;3—岸墙;4—坝袋;5—锚固;6—基础底板;7—充排水管路;
8—控制室;9—斜坡段;10—消力池;11—海漫;12—下游翼墙;13—上游护坡;14—下游护坡

图 3-5　橡胶坝工程各组成部分

四、橡胶坝的适用范围

袋式橡胶坝适用于低水头、大跨度的闸坝工程,主要用于改善环境、灌溉和防洪等工程。

(1)用于水库溢洪道上的闸门或活动溢流堰,以增加库容及发电水头,工程效益十分显著(见图3-6)。从水力学和运用条件分析,建在溢洪道或溢流堰上的橡胶坝,坝后紧接陡坡段,无下游回流顶托现象,袋体不易产生颤动。在洪水季节,大量推移质已在水库沉积,过流时不致磨损坝袋,即使有漂浮物流过坝体,因为有过坝水层保护堰顶急流,也不易发生磨损。

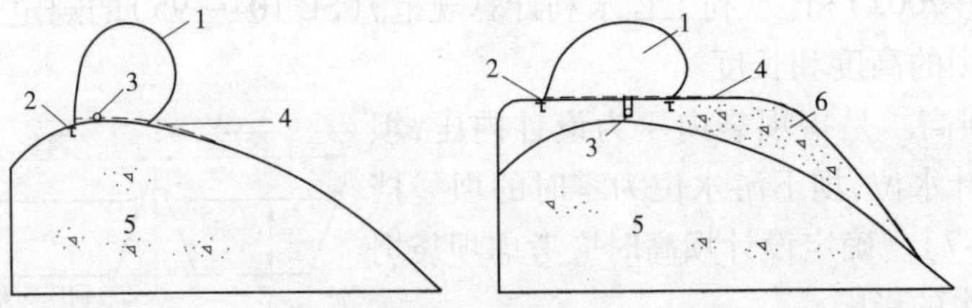

(a)溢流堰顶上充气式橡胶坝布置　(b)溢流堰顶上充水式橡胶坝布置

1—坝袋;2—锚固;3—充排水管路;4—坍坝长度;5—溢流堰顶;6—溢流堰顶加建部分

图3-6　溢流堰顶上橡胶坝工程布置图

(2)用于河道上的低水头溢流坝或活动溢流堰。平原河道的特点是水流比较平稳,河道断面较宽,宜建橡胶坝,它能充分发挥橡胶坝跨度大的优点。

(3)用于渠系上的进水闸、分水闸、节制闸等工程。在建渠系的橡胶坝,由于水流比较平稳,袋体柔软、止水性能好,能保持水位和控制坝高来调节水位和流量。

(4)用于沿海岸做防浪堤或挡潮闸。由于橡胶制品有抗海水侵蚀和抗海生生物影响的性能,不会像钢、铁那样因生锈而引起性能降低。

(5)用于施工围堰或活动围堰。橡胶活动围堰高度可升可降,并能从堰顶过流,解决在城市的取土困难问题,不需取土筑堰,可保持河道清洁,节省劳力和缩短工期。

(6)用于城市蓄水美化景观的河道。用于城市河流梯级开发,需沿程连续蓄水的河流,尤其是位于城市中的用以蓄水美化景观的河道。橡胶坝不需加高两岸堤防,汛期坍坝后不占用河道行洪断面,为最好的工程措施之一。

单元二　坝址选择和工程布置

一、坝址选择

(1)坝址的选择应根据橡胶坝的特点和运用要求,综合考虑地形、地质、水位、泥沙、环境影响等因素,经过技术经济比较确定坝址。

(2)坝址宜选在河段相对顺直、水流流态平顺及岸坡稳定的河段,这不仅避免发生波状水跃和折冲水流等不利流态,防止有害的冲刷和淤积,而且使过坝水流平稳,减轻坝袋振动及磨损,延长坝袋使用寿命。坝址上下游均要有一定长度的平直段。同时,要充分考虑到河床或河岸的变化特点,估计建坝后对于原有河道可能产生的影响。

(3)坝址选择应考虑施工导流、交通运输、供水供电、运行管理、坝袋检修等条件,在满足泄洪条件下,将基础底板抬高0.2~0.4 m。

二、橡胶坝等级划分及洪水标准

(一)工程规模

工程规模应根据水文水利计算研究确定,具体计算可参照《水利水电工程水文计算规范》(SL 278—2002)和《水利工程水利计算规范》(SL 104—95)的规定进行。橡胶坝工程规模主要指坝的高度和长度。

(1)设计坝高。是指坝袋内压为设计内压,坝上游水位为设计水位,坝下游水位为零时的坝袋挡水高度(见图 3-7)。确定设计坝高时应考虑坝袋坍肩和褶皱处溢水的影响。

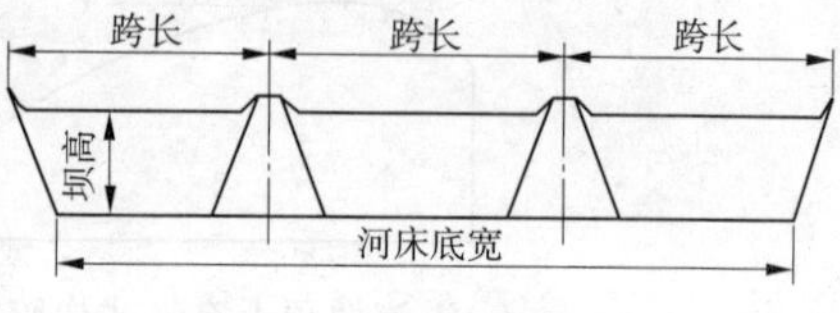

图 3-7　坝高及跨长示意图

(2)坝长。是指两岸端墙之间坝袋的距离,当为直墙连接时,是指直墙之间的矩离;当两岸为斜坡连接时,则指坝袋达设计高度时沿坝轴线上口的长度。多跨橡胶坝的边墙和中墩若为直墙,则跨长为边墙和中墩或中墩与中墩的内侧之间的净距;若边墙和中墩为斜坡,则跨长如图 3-7所示。

(二)工程等级标准

根据橡胶坝最大过坝流量及其防护对象的重要性划分等别,其等级应按表 3-1 确定。

表 3-1　平原地区橡胶坝枢纽工程分等指标

工程等别	Ⅰ	Ⅱ	Ⅲ	Ⅳ	Ⅴ
规模	大(1)型	大(2)型	中型	小(1)型	小(2)型
最大过坝流量(m^3/s)	≥5 000	5 000 ~ 1 000	1 000 ~ 100	100 ~ 20	<20
防护对象的重要性	特别重要	重要	中等	一般	—

注:当按表中所列最大过坝流量及防护对象的重要性分别确定的等别不同时,工程等别应经综合分析确定。

橡胶坝枢纽中的水工建筑物应根据其所属工程等别、作用和重要性划分级别,其级别可按表 3-2 确定。

表 3-2　橡胶坝枢纽建筑物级别划分

工程等别	永久性建筑物级别		临时性建筑物级别
	主要建筑物	次要建筑物	
Ⅰ	1	3	4
Ⅱ	2	3	4
Ⅲ	3	4	5
Ⅳ	4	5	5
Ⅴ	5	5	—

(三)洪水标准

建在平原区、山区、丘陵区和挡潮的橡胶坝,其洪水标准应按《防洪标准》(GB 50201—94)、《水利水电工程等级划分及洪水标准》(SL 252—2000)的规定执行(可参考绪论中相关内容)。用于灌排渠系上的橡胶坝的洪水标准按《灌溉与排水工程设计规范》(GB 50288—99)的规定执行。橡胶坝的下游消能防冲设施的洪水标准应与橡胶坝洪水标准一致。

我国已建成的为农业灌溉服务的橡胶坝工程,其等级一般属于Ⅳ、Ⅴ等别工程中的4、5级建筑物。用于城市园林美化、生态环境改善的橡胶坝工程的等别划分、建筑物级别及洪水标准的确定,应根据其所在地区建设工程具体情况和需要研究确定。

三、橡胶坝的布置

(1)橡胶坝枢纽布置应根据坝址地形、地质、水流等条件,以及该枢纽中各个建筑物的功能、特点、运用要求等确定,做到布局合理、结构简单、安全可靠、运行方便、造型美观,组成整体效益最大的有机结合体。这是橡胶坝枢纽布置的依据和要求。除考虑以上一般要求外,还必须考虑橡胶坝本身的特点和适用条件,布置形式有以下3种:

①建在溢流堰或溢洪道上的橡胶坝,坝后紧接陡坡段,无下游回流顶托,无须布置上游的防渗铺盖和下游的消力设施。在溢洪道上的橡胶坝是运行情况最好的。

②建在平原河道上的橡胶坝。平原河道水流比较平稳,河流断面较宽,充分发挥橡胶坝跨度大、阻力小的优点。建在平原地区的橡胶坝,在运用时要考虑过坝水流与下游水深的关系,布置好消能设施,防止河床和河岸冲刷,尽可能避免产生坝袋振动磨损。当河道断面很宽时,可布设中墩,应注意布设中墩不宜过短,避免墩下游产生很大的旋涡回流冲击坝袋,产生振动磨损。

③建在山区河道上的橡胶坝。应注意防止推移质泥沙对坝袋的磨损导致坝袋破裂,布置时宜将基础底板适当抬高,改善上、下游水面的衔接,更要加强橡胶坝振动磨损的观测,及时修补。

(2)坝长的确定。应与河流宽度相适应,能满足河道设计泄洪要求,单跨坝长应满足坝袋的制造、运输、安装、检修以及管理要求。特别注意满足设计及校核洪水标准,上、下游回水位不超过防洪限制水位,下游单宽泄量不超过允许单宽泄量。根据不同工程确定单宽流量与坝袋振动的关系,并以调节坝高为手段来控制单宽流量,以避免坝袋振动,减少下游河床的强烈冲刷。

(3)坝袋设计高度应根据工程要求满足综合用水需要确定。坝顶高程宜高于上游正常蓄水位0.1~0.2 m。坝顶泄洪能力按现行规范确定,但应控制坝袋充胀时溢流水深满足内压的要求。即溢流水深不应把橡胶坝压扁,下游消能设施应能满足溢流消能的要求,坝顶过流时,坝袋振动不应影响坝的正常使用。当橡胶坝充水没有达到设计内压比时,坝顶过流水深应根据坝的充胀高度和下游水位来确定,坝顶过流水深根据坝的充胀高度可以定为0.2~0.5 m。

(4)坝底板尺寸布置。包括坝底板高程、厚度及顺水流方向上的宽度等。坝底高程应根据地形、地质、水位、流量、泥沙、施工及检修条件等确定,宜比上游河床平均高程适当高0.2~0.4 m。坝底宽度应满足充排水(气)管检修及锚固结构布置要求。坝底板顺水流方向的宽度应按坝袋坍平宽度及安装检修要求确定。

(5)防渗排水布置。应根据坝基地质条件和坝上、下游水位差等因素,结合底板、消能和两岸布置考虑结构完整的防渗排水系统。

(6)消能防冲设施的布置。要根据地基情况、运行工况等因素确定,根据橡胶坝的3种泄流流态(设计坝高、部分坍坝、完全坍坝)具体计算确定。

(7)坝袋与两岸连接布置。应使过坝水流平顺,上、下游翼墙与岸墙两端应平顺连接,其顺水流方向长度应根据水流与地质条件确定。端墙高视布置情况而定。

(8)坝袋充排水控制设备及安全观测装置。观测设备均应设在控制室内,控制室布置应考虑运行管理方便,严寒或潮湿地区有防冻、防潮措施。超长橡胶坝可在左、右岸设控制系统。

(9)多跨橡胶坝之间应设中墩,墩高不小于坝顶溢流水头,墩长应大于坝袋工作状态的长度。墩厚满足侧向稳定和布设超压溢流管要求。

(10)在枯水期流量较大河流上的橡胶坝工程应考虑检修时导流方式。

(11)对超长橡胶坝应考虑检修交通方式,尽量布设永久性交通桥,可考虑轻型钢结构。

四、环境及经济评价

建设橡胶坝工程对生态和社会影响应依据《水利水电工程环境影响评价规范》(SDJ 302—88)编写环境评价报告。工程建设还应按照《水利建设项目经济评价规范》(SL 72—94)进行项目经济合理性和财务可行性评价。

单元三　工程设计和运行维护

橡胶坝工程设计包括橡胶坝泄洪能力计算、坝袋设计、锚固结构设计、控制系统设计、安全与观测设备设计和土建工程设计等。

一、泄洪能力计算

橡胶坝属于低水头水工建筑物,其规划、设计、施工和运行管理应尽量遵循综合利用水资源的原则。进行橡胶坝总体布置、消能防冲设计、泄洪能力分析、坝袋设计、锚固结构设计、运行管理,除考虑一般要求外,还必须考虑橡胶坝本身的特点和使用条件。

橡胶坝泄流能力计算可按堰流公式(3-1)计算:

$$Q = m\varepsilon\sigma B\sqrt{2g}h_0^{\frac{3}{2}} \tag{3-1}$$

式中 Q——过坝流量,m^3/s;

m——流量系数;

ε——堰流侧收缩系数,与边界条件有关;

σ——淹没系数,可取宽顶堰的试验数据;

B——溢流断面的平均宽度,m;

h_0——计入行近流速水头在内的堰顶水头,m。

橡胶坝的流量系数介于宽顶堰与曲线型实用堰之间。坝袋完全坍平时,可视做宽顶堰,流量系数 $m = 0.33 \sim 0.36$;坝袋充胀时,可视为曲线型实用堰,流量系数 $m = 0.36 \sim 0.45$。在运用过程中,流量系数可按下列公式计算。

(1)单锚固充水橡胶坝流量系数:

$$m = 0.138 + 0.018\frac{h_1}{H} + 0.152\frac{H_0}{H} + 0.032\frac{h_2}{H} \tag{3-2}$$

式中 H_0——坝袋内压水头,m;

H——运行时坝袋充胀的实际坝高,m;

h_1——坝上游水深,m;

h_2——坝下游水深,m。

以上各值均以坝底为基准面。溢流时的坝高可量测或用式(3-3)计算:

$$\frac{H}{H_1} = 0.5138 - 0.7673\frac{h_1}{H_1} + 0.8742\frac{H_0}{H_1} + 0.1452\frac{h_2}{H_1} \tag{3-3}$$

式中 H_1——设计坝高,m。

(2)双锚固充水橡胶坝流量系数:

$$m = 0.1630 + 0.0913\frac{h_1}{H} + 0.0951\frac{H_0}{H} + 0.0037\frac{h_2}{H} \tag{3-4}$$

$$\frac{H}{H_1} = 0.2127 - 0.2533\frac{h_1}{H_1} + 0.7053\frac{H_0}{H_1} + 0.1088\frac{h_2}{H_1} \tag{3-5}$$

(3)双锚固充气橡胶坝流量系数:

$$m = 0.0930 + 0.2720\frac{h_1}{H} - 0.0200\frac{H_0}{H} + 0.0270\frac{h_2}{H} \tag{3-6}$$

$$\frac{H}{H_1} = 0.6275 + 0.0802\frac{h_1}{H_1} + 0.0976\frac{H_0}{H_1} + 0.2372\frac{h_2}{H_1} \tag{3-7}$$

对于单孔坝,ε 可直接查《水闸设计规范》(SL 265—2001),对于多孔坝,用式(3-8)计算:

$$\varepsilon = \frac{\varepsilon_z(N-1) + \varepsilon_b}{N} \tag{3-8}$$

式中 N——坝孔数;

ε_z——中孔侧收缩系数;

ε_b——边孔侧收缩系数。

二、坝袋设计

(一)坝袋设计参数

进行坝袋设计时,首先要选择坝袋的设计内外压比 α 和坝袋强度设计安全系数。这两个参数互相联系、相互制约,其值的选取应经技术、经济和安全比较后确定。

(1)坝袋设计内外压比。坝袋的设计内外压比 $\alpha = H_0/H_1$,其中 H_0 为坝袋内压水头,

H_1 为设计坝高。如图 3-8、图 3-9 所示，当橡胶坝的设计高度一定时，α 值越大，坝袋外形越挺拔，所需的坝袋布周长和坝袋容积越小，而且由于坝袋贴地长度短，所需的基础等设备的造价可降低，但其坝袋胶布的拉力也越大，随之坝袋造价就越高。《橡胶坝技术规范》(SL 227—98)推荐的选取范围是：充水式橡胶坝的内外压比 α 为 1.3 ~ 1.6，充气式橡胶坝的内外压比 α 为 0.75 ~ 1.10(如图 3-8、图 3-9 中的阴影区域所示)。从运用角度考虑选用内外压比 α 时，当坝高较小时，为节省坝袋材料，可选用推荐选取范围的较大值；当坝高较大时，宜选用较小值。

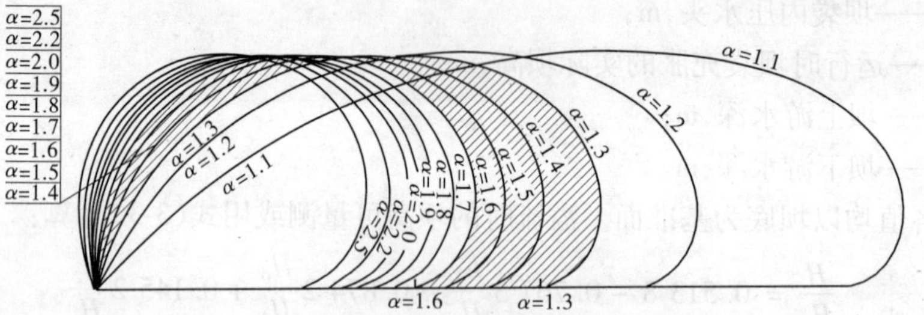

图 3-8　不同内外压比时充水式坝袋外形图

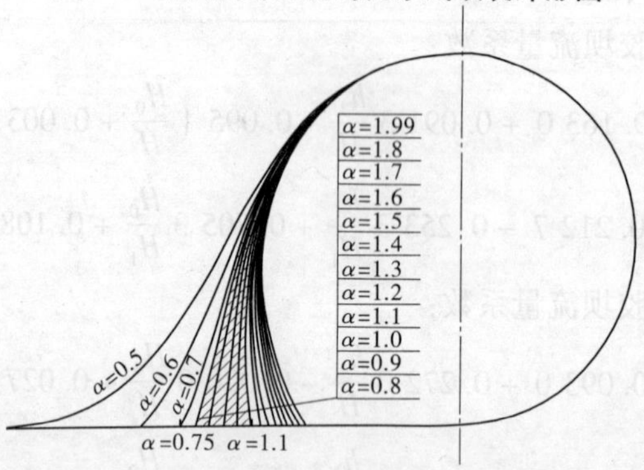

图 3-9　不同内外压比时充气式坝袋外形图

(2)坝袋强度设计安全系数。其定义为坝袋抗拉强度与坝袋设计计算强度之比。由于坝袋强度设计安全系数涉及的因素太复杂，规范规定采用单一安全系数法。坝袋强度设计安全系数充水坝应不小于 6.0，充气坝应不小于 8.0。

(3)坝袋径向计算强度 T。充水式坝袋的 T 值可用下式进行计算：

$$T = \frac{1}{2}\gamma\left(\alpha - \frac{1}{2}\right)H_1^2 \tag{3-9}$$

式中　T——坝袋径向计算强度，kN/m；

γ——水的重度，kN/m³；

α——设计内外压比；

H_1——设计坝高，m。

(4)坝袋外形尺寸的计算。进行坝袋外形尺寸计算的目的是确定坝袋各部位的尺寸和坝袋单宽容积。可将充胀后的坝袋轮廓分成 4 个部分：上游坝面曲线段长度 S_1，下游坝面曲线段长度 S，上游侧贴地段长度 n，下游侧贴地段长度 X_0，如图 3-10 所示。以上尺寸充水式、充气式都可以用数解法进行计算,也可以用查表法确定。

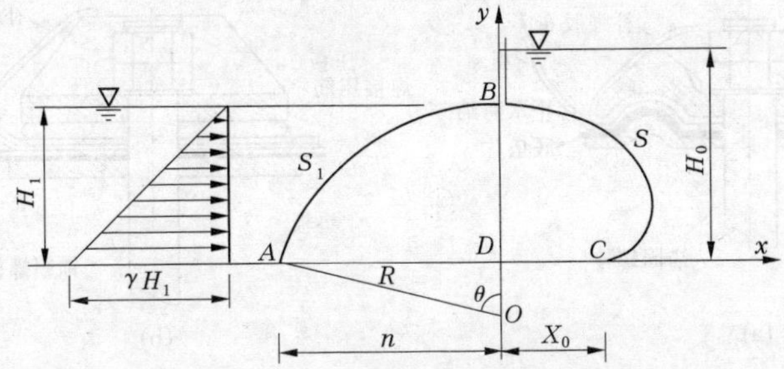

图 3-10　充水式橡胶坝计算示意图

(二)坝袋胶布技术要求

坝袋胶布是由帆布和橡胶加工硫化而成的,帆布是橡胶坝坝袋胶布的骨架,橡胶是保护并连接各层帆布共同承载的,如图 3-11 所示。坝袋胶布应达到强度高、耐老化、耐腐蚀、耐磨损、抗冲击、抗屈挠、耐水、耐寒等性能要求,满足使用目的。坝袋胶布各胶层厚度要求见表 3-3。

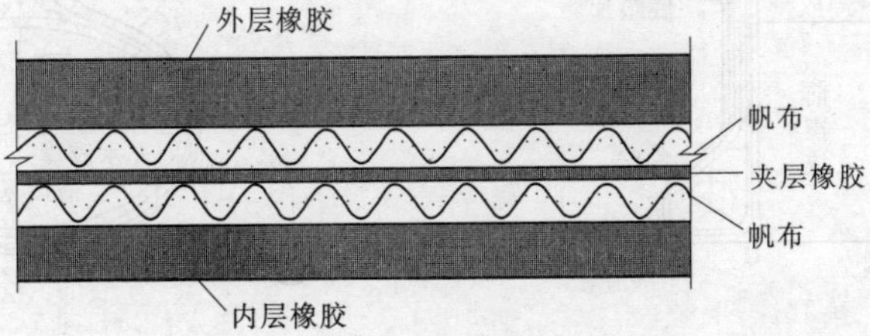

图 3-11　胶布构造示意图

表 3-3　坝袋胶布各胶层厚度要求

外覆盖胶	夹层胶	内覆盖胶
>2.5 mm	0.3 ~ 0.7 mm	>2.0 mm

三、锚固结构设计

橡胶坝依靠充胀的袋体挡水并承担各种荷载,这些荷载通过坝袋胶布传递给设置在基础底板上的锚固系统。锚固系统是橡胶坝能否安全稳定运行的关键部件之一。锚固结构形式可分为螺栓压板锚固(见图 3-12)、楔块挤压锚固(见图 3-13)以及胶囊充水锚固(见图 3-14)三种,应根据工程规模、加工条件、耐久性、施工、维修等条件,经过综合经济比较后选用。锚固结构可按《橡胶坝技术规范》(SL 227—98)中附录 D 计算。锚固构件必须满足强度与耐久性的要求,锚固线布置分单锚固线和双锚固线两种。采用岸墙锚固线布置的工程应满足坍坝时坝袋平整不阻水,充坝时坝袋褶皱较少的要求。

四、控制系统设计

橡胶坝充排水控制系统的设计主要包括动力设备选型及管道计算。

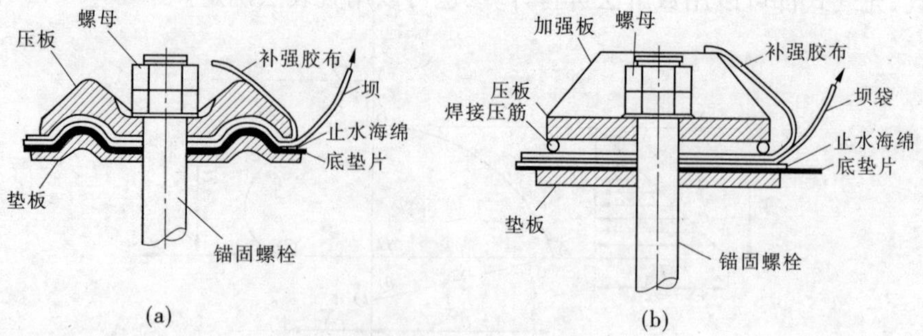

图 3-12　螺栓压板锚固(穿孔锚固)

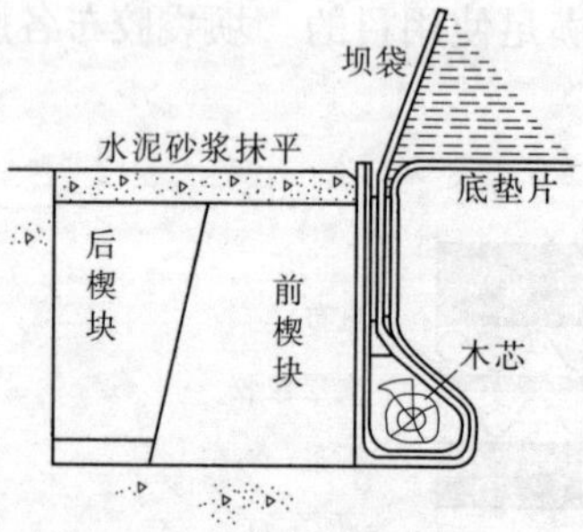

图 3-13　楔块挤压锚固

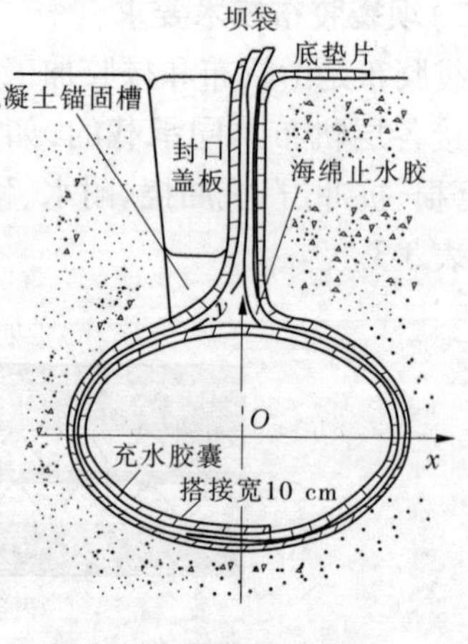

图 3-14　胶囊充水锚固

(一)水泵选型

水泵选型一般根据橡胶坝的规模、充(坍)坝要求时间及拟定的系统计算泵的流量与扬程,据此选定泵的型号。

$$Q = \frac{V}{nt} \tag{3-10}$$

式中　Q——计算的水泵所需的最小流量,m^3/h;

V——坝袋充水容积,m^3;

n——水泵台数;

t——充坝或坍坝所要求的最短时间,h。

水泵的扬程应根据管道的布置,分别计算充坝或坍坝时所需的水压力:

$$H_B = (\nabla_1 - \nabla_2) + \Delta H \tag{3-11}$$

式中　H_B——水泵所需扬程,m;

∇_1——水泵出水管管口高程,m;

∇_2——水泵吸水管最低水位,m;

ΔH——水泵吸水管和压力管水头损失总和,m。

当水泵吸水管直接向坝袋内充水时,则

$$\nabla_1 = \alpha H_1 + \nabla_3 \tag{3-12}$$

式中 H_1——坝高，m；

∇_3——坝底板高程，m。

根据计算的出口流量和扬程，参照水泵的样本选用合适的水泵。

（二）管道的计算

管道直径用式（3-13）计算：

$$D = \sqrt{\frac{4Q}{\pi v}} \tag{3-13}$$

式中 Q——管段内最大计算流量，m^3/s；

v——管道采用的计算流速，m/s，吸水管中的流速在 1.2～2.0 m/s，压力水管中的流速在 2.0～5.0 m/s。

五、土建工程设计

橡胶坝土建工程设计与水闸基本相同，可根据坝的设计条件、水工总体布置分别验算其强度、防渗、抗滑、稳定等。在此，仅对不同于水闸的土建工程进行介绍。

（一）坝底板结构

（1）坝底板顺水流方向长度 L_d 用式（3-14）、式（3-15）计算，适用于对称布置、双向坍落、双锚固的橡胶坝。

$$L_d = L + L_1 + L_2 + 2L_3 \tag{3-14}$$

$$L_3 = \frac{L_0 - L}{2} \tag{3-15}$$

式中 L_d——坝底板顺水流方向长度，m；

L——坝袋底垫片有效长度，m；

L_1、L_2——上、下游安装检修通道，一般取 0.5～1.0 m；

L_3——坝袋坍落贴地长度，m；

L_0——坝袋的有效周长，m。

（2）作用在橡胶坝底板上的设计荷载。包括基本荷载和特殊荷载。基本荷载包括结构自重、水重、正常挡水位或坝顶溢流静水压力、扬压力（包括浮托力和渗透压力）、土压力、风荷载、泥沙压力等。特殊荷载包括地震荷载及温度荷载。

（3）底板厚度。根据地基条件、坝高及上下游水位差等确定其地下轮廓时，依据《水闸设计规范》（SL 265—2001）进行应力分析。

①初拟底板厚度。

$$d = \sqrt{\frac{KM_{max}}{0.004\,5\delta_s}} \tag{3-16}$$

式中 d——底板的初始厚度，m；

M_{max}——可能出现的最大弯矩，kN·m；

K——安全系数，取 $K = 1.8$；

δ_s——钢筋屈服强度，kN/m^2。

设计规范规定，按照不同上托力作用而浮起的原则，来确定底板的厚度 d。

$$d \geqslant \frac{4}{3}\frac{U_{PX} - W}{\gamma_c - 1.0} \tag{3-17}$$

式中 U_{PX}——扬压力,kN;

W——上部水重,kN;

γ_c——钢筋混凝土重度,kN/m^3。

②确定底板厚度。橡胶坝底板形式多采用平底板。其底板厚度计算应根据不同地质条件和结构分缝情况,分别计算底板和边坡底板的纵向强度和横向强度,而不能仅计算一个方向,忽略另一个方向。橡胶坝底板分缝应考虑沉降、伸缩,其永久缝间距在岩基和土基上要求可适当比水闸放宽,以便增加底板的整体性,但应满足应力要求且节省投资。大、中型水闸的底板设计厚度一般为1.0~2.0 m,最薄的为0.6 m。而橡胶坝底板厚度明显低于水闸,一般为0.3~0.8 m。

(4)岸墙与中墩。是橡胶坝进行边锚和充胀坝袋成密封状的重要组成部分。其设计高度应首先满足坝袋锚固布置的要求,同时要高于坝顶溢流时最高溢流水位。岸墙有直墙和斜墙两种形式。岸墙(中墩)的计算与底板基本相同,各种情况下的平均基底压力不大于地基容许承载力,基底应力的最大值与最小值之比以及抗滑安全系数都不应小于容许值。岸墙与中墩一般与坝底板连成整体,坝底板分缝根据地基条件确定,分缝起沉降和伸缩作用。

(二)坝底板构造措施

(1)坝底板上、下游一般设置齿墙,一方面起到抗滑和增加刚度的作用,另一方面起到延长渗径的作用。

(2)坝底板顶高程在满足泄洪流量要求的前提下,可适当抬高,一般比河床抬高0.2~0.5 m,这样一方面可以满足坝袋检修时的水上工作条件,另一方面可防止过坝水流将推移质泥沙卷入坝袋底部。

(3)坝底板与岸墙(中墩)连体部分考虑充水橡胶坝两端部分的坍肩问题,设计时一般设置垂直水流方向的坡度,坡比根据不同坝高对应的坍肩值确定,或者依据需要的抬高值确定。抬起坡度一般在1:10左右。

(4)充排水管路及观测管路若布设在底板内,宜采取与底板整体浇筑与防护,应尽量减小对坝底板的影响。

(5)为防止推移质泥沙对坝底板摩擦和冲刷,坝底板表层可选用钢纤维混凝土,以对抗磨蚀。

(6)中墩及岸墙与坝袋接触部分,应做成光滑度高的接触面,以减少坝袋坍落过程中的摩阻力。一般采用环氧砂浆二次找平磨光,或贴大理石面板、光面塑料板、不锈钢板、水磨石等。

(三)消能防冲措施

消能防冲设计包括消力池、海漫、防冲槽设计,需要注意以下几个方面:

(1)水流衔接状态的判断。坍坝泄洪时,由于控制运用方式与水闸不同,其计算工况包括的内容与水闸不同。但可以根据溢流水深、流量、水位差、下游水深、流速等因素,计算收缩断面水深 h_c 的共轭水深 h_c'',将其与下游水深 h_t 进行比较。当 $h_t > h_c''$ 时产生淹没水跃，无需设消力池；当 $h_t < h''_c$ 时，产生远驱式水跃，需设置消力池，并配合辅助消能设施。特别是未完全坍坝，坝顶溢流的控制运用，其消能设施需结合溢流水深（控制水深）、地质条件进行分析。

(2)根据橡胶坝运行时的外形变化、水流衔接状态，经与同类水闸消能防冲计算比较，在泄量相同的条件下，橡胶坝消能设施可简化，甚至可不需设置消力池。但为检修方便，便于河流挟带砂石下排，减少坝袋振动和磨损，也常将底板与消力池底板上部连成斜坡。

(3)调节闸（冲沙闸）与橡胶坝结合的枢纽工程，一方面要考虑调节闸的泄洪流量对橡胶坝消能工的有利影响（可提前建立坝下水位）；另一方面要在调节闸（冲沙闸）与橡胶坝间设隔离导流墙，以便调节闸与橡胶坝能单独运用。

(4)多跨橡胶坝，由于在大流量防洪河道上，其控制运用要结合总体布置，尽量避免单跨泄流运用。而频繁运行坝段要采取加强措施（包括坝袋标准、锚固材料标准的提高）。其消能工要根据工程标准及所在位置的重要性优选。

(5)对砂土基河床上的橡胶坝，应特别注意由于河床演变及采砂等人为影响因素对坝下消能的影响，包括采砂等造成坝下水位降低值的预测，河床自然演变对橡胶坝所处河段的坝下游水位降低的分析，并注意防止横向折冲水流对坝下消能防冲设施的不利影响。

六、橡胶坝的运行和维护

自动控制运行的橡胶坝通常可根据上下游水位进行自动控制与运行。半自动化橡胶坝不能自动充气，需要通过定期检查来检验橡胶坝的运行情况，采用可携带式鼓风机给坝体充气。橡胶坝充气容易，不需专门技术，易于掌握。人工打开排气阀就可实现放气。通常，在0.5～1.0 h（甚至更短时间）即可完成坝体的充、放气工作。

橡胶坝几乎不需要维修。唯一的一个机械部件是球网系统，它被用于控制坝的放气，不需要经常维修，因此橡胶坝几乎是免维修结构。黏土和废渣可能会黏附在坝体上，使坝外观难看。用清洁水洗刷表面，即可把坝体清洗干净。当河水受到诸如生铁废渣的严重污染时，可将橡胶坝放气，以将拦蓄的水与污染物同时排泄掉，坝体上游面的清洗可由身穿防护服的人员进行，坝体下游面的清洗可在对坝进行重新充气的同时实施。

(1)受损坏的处理。橡胶坝容易受到尖利和有尖角物体的损坏，微小处的漏气易于修复，如果漏气面积很大，例如建筑物的碎石造成的漏气，修复起来比较困难。在放气期间，橡胶坝体可能会由于紧靠坝下游面的尖利物体而被刺破。坝体的振动，坝与河床、两岸的摩擦以及漂浮的各种垃圾都可能导致坝的磨损。火是对橡胶坝最为不利的潜在危害因素。火可引起大范围的坝体损坏，而修复大面积的坝体有时是不可能的。对于很重要的坝，可行的办法是提供备用橡胶坝，以便在出现严重损坏时，能迅速替换。

(2)气体漏损的处理。由于橡胶坝坝袋内的气体分子可通过橡胶膜而逸出，无论坝安装得有多么好，仍将渗漏掉一些气体。坝体表面刺伤、管道连接缺陷、紧固系统不严、施工质量和其他因素的影响也会引起气体损失。因此，橡胶坝需反复充气以维持坝内的气压，每个月均应进行充气以保持其内压。

(3)易风化的处理。合成橡胶易风化，现已使用像乙烯、丙烯、二烯这样的单分子橡胶以及氯磺化聚乙烯合成橡胶,以提高橡胶坝的耐久性。

小　结

本项目主要内容包括:橡胶坝的特点、类型、组成和适用条件;橡胶坝坝址选择的原则、等级划分、洪水标准和布置方法;橡胶坝泄洪能力计算、坝袋设计、锚固结构设计、控制系统设计和土建工程设计;橡胶坝的运行和维护,常见问题的处理等。通过本项目的学习,建立橡胶坝的基本概念,掌握初步设计的原则和步骤,明确泄洪能力计算、土建工程设计的方法,会进行基本的日常运行和维护。

思考题

1. 橡胶坝的特点是什么?橡胶坝的适用范围是什么?
2. 橡胶坝如何分类?橡胶坝由哪几部分组成?各组成部分的作用是什么?
3. 橡胶坝的坝址如何选择?橡胶坝如何布置?
4. 橡胶坝的坝袋参数有哪些?如何选择?
5. 橡胶坝的锚固结构如何分类?各适用于什么条件?
6. 橡胶坝的消能防冲设计应注意哪些方面?
7. 试说明橡胶坝运行和维护的工作要点。

项目四 堤 防

教学基本要求

(1)单元一。了解堤防的概念、作用、分类。
(2)单元二。掌握堤防的规划设计过程。
(3)单元三。熟悉堤防施工和工程加固。
(4)单元四。了解土工合成材料在堤防中的应用。

能力培养目标

(1)能根据工程情况对堤防进行简单规划设计。
(2)能够通过学习对堤防施工进行整体把握。

学习重点与难点

重点是堤线布置和堤型选择、堤防设计。
难点是堤防设计、渗流计算与渗控措施设计。

项目的专业定位

堤防在我国有着悠久的历史。我国平原河流都筑有大小不同的堤防,堤防对减轻洪水灾害起着极其重要的作用。如今,堤防在城市中也在发挥着越来越重要的作用,有必要对堤防工程进行进一步的学习和探讨。本项目主要介绍有关堤防的规划、设计、施工以及养护、加固等方面的内容。

单元一 堤防工程作用及分类

一、堤防的概念及作用

堤防是沿江、河、湖、海、排灌渠道或分洪区、行洪区边界修筑的挡水建筑物。其断面形状为梯形或复式梯形。堤防的主要作用是约束水流、控制河势、防止洪水泛滥成灾,另有抗御风浪、海潮入侵等。

堤防是一项重要的防洪工程措施。截至 1998 年,全国堤防总长达 25 万多 km,其中重点堤防 6.5 万多 km。尽管如此,大江大河堤防在堤防断面、基础处理、填塘固基、穿堤建筑物、崩岸治理以及护坡要达到流域长期规划标准等方面仍有大量的工作要做。

二、堤防的分类

堤防按其所处地位和作用不同,可分为河堤、湖堤、海堤、围堤、水库堤防和渠堤等 6 种。这 6 种堤防因其工作条件不尽相同,其设计断面也略有差别。对于河堤来说,因洪水涨落较快，高水位持续历时最长也不会超过两个月，其承受高水位压力的时间短，堤身浸润线往往不能发展到最高洪水位的位置，故堤防断面尺寸相对可以小些。湖堤位于湖泊四周，用以围垦湖滨低洼地带和发展水产事业，由于湖水位涨落缓慢，高水位持续时间较长，一般可达五六个月之久，且水面辽阔，风浪较大，堤身断面尺寸较河堤大，且临水面应有较好的防浪护面，背水面须有一定的排渗设施。水库堤防随着水库的兴建而产生，多修筑在水库的回水末端或库区局部地段，用于减少占用耕地面积或搬迁村庄，水库的堤防断面设计一般与湖堤相同。围堤用于临时滞蓄超标准洪水，其实际工作机会远不及河堤和湖堤那样频繁，但修建标准一般应与河干堤相同。海堤仅在涨潮时或风暴引起海浪袭击时着水，高水位持续时间甚短，但由于风浪破坏作用较大，堤防断面也要求较大，并远较河堤坚固，海堤临水面一般设有消波效果较好的防浪设施，还多采取生物与工程相结合的保滩护堤措施。渠堤在灌溉、发电、航运、给水、排水等水利工程中广为采用，一般在临水面和渠底设有防渗减糙措施，断面相对最小。

本项目以介绍河堤的规划设计、施工和加固为主，其原则也可用于其他类型的堤防。

河堤按其所处地位和作用不同，又可分为遥堤、缕堤、格堤、月堤和越堤等类，如图 4-1所示。遥堤又叫主堤或干堤，距河道主槽较远，堤身较厚，用于防御特大洪水，是防洪的最后一道防线，一般有专用名称，如黄河的北大堤、长江的荆江大堤等；缕堤又名民埝、民埝或生产堤，距河较近，堤身相对单薄，用于抗御较小的洪水、约束水流、加大流速，保护缕堤至遥堤间的滩地生产，洪水较大时，可能漫溢溃决；格堤为连接遥堤与缕堤的横向堤防，形成格状，一旦缕堤决口，使淹没范围仅限一格，同时可防止洪水沿遥堤形成串沟夺河，威胁干堤安全；月堤和越堤皆为依缕堤或遥堤进占或后退的月牙形堤防，当河身变动逼近堤防而保护河岸又有困难时，修建月堤退守新线，当河身变动远离堤防时，为争取耕地可修越堤，同时也为防洪增加一道新的前沿防线。此外，在防洪抢险时，为防止洪水漫越堤顶，临时在堤顶加修的小堤，又称子埝或子堤。

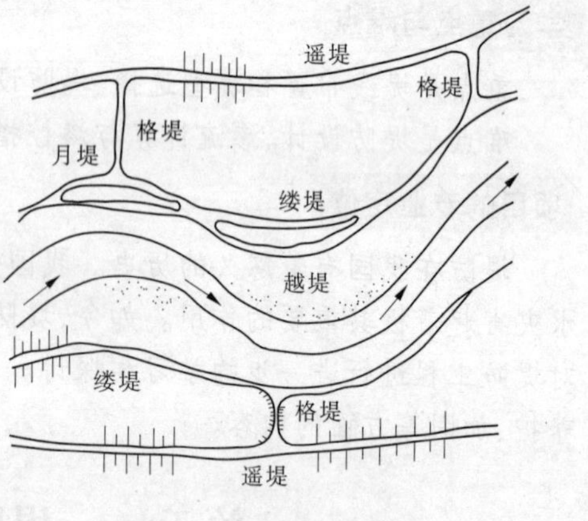

图 4-1　黄河堤防示意图

三、堤防工程级别的划分

堤防工程级别取决于防护对象（如城镇、农田面积、工业区等）的防洪标准，一般应按照现行国家《防洪标准》（GB 50201—94）确定，堤防工程的级别可由表 4-1 查得。堤防工程的防洪标准应根据防护区内防洪标准较高防护对象的防洪标准确定，并进行必要的论证。一般遭受洪灾或失事后损失巨大，影响十分严重的堤防工程，其级别可适当提高；遭受洪灾或失事后损失及影响小或使用期限较短的临时堤防工程，其级别可适当降低。采用高于或低于规定级别的堤防工程应报行业主管部门批准；当影响公共防洪安全时，还应同时报水行政主管部门批准。

表 4-1　堤防工程的级别

防洪标准(重现期(年))	≥100	<100,且≥50	<50,且≥30	<30,且≥20	<20,且≥10
堤防工程的级别	1	2	3	4	5

另外,堤防工程上的闸、涵、泵站等建筑物及其他构筑物的设计防洪标准,不应低于堤防工程的防洪标准,并应留有适当的安全量。

单元二　堤防的规划与设计

堤防工程的规划与设计主要包括堤线选择、堤顶高程和堤距的确定、堤身断面设计等内容。对于重要堤防,还须进行渗流计算、堤坡稳定分析和渗流控制措施设计等。这些工作不仅限于新修堤防,也适于对旧有堤防的修复与改造。

一、堤防规划原则

堤防规划中应遵循的一般原则如下:

(1)堤防规划应纳入流域水资源综合开发利用规划中,防洪与国土整治和利用结合,力求在其他防洪措施(例如水库、分洪、蓄滞洪等工程)的协同配合之下,达到最有效、最经济控制洪水的目的。

(2)堤防的上下游、左右岸、各地区、各部门都必须统筹兼顾。根据不同河流、不同河段和防护区在国民经济中的重要性,选定不同的防洪标准和不同的堤身断面。当所选定的防洪标准和堤身断面一时难以达到时,也可分期分段实现。

(3)保证主要江河的堤防不发生改道性决口,并确保对国民经济关系重大的主要堤防不决口。

(4)规划中应考虑到当堤防受到特大洪水袭击时,对超标准洪水采取临时性分洪、蓄滞洪等处理措施,对分、滞洪区内群众的安全、建设和生产、生活出路等均应妥善安排。

二、堤线布置与堤型选择

(一)堤线布置

堤线的布置直接关系到工程的安全、投资和防洪的经济效益,同时应考虑到汛期的防汛与抢险的便利。因此,在布置堤线时,应对河流的河势、河道演变特征、地质地貌条件以及两岸工农业生产和交通运输情况等进行详细的调查,作为堤防定线的依据。在具体设计中,应按照下述原则进行多方案技术、经济论证后择优选定。

(1)河堤堤线应与河势流向相适应,与大洪水的主流线大致平行。一个河段两岸堤防的间距或一岸高地一岸堤防之间的距离应大致相等,不宜突然放大或缩小。

(2)堤线应力求平顺,各堤段平缓连接,不得采用折线或急弯。在弯曲河段,堤线随岸线弯曲时,应选用较大的弯曲半径。

(3)堤防工程应尽可能利用现有堤防和有利地形,修筑在土质较好、比较稳定的滩岸上,留有适当宽度的滩地,尽可能避开软弱地基、深水地带、古河道、强透水地基。

(4)堤线应布置在占压耕地、拆迁房屋等建筑物少的地带,保护好文物遗址,有利于防汛抢险和工程管理。

(二)堤型选择

堤防工程的形式应按照因地制宜、就地取材的原则,根据堤段所在地理位置、重要程度、堤址地质、筑堤材料、水流及风浪特性、施工条件、运用和管理要求、环境景观、工程造价等因素,经过技术、经济比较后综合确定。

根据筑堤材料,可选择土堤、石堤、混凝土或钢筋混凝土防洪墙、分区填筑的混合材料堤等;根据堤坡形式,可选择斜坡式堤、直墙式堤或直斜复合式堤等;根据防渗体设计,可选择均质土堤、斜墙式或心墙式土堤等,如图 4-2 所示。

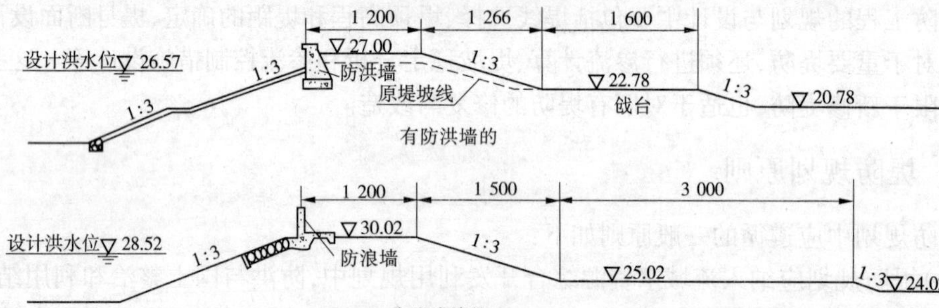

图 4-2 各种结构形式的堤身断面 (单位:高程,m;尺寸,cm)

同一堤线的各堤段可根据具体条件采用不同的堤型。在堤型变换处应做好连接处理,必要时应设过渡段。

三、堤防设计

(一)堤顶高程的确定

堤顶高程为设计洪水位加堤顶超高。设计洪水位按国家现行有关标准的规定计算。堤顶超高按式(4-1)计算确定,且1,2级堤防的堤顶超高不应小于2.0 m。

$$\Delta H = R + e + A \tag{4-1}$$

$$e = \frac{kv^2F}{2gh}\cos\beta \tag{4-2}$$

式中 ΔH——堤顶超高,m;

R——设计波浪爬高,m;

e——风壅水面高度,即壅水面超出原河水位的高度,m,按式(4-2)计算;

A——安全加高,m,应根据堤防工程的级别和防浪要求,按表4-2的规定确定;

k——综合摩阻系数,可取 $k=3.6\times10^{-6}$;

v——水面上10 m处的风速,m/s,可采用历年汛期最大风速平均值的1.5倍;

F——由计算点逆风向量到对岸的距离,m;

h——水域的平均水深,m;

β——风向与垂直于堤轴线的法线的夹角,(°);

g——重力加速度,m/s²。

表4-2 堤防工程的安全加高值

堤防工程的级别		1	2	3	4	5
安全加高值(m)	不允许越浪的堤防工程	1.0	0.8	0.7	0.6	0.5
	允许越浪的堤防工程	0.5	0.4	0.4	0.3	0.3

波浪沿堤面爬升的垂直高度称为波浪爬高。影响波浪爬高的因素很复杂,已有堤防的地方应做实地观测,这样得出的结论才是符合实际的。在无法得到实测资料时,波浪爬高可按《堤防工程设计规范》(GB 50286—98)所介绍的方法计算或按下式计算:

$$R = 3.2k_\Delta(2h_1)\tan\alpha \tag{4-3}$$

$$2h_1 = 0.020\,8v_{max}^{5/4}D^{1/3} \tag{4-4}$$

式中 k_Δ——与坡面糙率有关的系数,一般混凝土护坡取1.0,抛石护坡取0.75,干砌石块护坡取0.8,草皮护坡取0.85,黄河大堤平滑土壤采用1.0;

α——静水位处坝坡倾角,(°);

$2h_1$——波高,m,按安德烈扬夫公式(4-4)计算;

v_{max}——最大风速,m/s;

D——吹程,即最大水面宽,km。

(二)堤距的确定

河流两岸之间堤距的确定是一个比较复杂的问题,首先考虑河道自然岸线及已有的堤防间的河宽,同时需进行多方案比较。因为,当泄流量一定时,堤距较大,则堤顶可低一些,节约土方工程,但因泄洪而占用了耕地;堤距较小,相应堤顶要高一些,虽然减少了泄洪占用的耕地,但堤防的工程量较大。此外,还应考虑河道的允许流速。通过以上因素综合分析,选择最经济、最合理的堤距。

堤距的确定可参考下列计算方法进行几种方案的比较。图4-3(a)为三种不同堤距方案,每一种方案在设计洪水流量下的水位可按式(4-5)~式(4-8)试算确定。

$$Q_s = Q_1 + Q_2 + Q_3 \tag{4-5}$$

$$Q_1 = \frac{1}{n_1} B_1 h_1^{5/3} J^{1/3} \tag{4-6}$$

$$Q_2 = \frac{1}{n_2} B_2 h_2^{5/3} J^{1/3} \tag{4-7}$$

$$Q_3 = \frac{1}{n_3} B_3 h_3^{5/3} J^{1/3} \tag{4-8}$$

式中 Q_s——设计洪水流量；

J——比降；

Q_1、B_1、h_1、n_1——主槽流量、河宽、平均水深及糙率，下标 2、3 分别对应左、右岸河滩的流量、河宽、平均水深及糙率。

试算时，根据设计洪水流量，先假设一个洪水位，将主槽和两岸滩地概化成矩形，如图 4-3(b)所示，求出 h_1、h_2、h_3，选择糙率 n_1、n_2、n_3，河道比降 J 及河宽 B_1、B_2、B_3 皆为已知，按式(4-6)~式(4-8)计算，求得 Q_1、Q_2、Q_3，如结果满足式(4-5)，即假定值无误；否则，应重新假定一水位值，再进行试算，直至满足式(4-5)。当每一种方案的设计洪水位确定后，即可得堤顶高程，据此估计一定河段长度的堤防造价，并求出被保护面积的单位造价，从中选定最经济合理的方案。图 4-4 为堤防投资随堤身高度变化的关系，图中 1、2、3 分别代表第 1、第 2、第 3 个方案，可以看出，第 2 个方案为最经济的方案。

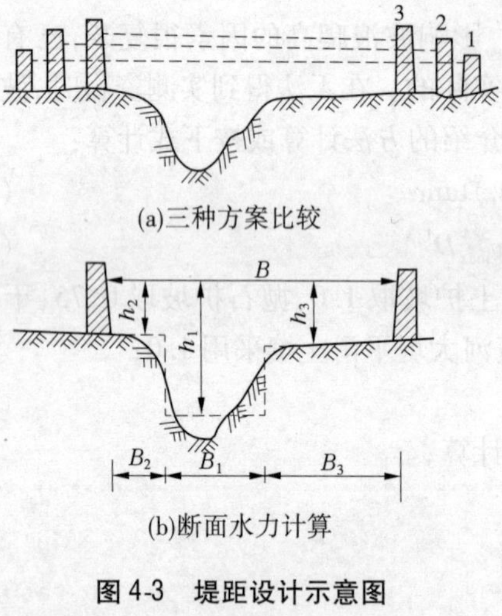

图 4-3　堤距设计示意图

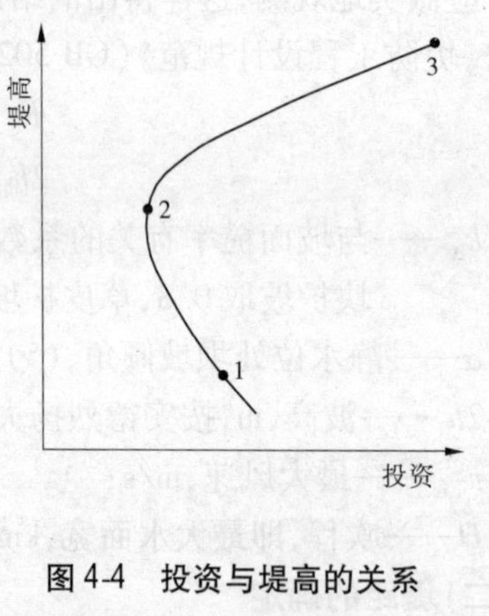

图 4-4　投资与堤高的关系

以上只是从经济效益方面考虑的一般堤距计算方法，另外，还必须根据具体情况从多方面综合考虑，最后确定堤距。

(三)堤身横断面设计

堤身横断面一般为梯形，首先初步拟定断面尺寸(堤坡大小、堤顶宽度、堤顶高程)，然后对典型堤段进行渗流计算和稳定校核，使堤身有足够的尺寸和稳定的边坡，以抵抗水平水压力，并在渗水达到饱和后不发生坍塌。堤防横断面设计要求大致与土坝相同，但由于其高度有限，且高水位持续历时一般不长，故要求略低。

1. 堤顶

堤顶宽度的确定需考虑洪水的渗径和汛期交通运输及防汛器材堆放的方便。汛期水位较高,若堤身过窄,渗径短,渗透流速大,渗水容易从堤背水坡腰逸出,造成险情。通常采用的堤顶宽度为:堤高在 6 m 以下,堤顶宽约 3 m;堤高 6 ~ 10 m,堤顶宽为 4 m;堤高大于 10 m,堤顶宽不小于 5 m。险工段和主要江河的堤顶还要根据防汛要求适当加宽。堤顶路面结构,需根据防汛与管理的要求,并结合堤身土质、气象条件进行选择。可采用单层砌石、密实的碎石或砾石层、渣油,也可采用草皮护面。因受筑堤土源及场地的限制,在堤顶上游边缘可修建防浪墙,参见图 4-2(a)。防浪墙结构可采用干砌石勾缝、浆砌石、混凝土等,净高不宜超过 1.2 m,埋设深度应满足稳定和抗冻的要求。无防浪墙时,应设置其他安全挡护设施。下游侧宜设缘石。为了排除雨水,堤顶应做成向一侧或两侧倾斜的横向坡度,坡度宜采用 2% ~3%。

根据防汛交通、存放料物等需要,在堤顶还需设置回车场、避车道、存料场,其具体布置可根据需要确定。根据防汛、管理和群众生产的需要,在堤坡上可设置上堤坡道。上堤坡道的位置、坡度、顶宽、结构可根据需要确定。临水侧坡道宜顺水流方向布置。

2. 堤坡与戗台

堤内外边坡应根据堤防等级、堤身结构、堤基、筑堤土质、风浪情况、护坡形式、堤高、施工及应用条件,经稳定计算确定,且 1、2 级堤防的堤坡不宜陡于 1∶3。工程中往往先根据经验或参照已建的类似堤防初步拟定堤坡。若堤身高超过 6 m,为增加其稳定性和延长渗径,常在背水坡下部加筑戗台或压浸台,戗台尺寸应根据堤身稳定、管理、排水、施工的需要分析确定,戗台的宽度不宜小于 1.5 m,参见图 4-2(a)。

3. 护坡与坡面排水

临水堤坡主要是防水流冲刷、波浪淘刷、冰和漂浮物的撞击破坏,背水坡主要防雨水冲刷等。

护坡的形式,1、2 级堤防为江河湖海干堤或重要支流堤,对水流冲刷或风浪作用强烈的重要堤段,临水坡一般采用砌石、混凝土或土工织物模袋混凝土等标准较高的护坡形式。背水侧护坡的形式根据当地的暴雨强度,并结合土质和堤高情况确定。一般情况下,临、背堤坡均可采用水泥土、草皮等造价较低的护坡形式。根据淮河水利委员会的经验,壤土堤防临水面的草皮护坡可防御 4 级以下风浪和流速 2 m/s 以下的水流冲刷。我国各地有许多适用于当地条件的护坡形式,凡行之有效的,在设计中也可采用。受风浪、水流等侵袭严重的堤防砌石护坡,其结构尺寸都要进行计算,以确保护坡的稳定可靠和经济合理。对高度低于 3 m 的 1、2 级堤防和 3 级以下堤防,其护坡结构尺寸主要根据构造和施工需要确定,一般可参照同类堤的护坡加以选定。

通常河堤挡水时间短,波浪不大,护坡下做一般垫层即能满足要求。有些风浪大、挡水时间长的堤,加厚垫层对护坡安全非常重要。堤脚转折处护坡受力复杂,且极易影响护坡的稳定,故在这些部位要设置坚固的基座。护坡和堤顶交界处易形成雨水顺垫层的渗流通道,造成堤身的冲刷,所以设封顶。另外,在护坡体上还应设置排水孔和变形缝。堤面排水设施是为安全排泄降雨径流而设置的,排水系统布置和尺寸可按堤防管理经验参照土坝确定。

4. 防渗与排水设施

土堤一般尽可能选取均质断面,只有当筑堤土料渗透性较强,不能满足渗流稳定要求时,才考虑防渗或排水设施。堤身防渗的结构形式,应根据渗流计算及技术经济比较合理确定,可采用心墙、斜墙等形式。适宜作防渗和排水的材料很多,需本着安全可靠、就地取材的原则选取,防渗材料可采用黏土、混凝土、沥青混凝土、土工膜等材料。

堤身的防渗体应满足渗透稳定以及施工与构造要求。顶部应高出设计水位 0.5 m。土质防渗体断面,应自上而下逐渐加厚,其顶部最小水平宽度不宜小于 1 m,底部厚度不宜小于堤前设计水深的 1/4。土质防渗体的顶部和斜墙的临水侧应设置保护层,保护层的厚度不应小于当地冰冻深度。

堤身的防渗与排水体的布设应与堤基防渗与排水设施统筹布置,并使两者紧密结合。堤身排水可采用伸入背水坡脚或贴坡滤层,滤层材料可采用砂砾料或土工织物等材料,如图 4-5、图 4-6 所示。砂砾石排水体的厚度或顶宽不宜小于 1 m。

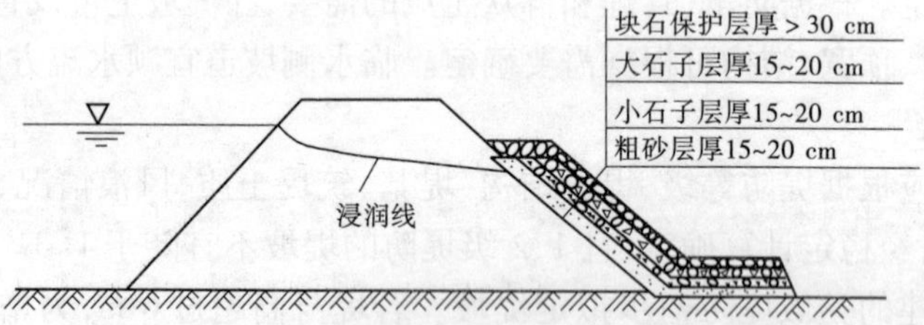

图 4-5　砂砾料贴坡排水示意图

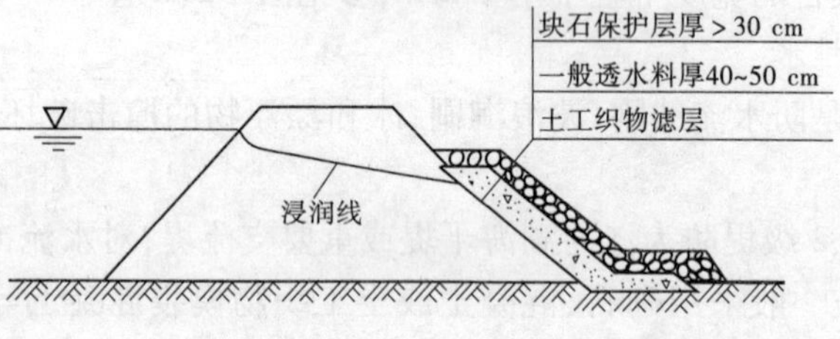

图 4-6　土工织物反滤层贴坡排水示意图

5. 防洪墙

城市、工矿区等修建土堤受限制的地段,宜采用防洪墙。防洪墙一般采用钢筋混凝土结构,结构计算同挡土墙。当高度不大时,可采用混凝土或浆砌石结构。

四、渗流计算与渗控措施设计

一般土质堤防在过水时间较长时,均存在渗流问题。同时,平原地区的堤防,堤基表层多为透水较弱的黏土层或砂壤土层,而下层则为透水性较强的砂层、砂砾石层。当汛期堤外水位较高时,堤基透水层内出现水力坡降,形成向堤内的渗流。在一定条件下,渗流会在背河堤坡表面或背河地面表土层溢出,如果堤防或堤防地基土颗粒被渗流带出,就形成管涌或流土,引起堤防险情和破坏。因此,在堤防设计中,必须进行渗流分析和相应的渗控措施设计。

(一)渗流水力计算

土堤渗流计算断面应具有代表性,并对每个计算断面进行下列内容的计算(计算方法同均质土坝):

(1)核算在设计洪水持续时间内浸润线的位置。当在背水侧堤坡逸出时,计算出逸点的位置、出逸段的出逸比降。核算堤基内及出逸处的渗透比降。

(2)当堤身、堤基土渗透系数 $K \geqslant 10^{-3}$ cm/s 时,计算渗流量。

(3)计算洪水水位降落时临水侧堤身内的自由水位。

堤防渗流计算考虑的水位组合有:①临水侧为设计洪水位,背水侧为相应水位;②临水侧为设计洪水位,背水侧为低水位或无水;③洪水降落时对临水侧堤坡稳定最不利的情况。

(二)渗透稳定计算

堤身及堤基在渗流作用下,土体产生的局部破坏,称为渗透变形。渗透变形的形式及其发展过程,与土料的性质及水流条件、防渗排渗等因素有关,一般可归纳为管涌、流土、接触冲刷、接触流土或接触管涌等类型。

一般认为,黏性土不会产生管涌变形和破坏,砂土和砂砾石,其渗透变形形式与颗粒级配有关。伊斯托敏娜利用颗粒不均匀系数 $\eta = d_{60}/d_{10}$,判断:

(1)$\eta < 10$ 的土壤易产生流土变形;

(2)$\eta > 20$ 的土壤会产生管涌变形;

(3)$10 < \eta < 20$ 的土壤,可能产生流土变形,也可能产生管涌变形。

使土体开始产生渗透变形的水力坡降称为临界坡降。当有较多的土料开始移动,产生渗流通道或较大范围破坏的水力坡降,称为破坏坡降。临界坡降可用试验方法或计算方法加以确定。但由于目前计算方法还不完善,故对重要的工程宜用试验实测方法来确定。在缺乏试验条件下,可按与土坝类似的方法进行估算,然后除以安全系数作为安全允许坡降,安全系数根据工程的重要性和筑堤土料的性质等条件查有关规范确定。渗透稳定计算应进行以下判断和计算:

(1)土的渗透变形类型;

(2)堤身和堤基土体的渗透稳定;

(3)堤防背水侧渗透出逸段的渗透稳定。

(三)渗控措施

堤防渗透变形产生管涌、流土,往往是引起堤身发生险情的主要原因。为此,必须采取措施,降低渗透坡降或增加渗流出口处土体的抗渗透变形能力,堤防施工中要选择合适的土料和严格控制施工质量,对于已建的工程主要采用“外截内导”的方法治理。

1. 截渗墙

截渗墙作为一项防渗技术,过去的堤防工程中未曾应用,主要是墙体太厚,造价太高。随着薄层截渗墙(厚≤30 cm)技术的出现,截渗墙在堤防加固中得到较广的应用。薄层截渗墙墙体材料主要为水泥土及塑性混凝土,既可满足堤防抗渗要求,又可降低造价。按成墙方式的不同,可大致分为开槽转换法、深层搅拌法、变压喷射法和振动挤压法四种。

2. 上游铺盖

在堤防临水面堤脚外滩上修筑连续的黏土铺盖，以增加渗径长度，减小渗流的水力坡降和渗透流速，是目前工程中经常使用的一种防渗技术。铺盖的防渗效果取决于所用土料的不透水性及其厚度。根据经验，铺盖长度为临河水深的 15 ~ 20 倍，厚度视土料的透水性和干重度而定，一般不小于1.0 m。

3. 堤背防渗盖重

当背河堤基透水层的扬压力大于其上部不透水层的有效压重时，可采用填土加压，增加覆盖层厚度的办法来抵抗向上的渗透压力，并增加渗径长度，消除产生管涌险情的条件。盖重的厚度和宽度，可依盖重末端的扬压力降至允许值的要求设计。

近些年来，在黄河和长江一些重要堤段，采用堤背放淤或吹填法增加盖重，同时起到了固堤整险和改良农田的作用。

4. 堤背脚滤水设施

对于洪水持续时间较长的堤防，堤背脚渗流出逸坡降达不到安全容许坡降的要求时，可在渗水逸出处修筑滤水戗台或反滤层、导渗沟、减压井等工程。滤水戗台通常由砂、砾石滤料和集水系统构成，修筑在堤背后的表层土上，增加了堤底宽度，并使堤坡渗出的清水在戗台汇集排出。反滤层设置在堤背面下方和堤脚下，它通过拦截堤身和从透水性底层土中渗出的水流挟带的泥沙，防止堤脚土层侵蚀，保证堤坡稳定。堤背后导渗沟的作用与反滤层相同。当透水地基深厚或为层状的透水地基时，可在堤坡脚处修建减压井，为渗流提供出路，以减小渗压，防止管涌发生。

五、堤坡抗滑稳定分析

抗滑稳定计算应根据不同堤段的防洪任务、工程等级、地形地质条件，结合堤身的结构形式、高度和填筑材料等因素选择有代表性的断面进行。堤坡抗滑稳定分析方法同土坝抗滑稳定分析方法一样，采用瑞典圆弧滑动法或复合滑动面法。

土堤抗滑稳定计算应考虑下列工况：

(1)正常情况：①设计洪水位下的稳定渗流期或不稳定渗流期的背水侧堤坡；②设计洪水位骤降期的临水侧堤坡。

(2)非常情况：①施工期的临水、背水侧堤坡；②多年平均水位时遭遇地震的临水、背水侧堤坡。

六、堤防与各类建筑物的交叉、连接

建筑物穿过堤身必将增加堤防的不安全因素，所以应尽量避免穿堤形式而选用跨堤形式。当建筑物(涵闸、管道、泵站等)有穿堤需要时，则应尽量减少穿堤的数量，有条件的采用合并、扩建的办法处理，对于影响防洪安全的应废除或重建。

穿堤建筑物的变形对堤防的安全影响极大，为了减少基础的不均匀沉降变形，穿堤建筑物宜建于坚硬、紧密的天然地基上，或建在人工处理地基上，应采取措施使其安全；设置截流环、刺墙可以延长渗径长度和改变渗流方向，并在下游设反滤排水，可以有效地防止接触面渗透破坏。

压力管道使用时将会产生震动，且有可能在洪水期沿管壁与土堤结合处产生渗水。各类加热管道如输油管、供热管道等，将会造成管周填土干裂，影响堤防安全，所以都必须在设计洪水位以上穿堤。

桥梁、渡槽、管道等跨堤建筑物，其支墩不应布置在堤身设计断面以内。需要布置在堤身背水坡时，必须满足堤身设计抗滑和渗流稳定的要求。与堤顶之间的净空高度应满足堤防交通、防汛抢险、管理维修等方面的要求。

单元三　堤防施工

堤防施工的主要内容包括堤料选择与料场布置、施工放样与堤基清理、度汛与导流、堤身填筑、管理设施施工、质量控制、竣工验收等。

一、堤料选择与料场布置

堤料的选择原则，一方面要满足设计要求，另一方面应就地取材。一般黏性砂土及砂性黏土透水性较小，容易压实，是筑堤的最好土料；砂土筑堤强度好，但透水性大，易发生管涌；黏土筑堤防渗性好，但易干裂、冻胀及滑坡。砂土、黏土均不宜单独用来筑堤。同分区土坝一样，用黏土料筑防渗体，用砂土料筑堤壳也是一种有效的方法。淤泥土、杂质土、冻土块、膨胀土等特殊土料，一般不宜用于筑堤身。另外，料场土料的自然含水量应与堤身压实最优含水量相适应，以保证压实质量；否则，应采取调节措施。表 4-3 为筑堤土料的最优含水量和最大干重度。

表 4-3　筑堤土料的最优含水量和最大干重度

土的类别	最优含水量(%)	最大干重度(kN/m^3)
砂土	8 ~ 9	17.7 ~ 18.4
砂壤土	9 ~ 15	18.1 ~ 20.1
粉砂	16 ~ 22	15.8 ~ 17.7
壤土	12 ~ 15	18.1 ~ 19.1
重壤土	16 ~ 20	16.4 ~ 17.6
粉质壤土	18 ~ 21	16.2 ~ 17.1
黏土	19 ~ 23	15.5 ~ 16.7

开工前，应根据设计要求、土质、天然含水量、运距、开采条件等因素选择取料区；料场土料的可采量应大于填筑需要量的 1.5 倍。筑堤取土要保护好堤防两侧的护堤地或表层的天然防渗铺盖，很多工程由于在天然铺盖区内取土，而将铺盖层挖穿，造成堤防背水侧十分严重的管涌破坏。所以，根据设计要求在临水侧滩地上取土时，宜由远而近，取土坑宜宽浅不宜窄深，在垂直堤轴线方向，每隔一定距离应留土埂或通道，以避免水流淘刷临水侧滩地上的取土坑而形成近堤串沟，危及堤身安全。取土最好与改田造地相结合。另

外，不同粒径组的反滤料应根据设计要求筛选加工或选购，并需按不同粒径组分别堆放；取土区和弃土堆放场地应少占耕地，不得妨碍行洪和引排水。

二、施工放样与堤基清理

施工放样首先沿堤防纵向定中心线和内外边脚，并钉以木桩，误差不得超过规定值。根据不同堤形，相隔一定距离可设立一个堤身横断面样架，供施工人员参照。堤身放样时，应根据设计要求预留堤基、堤身的沉降量。

开工前应进行堤基清理，清理的范围包括堤身、铺盖、压载的基面，其边界应在设计基面边线外 30 ~ 50 cm。堤基表层的不合格土、杂物等必须清除，堤基范围内的坑、槽、沟等，应按堤身填筑要求进行回填处理。同时，耙松地表，以利堤身与基础结合。如果堤线必须通过透水地基或软弱地基，应对堤基进行必要的处理，处理方法同土坝地基处理。

三、度汛与导流

堤防工程施工期跨汛期施工时，度汛、导流方案应根据设计要求和工程需要编制，并报有关单位批准。

挡水堤身或围堰顶部高程，按照度汛洪水标准的静水位加波浪爬高与安全加高确定。当度汛洪水位的水面吹程小于 500 m、风速在 5 级（风速 10 m/s）以下时，堤（堰）顶高程可仅考虑安全加高。安全加高按表 4-4 取值。

表 4-4　堤防及围堰施工度汛、导流安全加高值

堤防工程级别		1	2	3
安全加高（m）	堤防	1.0	0.8	0.7
	围堰	0.7	0.5	0.5

四、堤身填筑

（一）常用筑堤方法

1. 土料碾压筑堤

土料碾压筑堤是将土料分层填筑碾压，用于填筑堤防的一种工程措施。它是应用最多的筑堤方法，是最主要讲述的内容。

2. 土料吹填筑堤

土料吹填筑堤是将浑水或人工拌制的泥浆引至人工围堤内，降低流速，沉沙落淤，用于填筑堤防的一种工程措施。吹填的方法有自流吹填、提水吹填、吸泥船吹填、泥浆泵吹填等。

3. 抛石筑堤

抛石筑堤是利用抛投块石填筑堤防的一种工程措施。一般用在软基、水中筑堤或地区石料丰富的情况。

4. 砌石筑堤

砌石筑堤是采用块石砌筑堤防的一种工程措施。工程造价较高，一般用于重要堤防段或石料丰富地区。

5. 混凝土筑堤

混凝土筑堤是采用浇筑混凝土填筑堤防的一种工程措施。工程造价高,用于重要堤防段。

(二)土料碾压筑堤

1. 铺料作业

铺料作业中,应按要求将土料铺至规定部位,严禁将砂(砾)料或其他透水料与黏性土料混杂。上堤土料中的杂质应予清除,因为黏性土填筑层中包裹成团的砂(砾)料时,易形成堤身内积水囊,影响堤身安全;土料或砾质土可采用进占法或后退法卸料,砂砾料宜用后退法卸料;砂砾料或砾质土卸料时如发生颗粒分离现象,应将其拌和均匀;铺料厚度和土块直径的限制尺寸,宜通过碾压试验确定,在缺乏试验资料时,可参照表4-5的规定值;铺料至堤边时,应在设计边线外侧各超填一定余量,人工铺料宜为10 cm,机械铺料宜为30 cm。

表4-5 铺料厚度和土块直径限制尺寸

压实功能类型	压实机具种类	铺料厚度(cm)	土块限制直径(cm)
轻型	人工夯、机械夯	15~20	≤5
	5~10 t平碾	20~25	≤8
中型	12~15 t平碾 斗容2.5 m^3铲运机 5~8 t振动碾	25~30	≤10
重型	斗容大于7 m^3铲运机 10~16 t振动碾 加载气胎碾	30~50	≤15

2. 压实作业

施工前应先做碾压试验,验证碾压质量能否达到设计干密度值,若已有相似条件的碾压经验也可参考使用。分段填筑,各段应设立标志,以防漏压、欠压和过压。上下层的分段接缝位置应错开。碾压施工应符合下列规定:

(1)碾压机械行走方向应平行于堤轴线。

(2)分段、分片碾压,相邻作业面的搭接碾压宽度,平行于堤轴线方向不应小于0.5 m,垂直于堤轴线方向不应小于3 m。

(3)机械碾压时应控制行车速度,以不超过下列规定为宜:平碾为2 km/h,振动碾为2 km/h,铲运机为2挡。

(4)压实干密度、含水率的现场检查。黏性土可取土样以烘干法测出压实干密度、填筑含水率,砂砾石可通过挖坑置水法测出干密度,取样部位与数量可根据规范和具体情况确定,力求分布均匀、有代表性。按不同堤段划分的施工单元的压实质量合格标准应按表4-6执行。

表 4-6　土堤施工的单元工程压实质量合格标准

堤型		筑堤材料	干密度合格率(%)	
			1、2 级土堤	3 级土堤
均质堤	新筑堤	黏性土	≥85	≥80
		少黏性土	≥90	≥85
	老堤加高培厚	黏性土	≥85	≥80
		少黏性土	≥85	≥80
非均质堤	防渗体	黏性土	≥90	≥85
	非防渗体	少黏性土	≥85	≥80

(5)机械碾压不到的部位，应辅以夯具夯实，夯实时应采用连环套打法，夯迹双向套压，夯压夯 1/3，行压行 1/3；分段、分片夯实时，夯迹搭压宽度应不小于 1/3 夯径。砂砾料压实时，洒水量宜为填筑方量的 20%～40%；中细砂压实的洒水量，宜按最优含水量控制。压实施工宜用履带式拖拉机带平碾、振动碾或气胎碾。

3. 填筑作业技术要求

在填筑作业中，为了增加堤身的抗滑稳定性，当地面起伏不平时，应按水平分层由低处开始逐层填筑，不得顺坡铺填；堤防横断面上的地面坡度陡于 1∶5时，应将地面坡度削至缓于 1∶5。土堤填筑施工接头容易形成质量隐患，要求分段作业面的最小长度不应小于 100 m，人工施工时段长可适当减短；相邻施工段的作业面宜均衡上升，当段与段之间不可避免出现高差时，应以斜坡面相接；不论采用何种包工方式，填筑作业面应分层统一铺土、统一碾压，并配备人员或平土机具参与整平作业，不允许乱铺乱倒，严禁出现界沟；为了使填土层间结合紧密，减少层间的渗漏，当已铺土料表面在压实前被晒干时，应洒水湿润；用光面碾碾压实黏性土填筑层，在新层铺料前，应对压光层面作刨毛处理；填筑层检验合格后因故未继续施工，因搁置较久或经过雨淋干湿交替使表面产生疏松层时，复工前应进行复压处理；严禁先筑堤身后压载，其目的是防止堤身在施工中失稳或堤基破坏等质量事故发生，因为滑坡后再处理，将十分困难。

堤身全断面填筑完毕后，应作整坡压实及削坡处理，并对堤防两侧护堤地面的坑洼进行铺填平整。

4. 防渗工程施工

黏土防渗对于堤防工程来说主要是用在黏土铺盖上，而黏土心墙、斜墙防渗体方式在堤防工程中应用较少。黏土防渗体施工，应在清理的无水基底上进行，并与坡脚截水槽和堤身防渗体协同铺筑，尽量减少接缝；分层铺筑时，上下层接缝应错开，每层厚以 15～20 cm为宜，层面间应刨毛、洒水，以保证压实的质量；分段、分片施工时，相邻工作面搭接碾压应符合压实作业规定。

5. 反滤、排水工程施工

铺反滤层前，应将基面用挖除法整平，对个别低洼部分，应采用与基面相同的土料或反滤层第一层滤料填平。反滤层铺筑应符合下列要求：

(1)铺筑前应做好场地排水,设好样桩,备足反滤料。

(2)不同粒径组的反滤料层厚必须符合设计要求。

(3)应由底部向上按设计结构层要求逐层铺设,并保证层次清楚,互不混杂,不得从高处顺坡倾倒。

(4)分段铺筑时,应使接缝层次清楚,不得发生层间错位、缺断、混杂等现象。

(5)坡度陡于1∶1的反滤层施工时,应采用挡板支护铺筑。

(6)已铺筑反滤层的工段,应及时铺筑上层堤料,严禁人车通行。

(7)下雪天应停止铺筑,雪后复工时,应严防冻土、冰块和积雪混入料内。堆石排水体应按设计要求分层实施,施工时不得破坏反滤层,靠近反滤层处用较小石料铺设,堆石上下层面应避免产生水平通缝。

6. 接缝、堤身与建筑物接合部施工

施工工段之间,由于开工先后或施工速度不同,难免在工段划分桩号附近出现填筑高差,如不重视,很容易在土堤内部产生贯通裂缝,对这种接缝处理是确保工程施工质量的重要环节。垂直于堤轴线方向的各种接缝,应以斜面相接,坡度可采用1∶3~1∶5,高差大时宜用缓坡。土堤与岩石岸坡相接时,岩坡削坡后不宜陡于1∶0.75,严禁出现反坡。

(1)在土堤的斜坡结合面上填筑时,应符合下列要求:

①应随填筑面上升进行削坡,并削表层虚土直至削至质量合格的填土;

②削坡合格后,应控制好结合面土料的含水量,边刨毛、边铺土、边压实;

③垂直于堤轴线的堤身接缝碾压时,应跨缝搭接碾压,其搭接宽度不小于3.0 m。

(2)土堤与刚性建筑物(涵闸、堤内埋管、混凝土防渗墙等)相接时,施工应符合下列要求:

①建筑物周边回填土方,宜在建筑物强度达到设计强度50%~70%的情况下施工;

②填土前,应清除建筑物表面的乳皮、粉尘及油污等,对表面的外露铁件(如模板对销螺栓等)宜割除,必要时对铁件残余露头需用水泥砂浆覆盖保护;

③填筑时,须先将建筑物表面湿润,边涂泥浆、边铺土、边夯实,涂浆高度应与铺土厚度一致,涂层厚宜为3~5 mm,并应与下部涂层衔接,严禁泥浆干结后再铺土、夯实;

④制备泥浆应采用塑性指数 $I_p > 17$ 的黏土,泥浆的浓度可用1∶2.5~1∶3(土水重量比);

⑤建筑物两侧填土,应保持均衡上升,贴边填筑宜用夯具夯实,铺土层厚度宜为15~20 cm。

7. 土工织物作业

随着材料科学的不断发展,土工织物在堤防建设中得到广泛使用。根据土工织物在堤防中所承担的任务,可分为土工合成加筋材料(编织型土工织物、土工栅格、土工网)、防渗土工膜和作反滤层、垫层、排水层铺设的土工织物等。土工织物质量和工艺合格是十分重要的,因为土工织物铺设属隐蔽性工程,万一土工织物产品质量不合格,不仅会使铺设层失效,而且处理起来也十分麻烦。

(1)土工膜防渗施工应符合下列要求:

①铺膜前,应将膜下基面铲平,土工膜质量也应经检验合格;

②大幅土工膜拼接，宜采用胶接法黏合或热元件法焊接，胶接法搭接宽度为 5 ~ 7 cm，热元件法焊接叠合宽度为 1.0 ~ 1.5 cm；

③应自下游侧开始，依次向上游侧平展铺设，避免土工膜打皱；

④已铺土工膜上的破孔应及时粘补，粘贴膜大小应超出破孔边缘 10 cm；

⑤土工膜铺完后应及时铺保护层。

(2)土工织物作反滤层、垫层、排水层铺设应符合下列要求：

①土工织物铺设前应进行复验，质量必须合格，有扯裂、蠕变、老化的土工织物均不得使用；

②铺设时，自下游侧开始依次向上游侧进行，上游侧织物应搭接在下游侧织物上或采用专用设备缝制；

③在土工织物上铺砂时，织物接头不宜用搭接法连接；

④土工织物长边宜顺河铺设，并应避免张拉受力、折叠、打皱等情况发生；

⑤土工织物层铺设完毕，应尽快铺设上一层堤料。

单元四　堤防工程加固措施

尽管我们在防御洪涝灾害方面做出了巨大努力，并取得了非凡成就，但由于自然、社会和经济条件的原因，目前我国的江河和城市防洪能力普遍偏低，不能适应社会、经济迅速发展的要求，提高防洪减灾能力仍是我国的一项长期而艰巨的任务。河道堤防是我国防洪体系的重要组成部分，但现有的堤防有三大特点：一是堤基条件差，堤防傍河而建，堤线选择受到河势条件制约，基础大多为沙基，而且绝大部分堤防未作基础处理；二是堤身建筑质量差，不少堤防是在原民堤的基础上，经历年逐渐加高培厚而成的，往往质量不佳；三是堤后坑塘多，尤其是长江干堤和洞庭湖、鄱阳湖区，多年来普遍在堤后取土筑堤，使堤后坑塘密布，覆盖薄弱。因此，当遭遇洪水时堤防经常发生管涌、滑坡、崩岸和漫溢等险情，严重者导致大堤溃决。在 1998 年抗洪斗争取得全面胜利的基础上，对现有堤防进行除险加固是当前水利建设的一项重要任务。本单元将介绍几种常用堤防加固技术。

一、堤身加高培厚

经分析论证确定堤防加固高度后，应根据安全可靠、因地制宜的原则选择加固断面的结构形式。我国绝大多数堤防为黏性土均质堤。若无特殊原因，一般多选择与原堤防相同的土料加固堤身，结构简单，施工便利，有利于新老土层间的结合。若原筑堤黏性土料短缺，且堤防加高高度大，所需黏性土料方量大，则可选择复式断面结构形式，以少量黏土作防渗斜墙，以砂砾石或砾卵石作支撑体。也可用碎石料或煤矸石料作支撑体。堤防加高的断面形式选择应通过技术经济比较后确定。

(一)按均质堤形加高

1. 背水面培厚加高

背水面培厚加高形式具有土源相对丰富、施工方便的优点，但也应注意防止新老结合面成为渗流薄弱面。

1)料场选择的原则

(1)土料的渗透系数不大于 10^{-4} cm/s。

(2)土料的黏粒含量应与原堤土相当或略低,土料的渗透系数应与原堤土相当或略大。黏粒含量比原堤土高出较多,渗透系数小得较多的黏土,不应采用,因其不利于堤身渗水的排出。

(3)土料天然含水率尽量接近最优含水率。

(4)重要堤防的料场应离堤脚 300 m 以外,也可在距堤脚 200 m 左右处取压盖平台的吹填固结土,但必须尽快吹填补齐。

(5)若堤防附近无合适土源,则料场选择还应考虑运距、交通方便、造价等因素。

2)堤身布置

堤身培厚加高的布置见图 4-7。堤顶宽度按本项目单元二内容确定,堤坡可拟定为 1∶3,经稳定计算后确定。堤高大于 6 m 者,背水坡应设戗台,其顶宽不小于 2 m,戗台的顶高程应在设计水位时的渗流出逸点以上。浸润线与渗流出逸点应通过计算确定。原堤防临水坡应按加高设计坡度整坡,背水坡则应挖成台阶状,按 1∶3的坡连接。

2. 临水面培厚加高

当河道整治需要或背水坡有其他工程设置无法培厚时,可考虑在临水面培厚堤防,断面布置如图 4-8 所示。若需在临水面滩地取土,为了保护滩地的天然铺盖作用,取土范围应在堤脚 50 m 以外,取土深度不超过 1.5 m。土料的渗透系数应小于或相当于原堤土料的渗透系数。原堤防背水坡应按加高设计坡度削坡,临水坡应挖成台阶状,按缓于 1∶3的坡连接,以利于新老堤身的结合。培厚加高后的临水坡的稳定复核计算,应考虑设计水位降落时的反向渗透力及土体结合面浸水后的抗剪强度的降低。汛期退水时应加强对临水面培厚加高堤段的观察。

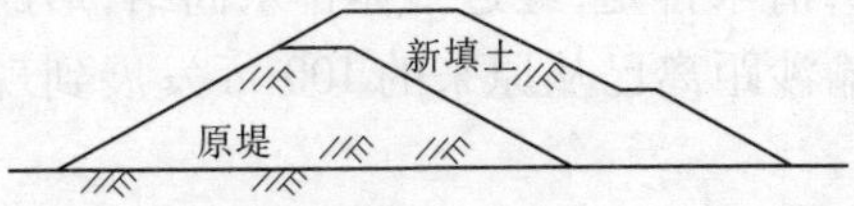

图 4-7 背水面培厚加高的均质堤断面示意图

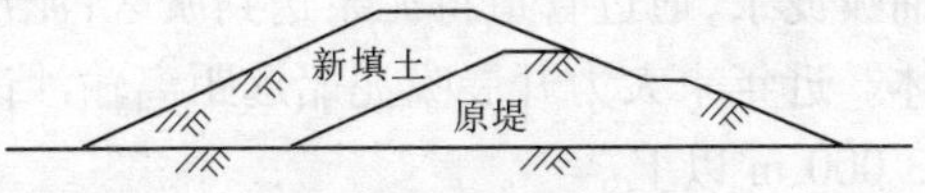

图 4-8 临水面培厚加高的均质堤断面示意图

(二)按复式堤型加高

将原堤防按黏性土斜墙复式断面加高,其断面形式如图 4-9 所示。斜墙土料宜选择黏粒含量小于 15% ~30% 的亚黏土或黏粒含量小于 30% ~40% 的黏土。支撑体宜选择最大粒径小于 60 mm 的级配较好的砂砾石。黏性土斜墙底部应伸入原堤身 1 m,斜墙底宽 2 ~3 m,具体可按接触渗径大于 1/4 ~1/3 水头计算,顶宽 1 m,斜墙顶部应高出设计水位 0.5 m。

砂砾石堤体的背水坡也应设置贴坡排水与反滤层。

(三)按防洪墙式堤型加高

1. 以混凝土或浆砌石墙加高土堤

城市堤防加高,往往因场地所限而采用防洪墙形式加高土堤。防洪墙一般有钢筋混凝土挡土墙和浆砌石挡土墙两种形式。墙高一般不大于 5 ~6 m,防洪墙布置在临水堤肩

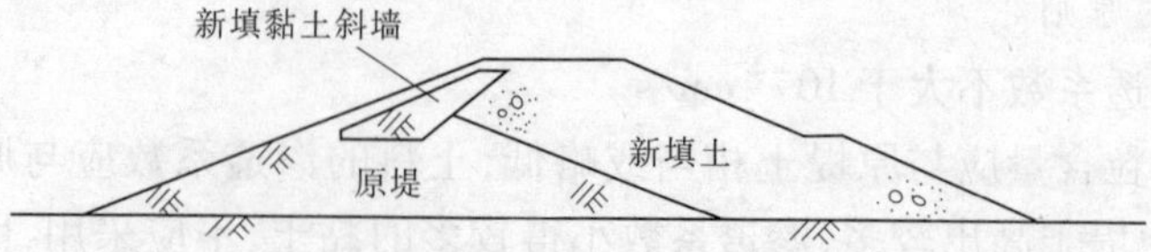

图 4-9 背水面培厚加高的黏土斜墙复式堤断面示意图

处,墙背水侧中下部填土作为堤顶路面,上部 1.2 ~ 1.5 m 作为防浪墙,也可挡水,防洪墙的稳定和强度应按挡土墙复核。

2. 以混凝土墙加高防洪墙

防洪墙一般采用临水面加厚加高。可在原浆砌石或混凝土防洪墙的临水面设置锚筋,直径约为 16 mm,深度约为 60 cm,间距约为 50 cm。然后在原防洪墙临水面现浇钢筋混凝土防洪墙,具体尺寸可根据实际情况按挡土墙计算确定。

(四)吹填固堤

吹填固堤也称机淤固堤,是利用泥浆泵将河流中或河床质的水沙,通过管道送到堤防背水侧的淤区,以达到加大堤身断面、加固堤防的目的。机淤取土有以下几种方式。

1. 简易吸泥船

20 世纪 70 年代初,黄河下游首先自制简易吸泥船进行吹填固堤。因为简易吸泥船结构简单、操作方便、造价低、见效快、适应性强,大部分堤防存在的问题,如渗透问题、稳定问题、断面尺寸不足问题,均可采用这种方法进行加固,因此这种方法很快在黄河下游得到普遍推广。简易吸泥船不能自航,其船体分为钢、木、水泥三种,以钢壳船最多。船长 15 m、宽 5 m、吃水深度 0.6 m。简易吸泥船的主要设备由抽排泥浆系统、造浆系统、附属设备三个部分组成。

简易吸泥船的主要生产原理是:用高压水枪搅动河床泥沙,形成高浓度泥浆,用泥浆泵抽吸泥浆,通过管道将泥浆送到淤区;泥沙沉淀,清水排走,经过土体排水固结,形成淤背体。近年来大力开展吸泥船远距离输沙试验,输沙距离已从原来的 100 m 发展到现在的 3 000 m 以上。

2. 小泥浆泵

黄河在河南境内的宽河段,为了解决河宽、滩大、输沙距离过远的问题,采用了小泥浆泵临河挖滩抽吸沙进行吹填固堤,取得了较好效果。

3. 挖泥船

国内常用的挖泥船一般有以下几种:

(1)绞刀式挖泥船。是利用绞刀绞松河底土质,用泥浆泵通过管道把泥浆送到淤区,也是目前吹填固堤较常用的设备。国产绞刀式挖泥船的生产效率为 50 ~ 80 m^3/h。

(2)链斗式挖泥船。是利用一连串的泥斗取河床泥沙,通过卸泥槽装入驳船运走。

(3)抓扬式挖泥船。是利用抓斗抓取河床泥沙,吊起卸入驳船。

(4)铲斗式挖泥船。是利用铲斗抓泥,吊起卸入驳船。

料场一般选择在靠水的嫩滩上。嫩滩沙料丰富,土质疏松,易于抽吸开挖。无嫩滩时,应尽量选择在水浅溜缓的部位。

固定船位,一般要靠岸近一些,以减少管道长度和浮筒数量,并便于与岸上联系和固定船位。但也应与岸坡保持适当的距离,以防河床挖深后,造成岸坡坍塌。

淤区就是放淤的区域,淤区工程包括围堤和泄水建筑物等部分。泥浆在围堤以内沉淀落淤,沉淀后的清水由泄水建筑物排走。落淤沉淀的土方,经排水固结就成了堤防断面的一部分,加大了堤防断面,起到了固堤的作用。

4. 前后戗工程

前后戗工程也是中外工程界经常用于加固堤防的工程措施,它和吹填固堤都属于盖重加固类型。其主要区别是吹填固堤的淤筑体断面大、体积大、土料含水量很大,经固结排水后不进行土料压实,所以它的密度较小。而前后戗工程是人工或机械填筑的,土料进行压实,戗体体积小于筑体体积。

在堤身单薄,背水坡渗流出逸点位置较高时,可用修筑前戗或后戗的方法来加固堤防。

后戗顶部高程一般在渗流出逸点 0.5 m 以上,戗顶宽度不小于 3~6 m,边坡 1:3~1:5。后戗填筑施工与筑堤的要求基本相同,其区别是土料尽量采用透水性较强的砂性土。如果当地粗砂料源丰富,最好在后戗的底部铺一层 0.5 m 厚的粗砂层,则排水效果较好,可降低堤身和戗体的浸润线位置。

前戗顶应高出设计洪水位 0.5~1.5 m。前戗土料应选用透水性小的黏土,以便截渗。其他施工要求与筑堤相同。对前后戗填土压实时的干密度要求,应与本堤段大堤的填土要求相同。

二、滑坡除险加固的方法

滑坡除险加固的方法很多,应根据滑坡堤段的实际情况,如当地材料供应条件、施工技术状况以及对施工工期的具体要求等进行优化选择后实施。下面针对不同的滑坡情况,选择优先考虑采用的除险加固方法。

(一)浅层滑坡

浅层滑坡一般均发生在堤身,地基基本上未遭破坏。这类滑坡应优先考虑将滑动体全部挖除,重新回填。根据滑坡发生的位置及引起滑坡的原因不同,处理的具体步骤和办法也有不同,现分述如下。

1. 背水坡浅层滑坡

1)以渗流为主要原因的浅层滑坡

(1)消除渗流险情。如在临水坡面做黏土截渗铺盖,或在堤身中间做截渗墙等。

(2)具体划定处理范围,包括平面尺寸和挖除的深度。确定滑动面位置的方法有钻探法和稳定分析法。钻探法的理论依据是滑动面实际上是一个具有一定厚度的滑动带。滑坡产生后,滑动带区域内土体强度大大低于未被扰动土体的天然强度。由此用钻探或原位测试的方法,及时测出土体的强度,就能很方便地判断滑动带所处的位置。稳定分析法(圆弧滑动法或复合滑动面法)的具体做法是:在现场找出滑动体的上缘及滑动体的下出口,滑动体的上缘就是滑坡顶部裂缝处或堤顶塌陷的陡坎处,滑动体的下出口就是堤脚隆起的最高点(顶部),这两点就是滑动面的上、下两点。这样,通过少量的试算即可找出通过上、下两点的滑动面位置。滑动面所包围的土体即为滑动体。

(3)将滑坡上部未滑动的坡肩削坡至稳定的坡度。一般应做到1:3左右(目的是保证施工期的安全),如滑弧上缘已伸入到堤顶,可直接按要求挖除。

(4)挖除滑动体。挖除应从上边缘开始,逐级开挖,每级高度20 cm,沿着滑动面挖成锯齿形。在每一级深度上应一次挖到位,并且必须一直挖至滑动面以外未滑动土中0.5~1.0 m,以便保证新填土与老堤的良好结合。

(5)填筑还坡。挖除与重新填筑断面如图4-10所示。在平面上,滑坡边线四周向外延伸2 m范围均应挖除,重新填筑。

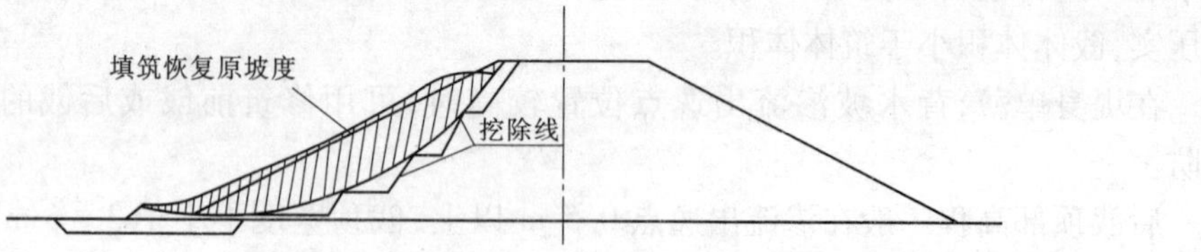

图4-10　挖除与重新填筑断面示意图

注:①图中影线部分为滑动体应全部挖除;②图中挖除线每级高度小于1 m,宽度伸入滑动体大于0.5 m。

填筑施工可采用机械或人工进行卸料和铺料。铺料时应严格控制铺土厚度及土块粒径的最大尺寸。铺土厚度一般应通过压实试验确定。在无试验资料的情况下,可参照表4-5执行。

压实的密度必须达到设计要求。填筑施工程序及其技术详见本项目单元三。重新填筑的堤坡必须达到重新设计的稳定边坡要求。

2)以堤脚下挖塘为主要原因的浅层滑坡

首先消除挖塘险情。在堤脚下挖塘,减小了堤身堤脚的压重,使堤身的抗滑力减小,造成滑坡。消除此类险情的办法很简单,即把挖掉的土体再填回来。如实在有困难,至少在滑坡出口处以外5 m范围内必须回填。回填土料以透水性较好的砂石料为宜。把堤脚下挖塘填好后按上述的“以渗流为主要原因的浅层滑坡”处理办法(2)→(3)→(4)→(5)四个步骤挖除滑动体后,填筑还坡。

3)以堤身填筑质量不好为主要原因的浅层滑坡

此类滑坡是因填筑施工质量不好,堤身强度不够造成的。一般情况下,将滑动体全部挖除,重新填筑就可以消除产生滑坡的隐患。因此,按上述的“以渗流为主要原因的浅层滑坡”处理办法(2)→(3)→(4)→(5)四个步骤挖除滑动体,重新填筑还坡即可(以此原因引起的滑坡发生在临水坡,此法也适用)。

2.临水坡的浅层滑动

1)以崩岸(坍塌)为主要原因的浅层滑动

首先以抛石护脚等除险加固办法,把崩岸险情消除后即可按上述的“以渗流为主要原因的浅层滑坡”处理办法(2)→(3)→(4)→(5)四个步骤挖除滑动体,重新填筑还坡。

2)因暴雨或长时间降雨导致的浅层滑动

雨水沿着坝体裂缝渗入堤身内部,使滑动力增加,堤身抗剪强度降低而导致滑坡。此类滑坡与因堤身填筑质量不好,强度不够为主要原因引起的滑坡一样,一般不需要特别处理,只要将滑动体按上述的“以渗流为主要原因的浅层滑坡”处理办法(2)→(3)→(4)→(5)步骤将滑动体全部挖掉,重新填筑还坡即可。

(二)深层滑动边坡的处理

一般情况下,深层滑动的滑动面已切入堤基相当的深度,此类滑坡若全部挖除滑动体,则工作量较大,且施工具有一定的风险,所以应优先考虑采用部分挖除的办法进行处理。具体施工程序如下。

1.挖除滑动体的主滑体并重新填筑

主滑体的确定原则是:在最危险圆弧圆心上侧(产生滑动力的一侧)的土体为主滑体,应全部挖除并重新填筑。当没有条件进行稳定分析,无法找到最危险圆弧圆心时,可用下述办法粗略地确定:如图4-11所示,作上下口连线 AB 的水平投影线中垂线,以该线与边坡线的交点 f 作主滑体与阻滑体的分界点(一般情况,该点位置偏向滑动体一侧,但影响不大),其上侧为主滑体,下侧为阻滑体,将 f 点上侧主滑体部分挖除重新填筑。对 f 点上侧滑动体部分全部挖除与重新填筑的具体实施同前述浅层滑坡的挖除与重新填筑一样,按产生深层滑动的位置和发生的主要原因不同采用不同的办法进行挖除与填筑,这里不再赘述。将 f 点以下的阻滑体中的滑动面进行处理后,才能开始 f 点上侧堤防的填筑。

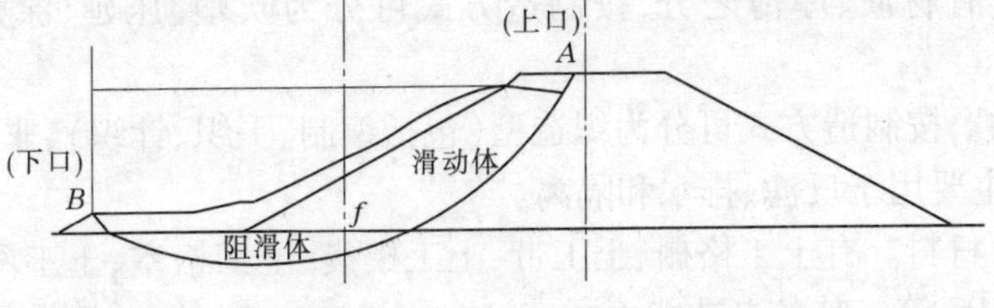

图4-11 主滑动体的简化确定

2.f 点以下阻滑体滑动面的处理办法

(1)按滑坡后设计的稳定断面重新填筑。这种处理办法就是以增加阻滑体的重量,即增大阻滑力的办法,来提高堤坡的稳定性。该法的优点是施工简单,不需“三材”,易于实施;缺点是需要大量的土方,土源缺乏的地区,采用该法有一定的困难。

(2)采用加固地基的办法。地基加固的办法很多,结合堤防除险加固的具体情况,比较适合的地基加固办法有搅拌法、灌浆补强法、振冲法等。

单元五 土工合成材料的应用

一、概述

土工合成材料是以合成材料为原材料制成的新型建筑材料,已广泛应用于水利、公路、铁路、港口、建筑等工程的各个领域。目前,国内外通常采用聚酯纤维(PER)、聚丙烯纤维(PP)、聚酰胺纤维(PA)、聚乙烯(PE)、聚氯乙烯(PVC)、高密度聚乙烯(HDPE)等原料制造土工合成材料,形成了八大系列产品,如土工织物、土工膜、土工网、土工格栅、土工席垫、土工格室、土工复合材料及相关产品等。其中，土工膜是土工合成材料中应用最早也是最广泛的一种系列产品，土工膜为相对不透水的聚合物薄片，在岩土和土木工程中用于防渗和气体的输送；土工复合材料为用两种以上土工合成材料经人工组合的复合体，用于排水、截水及加筋等。

土工膜最早应用可追溯到20世纪30年代，人们曾采用聚氯乙烯(PVC)土工膜作为游泳池的防渗材料；50年代初，美国垦务局采用PVC土工膜作防渗衬砌；苏联以聚乙烯膜进行渠道防渗。60年代中期，我国将塑料薄膜用于渠道防渗，较早的工程有河南人民胜利渠、陕西引渭灌渠等，主要原料是聚氯乙烯，个别是聚乙烯，以后推广到水库、水闸和蓄水池等工程。随着高分子化学工业的发展，20世纪以来相继出现了聚氯乙烯、聚乙烯醇、聚酰胺、聚酯、聚乙烯、聚丙烯等各种纤维，这些合成材料具有强度高、弹性好、耐磨、耐化学腐蚀、不会发霉、不怕虫蛀及吸湿性小等特点，用于工程又具有施工简便、易保证质量、施工进度快、造价低等优点，故被人们所重视，应用也日益广泛。

目前，国内外堤坝渗流控制中所应用的土工合成材料，主要是透水的土工织物和相对不透水的土工薄膜两大类。

二、土工合成材料的分类及性能

(1)土工膜。有材质、厚薄之分，按制造方式可分为吹塑、压延、涂敷等，主要用于防渗。

(2)土工织物。按制造方式可分为织造型(包括编制、平织、针织)、非织造型(包括针刺、热黏、胶黏)，主要用于反滤、排水和隔离。

(3)土工特种材料。有土工格栅、土工带、土工模袋、土工格室、土工网、土工石笼、土工管、三维网垫、EPS等。其各自功能不同。

(4)土工复合材料。包括复合土工膜(膜与织物或其他材料相复合)和复合防水排水材料(排水带、排水管、排水防水材料等)。

三、土工膜

土工膜是一种由高聚合物制成的透水性极小的土工合成材料。根据原材料不同，可分为聚合物和沥青两大类。为满足不同强度和变形需要，又有不加筋和加筋的区别。聚合物膜在工厂制造，沥青膜则大多在现场施工。

(一)土工膜的基本材料

(1)热塑性材料。如聚氯乙烯(PVC)、耐油聚氯乙烯(PVC-OR)等。

(2)结晶热塑性材料。如低密度聚乙烯(LDPE)、高密度聚乙烯(HDPE)、聚丙烯(PP)等。

(3)弹性材料。如二烯-异丁烯橡胶(ⅡR)、氯丁橡胶(CR)、环氧丙烷橡胶(CV)等。

(4)热塑性弹性材料。如氯化聚乙烯(CPE)、氯磺聚乙烯(CSPE)、氯化聚乙烯熔合物(CPE-A)等。

(5)沥青和树脂。如沥青、煤焦油沥青、改性沥青、环氧树脂和丙烯树脂等。

这几种主要材料的性能见表4-7。

表 4-7　不同土工膜基本材料性能对比

性能		氯化聚乙烯（CPE）	高密度聚乙烯（HDPE）	聚氯乙烯（PVC）	氯磺聚乙烯（CSPE）	耐油聚氯乙烯（PVC－OR）
顶破强度		好	很好	很好	好	很好
撕裂强度		好	很好	很好	好	很好
伸长率		很好	很好	很好	很好	很好
耐磨性		好	很好	好	好	—
热力特性(低温柔性)		好	好	较差	很好	较差
尺寸稳定性		好	好	很好	差	很好
最低现场施工温度(℃)		－12	－18	－10	5	5
渗透系数(m/s)		1×10^{-14}	—	7×10^{-15}	3.6×10^{-14}	1×10^{-14}
极限铺设边坡		1:2	垂直	1:1	1:1	1:1
现场拼接	溶济	很好	好	很好	很好	很好
	热力	差	—	差	好	差
	黏结剂	好	—	好	好	好
最低现场黏结温度(℃)		－7	10	－7	－7	5
相对造价		中等	高	高	高	中等

(二)土工膜的性能

土工膜被广泛应用于岩土工程的各个领域。不同的工程对材料有不同的功能要求，并以此选择不同类型和不同种类的土工膜。土工膜的一般性能包括物理、力学、化学、热学和耐久性能等。在工程应用中更重视其防水能力(渗透性及透气性)、抗变形的能力及耐久性。大量工程实践表明，土工膜有很好的不透水性；有很好的弹性和适应变形的能力，能承受不同的施工条件和工作应力；有良好的耐老化能力，处于水下、土中的土工膜的耐久性尤为突出。总之，可以认为土工膜具有十分突出的防渗性能。

(三)土工膜在水利防渗工程中的应用

土工薄膜是由高分子聚合物制成的透水性甚小的材料，渗透系数一般为 10^{-12} ~ 10^{-11} cm/s，这样低的透水性是一种颇为理想的防渗材料。其在水利防渗工程中可应用于以下几个方面：①堤坝的防渗斜墙或垂直防渗心墙；②透水地基上堤坝的水平防渗铺盖和垂直防渗墙；③混凝土坝、圬工坝及碾压混凝土坝的防渗体；④渠道的衬砌防渗；⑤涵闸水平铺盖防渗；⑥隧道和堤坝内埋管的防渗；⑦施工围堰的防渗。

土工膜作为一种良好的防渗材料，在我国的土坝建设、堤防加固、渠道防渗中，作为垂直防渗墙的墙体材料、防渗体等，被广泛地应用，如图 4-12 所示。

(四)土工膜的防渗结构

土工膜的厚度很薄，容易遭破坏，为了有效保护和提高其在坡面上的稳定性，在土工膜与堤身或堤基接触处应加一定厚度的垫层(过渡层)或反滤层，尤其对于膜与粗粒料直

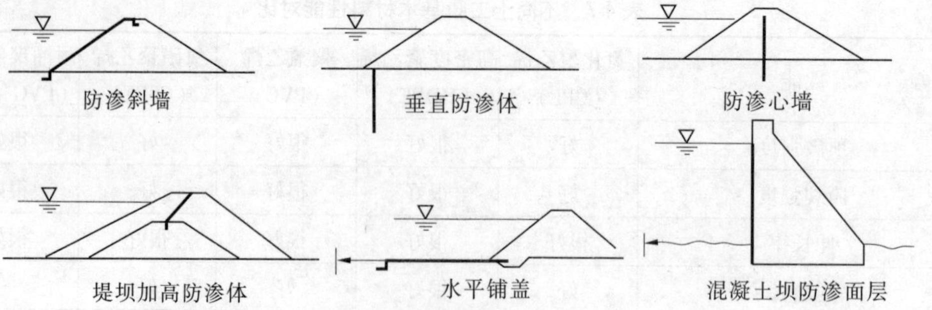

图 4-12　土工膜防渗形式

接接触的情况。若防渗薄膜选用复合土工膜材料,则反滤层可以简化。对于已有的堤防加固情况,由于铺反滤层较困难,可以直接选用较厚非织造土工织物的复合土工膜作为反滤层,以便于施工。但应强调指出,不管什么情况下,反滤层是必不可少的。土工膜防渗结构原则上应包括 5 层,如图 4-13 所示。

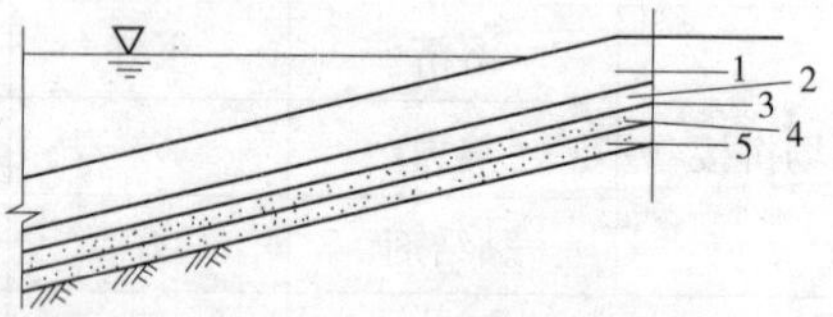

1—防护层;2—上垫层;3—土工膜;4—下垫层;5—支持层

图 4-13　土工膜防渗结构

(1)防护层。是与外界接触的最外层,是为了防御外界水流或波浪冲击、风化侵蚀、冰冻破坏和遮蔽日光紫外线而设置的。该层由堆石、砌石或混凝土板构成,厚度一般为 15 ~ 25 cm。

(2)上垫层。是防护层和土工膜之间的过渡层,由于防护层多是大块粗糙材料且易移动,如果直接置于土工膜上,很容易破坏土工膜,因此上垫层必须做好。上垫层一般采用透水性良好的砂砾料,厚度应不小于 15 cm。如果防渗材料采用的是复合土工膜,可不必另设垫层。

(3)土工膜。是防渗主体,除要求有可靠的防渗性能外,还应该能承受一定的施工应力和使用期间结构物沉降等引起的应力,故也有强度要求,土工膜的强度与其厚度直接有关,可通过理论计算或工程实践经验来确定。单一土工膜表面光滑,摩擦系数小,易产生滑动,不宜铺设在坡面上,在此情况下,一般多采用复合土工膜,其表面的非织造土工织物与土的摩擦系数要比单膜大得多。另外,有时也可将单膜加上纹路以增加糙度。

(4)下垫层。铺在土工膜的下面,有双重功能:一是排除膜下的积水、积气,确保土工膜的稳定;二是保护土工膜,使其不受支持层的破坏。对于粗粒的堆石坝,下垫层也可起堆石与土工膜之间过渡层的作用,这时的下垫层由细砾和砂构成,三者之间的粒径应符合一定的层间关系。对于面板堆石坝的防渗加固工程,多采用复合土工膜,可用沥青直接黏结在防渗面板上。对于碾压式土坝,一般采用复合土工膜,下垫层一般可以省去,因为非织造土工织物可以起到保护和排水作用,而且增加膜与坝体间的摩擦力。

(5)支持层。土工膜是柔性材料,必须铺设在可靠的支持层上,它可以让土工膜受力均匀。对于堤坝,支持层可采用级配良好的压实土层,粒径应根据膜厚来选择,对于 0.2 mm厚的土工膜,支持层的最大粒径应不大于 6 mm,不均匀系数应不小于 20。对于堆石坝,支持层可采用混凝土或沥青混凝土面板斜墙。如果是碾压式土石坝,由于其坝面平整，又有较大密实度，可不设支持层。

（五）土工膜的防渗形式

（1）堤坝地基垂直防渗墙。对于已建堤坝的防渗加固工程，一般采用垂直铺塑技术建造垂直防渗墙。垂直防渗墙是在堤坝地基内造孔或开槽，填入透水性极低的材料形成的连续墙。我国现在用铺塑技术已完成多项垂直防渗墙工程。修建防渗墙的土工合成材料多采用土工膜、复合土工膜。采用插入土工膜，则膜厚度应不小于0.5 mm。在目前技术条件下，插入深度可以达到约15 m，要求地基土中大于5 cm的粗颗粒不多于10%，最大颗粒粒径不大于15 cm，否则将超出开槽宽度。对于新建堤坝，采用中央复合土工膜作垂直防渗墙时，其要求与土工膜斜墙防渗相同。但垫层和过渡层在填筑压实时，应注意不使土工膜损伤。施工时要求堤坝填筑与土工膜心墙同时上升，而且土工膜应作锯齿形铺设，以适应堤身的沉陷。

（2）水平防渗铺盖。堤坝建在透水地基上，当地基厚度过大，采用其他防渗形式不经济或不可能时，可采用铺盖防渗。它是将透水性小的材料水平铺设在堤坝上游的一段长度内，并与堤身或坝身的防渗体系相连接，以增加渗径长度，减小渗透坡降，防止地基渗透变形并减少渗流量。一般用于铺盖材料的渗透系数至少应比地基的渗透系数小100倍，故以往常用黏性土。土工膜比黏土的透水性还要小，具有极大的柔性，能和地面密切贴合，而且施工相当方便，防渗效果良好。

（3）其他防渗形式。土工膜用于堤防的防渗加固，其心墙式或斜墙式等形式的选用与堤基地层结构及其渗透性有关。增大PE膜摩擦性能的方法有3种：①采用复合土工膜，因复合土工膜外层的土工织物与土料的摩擦系数较大，接近于PVC膜与土料的摩擦系数；②对PE膜采取加糙措施，例如在土工膜的光滑表面上压纹或喷涂加糙材料；③改变水工建筑物的结构，如调整坝坡，加防滑槽或防滑槛等。另外，当PE膜的厚度从0.12 mm增加到0.24 mm时，其与粗砂的摩擦系数可以增加30%。

（六）土工膜存在的缺点

土工膜与混凝土、黏土、钢板衬砌等几种防水材料相比，有以下缺点：

（1）容易破裂。土工膜是一种高分子化合物的柔性材料，强度低，厚度也比较薄，因此容易破裂。

（2）老化问题。土工膜在接触阳光、冷热气候、臭氧的条件下，将较快老化而失去性能。但埋在土中或处于水下的土工膜，由于不接触以上因素，其老化还是相当慢的。试验研究表明，土工膜的使用寿命可达50～100年。

（3）化学腐蚀。土工膜遇上某些化学物质，如酸性、碱性液体，或矿物油，可能会被腐蚀破坏。在用于垃圾填埋场封闭废弃有腐蚀性的固体或液体时，则应考虑这方面的问题。因此，要正确设计，精心施工，保证土工膜良好地工作。

四、土工织物

（一）土工织物分类

（1）织造型土工织物。又称为有纺土工织物，是先将材料加工成丝状后再编织。织造形式又分为平纹、斜纹、缎纹三种。最常见的是平纹，其特点是厚度小、强度高。

(2)非织造型土工织物。又称为无纺土工织物。按加工方法又分为热黏合、化学黏合、机械黏合三种。热黏合织物厚度较小,一般为0.5~1.0 mm;化学黏合织物厚度较大,一般为1~3 mm;机械黏合多采用针刺法,厚度为1~5 mm,孔隙率高,渗透性大,反滤排水性能好,是应用最广泛的一种。

(二)反滤作用

当土中的水通过土工织物时,水可以顺畅通过,土粒被阻留。当土中水从细粒土流向粗粒土,或水流从土内向外流出的出逸处,需要设置反滤措施。否则,土粒将受水流作用而被带出土体,发展下去可能导致土体渗透破坏。土工织物可以代替水利工程中传统采用的砂砾等天然反滤料作为反滤层。土工织物反滤的特点是厚度小、省材料(主要节省运输投资)、易施工、反滤效果好,但使用寿命不如砂砾料耐久。堤坝工程中,需要反滤的主要部位有黏土心墙或斜墙两侧、坝体与下游排水体之间、坝体与上游护坡之间、水闸护坦的排水孔下部、挡土墙后排水体周围、排水暗管、排水井等。

(三)反滤设计要求

为保证土工织物能长期使用,对土工织物的基本要求有:被保护的土料在水流作用下,土粒不得被水流带走,即保土性,以防止管涌破坏;水流必须能顺畅地通过织物平面,即透水性,以防止积水产生过高的渗透压力;织物孔径不能被水流挟带的土粒阻塞,即防堵性,以避免反滤作用失效。

(1)保土性要求。满足保土性,织物的孔径与土的粒径之间必须符合一定的关系。孔径过大,土粒可能穿过孔洞而流失;孔径过小,可能妨碍透水和容易被堵塞。根据保土要求准则,织物的等效孔径 O_e 和被保护土的特征粒径 d_{85} 之间应符合以下关系:

$$O_e \leqslant nd_{85} \tag{4-9}$$

式中 O_e——由试验测得的等效孔径,一般采用 $O_e = O_{95}$ 或 $O_e = O_{90}$,$O_{95}/O_{90} \approx 1.2$;

d_{85}——筛分曲线中小于某粒径的土粒的质量百分数为85%所对应的粒径。

当 $O_e = O_{95}$ 时,一般 $n = 1 \sim 2$。

(2)透水性要求。对于级配良好的土,水力梯度低,不会产生淤堵时,$K_g \geqslant K_s$;对于级配不良的土,水力梯度高,排水失效会导致土体结构破坏时,$K_g \geqslant 10K_s$。K_g 为土工织物透水系数;K_s 为被保护土体透水系数。

(3)防堵性要求。为防止土工织物在长期使用中被淤堵,提出以下要求:当土体级配良好时,取 $O_{95} \geqslant 3d_{15}$(d_{15}为筛分曲线中小于某粒径的土粒的质量百分数为15%所对应的粒径),水力梯度小,流态稳定;当被保护土具有分散性时,水力梯度大,易发生管涌,修理费用大。

(四)排水功能

水利工程中需要将土中水排出的情况很多,如降低土坝内浸润线高度、挡土墙后排水、水闸的软基排水等。采用土工合成材料排水具有施工简便、工期短、节约工程费用等优点。排水设计与反滤设计类似,既要排水又要保土,排水量往往大于反滤的排水量。在水闸软基中常采用塑料排水带来代替传统的砂井,其优点是用插板施工法,对周边土体扰动小,施工进度快。

小 结

本项目主要讲述了堤防工程,具体介绍了堤防的概念、作用和分类,堤防工程的规划和设计,堤防工程的施工过程、施工方法,最后将堤防工程的加固和土工合成材料的应用作了详细介绍,内容和实际工程结合非常紧密,内容涉及多学科内容。因此,学习本项目内容,应从堤防的基本概念、工作特点及类型入手,结合多学科相关知识,循序渐进,逐步学习和深入,并到实际工程中进行参观学习。

思考题

1. 堤防的概念?
2. 堤防的作用和分类是什么?
3. 堤防规划的原则是什么?
4. 堤防设计过程有哪几部分内容?
5. 堤防施工的主要内容是什么?
6. 常见的堤防加固技术有哪些?
7. 土工合成材料的应用有哪些?

第二部分　泄水建筑物

项目五　水　闸

教学基本要求

(1)单元一。了解水闸的作用和类型，水闸的组成和各部分作用及水闸的工作特点。

(2)单元二。掌握闸孔形式、单宽流量的选择，闸底板高程的确定和孔口尺寸拟定的方法，能熟练进行闸孔泄流能力的计算。

(3)单元三。了解过闸水流的一般特点，认识波状水跃及折冲水流的危害，掌握消力池、海漫、防冲槽的布置要求。

(4)单元四。理解地下轮廓线的概念，掌握闸基防渗长度的确定和地下轮廓线的布置方法，掌握闸基渗流计算(流网法、改进阻力系数法、直线比例法的概念及计算方法)、防渗设施、排水设施的基本要求。

(5)单元五。了解闸室各组成部分的结构形式、尺寸、布置及构造，了解闸门的类型、启闭机类型。

(6)单元六。掌握闸室稳定计算方法及基底应力的验算方法。

(7)单元七。掌握整体式平底板结构计算方法。

(8)单元八。了解连接建筑物的作用、连接建筑物的形式和布置、两岸连接建筑物的结构形式。

能力培养目标

(1)能根据资料选定闸址、布置闸室及上下游连接段。

(2)能做水闸闸孔设计，即由过闸水流的形式，选定相应的计算公式初拟闸孔净宽及单孔宽度和孔数，并进行过流能力验算。

(3)能做水闸消能防冲设计。水闸下游的消能形式通常采用底流式，其消能设施一般为挖深式消力池，因此需要确定消力池的池深和池长，以满足各种情况下消能的要求。

(4)能进行水闸防渗排水设计。即由 $L \geq CH$ 初步拟定防渗长度，由流网法、改进阻力系数法和直线法计算闸基渗流。

(5)能进行水闸稳定分析计算。

(6)能进行水闸整体式平底板的结构计算。整体式平底板内力计算方法有弹性地基梁法、反力直线分布法和倒置梁法。当采用弹性地基梁法时,应计入边荷载的作用。

学习重点与难点

重点是闸孔形式、单宽流量的选择,闸底板高程确定和孔口尺寸拟定的方法,能熟练进行闸孔泄流能力的计算;消力池、海漫、防冲槽的布置要求;闸基渗流计算(流网法、改进阻力系数法、直线比例法的概念及计算方法);防渗设施、排水设施的基本要求;闸室各组成部分的结构形式、尺寸、布置及构造;闸室稳定计算方法及基底应力的验算方法;整体式平底板结构计算方法。

难点是改进阻力系数法的基本原理及计算方法;闸室稳定计算方法及基底应力的验算方法;整体式平底板结构计算方法。

项目的专业定位

城市水利工程主要包括各种水景形式(如湖、池、溪流、瀑布、喷泉)、驳岸、护坡、水闸等,其规划的主要任务是保护、开发、利用城市水系,调节和治理洪水与淤积泥沙,开辟人工河湖,兴修水利防治水患,美化城市环境,把城市水体建成完整的水系。其中,水闸是城市水利规划的一个重要组成部分,在城市水利建设中起着至关重要的作用,中华人民共和国行业标准《城市防洪工程设计规范》(CJJ 50—92)明确指出,为了满足城市防洪要求,需要建筑防洪闸,可以除水害、兴水利,发挥防洪、蓄水、排沙等综合效益,而且也应与城市其他水景工程相结合,进行综合利用。

单元一　概　述

水闸是城市水利规划的一个重要组成部分,是一种利用闸门的启闭来调节水位、控制流量,以满足城市水利事业各种要求的低水头水工建筑物,多修建在软土地基上,具有挡水和泄(引)水的双重功能。在防洪、供水、治涝、航运、发电、挡潮、冲沙等水利工程中的应用也十分广泛。

一、水闸的作用与分类

(一)按水闸所承担的任务分类

(1)进水闸(或取水闸)。建在河道、水库或湖泊的岸边,用来控制引水流量,以满足灌溉、发电或供水的需要,又称取水闸或渠首闸。

(2)节制闸。拦河或在渠道上建造。枯水期用以拦截河道、抬高水位,以利上游取水或满足航运要求;洪水期则开闸泄洪,控制下泄流量。位于河道上的节制闸称拦河闸。

(3)冲沙闸(或排沙闸)。多建在多泥沙河流上的引水枢纽或渠系中沉沙池的末端,也可设在引水渠内布置有节制闸的分水枢纽处,并常与节制闸并排布置。用于排除进水闸、节制闸前河道或渠系中沉积的泥沙,防止闸前河段或渠道的淤积,也可利用泄水闸排沙。

(4)分洪闸。建造在天然河道的一侧,用来将超过下游河道安全泄量的洪水泄入预定湖泊、洼地,及时削减洪峰,保证下游河道的安全。

(5)排水闸。在江河沿岸建造。外河水位上涨时关闸以防河水倒灌,外河水位较低时开闸排除其附近低洼地区的积水,防止农田涝渍。因此,排水闸具有闸身高度较大而闸底板高程较低的特点,且受双向水头作用。

(6)挡潮闸。建在入海口附近,涨潮时关闸不使海水沿河上溯,退潮时开闸泄水,以达到挡潮、排水和蓄淡水的目的。挡潮闸具有双向挡水的特点。

上述各种闸的相对位置布置如图 5-1 所示。

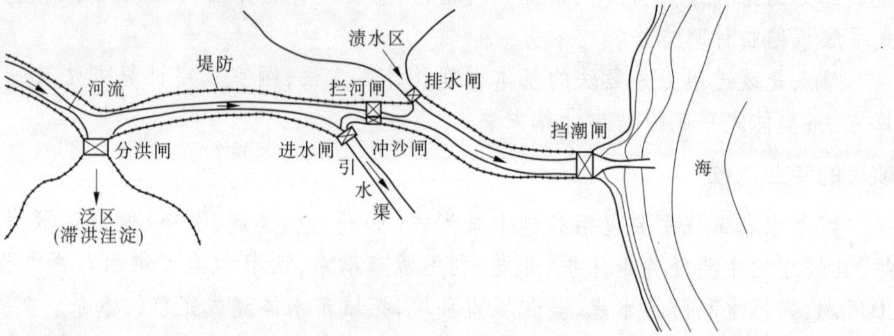

图 5-1 水闸的分类及位置示意图

(二)按闸室结构形式分类

(1)开敞式水闸。闸室上面不填土、不封闭的水闸,应用较为普遍,又分为无胸墙和有胸墙两种形式。一般有泄洪、排水、过木等要求时,多采用不带胸墙的开敞式水闸,多用于拦河闸、排水闸等;当上游水位变幅大,而下泄流量又有限制时,为避免闸门过高,常采用带胸墙的开敞式水闸,如进水闸、排水闸、挡潮闸多用这种形式。

(2)涵洞式水闸。闸(洞)身上面填土封闭的水闸,又称封闭式水闸。常用于穿堤取水或排水的水闸。洞内水流可以是有压的,或者是无压的。它与涵洞的结构形式基本相同。不同的是,涵洞式水闸设有闸门及启闭设备,而涵洞没有。

(三)按过闸流量大小分类

按过闸流量可将水闸分为大、中、小型三种。过闸流量在 1 000 m^3/s 以上的为大型水闸,过闸流量为 100 ~ 1 000 m^3/s 的为中型水闸,过闸流量小于 100 m^3/s 的为小型水闸。

(四)其他类型水闸

国内已建的其他类型的水闸有水力自控翻板闸、橡胶水闸、灌注桩水闸、装配式水闸等,在此不作详细介绍。

二、水闸的工作特点与设计要点

水闸既能挡水,又能泄水,且修建在软土地基上,因而它在稳定、防渗、消能防冲及沉降等方面都有其自身的特点。

(1)稳定方面。关闭挡水时,水闸上、下游较大的水头造成较大的水平推力,使水闸有可能沿基面产生向下游的滑动。为此,水闸必须具有足够的重力,以维持自身的稳定。

(2)防渗方面。由于上、下游水位差的作用,水将通过地基和两岸向下游渗流。渗流会引起水量损失,同时地基土在渗流作用下容易产生渗透变形。严重时闸基和两岸的土壤会被淘空,危及水闸安全。渗流对闸室和两岸连接建筑物的稳定不利。因此,应妥善进行防渗设计。

(3)消能防冲方面。水闸开闸泄水时,在上、下游水位差的作用下,过闸水流往往具有较大的动能,流态也较复杂,而土质河床的抗冲能力较低,可能引起冲刷。此外,水闸下游常出现波状水跃和折冲水流,会进一步加剧对河床和两岸的淘刷。因此,设计水闸除应保证闸室具有足够的过水能力外,还必须采取有效的防冲措施,以防止河道产生有害的冲刷。

(4)沉降方面。土基建闸,由于土基的压缩性大,抗剪强度低,在闸室的重力和外部荷载作用下,可能产生较大的沉降,影响正常使用,尤其是不均匀沉降会导致水闸倾斜,甚至断裂。在水闸设计时,必须合理地选择闸型、构造,安排好施工程序,采取必要的地基处理等措施,以减少过大的地基沉降和不均匀沉降。

三、水闸的组成

水闸通常由上游连接段、闸室段和下游连接段三部分组成,如图 5-2 所示。

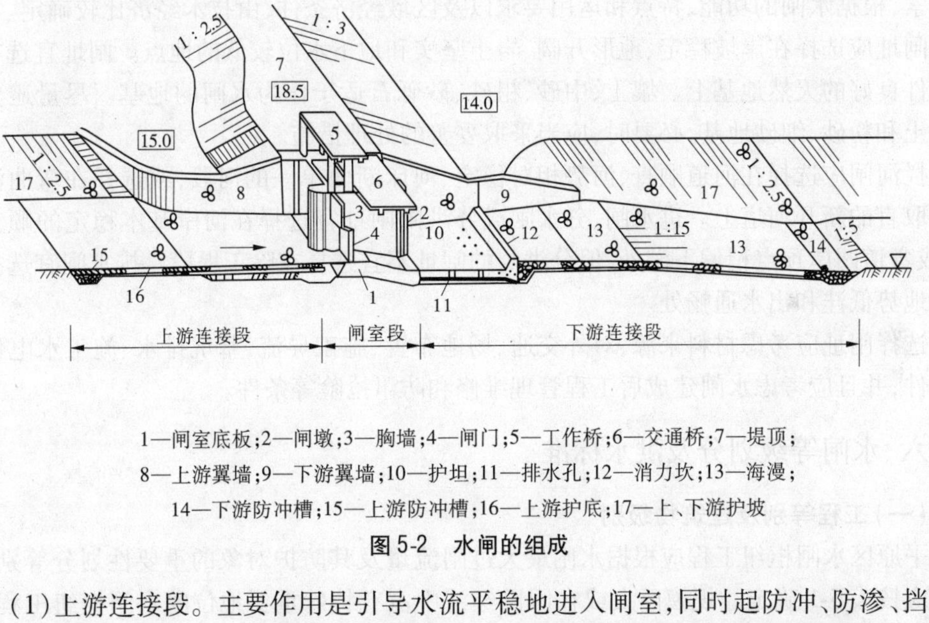

1—闸室底板;2—闸墩;3—胸墙;4—闸门;5—工作桥;6—交通桥;7—堤顶;
8—上游翼墙;9—下游翼墙;10—护坦;11—排水孔;12—消力坎;13—海漫;
14—下游防冲槽;15—上游防冲槽;16—上游护底;17—上、下游护坡

图 5-2 水闸的组成

(1)上游连接段。主要作用是引导水流平稳地进入闸室,同时起防冲、防渗、挡土等作用。一般包括上游翼墙、铺盖、护底、两岸护坡及上游防冲槽等。上游翼墙的作用是引导水流平顺地进入闸孔并起侧向防渗作用。铺盖主要起防渗作用,其表面应满足抗冲要求,护坡、护底和上游防冲槽(齿墙)是保护两岸土质、河床及铺盖头部不受冲刷。

(2)闸室段。是水闸的主体部分,通常包括底板、闸墩、闸门、胸墙、工作桥及交通桥等。底板是闸室的基础,承受闸室全部荷载,并较均匀地传给地基。此外,还有防冲、防渗等作用。闸墩的作用是分隔闸孔并支承闸门、工作桥等上部结构。闸门的作用是挡水和控制下泄流量。工作桥供安置启闭机和工作人员操作使用。交通桥的作用是连接两岸交通。

(3)下游连接段。具有消能和扩散水流的作用,一般包括护坦、海漫、下游防冲槽、下游翼墙及护坡等。下游翼墙引导水流均匀扩散,兼有防冲及侧向防渗等作用。护坦具有消能防冲作用。海漫的作用是进一步消除护坦出流的剩余动能、扩散水流、调整流速分布、防止河床受冲。下游防冲槽是海漫末端的防护设施,避免冲刷向上游扩展。

四、水闸的设计内容及所需的基本资料

水闸设计的内容有闸址选择、水闸等级划分及洪水标准确定、水闸枢纽布置、确定孔口形式和尺寸、消能防冲设计、防渗排水设计、闸室布置、稳定计算、沉降计算、结构计算、地基处理及两岸连接建筑物设计等。

水闸设计所需要的各项基本资料主要包括闸址处的地形、地质、水文、气象、试验资料、工程施工条件、建筑材料、河流规划、运用要求及所在地区的生态环境、社会经济状况等。

五、闸址选择

闸址选择关系到工程建设的成败和经济效益的发挥,是水闸设计中的一项重要内容。应综合考虑地形、地质、建筑材料、交通运输、水流、潮汐、泥沙、冰情、施工、管理、周围环境等因素,根据水闸的功能、特点和运用要求以及区域经济条件,由技术经济比较确定。

闸址应选择在岸坡稳定、地形开阔、岩土坚实和地下水位较低的地点。闸址宜选在地质条件良好的天然地基上。壤土、中砂、粗砂、砂砾石适于作为水闸的地基。尽量避免淤泥质土和粉砂、细砂地基,必要时,应当采取妥善的处理措施。

拦河闸应选择在河道顺直、河势相对稳定、河床断面单一的河段,或选择在弯曲河段裁弯取直的新开河道上。进水闸、分水闸或分洪闸闸址宜选择在河岸基本稳定的顺直河段,或弯道凹岸顶点稍偏下游处,但分洪闸的闸址不宜选择在险工堤段。排水闸宜选择在附近地势低洼和出水通畅处。

选择闸址应考虑材料来源、对外交通、场地布置、施工导流、基坑排水、施工水电便利等条件,并且应考虑水闸建成后工程管理维修和防汛抢险等条件。

六、水闸等级划分及洪水标准

(一)工程等别及建筑物级别

平原区水闸枢纽工程应根据水闸最大过闸流量及其防护对象的重要性划分等别,其等别应按表5-1确定。规模巨大或在国民经济中占有特殊重要地位的水闸枢纽工程,其等别应经论证后报主管部门批准确定。

表5-1　平原区水闸枢纽工程分等指标

工程等别	Ⅰ	Ⅱ	Ⅲ	Ⅳ	Ⅴ
规模	大(1)型	大(2)型	中型	小(1)型	小(2)型
最大过闸流量(m^3/s)	≥5 000	5 000 ~ 1 000	1 000 ~ 100	100 ~ 20	<20
防护对象的重要性	特别重要	重要	中等	一般	—

注:当按表列最大过闸流量及防护对象重要性分别确定的等别不同时,工程等别应经综合分析确定。

水闸枢纽中的水工建筑物应根据其所属枢纽工程等别、作用和重要性划分级别,其级

别应按绪论中表1-2确定。

山区、丘陵区水利水电枢纽中的水闸，其级别可根据所属枢纽工程的等别及水闸自身的重要性按表1-2确定。山区、丘陵区水利水电枢纽工程等别应按国家现行的《水利水电工程等级划分及洪水标准》(SL 252—2000)的规定确定。灌排渠系上的水闸，其级别可按现行的《灌溉与排水工程设计规范》(GB 50288—99)的规定确定。位于防洪(挡潮)堤上的水闸，其级别不得低于防洪(挡潮)堤的级别。

(二)洪水标准

平原区水闸的洪水标准应根据所在河流防洪规划规定的防洪任务，以近期防洪目标为主，并考虑远景发展要求，综合分析确定。

山区、丘陵区水利枢纽中的水闸，其洪水标准应与所属枢纽中永久性建筑物的洪水标准一致。永久性建筑物的洪水标准应按国家现行规范的规定确定，详见绪论中相关内容。

单元二　闸孔设计

一、闸孔形式的选择

闸孔设计的任务是确定闸孔的形式、尺寸和闸底板顶面(堰顶)高程。闸孔形式是指闸底板的形式(堰型)和胸墙是否设置。闸孔形式有宽顶堰型、低实用堰型和胸墙孔口型三种，见图5-3。

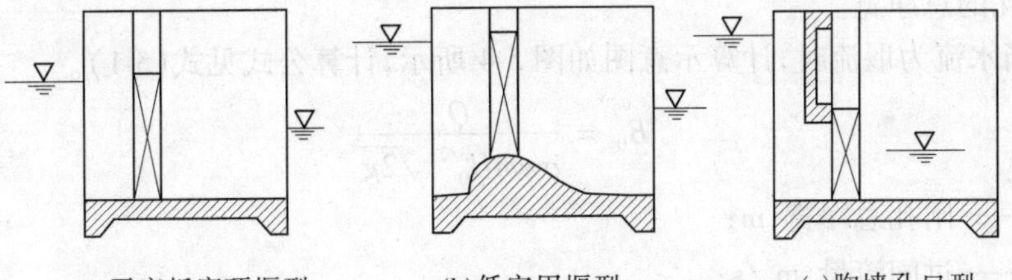

(a)平底板宽顶堰型　(b)低实用堰型　(c)胸墙孔口型

图5-3　闸孔形式

(1)宽顶堰型。即宽顶堰不设胸墙的形式，实际工程中采用较多。其主要优点是结构简单，施工方便，泄流能力比较稳定；缺点是自由泄流时流量系数较小，比较容易产生波状水跃。可用做泄洪、冲沙、通航、排污、排冰等。

(2)低实用堰型。即实用堰不设胸墙的形式，具体有WES低堰、梯形堰和驼峰堰等形式。其优点是自由泄流时流量系数较大，水流条件较好，泄流能力较强，且闸门高度可减小；缺点是泄流能力不如平底板孔口泄流时稳定，下游水位变化对泄流能力有显著的影响，同时施工也较平底板孔口复杂。当上游水位较高，为限制过闸单宽流量，需要抬高堰顶高程时，或由于地基表层松软，需要降低闸底高程以避免地基处理时，以及在多沙河道上有拦沙要求时，常选用这种形式。

(3)胸墙孔口型。包括宽顶堰设胸墙及实用堰设胸墙的情况。在上游水位变幅较大，且高水位需要控制泄量时，则常于孔口顶部设胸墙形成孔口出流，可以减小闸门高度。

二、闸底板顶面高程的确定

闸底板顶面高程的确定是闸孔设计的关键性环节,如将堰顶高程定得低些,则可加大过闸水深,从而加大过闸单宽流量,闸室总宽度减小,但是水闸的高度将会增加;如将堰顶高程定得高些,情况则相反。因此,应进行综合比较,以求经济合理。

选择底板高程以前,还要确定过闸单宽流量是否合适。它应由下游河床地质条件、上下游水位差、下游水深、河道宽度与闸室宽度的比值加以选定。从宏观上讲,如仅考虑下游土质情况,根据工程实践经验,过闸单宽流量(在此指总流量除以闸孔总宽)可参考下列数据选用:一般在细粉质及淤泥河床上,单宽流量取 5 ~ 10 $m^3/(s \cdot m)$;砂壤土,单宽流量取 10 ~ 15 $m^3/(s \cdot m)$;在壤土地基上取 15 ~ 20 $m^3/(s \cdot m)$;在黏土地基上取 20 ~ 25 $m^3/(s \cdot m)$。下游水深较深,上下游水位差较小和闸后出流扩散条件较好时,宜选用较大值。

一般情况下,拦河闸和冲沙闸的底板顶面可与河床齐平;进水闸的底板顶面在满足引用设计流量的条件下,应尽可能高一些,以防止推移质泥沙进入渠道;分洪闸的底板顶面也应较河床稍高;排水闸则应尽量定得低些,以保证将渍水迅速降至计划高程,但要避免排水出口被泥沙淤塞;挡潮闸兼有排水闸作用时,其底板顶面也应尽量定低一些。

三、计算闸孔总净宽

根据给定的设计流量,上、下游水位和初拟的底板高程及堰型,分别对不同的水流情况计算闸孔的总净宽。

(1)当水流为堰流时,计算示意图如图 5-4 所示,计算公式见式(5-1)。

$$B_0 = \frac{Q}{\sigma \varepsilon m H_0^{3/2} \sqrt{2g}} \tag{5-1}$$

式中 B_0——闸孔总净宽,m;

Q——过闸流量,m^3/s;

H_0——计入行近流速水头的堰上水头,m;

g——重力加速度,取 9.81 m/s^2;

σ、ε、m——堰流淹没系数、堰流侧收缩系数和堰流流量系数,可由《水闸设计规范》(SL 265—2001)的附表 A 查得,设计时,要先拟定,后校核。

(2)当为孔口出流时,闸孔总净宽 B_0 可按式(5-2)计算,计算示意图如图 5-5 所示。

$$B_0 = \frac{Q}{\sigma' \mu h_e \sqrt{2gH_0}} \tag{5-2}$$

式中 h_e——孔口高度,m;

μ、σ'——宽顶堰上孔流流量系数和宽顶堰上孔流淹没系数,可由《水闸设计规范》(SL 265—2001)查得;

其他符号意义同上。

对设有低堰或其他堰型的水闸,闸孔总净宽计算可参考《水力学计算手册》。

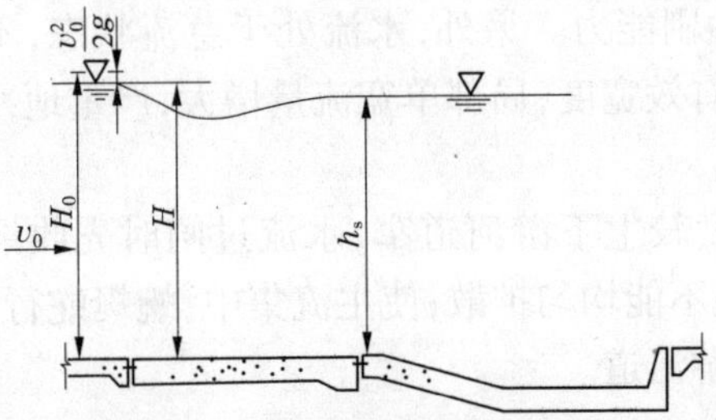

图 5-4　平底板堰流计算示意图

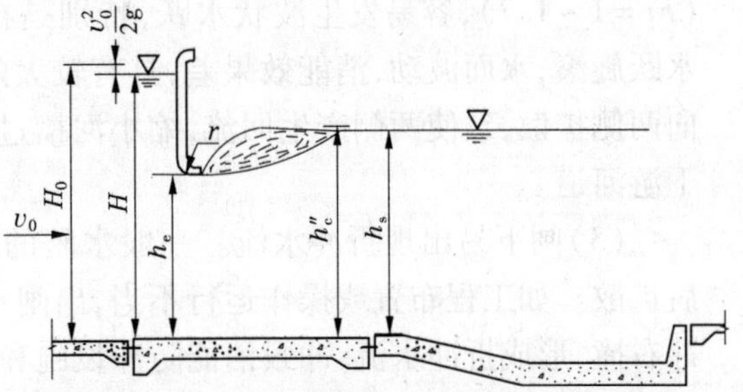

图 5-5　平底板孔口出流计算示意图

四、确定闸室单孔净宽度 b_0 和闸室总宽度 L

确定闸孔孔径时应根据闸的地基条件、运用要求、闸门结构形式、启闭机容量，以及闸门的制作、运输、安装等因素，进行综合分析确定。选用的闸孔孔径应符合国家现行的《水利水电工程钢闸门设计规范》(SL 74—95)所规定的闸门孔口尺寸系列标准。我国大中型水闸的单孔净宽度 b_0 一般采用 8 ~ 12 m。

确定每孔净宽后，则所需闸孔数目 $n \approx B_0/b_0$，n 值取略大于计算值的整数。但总净宽不宜超过计算值的 3% ~ 5%。当闸孔孔数少于 8 孔时，n 值宜采用单数孔，以利于对称开启闸门，改善下游水流条件。

闸室总宽度 $L = nb_0 + (n-1)d_z + 2d_b$，其中，$d_z$ 为中墩厚度，d_b 为边墩厚度，其确定方法见本项目单元五。

闸室总宽度应与上、下游河道或渠道宽度相适应，一般不小于河(渠)道宽度的 0.6 ~ 0.85，当河(渠)道宽度较大时，取较大值。

拟定闸孔宽、孔数和闸室总宽度后，再考虑闸墩等的影响，进一步验算水闸的过水能力。计算的过水能力与设计流量的差值，一般不得超过 ±5%，否则需调整闸孔尺寸，直至满足要求。

单元三　水闸的消能防冲设计

水闸泄水时，部分势能转为动能，流速增大，具有较强的冲刷能力，而土质河床一般抗冲能力较低。因此，为了保证水闸的安全运行，必须采取适当的消能防冲措施，搞好水闸的消能防冲设计。

一、水闸的泄流特点及消能方式的确定

(一)水闸的泄流特点

(1)水流形式复杂。初始泄流时，闸下水深较浅，随着闸门开度的增大而逐渐加深，闸下出流由孔流到堰流，由自由出流到淹没出流都会发生，水流形态比较复杂。因此，消能设施应在任意工作情况下，均能满足消能的要求并与下游水流很好地衔接。

(2)闸下易形成波状水跃。水闸上、下游水位差较小，出闸水流的弗劳德数较低

($Fr=1\sim1.7$),容易发生波状水跃,特别是在平底板的情况下更是如此。此时无强烈的水跃旋滚,水面波动,消能效果差,具有较大的冲刷能力。另外,水流处于急流状态,不易向两侧扩散,致使两侧产生回流,缩小河槽过水有效宽度,局部单宽流量增大,严重地冲刷下游河道。

(3)闸下易出现折冲水流。一般水闸的宽度较上下游河道窄,水流过闸时先收缩而后扩散。如工程布置或操作运行不当,出闸水流不能均匀扩散,使主流集中,蜿蜒蛇行,左冲右撞,形成折冲水流,冲毁消能防冲设施和下游河道。

(二)消能方式的确定

水闸消能方式一般有底流式、挑流式和面流式三种,我国水闸多修建在平原地区的土基上,最常用的是底流消能。平原土基上的水闸,河床及岸坡的抗冲能力较低,且承受水头不高,闸下跃前水流弗劳德数较低,故宜采用底流式消能;当水闸承受较高水头,且闸下河床及岸坡为坚硬岩体时,可采用挑流式消能;当水闸闸下尾水深度较深且变化较小,河床及岸坡抗冲能力较强时,可采用面流式消能。在夹有较大砾石的多泥沙河流上的水闸,不宜设消力池,可采用抗冲耐磨的斜坡护坦与下游河道连接,末端应设防冲墙,在高速水流部位尚应采取抗冲磨与抗空蚀的措施。

二、水闸消能防冲设施的布置和构造

(一)底流式消能工

1. 布置形式

底流式消能主要有下挖式、突槛式和综合式,如图5-6所示。当闸下尾水深度小于跃后水深时,可采用下挖式消力池消能。消力池可采用斜坡面与闸底板相连接,斜坡面的坡度不宜陡于1:4。当闸下尾水深度略小于跃后水深时,可采用突槛式消力池消能。当闸下尾水深度远小于跃后水深,且计算消力池深度又较深时,可采用下挖式消力池与突槛式消力池相结合的综合式消力池消能。当水闸上、下游水位差较大,且尾水深度较浅时,宜采用二级或多级消力池消能。对于大型多孔闸,可根据需要设置隔墩或导墙进行分区消能防冲布置。

2. 尺寸确定

消力池的尺寸主要包括深度、长度和底板厚度等。计算步骤如下:首先分析下游水流的衔接形式,判断是否要建消力池,再选定消力池形式,经过水力计算,最终确定池深、池长。

(1)消力池深度。是在某一给定的流量和相应的下游水深条件下确定的。设计时,应当选取最不利情况对应的流量作为确定消力池深度的设计流量。

消力池计算示意图见图5-7。

消力池深度可按以下公式计算:

$$d = \sigma_0 h''_c - h'_s - \Delta z \tag{5-3}$$

式中 d —— 消力池深度,m;

σ_0——水跃淹没系数,可采用1.05~1.10;

h''_c——跃后水深,m;

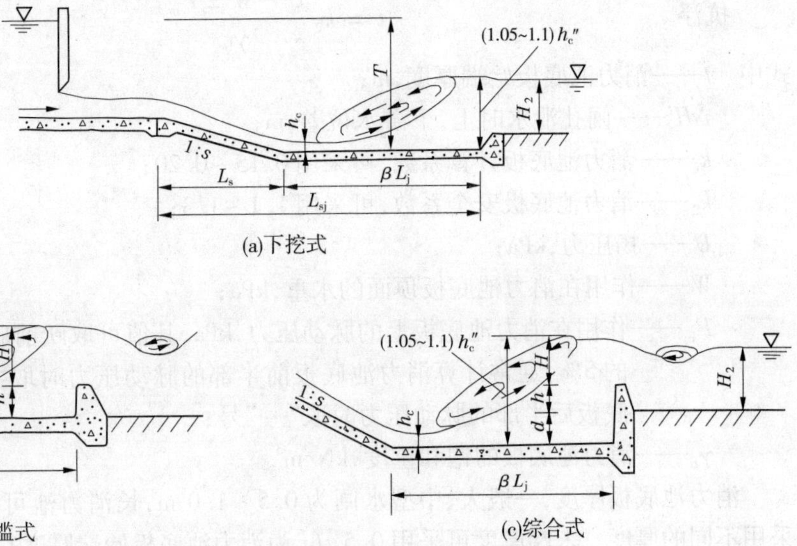

图 5-6　消力池形式

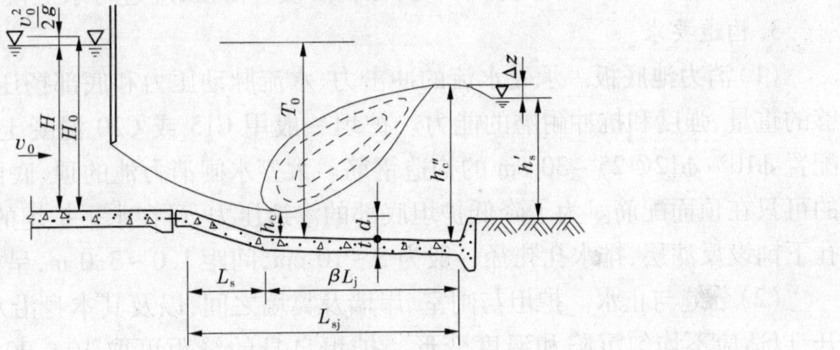

图 5-7　消力池计算示意图

h'_s——下游水深，m；

Δz——消力池出口处的水面落差，m。

(2)消力池长度。可按式(5-4)和式(5-5)计算：

$$L_{sj} = L_s + \beta L_j \tag{5-4}$$

$$L_j = 6.9(h''_c - h_c) \tag{5-5}$$

式中　L_{sj}——消力池长度，m；

L_s——消力池斜坡段水平投影长度，m；

β——水跃长度校正系数，可采用 0.7 ~ 0.8；

L_j——水跃长度，m。

(3)消力池底板(即护坦)厚度。可根据抗冲和抗浮要求，分别按式 (5-6) 和式(5-7)计算：

抗冲　$$t = k_1 \sqrt{q \sqrt{\Delta H'}} \tag{5-6}$$

抗浮 $$t = k_2 \frac{U - W \pm P_m}{\gamma_b} \tag{5-7}$$

式中 t——消力池底板始端厚度,m;

$\Delta H'$——闸孔泄水时上、下游水位差,m;

k_1——消力池底板计算系数,可采用0.15~0.20;

k_2——消力池底板安全系数,可采用1.1~1.3;

U——扬压力,kPa;

W——作用在消力池底板顶面的水重,kPa;

P_m——作用在消力池底板上的脉动压力,kPa,其值可取跃前收缩断面流速水头值的5%,通常计算消力池底板前半部的脉动压力时取"+"号,计算消力池底板后半部的脉动压力时取"-"号;

γ_b——消力池底板的饱和重度,kN/m^3。

消力池底板厚度,一般大、中型水闸为0.5~1.0 m,长消力池可自上而下逐渐减薄,采用不同的厚度。末端厚度可采用0.5 t(t为消力池底板始端厚度),但不宜小于0.5 m,个别大型水闸可更厚。小型水闸一般是等厚的,可减薄,但不宜小于0.3 m。

大型水闸的消力池深度和长度,在初步设计阶段,应进行水工模型试验验证。

3. 构造要求

(1)消力池底板。承受水流的冲击力、水流脉动压力和底部扬压力等作用,应具有足够的重量、强度和抗冲耐磨的能力。护坦一般用C15或C20混凝土浇筑而成,并按构造配置φ10~φ12@25~30 cm的构造钢筋。大型水闸消力池的顶、底面均需配筋,中、小型的可只在顶面配筋。为了降低护坦底部的渗透压力,可在水平护坦的后半部设置排水孔,孔下铺设反滤层,排水孔孔径一般为5~10 cm,间距1.0~3.0 m,呈梅花形布置。

(2)分缝与止水。护坦与闸室、岸墙及翼墙之间,以及其本身沿水流方向均应用缝分开,以适应不均匀沉陷和温度变形。护坦自身的缝距可取10~20 m,地基差时为8~12 m,靠近翼墙的消力池缝距应取得小一些。护坦在垂直水流方向通常不设缝,以保证其稳定性,缝宽2.0~2.5 cm。缝的位置如在闸基防渗范围内,缝中应设止水设备;否则,不用设止水,但一般都铺设沥青油毛毡。

(3)尾槛和齿墙。消力池末端通常还设有尾槛,其作用是壅高池内水位,缩短水跃长度,将出流挑向水面,减小下游河床的冲刷。为增强护坦的抗滑稳定性,常在消力池的末端设置齿墙,墙深一般为0.8~1.5 m,宽为0.6~0.8 m。

(二)辅助消能工

辅助消能工主要有消力墩、消力齿等。其设置的目的是提高消力池的消能效果,促使水流撞击,加强紊动扩散,减小跃后水深,缩短水跃长度,稳定水跃和达到提高水跃消能效果的目的。

(三)海漫及防冲槽

1. 海漫

水流经过消力池,虽已消除了大部分多余能量,但仍留有一定的剩余动能,特别是流速分布不均,脉动仍较剧烈,具有一定的冲刷能力。因此,护坦后仍需设置海漫等防冲加固设施，以使水流均匀扩散，并将流速分布逐步调整到接近天然河道的水流形态。

(1)海漫的布置和构造，如图5-8所示。一般采用整体向下游倾斜的形式。在海漫起始段做5～10 m长的水平段，其顶面高程可与护坦齐平或在消力池尾坎顶以下0.5 m左右，水平段后做成不陡于1:10的斜坡，同时沿水流方向在平面上向两侧逐渐扩散，以使水流均匀扩散，调整流速分布，保护河床不受冲刷。

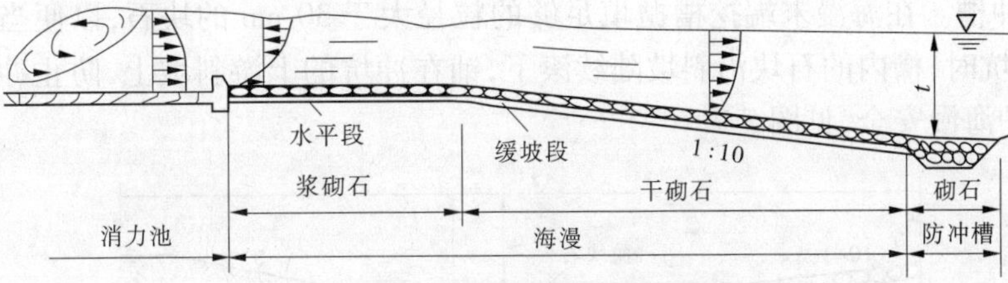

图5-8　海漫布置示意图

(2)对海漫的要求。海漫应具有一定的柔性，以适应下游河床可能的冲刷变形；具有一定的透水性，以便使渗水自由排出，降低扬压力；具有一定的表面粗糙度，以利进一步消除余能；具有与水流流速相适应的抗冲能力，以保证海漫本身不致被水流冲动，从而达到保护河床的目的。

(3)海漫长度计算。应根据可能出现的不利水位、流量组合情况按式(5-8)进行计算：

$$L_p = K_s \sqrt{q_s \sqrt{\Delta H'}} \tag{5-8}$$

式中　L_p——海漫长度，m；

q_s——消力池末端单宽流量，$m^3/(s \cdot m)$；

$\Delta H'$——泄水时的上、下游水位差，m；

K_s——海漫长度计算系数，可由表5-2查得。

此式适用于$\sqrt{q_s \sqrt{\Delta H'}} = 1 \sim 9$且消能扩散情况良好的情况。

表5-2　K_s值

河床土质	粉砂、细砂	中砂、粗砂、粉质壤土	粉质黏土	坚硬黏土
K_s	14～13	12～11	10～9	8～7

(4)常用的海漫结构形式。①干砌石海漫。一般由粒径大于30 cm的块石砌成，厚度为0.4～0.6 m，下面铺设碎石、粗砂垫层，厚10～15 cm。干砌石海漫的抗冲流速为2.5～4.0 m/s。为了加大其抗冲能力，可每隔6～10 m设一浆砌石埂。干砌石常用在海漫后段。②浆砌石海漫。常以粒径大于30 cm的块石采用强度等级为M5或M8的水泥砂浆砌筑而成，厚度为0.4～0.6 m，砌石内设排水孔，下面铺设反滤层或垫层。浆砌石海漫的抗冲流速可达3～6 m/s，但柔性和透水性较差，一般用于海漫的前部约10 m范围内。③混凝土板海漫。整个海漫由边长2～5 m、厚度为0.1～0.3 m的板块拼铺而成；每块板的板中有排水孔，下面铺设垫层。其抗冲流速可达6～10 m/s。通常采用斜面式或垛式平铺形式，以增加表面糙率。④钢筋混凝土板海漫。当出池水流的剩余能量较大时，

可在尾槛下游 5 ~ 10 m 范围内采用钢筋混凝土板海漫，板中有排水孔，下面铺设反滤层或垫层。⑤其他形式海漫，如铅丝石笼海漫。

2. 防冲槽

为了防止海漫末端处发生冲刷破坏而危及海漫和消力池的稳定，进而危及闸室安全，常在海漫末端设置防冲槽或其他加固措施。

（1）防冲槽。在海漫末端挖槽抛填足够的粒径大于 30 cm 的块石，以便当水流冲刷河床形成冲坑时，槽内的石块沿斜坡陆续滚下，铺在冲坑的上游斜坡上，防止冲刷坑向上游扩展，保护海漫安全，见图 5-9。

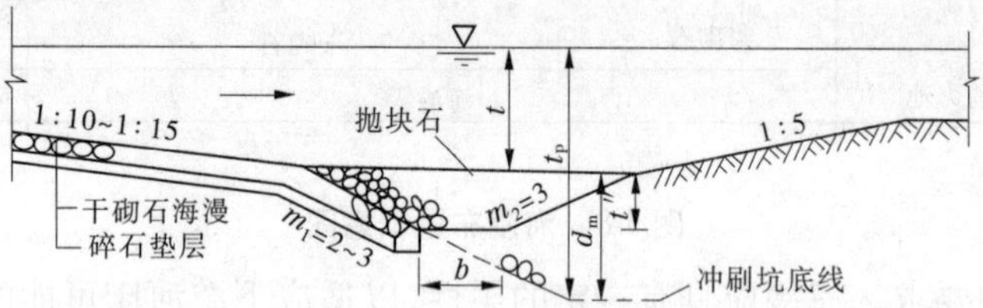

图 5-9　防冲槽

参照已建水闸工程的实践经验，防冲槽大多采用宽浅式的，其深度 t'' 一般取 1.5 ~ 2.5 m，底宽 b 取 2 ~ 3 倍的深度，上游坡率 $m_1 = 2 \sim 3$，下游坡率 $m_2 = 3$。防冲槽的单宽抛石量 V 应满足护盖冲坑上游坡面的需要，可按式(5-9)估算：

$$V = At''d_m^3 \tag{5-9}$$

式中　A——经验系数，一般采用 2 ~ 4；

d_m——海漫末端的可能冲刷深度，$d_m = 1.1\dfrac{q'}{[v_0]} - t$，其中 q' 为海漫末端的单宽流量，$m^3/(s \cdot m)$，$[v_0]$ 为河床土质的允许不冲流速，m/s，t 为海漫末端的水深，m。

（2）其他防冲加固设施。主要有齿墙、板桩、沉井等形式。对于冲坑深度较小的工程，可采用深度为 1 ~ 2 m 的防冲齿墙代替防冲槽；当冲深较大，河床为粉、细砂时，采用板桩、井柱或沉井等形式的防冲加固设施较安全，此时应尽量缩短海漫长度，减小工程量。

（四）波状水跃、折冲水流的防治措施

（1）波状水跃的防治措施。若水闸底板采用低实用堰型，则有助于消除波状水跃。对于平底板水闸，可在消力池斜坡段的顶部上游预留一段 0.5 ~ 1.0 m 宽的平台，其上设置一道小槛，使水流越槛入池，促成底流式水跃。槛的高度约为闸孔出流的第一共轭水深的 1/4。小槛迎水面做成斜坡，以减弱水流的冲击作用，槛底设排水孔。如将小槛改成齿形槛分水墩，效果会更好。

（2）折冲水流的防治措施。可从三方面入手：首先，在平面布置上尽量使上游引河具有较长的直线段，并能在上游两岸对称布置翼墙，出闸水流与原河床主流的位置和方向一致；其次，控制下游翼墙扩散角，每侧宜采用 7° ~ 12°，且不宜采用弧形翼墙（大型水闸如采用弧形翼墙，其半径不小于 30 m），墙顶应高于下游最高水位，以免回流由墙顶漫向消力池；再次，要制定合理的闸门开启程序，如低泄量时隔孔开启，使水流均匀出闸，或开闸时先开中间孔,继而开两侧邻孔至同一高度,直至全部开至所需高度,闭门与之相反,由两边孔向中间孔依次对称地操作。

三、消能防冲设计条件的选择

由于水闸的运用要求、上下游水位、过闸流量以及泄流方式等常常是复杂多变的,这就要求消能防冲设施必须在各种可能出现的水力条件下,都能满足消散动能与均匀扩散水流的要求,且应与下游河道有良好的衔接。但是不同类型的水闸,其泄流特点各不相同,因而控制消能设计的水力条件也不同。因此,应以闸门的开启程序、开启孔数和开启高度进行多种组合计算,进行分析比较确定。如拦河节制闸宜以在保持闸上最高蓄水位的情况下,排泄上游多余来水量为控制消能设计的水力条件。再如挡潮闸宜以蓄水期排泄上游多余来水量时,有时需用闸门控制泄水,上、下游可能出现较大的水位差为控制消能设计的水力条件。

单元四 水闸的防渗排水设计

水闸的防渗排水设计任务是经济合理地拟定闸的地下(及两岸)轮廓线形式和尺寸,以消除和减小渗流对水闸产生的不利影响,防止闸基和两岸产生渗透破坏,保证水闸的安全。

一、闸基防渗长度的确定

如图 5-10 所示,水流在上、下游水位差 H 的作用下,经过地基向下游渗透,并从护坦的排水孔等处排出。上游铺盖、板桩及水闸底板等不透水部分与地基的接触线,即图中折线 0—1—2…15—16 是闸基渗流的第一条流线,亦称为地下轮廓线,其长度称为闸基防渗长度。

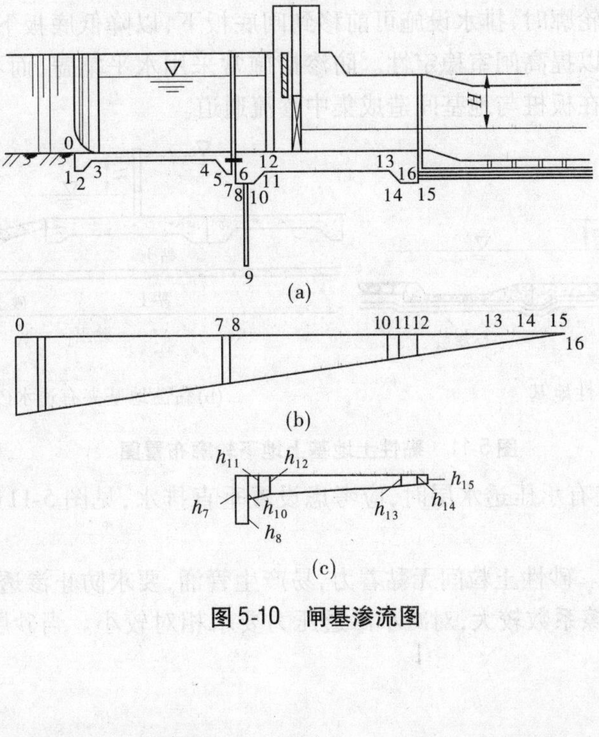

图 5-10 闸基渗流图

在工程规划和可行性研究阶段，初步拟定的闸基防渗长度应满足 $L \geqslant CH$（C 为允许渗径系数值，见表 5-3 ）。若在工程初步设计或施工图设计阶段，还应采用改进阻力系数法校验。

表 5-3　允许渗径系数值

排水条件	地基类别									
	粉砂	细砂	中砂	粗砂	中砾、细砾	粗砾夹卵石	轻粉质砂壤土	轻砂壤土	壤土	黏土
有滤层	13 ~ 9	9 ~ 7	7 ~ 5	5 ~ 4	4 ~ 3	3 ~ 2.5	11 ~ 7	9 ~ 5	5 ~ 3	3 ~ 2
无滤层	—	—	—	—	—	—	—	—	7 ~ 4	4 ~ 3

注：当采用板桩时，允许渗径系数值可采用表中规定值的小值。

二、闸基防渗排水的布置

闸基防渗长度初步确定后，可根据地基特性，参考已建的工程经验进行闸基地下轮廓线布置。

（一）布置原则

闸基防渗排水的布置原则是"高防低排"，即在高水位一侧采用铺盖、板桩、齿墙等防渗设施，以延长渗径，减小渗透坡降和闸底板下的渗透压力，降低闸基渗流的平均坡降；在低水位一侧布置排水设施，如面层排水、排水孔或减压井与下游连通，使地基渗水尽快安全排出，以防渗流出口附近的土壤颗粒被渗透水流带走而发生渗透变形，减小闸底板上的渗透压力。

（二）不同地基地下轮廓布置

（1）黏性土地基（见图 5-11）。黏性土壤具有凝聚力，不易产生管涌，但摩擦系数较小。因此，布置地下轮廓时，排水设施可前移到闸底板下，以降低底板下的渗透压力并有利于黏土加速固结，以提高闸室稳定性。防渗措施常采用水平铺盖，而不用板桩，以免破坏黏土的天然结构，在板桩与地基间造成集中渗流通道。

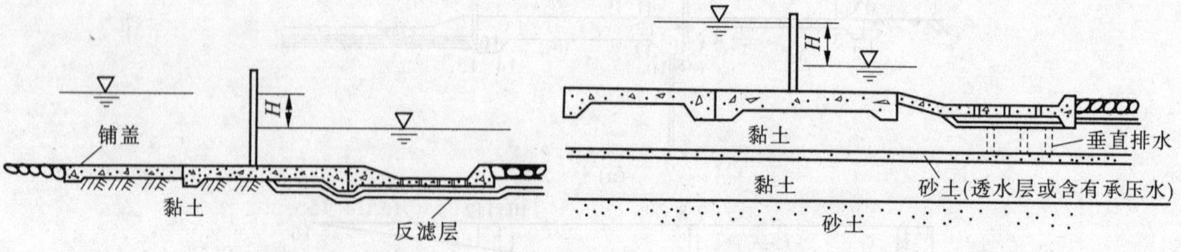

(a)黏性地基　　(b)黏性地基夹有透水砂层

图 5-11　黏性土地基上地下轮廓布置图

黏性土地基内夹有承压透水层时，应考虑设置垂直排水，见图 5-11（b），以便将承压水引出。

（2）砂性土地基。砂性土粒间无黏着力，易产生管涌，要求防止渗透变形是其考虑的主要因素；砂性土摩擦系数较大，对减小渗透压力要求相对较小。当砂层很厚时，可采用铺盖与板桩相结合的形式，排水设施布置在护坦上，见图5-12(a)。必要时，在铺盖前端再加设一道短板桩，以延长渗径；当砂层较薄，下面有不透水层时，可将板桩插入不透水层，见图5-12(b)；当地基为粉细砂土基时，为了防止地基液化，常将闸基四周用板桩封闭起来。图5-12(c)所示是江苏某挡潮闸防渗排水的布置方式。因其受双向水头作用，故水闸上、下游均设有排水设施，而防渗设施无法加长。设计时应以水头差较大的一边为主、另一边为辅，并采取除降低渗压外的其他措施，提高闸室的稳定性。

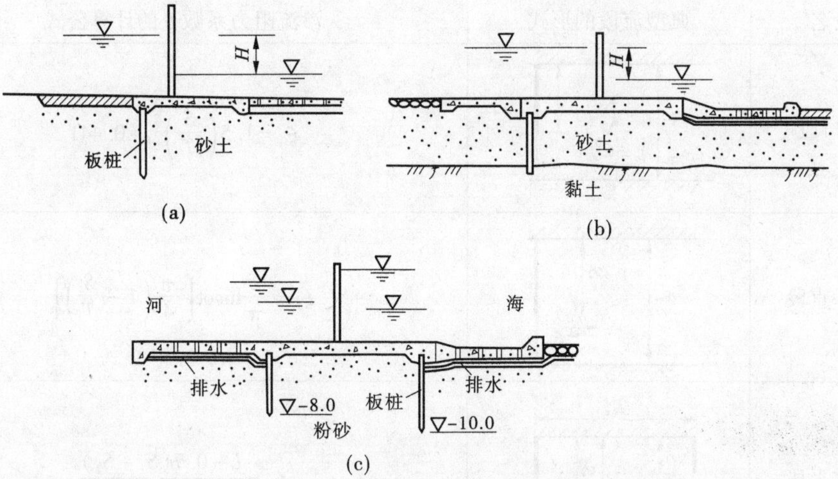

(a)砂层厚度较深时；(b)砂层厚度较浅时；(c)易液化粉细砂土地基

图5-12 砂性地基上地下轮廓布置图

三、闸基渗流计算

闸基渗流计算的目的：求解渗透压力、渗透坡降，并验算地基土在初步拟定的地下轮廓线下的抗渗稳定性。土基上闸基渗流计算主要采用改进阻力系数法、流网法、直线比例法等近似计算方法。

(一)改进阻力系数法

改进阻力系数法是在阻力系数法的基础上发展起来的，这两个方法的基本原理非常相似。主要区别是改进阻力系数法的渗流区划分比阻力系数法多，在进出口局部修正方面考虑得更详细些。因此，改进阻力系数法是一种精度较高的近似计算方法。

1.基本原理

如图5-13所示，有一简单的矩形断面渗流区，其长度为L，透水土层厚度为T，两断面间的测压管水位差为h。根据达西定律，通过该渗流区的单宽渗流量q为：

$$q = K\frac{h}{L}T \tag{5-10}$$

或

$$h = \frac{L}{T}\frac{q}{K} \tag{5-11}$$

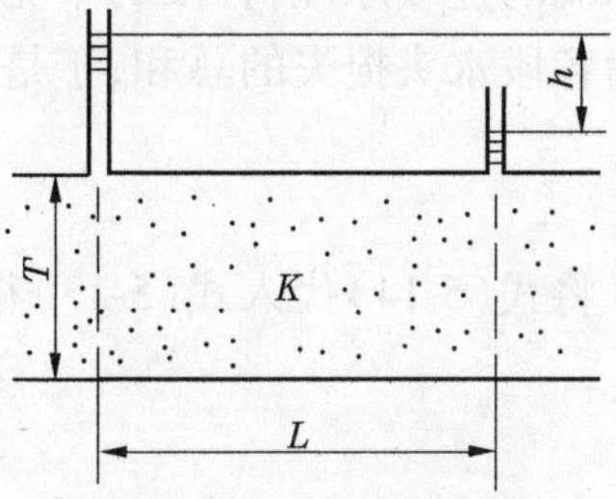

图5-13 矩形断面渗流区

令$L/T=\xi$，则得：

$$h = \xi \frac{q}{K} \tag{5-12}$$

式中，ξ 为阻力系数，ξ 值仅与渗流区的几何形状有关，它是渗流边界条件的函数。

对于比较复杂的地下轮廓，需要把整个渗流区大致按等势线位置分成若干个典型渗流段。每个典型渗流段都可利用解析法或试验法求得阻力系数 ξ，其计算公式见表 5-4。

表 5-4　典型流段的阻力系数

区段名	典型流段的形式	渗流阻力系数 ξ 的计算公式
进出口段	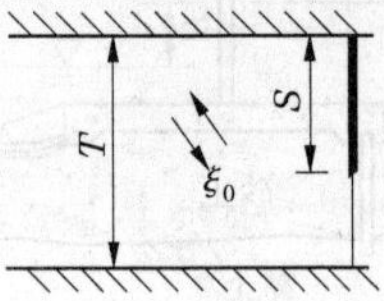	$\xi_0 = 1.5\left(\frac{S}{T}\right)^{\frac{3}{2}} + 0.441$
内部垂直段	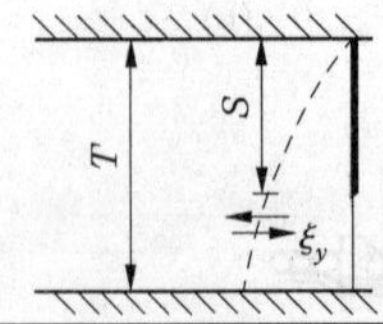	$\xi_y = \frac{2}{\pi}\ln\cot\left[\frac{\pi}{4}\left(1 - \frac{S}{T}\right)\right]$
内部水平段	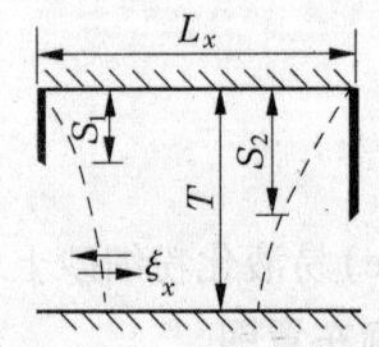	$\xi_x = \frac{L - 0.7(S_1 + S_2)}{T}$

图 5-14 所示的简化地下轮廓，可由 2、3、4、5、6、7、8、9、10 点引出等势线，将渗流区划分成 10 个典型流段，并按表 5-4 的公式计算出各段的 ξ_i。再由式(5-13)得到任一典型流段的水头损失 h_i。

$$h_i = \xi_i \frac{q}{K} \tag{5-13}$$

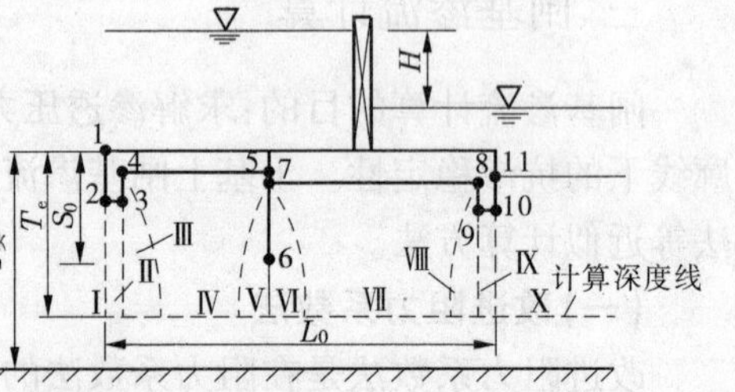

图 5-14　地下轮廓线简化示意图

对于不同的典型段，ξ 值是不同的，而根据水流的连续原理，各段的单宽渗流量应该相同。所以，各段的 q/K 值相同，而总水头 H 应为各段水头损失的总和，于是得：

$$H = \sum_{i=1}^{m} h_i = \frac{q}{K}\sum_{i=1}^{m}\xi_i \tag{5-14}$$

将式(5-14)代入式(5-13)得各段的水头损失为：

$$h_i = \xi_i \frac{H}{\sum_{i=1}^{m}\xi_i} \tag{5-15}$$

求出各段的水头损失后，再由出口处向上游方向依次叠加，即得各段分界点的渗压水头。两点之间的渗透压强可近似地认为呈直线分布。进出口附近各点的渗透压强，有时需要修正。如要计算 q，可按式(5-10)进行。

2. 主要计算步骤

(1)确定地基计算深度。上述计算方法对地基相对不透水层较浅时可直接应用，但在相对不透水层较深时，须用有效深度 T_e 作为计算深度 T_c。T_e 可按式(5-16)计算确定：

$$\left.\begin{aligned} &当\frac{L_0}{S_0} \geqslant 5 时, T_e = 0.5L_0 \\ &当\frac{L_0}{S_0} < 5 时, T_e = \frac{5L_0}{1.6\frac{L_0}{S_0}+2} \end{aligned}\right\} \tag{5-16}$$

式中 L_0——地下轮廓的水平投影长度，m；

S_0——地下轮廓的铅直投影长度，m。

算出有效深度 T_e 后，再与相对不透水层的实际深度 $T_{实}$ 相比较，应取其中的小值作为计算深度 T_c。

(2)按地下轮廓形状将渗流区分成若干典型渗流段，利用表 5-4 计算各段的阻力系数 ξ_i，并计算各段的水头损失 h_i。

如果计算某一水平段的阻力系数值 $\xi_x \leqslant 0$，说明此段水平距离太短，即可判断其为不合理，此时可将该水平段与附近的渗流段合并后再进行计算。

(3)以直线连接各分段计算点的水头值，便可绘出渗透压强分布图。

(4)对进、出口段水头损失值和渗透压强分布图形进行局部修正。计算公式如下：

$$h'_0 = \beta' h_0 \tag{5-17}$$

$$\beta' = 1.21 - \frac{1}{\left[12\left(\frac{T'}{T}\right)^2 + 2\right]\left(\frac{S'}{T} + 0.059\right)} \tag{5-18}$$

$$\Delta h = (1 - \beta')h_0 \tag{5-19}$$

式中 h'_0——进、出口段修正后的水头损失值，m；

h_0——按式(5-15)计算的水头损失值，m；

β'——阻力修正系数，按式(5-18)计算，当计算的 $\beta' \geqslant 1.0$ 时，则取 $\beta' = 1.0$；

S'——底板埋深与板桩入土深度之和，m，见图 5-15(a)；

T'——板桩另一侧地基透水层深度或齿墙底部至计算深度线的铅直距离，m，见图 5-15；

Δh——修正后的水头损失减小值，m，可按式(5-19)计算。

(5)当阻力修正系数 $\beta' < 1$ 时，除进、出口段的水头损失需作修正外，在其附近的内部典型段内仍需修正。①当 $h_x \geqslant \Delta h$ 时，可按下式修正：$h'_x = h_x + \Delta h$，式中 h'_x 为修正后的水平段水头损失值，h_x 为水平段的水头损失值。②当 $h_x < \Delta h$ 时，可按下面两种情况修正：当 $h_x + h_y \geqslant \Delta h$ 时，则 $h'_x = 2h_x$，$h'_y = h_y + \Delta h - h_x$，其中 h_y 为内部铅直段的水头损失值，h'_y 为修正后的内部铅直段水头损失值；当 $h_x + h_y < \Delta h$ 时，则 $h'_x = 2h_x$，$h'_y = 2h_y$，$h'_{CD} = h_{CD} + \Delta h - (h_x + h_y)$，其中 h_{CD} 为 CD 段的水头损失值，h'_{CD} 为修正后的 CD 段水头损失值，如图 5-15 所示。

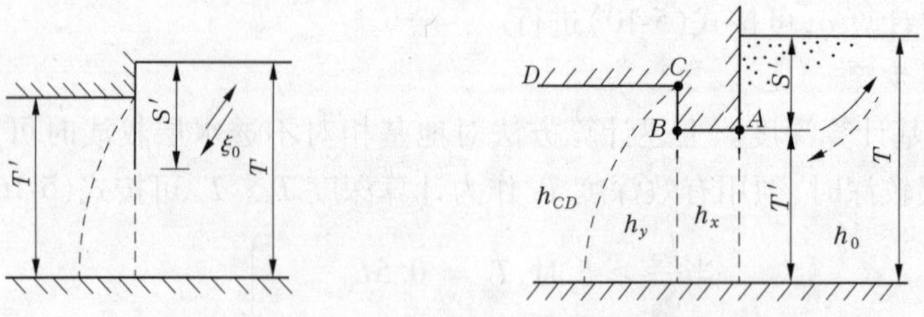

(a)有板桩的进出口渗流计算　　(b)有齿墙的进出口渗流计算

图 5-15　进出口渗流计算示意图

(6)按式(5-20)计算出口段渗流坡降 J:

$$J = \frac{h'_0}{S'} \tag{5-20}$$

出口段和水平段的渗流坡降都应满足表 5-5 的容许渗流坡降的要求,防止地下渗流冲蚀地基土并造成渗透变形。

表 5-5　水平段和出口段的容许渗流坡降[J]值

分段	地基类别									
	粉砂	细砂	中砂	粗砂	中砾、细砾	粗砾夹卵石	砂壤土	壤土	软黏土	坚硬黏土	极坚硬黏土
水平段	0.05 ~ 0.07	0.07 ~ 0.10	0.10 ~ 0.13	0.13 ~ 0.17	0.17 ~ 0.22	0.22 ~ 0.28	0.15 ~ 0.25	0.25 ~ 0.30	0.30 ~ 0.40	0.40 ~ 0.50	0.50 ~ 0.60
出口段	0.25 ~ 0.30	0.30 ~ 0.35	0.35 ~ 0.40	0.40 ~ 0.45	0.45 ~ 0.50	0.50 ~ 0.55	0.40 ~ 0.50	0.50 ~ 0.60	0.60 ~ 0.70	0.70 ~ 0.80	0.80 ~ 0.90

注:当渗流出口处设反滤层时,表列数值可加大 30%。

(二)流网法

对于边界条件复杂的渗流场,很难精确求得任一点的渗流要素值,工程上通常采用流网法来解决这类问题,误差可以控制在 5% 以内。流网的绘制可以采用电模拟等试验的方法或图解法来完成,前者适用于大型水闸复杂的地下轮廓线和土基,后者适用于均质地基上的水闸,既简便迅速,又有足够的精度。流网绘成后,如图 5-16 所示,便可应用其算出渗透压力、渗透坡降、渗透流速和渗透流量等要素。

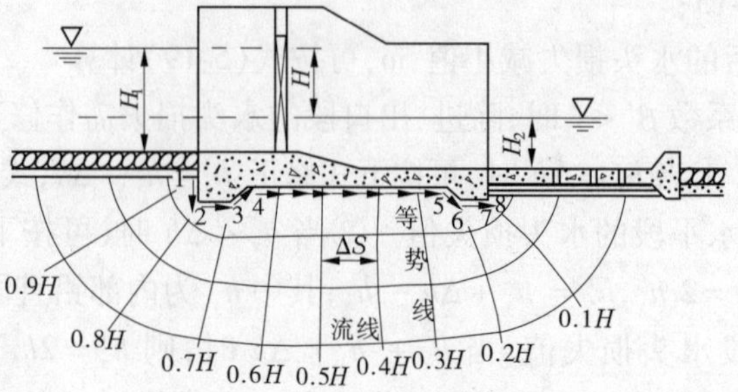

图 5-16　流网示意图

(三)直线比例法

直线比例法原理是假定渗流沿地下轮廓流动时,其渗透水头损失是呈直线比例逐渐变小的,即沿程渗透坡降的大小都不相同。因此,当总水头 H 及防渗长度 L 一定时,便可按直线比例关系求出防渗长度上各点(即沿地下轮廓上各点)的渗透压力水头值。此法计算精度不高,特别是进行渗透压力及出逸坡降计算时,误差较大。但由于此法具有一定的实践基础,又很简单,故在小型水闸设计中仍有使用。直线比例法有勃莱法和莱因法两种。

(1)勃莱法。假定闸基渗流沿防渗长度均匀地削减水头,即在单位长度上削减的水头是相同的,并假定防渗长度与水头的比值如不小于某一数值,闸基就不会产生渗透变形。

用勃莱法确定距地下轮廓线下游端为 x 处的渗透压力 h_x 时(见图 5-17),可按式(5-21)计算:

$$h_x = \frac{H}{L}x \tag{5-21}$$

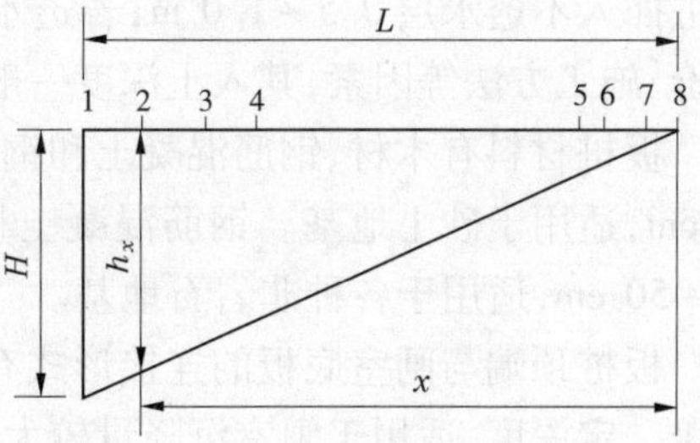

图 5-17　直线比例法计算渗透压力图

(2)莱因法。该法认为水平渗径不如铅直渗径的防渗效果好,并认为水平渗径的防渗效能只有垂直渗径的 1/3。因此,用该法计算渗透压力时,应先将 x、L 中的水平渗径长度除以 3 后,再加上垂直渗径长度,然后代入式(5-21)计算。

四、防渗及排水设施

水闸的防渗设施是指构成地下轮廓的铺盖、板桩及齿墙,而排水设施则是指铺设在护坦、浆砌石海漫底部或闸底板下游段起导渗作用的砂砾石层。排水体常与反滤层结合使用。

(一)铺盖

铺盖主要用来延长渗径,应具有可靠的不透水性;为适应地基变形,也要有一定的柔性。实际工程中常用的形式有黏土、黏壤土、钢筋混凝土或沥青混凝土做成铺盖等。

(1)黏土和黏壤土铺盖。这种铺盖的渗透系数应至多为地基土的渗透系数 1/100。铺盖的长度应由闸基防渗需要确定,一般采用上、下游最大水位差的 3~5 倍。铺盖的厚度 δ 应根据铺盖土料的容许水力坡降值计算确定,即 $\delta = \Delta H/J$,其中,ΔH 为铺盖顶、底面的水头差,J 为材料的容许坡降,黏土为 4~8,壤土为 3~5。铺盖上游端的最小厚度由施工条件确定,一般采用 0.6~0.8 m,逐渐向闸室方向加厚至 1.0~1.5 m。铺盖与底板连接处有一薄弱部位,通常将底板前端做成斜面,使黏土能借自重及其上的荷载与底板紧贴,在连接处铺设油毛毡等止水材料,一端用螺栓固定在斜面上,另一端埋入黏土铺盖中。为防止铺盖在施工期遭受破坏和运行期间被水流冲刷,在其表面应先铺设砂垫层,然后铺设单层或双层块石护面。

(2)混凝土、钢筋混凝土铺盖。当地缺乏黏性土料,或以铺盖兼作阻滑板,以提高闸室稳定时,可采用混凝土或钢筋混凝土铺盖。其厚度一般为 0.4~0.6 m,与底板连接处应加厚至 0.8~1.0 m。铺盖与底板、翼墙之间用沉降缝分开。铺盖本身亦应设温度沉降缝,靠近翼墙的缝距应小一些。缝距为 15~20 m,缝宽可采用 2~3 cm,缝中均应设止水。

对于要求起阻滑作用的铺盖，应按受力大小配筋。

此外，还有沥青混凝土和浆砌块石铺盖。

(二)板桩

板桩的作用随其位置不同而不同。一般设在闸底板上游端或铺盖前端，主要用以降低渗透压力，有时也设在底板下游端，以减小出口段坡降或出逸坡降，但一般不宜过长，否则将过多地加大底板所受的渗透压力。板桩长度与透水层深度有关，若透水层较浅，可用板桩插入不透水层0.5~1.0 m；若透水层较深，则采用悬挂式板桩，考虑防渗效果，工程造价、施工方法等因素，其入土深度一般为作用水头的0.7~1.2倍。

板桩材料有木材、钢筋混凝土和钢材三种。木板桩长一般为3~5 m，最大8 m，厚8~12 cm，适用于砂土地基。钢筋混凝土板桩，多为现场预制，长4~6 m，宽50~60 cm，厚10~50 cm，适用于各种非岩石地基。

板桩顶端与闸室底板的连接形式有两种：一种是将板桩紧靠底板前缘，顶部嵌入黏土铺盖一定深度，适用于闸室沉降量较大，而板桩尖已插入坚实土层的情况；另一种是把板桩顶部嵌入底板底面特设的凹槽内，桩顶填塞可塑性较大的不透水材料，适用于闸室沉降量小而板桩尖未达到坚实土层的情况。

(三)齿墙

闸底板的上、下游端一般都设有齿墙，它有利于抗滑稳定，并可延长渗径。齿墙深度一般为0.5~1.5 m，最大不宜超过2.0 m，否则施工困难。

根据具体情况，水闸的防渗设施还可采用混凝土防渗墙、水泥砂浆帷幕、高压喷射灌浆帷幕及垂直防渗土工膜等。

(四)排水设施

闸基设置排水设施的目的是将闸底渗透水流尽快排到下游，以减小渗透压力，因此要求排水设施透水性好，并与下游通畅。排水形式通常有以下几种：

(1)平铺式排水。即在护坦和浆砌石海漫的底部平铺反滤层，目前常用在开挖好的地基上平铺1~2层200~300 g/m^2 的土工布，土工布上平铺1~2 cm、厚15~30 cm的卵石、砾石或碎石。

(2)垂直排水。在地基内有承压水层时，用垂直排水可有效降低承压水头。将排水井伸入到该层内0.3~0.5 m，引出承压水，达到降压目的。排水井的井径一般为0.3 m左右，间距3 m左右，内填滤料。

(3)水平带状排水。多用于岩基上。

五、水闸的侧向绕渗

水闸建成挡水后，除闸基渗流外，渗流还从上游高水位绕过翼墙、岸墙和刺墙等流向下游，称为侧向绕渗。绕渗对翼墙、岸墙施加水压力，影响其稳定性；在渗流出口处，以及填土与岸、翼墙的接触面上可能产生渗透变形。此外，它还会影响水闸和地基的安全。因此，还应做好侧向防渗排水设施。

(一)侧向绕渗计算

侧向绕渗具有自由水面，属于三维无压渗流。当河岸土质均一，在其下面有水平不透水层时,可将三维问题简化成二维问题,按与闸基有压渗流相似的方法或流网法或改进阻力系数法求解绕渗要素。如果墙后土层的渗透系数小于地基渗透系数,侧向绕渗压力可以近似地采用相对应部位的闸基扬压力计算值,这样计算既简便,又有一定的安全度。如果前者大于后者,对于大型水闸,应用三维电拟试验验证。

(二)侧向防渗措施

侧向防渗排水布置(包括刺墙、板桩、排水井等)应根据上下游水位、墙体材料和墙后土质以及地下水位变化等情况综合考虑,并应与闸基的防渗排水布置相适应,使在空间上形成防渗整体。

【例题5-1】 某水闸地下轮廓线如图5-18所示。根据钻探资料知地面以下9.5 m深处为相对不透水的黏土层。用改进阻力系数法计算各渗流要素。

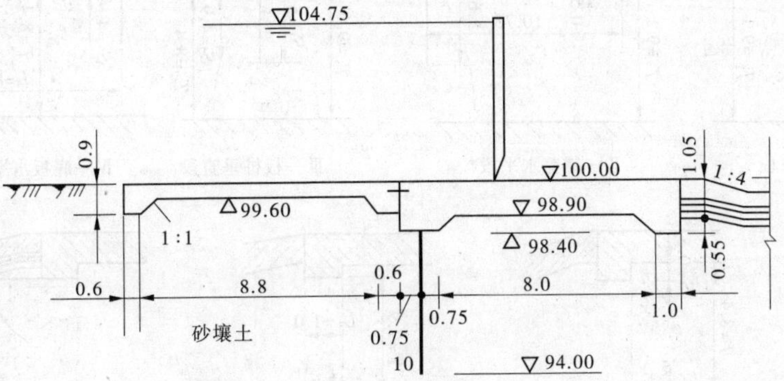

图5-18 地下轮廓布置图 (单位:m)

解:

1. 阻力系数的计算

(1)确定有效深度。

由于 $L_0 = 10 + 10.5 = 20.5(\text{m})$, $S_0 = 100.00 - 94.00 = 6.0\ (\text{m})$,故 $L_0/S_0 = 20.5/6.0 = 3.42 < 5$,故由式(5-16)计算 T_e 得:

$$T_e = \frac{5L_0}{1.6\dfrac{L_0}{S_0} + 2} = \frac{5 \times 20.5}{1.6 \times 3.42 + 2} = 13.72(\text{m}) > 9.5\ \text{m}$$

故按实际透水层深度 $T = 9.5$ m 进行计算。

(2)简化地下轮廓。

将实际的地下轮廓进行简化,使之成为垂直和水平的两个主要部分,出口处齿墙的入土深度应予保留,如图5-19(a)所示,将地下轮廓分成七段。

(3)计算阻力系数。

①进口段:将齿墙简化为短板桩,板桩入土深度为0.5 m,铺盖厚度为0.4 m。所以,$S_1 = 0.5 + 0.4 = 0.9(\text{m})$, $T_1 = 9.5$ m;而另一侧的 $S_2 = 0.5$ m, $T_2 = 9.1$ m。计算进口段阻力系数 ξ_{01} 为:

$$\xi_{01} = \left[1.5\left(\frac{S_1}{T_1}\right)^{\frac{3}{2}} + 0.441\right] + \frac{2}{\pi}\ln\cot\left[\frac{\pi}{4}\left(1 - \frac{S_2}{T_2}\right)\right] = 0.54$$

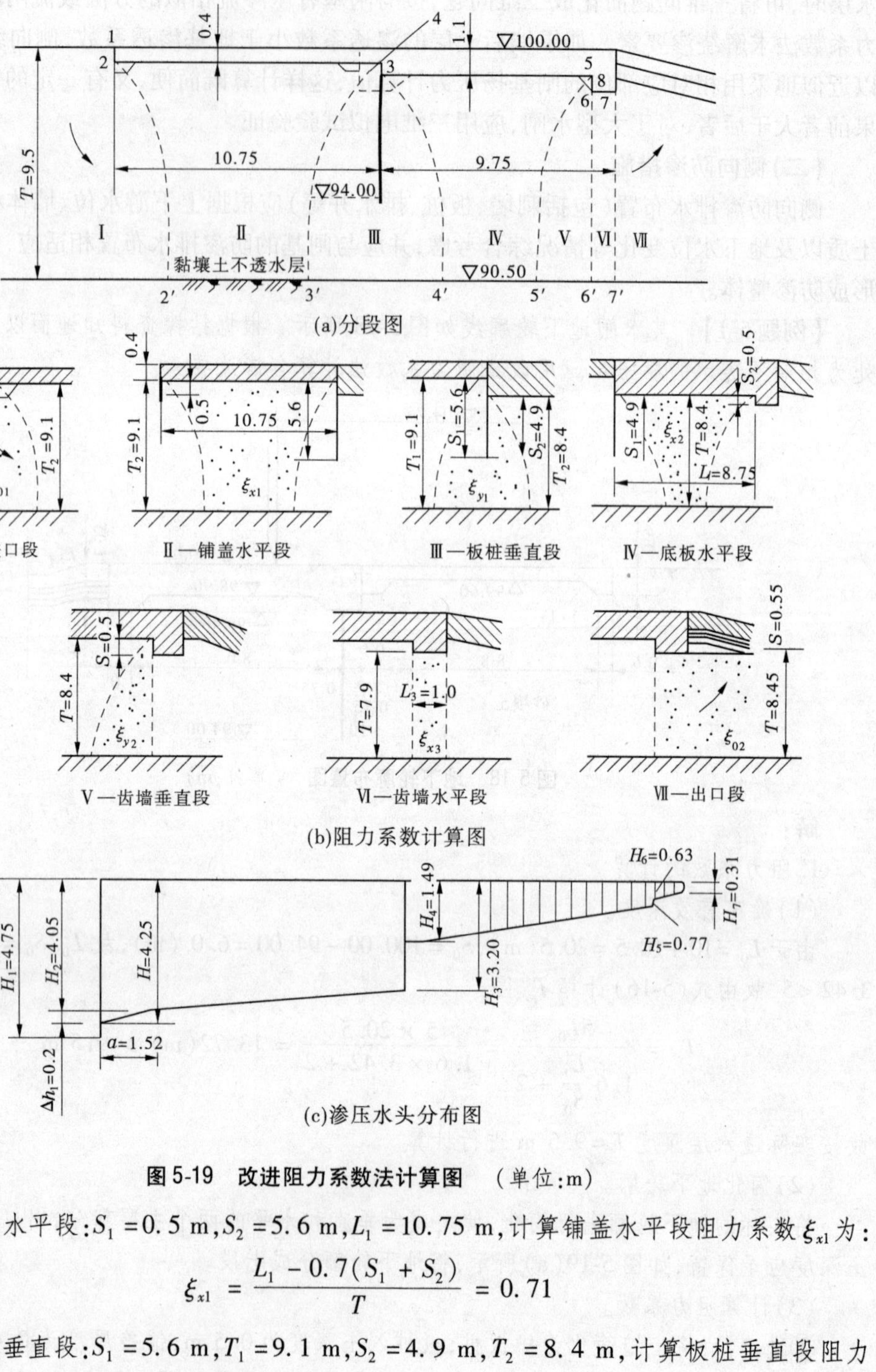

图 5-19　改进阻力系数法计算图　（单位:m）

②铺盖水平段：$S_1=0.5\ \text{m}, S_2=5.6\ \text{m}, L_1=10.75\ \text{m}$，计算铺盖水平段阻力系数 ξ_{x1} 为：

$$\xi_{x1} = \frac{L_1 - 0.7(S_1 + S_2)}{T} = 0.71$$

③板桩垂直段：$S_1=5.6\ \text{m}, T_1=9.1\ \text{m}, S_2=4.9\ \text{m}, T_2=8.4\ \text{m}$，计算板桩垂直段阻力系数 ξ_{y1} 为：

$$\xi_{y1} = \frac{2}{\pi}\ln\cot\left[\frac{\pi}{4}\left(1 - \frac{S_1}{T_1}\right)\right] + \frac{2}{\pi}\ln\cot\frac{\pi}{4}\left(1 - \frac{S_2}{T_2}\right) = 1.43$$

④底板水平段：$S_1=4.9\ \text{m}, S_2=0.5\ \text{m}, L_2=8.75\ \text{m}, T=8.4\ \text{m}$，故底板水平段阻力系

数 ξ_{x2} 计算为：

$$\xi_{x2} = 0.59$$

⑤齿墙垂直段：$S = 0.5$ m，$T = 8.4$ m，则齿墙垂直段的阻力系数 ξ_{y2} 计算为：

$$\xi_{y2} = 0.06$$

⑥齿墙水平段：$S_1 = S_2 = 0$，$L_3 = 1.0$ m，$T = 7.9$ m，计算齿墙水平段阻力系数 ξ_{x3} 为：

$$\xi_{x3} = 0.13$$

⑦出口段：出口段中 $S = 0.55$ m，$T = 8.45$ m，计算其阻力系数 ξ_{02} 为：

$$\xi_{02} = 0.47$$

2. 渗透压力计算

(1) 求各分段的渗压水头损失值。

由式(5-15)，即 $h_i = \xi_i \dfrac{\Delta H}{\sum\limits_{i=1}^{n}\xi_i}$，其中 $\Delta H = 4.75$ m，且 $\sum\limits_{i=1}^{7}\xi_i = 0.54 + 0.71 + 1.43 + 0.59 + 0.06 + 0.13 + 0.47 = 3.93$。

①进口段 $h_1 = 0.65$ m；

②铺盖水平段 $h_2 = 0.86$ m；

③板桩垂直段 $h_3 = 1.73$ m；

④底板水平段 $h_4 = 0.71$ m；

⑤齿墙垂直段 $h_5 = 0.07$ m；

⑥齿墙水平段 $h_6 = 0.16$ m；

⑦出口段 $h_7 = 0.57$ m。

(2) 进出口水头损失值的修正。

①进口处修正。

由式(5-18)得修正系数 β_1' 为：

$$\beta_1' = 1.21 - \frac{1}{\left[12\left(\frac{T'}{T}\right)^2 + 2\right]\left[\frac{S'}{T} + 0.059\right]} = 0.71 < 1.0$$

应予以修正。

进口段水头损失值应修正为：

$$h_1' = \beta_1' h_1 = 0.71 \times 0.65 = 0.46(\text{m})$$

进口段水头损失减小值 Δh_1 为：

$$\Delta h_1 = 0.65 - 0.46 = 0.19(\text{m}) < h_2 = 0.86 \text{ m}$$

因此，铺盖水平段水头损失值应修正为：

$$h_2' = h_2 + \Delta h_1 = 0.86 + 0.19 = 1.05(\text{m})$$

②出口处修正。

出口处修正系数 β_2' 为：

$$\beta_2' = 0.56 < 1$$

出口段水头损失值应修正为：

$$h_7' = \beta_2' h_7 = 0.56 \times 0.57 = 0.32(\text{m})$$

$\Delta h_7=0.57-0.32=0.25(\mathrm{m})>h_6+h_5=0.23\ \mathrm{m}$，故应进一步修正 h_6、h_5、h_4。采用《水闸设计规范》（SL 265—2001）中相应的修正公式得：

$$h'_6=0.32\ \mathrm{m},h'_5=0.14\ \mathrm{m},h'_4=0.73\ \mathrm{m}$$

验算：$\Delta H=\sum h'=0.46+1.05+1.73+0.73+0.14+0.32+0.32=4.75(\mathrm{m})$，计算无误。

（3）计算各角隅点的渗压水头。

由上游进口段开始，逐次向下游从总水头 4.75 m 相继减去各分段水头损失值，即可求得各角隅点的渗压水头值：

$H_1=4.75\ \mathrm{m}$，$H_2=4.05\ \mathrm{m}$，$H_3=3.20\ \mathrm{m}$，$H_4=1.49\ \mathrm{m}$，$H_5=0.77\ \mathrm{m}$，$H_6=0.63\ \mathrm{m}$，$H_7=0.31\ \mathrm{m}$，$H_8=0$。

（4）绘制渗压水头分布图。

根据以上算得的渗压水头值，并认为沿水平段的水头损失呈线性变化，即可绘出图 5-19(c)。

3. 求闸底板水平段渗透坡降和渗流出口处逸出坡降

（1）渗流出口平均坡降由式（5-20）计算为：

$$J=\frac{h'_0}{S'}=\frac{0.32}{0.55}=0.58$$

（2）底板水平段平均渗透坡降为：

$$J_x=\frac{h'_4}{L_2}=\frac{0.73}{8.75}=0.083$$

4. 验算闸基抗渗稳定性

本工程地基为砂壤土，由表 5-5 查得砂壤土[J]=0.50，因渗流出口处设有滤层，容许坡降应修正为[J']=1.3×0.5=0.65，而实际逸出坡降 $J=0.58<[J']=0.65$，故不会产生流土。

由表 5-5，砂壤土水平段容许坡降[J_x]=0.25，修正后[J'_x]=0.325，而实际底板水平段坡降 $J_x=0.083$，远小于[J'_x]，说明地基砂壤土在其与底板的接触面上不会产生接触冲刷。

单元五　闸室的布置和构造

水闸的闸室结构布置包括底板、闸墩、闸门、工作桥和交通桥等部分结构的布置和尺寸的初步拟定。应在保证稳定的前提下，尽量做到轻型化、整体性好、刚性大、布置匀称，并进行合理的分缝分块，使作用在地基单位面积上的荷载较小、较均匀，并能适应地基可能的沉降变形。

一、底板

闸室底板形式通常有平底板和钻孔灌注桩底板。在特定的条件下，也可采用低堰底板、箱式底板、斜底板、反拱底板等。下面着重介绍平底板。

平底板按底板与闸墩的连接方式，有整体式（见图 5-20）和分离式（见图 5-21）两种。

（一）整体式底板

闸墩与底板浇筑成整体即为整体式底板。其顺流向长度可根据闸身稳定和地基应力分布较均匀等条件来确定，同时应满足上层结构布置的需要。水头愈大，地基愈差，底板应愈长。初拟底板长度时，对于砂砾石地基可取(1.5～2.5)H，对于砂土、砂壤土地基可取(2.0～3.5)H，对于黏壤土地基可取(2.0～4.0)H，对于黏土地基可取(2.5～4.5)H，H为上、下游最大水位差。底板厚度必须满足强度和刚度的要求，大中型水闸可取闸孔净宽的1/6～1/8，一般为1～2 m，最薄不小于0.7 m，渠系小型水闸可薄至0.3 m。底板内配置钢筋。底板混凝土强度等级应满足强度、抗渗及防冲要求，一般选用C15或C20。闸墩中间分缝的底板一般适用于孔径8～12 m和较松软地基或地震烈度较高的地区。对于中等密实以上、承载力较大的地基也可将缝分在闸室底板中间，如图5-20(b)所示。

(二)分离式底板

在闸室底板两侧分缝，使底板与闸墩分离，成为分离式底板，如图5-21所示。缝中设止水。其闸室上部结构的质量将直接由闸墩或连同部分底板传给地基。中间底板仅起防冲、防渗和稳定的作用，其厚度根据自身稳定的需要确定。一般用混凝土或浆砌石建成，必要时加少量钢筋。优点是可缩短工期，减小闸的总宽度，工程量小；缺点是底板接缝较多，闸室结构的整体性较差，对地基要求较高。一般适用于地质条件较好、承载能力较大的地基。

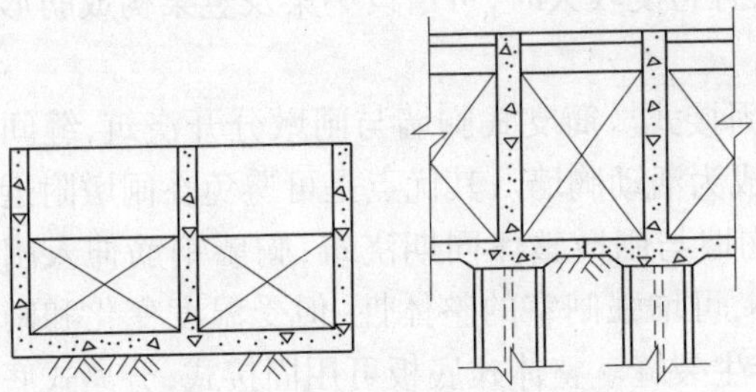

(a)　　(b)

图5-20　整体式底板

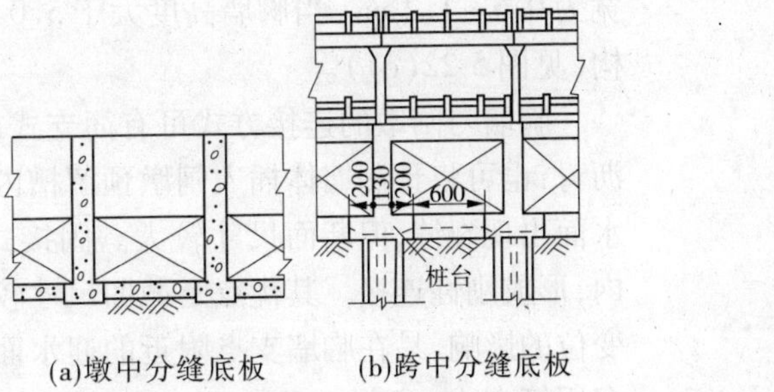

(a)墩中分缝底板　　(b)跨中分缝底板

图5-21　分离式底板　（单位：cm）

二、闸墩

闸墩结构形式应根据闸室结构抗滑稳定性和闸墩纵向刚度要求确定，一般宜采用实体式，常用混凝土、钢筋混凝土或浆砌块石。闸墩的外形轮廓应满足过闸水流平顺、侧向收缩小、过流能力大的要求。上游可用半圆形或尖角形，下游宜用流线型。闸墩上游部分的顶面高程应满足以下两个要求：①挡水时，闸顶高程不应低于水闸正常蓄水位(或正常蓄水位遭遇地震)加波浪计算高度与相应安全超高值之和；②泄水时，不应低于设计(或校核)洪水位与相应安全超高值之和。闸墩下游部分的顶面高程可根据需要适当降低，但应保证下游的交通桥底部高出泄洪水位0.5 m以上及桥面能与闸室两岸道路衔接。

闸墩长度取决于上部结构布置和闸门的形式，一般与底板同长或稍短些。闸墩下游面常为铅直面，如上部结构布置后闸墩有富余，两端可做成10:1～5:1的竖坡。如上部结构布置不下，顶部可做成向外挑出的牛腿。通常弧形闸门的闸墩长度比平面闸门的闸墩长。

闸墩厚度应满足稳定和强度要求，根据闸孔孔径、受力条件、结构构造要求和施工方法确定。根据经验，一般浆砌石闸墩厚1.0～1.6 m，混凝土闸墩厚1～1.6 m，少筋混凝土闸墩厚 0.9 ~1.4 m，钢筋混凝土闸墩厚 0.7 ~1.2 m。闸墩在门槽处厚度不宜小于 0.4 m。弧形闸门的闸墩因没有门槽，可采用较小的厚度。兼作岸墙的边闸墩还应考虑承受侧向土压力的作用，其厚度应根据结构抗滑稳定性能和结构强度需要计算确定。

平面闸门的门槽尺寸取决于闸门的尺寸和支撑形式。一般检修门槽深 0.15 ~0.25 m，宽 0.15 ~0.30 m，主门槽深一般不小于 0.3 m，宽 0.5 ~1.0 m。检修门槽与工作门槽之间应留 1.5 ~2.0 m 的净距，以便于工作人员安装和检修。弧形闸门的闸墩不需设主门槽。

三、胸墙

胸墙常用钢筋混凝土结构，做成板式或梁板式，如图 5-22 所示。胸墙结构形式可根据闸孔孔径大小和泄水要求选用。当孔径小于或等于 6.0 m 时宜采用板式（见图 5-22(a)）。孔径大于 6.0 m 时宜采用板梁式（见图 5-22(b)），其板厚一般不小于 0.12 m；顶梁梁高为胸墙跨度的 1/12 ~1/15，梁宽常取 0.4 ~0.8 m；底梁由于与闸门接触，要求有较大的刚度，梁高为胸墙跨度的 1/8 ~1/9，梁宽为 0.6 ~1.2 m。当胸墙高度大于 5.0 m，且跨度较大时，可增设中梁及竖梁构成肋形结构（见图 5-22(c)）。

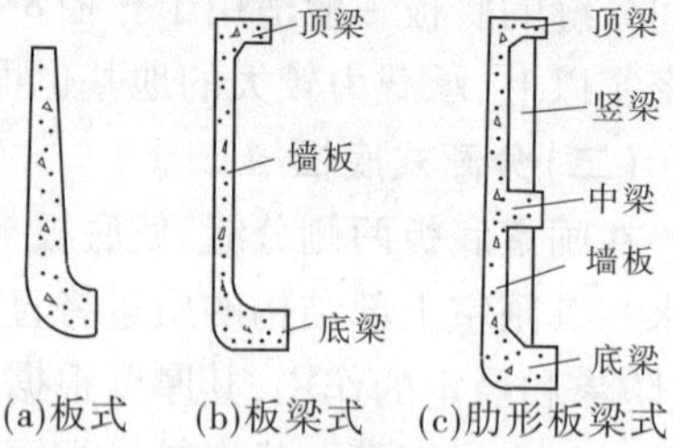

图 5-22　胸墙结构形式

胸墙与闸墩的连接方式可有简支式或固接式。简支式胸墙与闸墩分开浇筑，缝间涂沥青，也可将预制墙体插入闸墩预留槽内，成为活动胸墙。其优点是可避免在闸墩附近迎水面出现裂缝，但断面尺寸较大。固接式胸墙与闸墩整体同期浇筑，胸墙钢筋伸入闸墩内，形成刚性连接。其优点是截面尺寸较小，可增强闸室的整体性，但受温度变化和闸墩变位的影响，易在胸墙支点附近的迎水面产生裂缝。整体式底板可用固接式，分离式底板多用简支式。

四、闸门与启闭机

闸门是水闸的关键部分，用它来封闭和开启孔口，以达到控制水位和调节流量的目的。

（一）闸门的类型和闸门的构造组成

1. 闸门的类型

1）按结构形式分类

闸门按其结构形式可分为平面闸门、弧形闸门等。平面闸门是平板形式的门叶，按提升方式不同又可分为直升式和升卧式两种。弧形闸门的挡水面板是圆弧面，启闭时绕位于弧形挡水面圆心处的支承铰转动。弧形闸门与平面闸门比较，其主要优点是启门力小，可以封闭相当大面积的孔口；无影响水流态的门槽，闸墩厚度较薄，机架桥的高度较低，埋件少。其主要缺点是需要的闸墩较长，不能提出孔口以外进行检修维护，也不能在孔口之间互换；总水压力集中于支承铰处，闸墩受力复杂。

2）按工作性质分类

闸门按其工作性质的不同，可分为工作闸门、检修闸门和事故闸门等。工作闸门又称主闸门，是水工建筑物正常运行情况下使用的闸门，要求在动水中启闭。检修闸门用以临时挡水，一般在静水中启闭。事故闸门是在水工建筑物或机械设备出现事故时，在动水中快速关闭孔口的闸门，又称快速闸门。事故排除后充水平压，在静水中开启。

3）按闸门所用的材料分类

闸门按所用的材料可分为钢闸门、钢筋混凝土或钢丝网水泥闸门、木闸门及铸铁闸门等。钢闸门具有自重较轻、工作可靠的优点，一般用于大中型水闸。钢筋混凝土或钢丝网水泥闸门可以节省钢材，不需除锈，但前者较笨重，启闭设备容量大；后者容易剥蚀，耐久性差，一般用于渠系小型水闸。铸铁闸门抗锈蚀、抗磨性能好，止水效果也好，但由于材料抗弯强度较低，性能又脆，故仅在低水头、小孔径水闸中使用。木闸门因其耐久性差，已很少采用。

2. 闸门的构造组成

闸门结构一般由活动部分（即门叶）、埋固构件和悬吊设备三部分组成。活动部分主要是由面板、梁格系统组成的门体结构；埋固构件是预埋在闸墩和胸墙等结构内部的固定构件；悬吊设备是指连接闸门和启闭设备的拉杆或牵引索等。

（二）启闭机

闸门启闭机可分为固定式和移动式两种。常用的固定式启闭机有卷扬式、螺杆式和油压式三种。固定卷扬式启闭机广泛应用于大中型水闸，卷扬式启闭机启闭能力较大，操作灵便，启闭速度快，但造价较高，适用于弧形闸门。某些平面闸门能靠自重（或加重）关闭，且启闭力较大时，也可采用卷扬式启闭机。螺杆式启闭机只适用于小型水闸，其优点是结构简单、使用方便、价格较低且易于制造；缺点是启闭速度慢、启闭力小。油压式启闭机近年来使用较多，其优点是利用油泵产生的液压传动，可用较小的动力获得很大的起重力，液压传动比较平稳和安全，较易实行遥控和自动化等；主要缺点是对金属加工条件要求较高，质量不易保证，造价高。

移动式一般有门架式和桥式两种。启闭机的形式可根据门型、尺寸及其运用条件等因素选定。所选用启闭机的启闭力应等于或大于计算启闭力，同时应符合国家现行的《水利水电工程启闭机设计规范》（SL 41—93）所规定的启闭机系列标准。若要求短时间内全部均匀开启或多孔闸门启闭频繁，每孔应设一台固定式启闭机。

五、工作桥与交通桥

（一）工作桥

工作桥是为了安装启闭机和便于工作人员操作而设在闸墩上的桥。当桥面很高时，可在闸墩上部设排架支承工作桥。工作桥设置高程与门型有关。如平面闸门，当采用固定式启闭机时，由于闸门开启后悬挂的需要，应使闸门提升后不影响泄放最大流量，并留有一定的余度；如采用活动式启闭机，桥高则可适当降低。若采用升卧式平面闸门，由于闸门全开后处于平卧位置，因而工作桥可以做得较低。

小型水闸的工作桥一般采用板式结构。大中型水闸多采用板梁结构。工作桥的总宽度取决于启闭机的类型、容量和操作需要。小型水闸总宽度为 2.0 ~ 2.5 m，大型的为 2.5 ~ 4.5 m。

(二)交通桥

为建闸后便于行人或车马通行,通常在闸墩上设置交通桥。交通桥的位置应根据闸室稳定及两岸交通连接等条件确定,通常布置在闸室下游。仅供人畜通行的交通桥,其宽度常不小于3 m;行驶汽车等的交通桥,应按交通部制定的规范进行设计,一般公路单车道净宽4.5 m,双车道7~9 m。交通桥的形式可采用板式、板梁式和拱式,中小型工程可使用定型设计。

六、分缝及止水

(一)分缝

分缝土基上的水闸,不仅闸室本身分缝,凡相邻结构荷重相差悬殊或结构较长、面积较大的地方,都要设缝分开。例如,铺盖、护坦与底板、翼墙连接处都应设缝。另外,翼墙本身较长,混凝土铺盖、消力池的护坦在面积较大时也需设分缝,以防产生不均匀沉降,如图5-23所示,缝的间距一般为15~20 m,缝宽为2~3 cm。

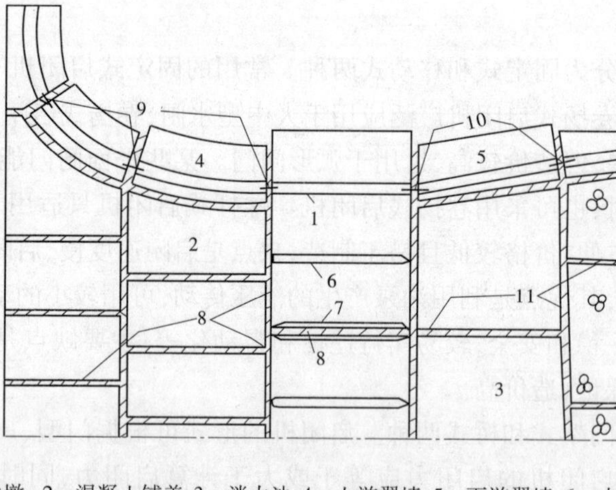

1—边墩; 2—混凝土铺盖;3—消力池;4—上游翼墙;5—下游翼墙;6—中墩;
7—缝墩; 8—柏油油毛毡嵌紫铜片;9—垂直止水甲;10—垂直止水乙;11—柏油油毛毡止水

图5-23 水闸分缝布置图

(二)止水

凡具有防渗要求的缝,都应设止水。按照止水设备的方向,有铅直止水和水平止水两种。前者设在闸墩中间、边墩与翼墙间以及各段翼墙之间,后者设在铺盖、消力池与底板和翼墙、底板与闸墩间以及混凝土铺盖及消力池本身的温度沉降缝内。止水布置如图5-23所示。

单元六 水闸的稳定分析及地基处理

一、闸室稳定分析

闸室在运用、检修或施工期都应该是稳定的。在运用期,闸室受到水平推力等荷载,有可能沿着地基面滑动(通常称为表层滑动),还可能连同一部分地基土体滑动(通常称为深层滑动)。水闸竣工时,一般讲地基所受的压力最大,可能产生较大的沉降和不均匀沉降,这不但使闸室高程降低,而且会使闸基倾斜甚至断裂,地基也有可能失去稳定性。因此,必须验算闸室的稳定性,以保证在各种情况下闸室均能安全可靠地运用。闸室稳定计算除渗透稳定外,还应满足以下三个要求:①在各种计算情况下,闸室平均基底压应力不大于地基允许承载力,最大基底压应力不大于地基容许承载力的1.2倍;②闸室基底压应力的最大值与最小值之比不大于容许的比值[η],见表5-6;③闸室抗滑稳定安全系数不小于容许的安全系数(见表5-13)。闸室稳定计算宜取两相邻顺水流向永久缝之间闸段作为计算单元。

表5-6　土基上闸室基底应力最大值与最小值之比的容许值[η]

地基土质	荷载组合	
	基本组合	特殊组合
松软	1.50	2.00
中等坚实	2.00	2.50
坚实	2.50	3.00

注:①对于特别重要的大型水闸,其闸室基底应力最大值与最小值之比的容许值可按列表数值适当减小;

②对于地震区的水闸,闸室基底应力最大值与最小值之比的容许值可按表列数值适当增大;

③对于地基特别坚实或可压缩土层甚薄的水闸,可不受本表的规定限制,但要求闸室基底不出现拉应力。

(一)作用在水闸上的荷载类型

作用在水闸上的荷载可分为基本荷载和特殊荷载两类。

(1)基本荷载主要有(见图5-24):水闸结构及其上部填料和永久设备的自重,相应于正常蓄水位或设计洪水位情况下水闸底板上的水重,相应于正常蓄水位或设计洪水位情

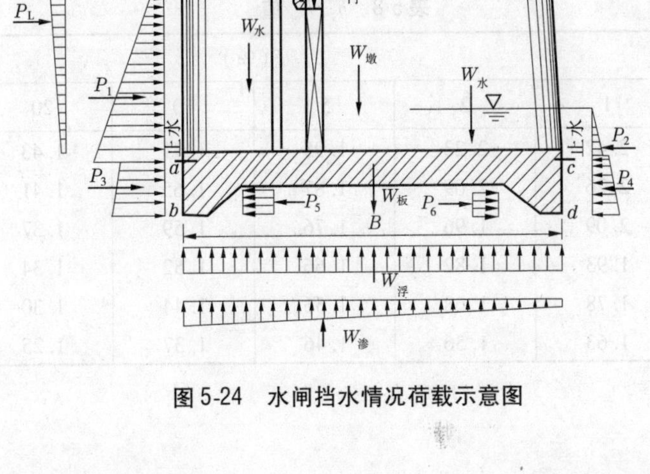

图5-24　水闸挡水情况荷载示意图

况下的静水压力，相应于正常蓄水位或设计洪水位情况下的扬压力（即浮托力与渗透压力之和），土压力，淤沙压力，风压力，相应于正常蓄水位或设计洪水位情况下的浪压力和其他出现机会较多的荷载等。

（2）特殊荷载主要有：相应于校核洪水位情况下水闸底板上的水重，相应于校核洪水位情况下的静水压力，相应于校核洪水位情况下的扬压力，相应于校核洪水位情况下的浪压力、地震荷载和其他出现机会较少的荷载等。

（二）荷载计算

水闸结构及其上部填料的自重应按其几何尺寸及材料重度计算确定，闸门、启闭机及其他永久设备应尽量采用实际重量；作用在水闸底板上的水重应按其实际体积及水的重度计算确定；作用在水闸上的土压力应根据填土的性质、挡土高度、填土内的地下水位、填土顶面坡角及超荷载等计算确定。对于向外侧移动或转动的挡土结构，可按主动土压力计算，对于保持静止不动的挡土结构，可按静止土压力计算；作用在水闸上的淤沙压力应根据水闸上、下游可能淤积的厚度及泥沙重度等计算确定；地震荷载根据《水工建筑物抗震设计规范》（SL 203—97）计算；作用在水闸上的风压力应根据当地气象站提供的资料确定；作用在水闸上的浪压力、水平水压力计算方法如下。

1. 浪压力

按以下步骤分别计算波浪要素以及浪压力。波浪要素可根据水闸运用条件，计算情况下闸前风向、风速、风区长度、风区内的平均水深等因素计算。浪压力应根据闸前水深和实际波态进行计算。

（1）平原、滨海地区水闸参阅重力坝单元中莆田试验站的公式计算$\frac{gh_m}{v_0^2}$和$\frac{gT_m}{v_0}$。

（2）根据水闸级别，由表5-7查得水闸的设计波浪累积频率$P(\%)$值。

表5-7　P值

水闸级别	1	2	3
$P(\%)$	1	2	5

（3）累积频率为$P(\%)$的波高h_P与平均波高h_m的比值可由表5-8查得，从而计算出h_P。

表5-8　h_P/h_m值

$\frac{h_m}{H_m}$	$P(\%)$					
	1	2	5	10	20	50
0	2.42	2.23	1.95	1.71	1.43	0.94
0.1	2.26	2.09	1.87	1.65	1.41	0.96
0.2	2.09	1.96	1.76	1.59	1.37	0.98
0.3	1.93	1.82	1.66	1.52	1.34	1.00
0.4	1.78	1.68	1.56	1.44	1.30	1.01
0.5	1.63	1.56	1.46	1.37	1.25	1.01

(4)按下式计算平均波长 L_m 值：

$$L_m = \frac{gT_m^2}{2\pi}\text{th}\,\frac{2\pi H}{L_m} \tag{5-22}$$

式中　H——闸前水深，m；

T_m——平均周期，h。

平均波长 L_m 值也可由表 5-9 查得。

(5)计算浪压力时分别按下列规定进行：

①当 $H \geqslant H_K$ 和 $H \geqslant \frac{L_m}{2}$ 时，浪压力可按式(5-23)和式(5-24)计算，计算示意图如图5-25所示。

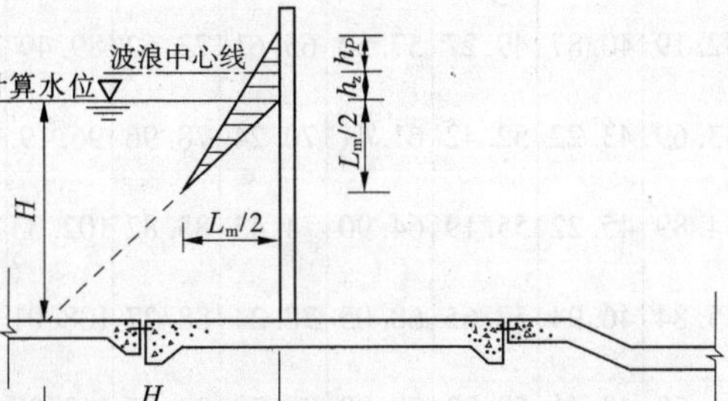

图 5-25

$$P_L = \frac{1}{4}\gamma L_m(h_P + h_z) \tag{5-23}$$

$$h_z = \frac{\pi h_P^2}{L_m}\coth\frac{2\pi H}{L_m} \tag{5-24}$$

式中　P_L——作用于水闸迎水面上的浪压力，kN/m；

h_P——累积频率为 $P(\%)$ 的波高，m；

h_z——波浪中心超出计算水位的高度，m；

H_K——使波浪破碎的临界水深，m，可按式(5-25)计算：

$$H_K = \frac{L_m}{4\pi}\ln\frac{L_m + 2\pi h_P}{L_m - 2\pi h_P} \tag{5-25}$$

②当 $H \geqslant H_K$ 和 $H < \frac{L_m}{2}$ 时，浪压力按式(5-26)和式(5-27)计算，计算示意图见图 5-26。

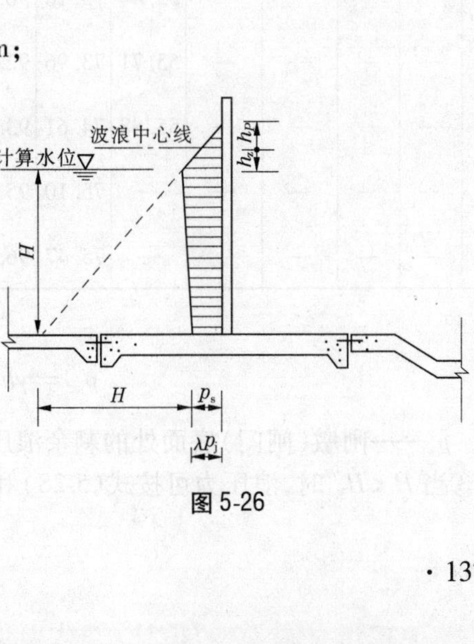

图 5-26

$$P_L = \frac{1}{2}\left[(h_P + h_z)(\gamma H + p_s) + Hp_s\right] \tag{5-26}$$

表 5-9　L_m 值　（单位：m）

H (m)	T_m(s)													
	2	3	4	5	6	7	8	9	10	12	14	16	18	20
1.0	5.22	8.69	12.00	15.24	18.44	21.62	24.79	27.96	31.11	37.41	43.70	49.98	56.26	62.54
2.0	6.05	11.31	16.23	20.95	25.58	30.16	34.69	39.20	43.70	52.66	61.59	70.50	79.40	88.29
3.0	6.22	12.68	18.96	24.93	30.72	36.41	42.03	47.61	53.16	64.19	75.17	86.12	97.04	107.95
4.0	—	13.41	20.86	27.95	34.77	41.44	48.01	54.51	60.96	73.77	86.50	99.18	111.02	124.44
5.0	—	13.76	22.20	30.31	38.09	45.66	53.08	60.41	67.68	82.08	96.37	110.59	124.76	138.90
6.0	—	13.93	23.13	32.19	40.87	49.27	57.50	65.61	73.62	89.49	105.20	120.82	136.38	151.90
7.0	—	—	23.78	33.69	43.22	52.42	61.41	70.24	78.96	96.19	113.23	130.15	147.00	163.79
8.0	—	—	24.21	34.89	45.22	55.19	64.90	74.43	83.82	102.33	120.62	138.77	156.82	174.80
9.0	—	—	24.49	35.84	46.94	57.65	68.05	78.24	88.27	108.01	127.49	146.79	165.98	185.09
10.0	—	—	24.68	36.59	48.41	59.82	70.90	81.73	92.37	113.30	133.91	154.31	174.58	194.76
12.0	—	—	24.87	37.64	50.73	63.49	75.85	87.90	99.73	122.89	145.64	168.13	190.44	212.62
14.0	—	—	—	38.25	52.42	66.40	79.98	93.20	106.14	131.42	156.18	180.61	204.82	228.87
16.0	—	—	—	38.61	53.62	68.72	83.45	97.78	111.78	139.09	165.76	192.02	218.02	243.83
18.0	—	—	—	38.80	54.47	70.55	86.35	101.75	116.79	146.03	174.53	202.55	230.25	257.72
20.0	—	—	—	—	55.05	71.98	88.79	105.21	121.24	152.36	182.62	212.33	241.66	270.72
22.0	—	—	—	—	55.44	73.10	90.83	108.22	125.21	158.15	190.12	221.45	252.35	282.95
24.0	—	—	—	—	55.71	73.96	92.53	110.85	128.75	163.47	197.10	230.00	262.42	294.49
26.0	—	—	—	—	55.88	74.61	93.94	113.13	131.93	168.36	203.61	238.05	271.94	305.44
28.0	—	—	—	—	—	75.10	95.10	115.10	134.76	172.87	209.70	245.64	280.96	315.85
30.0	—	—	—	—	—	75.47	96.05	116.82	137.29	177.04	215.41	252.81	289.54	325.78

$$p_s = \gamma h_P \mathrm{sech}\,\frac{2\pi H}{L_m} \tag{5-27}$$

式中　p_s——闸墩(闸门)底面处的剩余浪压力强度,kPa。

③当 $H < H_K$ 时,浪压力可按式(5-28)和式(5-29)计算,计算示意图见图 5-27。

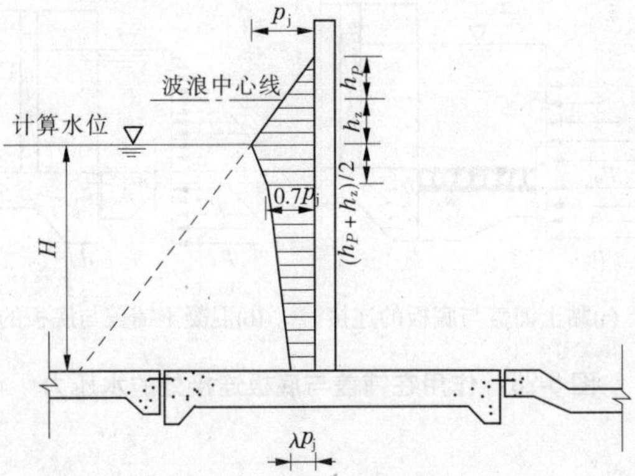

图 5-27

$$P_L = \frac{1}{2}p_j[(1.5-0.5\lambda)(h_P+h_z)+(0.7+\lambda)H] \tag{5-28}$$

$$p_j = K_i\gamma(h_P+h_z) \tag{5-29}$$

式中 p_j——计算水位处的浪压力强度，kPa；

λ——闸墩（闸门）底面处的浪压力强度折减系数，当 $H\leqslant 1.7(h_P+h_z)$ 时，可采用 0.6，当 $H>1.7(h_P+h_z)$ 时，可采用 0.5；

K_i——闸前河（渠）底坡影响系数，可按表 5-10 采用，表 5-10 中的 i 为闸前河（渠）一定距离内底坡的平均值。

表 5-10 K_i 值

i	1/10	1/20	1/30	1/40	1/50	1/60	1/80	≤1/100
K_i	1.89	1.61	1.48	1.41	1.36	1.33	1.29	1.25

2. 水平水压力

其指作用于胸墙、闸门、闸墩及底板上的水平水压力。上、下游的水平水压力数值不同，方向相反，应分别计算。

作用在铺盖与底板连接处的水平水压力因铺盖所用材料不同而略有差异。当为黏土铺盖时，如图 5-28(a) 所示，a 点处按静水压强计算，b 点处则取该点的扬压力强度值，两点之间以直线相连，进行计算。当为混凝土或钢筋混凝土铺盖时，如图 5-28(b) 所示，止水片以上的水平水压力仍按静水压力分布计算，止水片以下按梯形分布计算，c 点的水平水压力强度等于该点的浮托力强度值加上 e 点的渗透压力强度值，d 点则取该点的扬压力强度值，c、d 点之间按直线连接计算。

（三）荷载组合

水闸在施工、运用及检修过程中，各种作用荷载的大小、分布及出现的概率情况是经常变化的。因此，设计水闸时，应将可能同时作用的各种荷载进行组合，荷载组合分为基本组合与特殊组合两类。基本组合由基本荷载组成；特殊组合由基本荷载和一种或几种特殊荷载组成，但地震荷载只应与正常蓄水位情况下的相应荷载组合。

计算闸室稳定和应力时的荷载组合可按表 5-11 的规定采用。必要时还可考虑其他

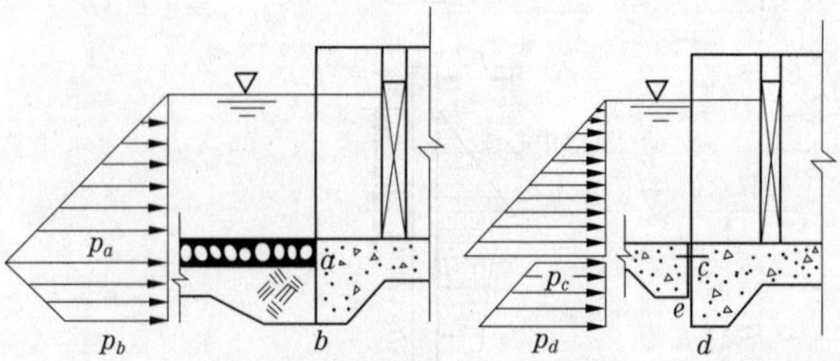

(a)黏土铺盖与底板的连接　(b)混凝土铺盖与底板的连接

图 5-28　作用在铺盖与底板连接处的水压力

可能的不利组合。

表 5-11　水闸荷载组合

荷载组合	计算情况	荷载												说明
		自重	水重	静水压力	扬压力	土压力	淤沙压力	风压力	浪压力	冰压力	土的冻胀力	地震荷载	其他	
基本组合	完建情况	√	—	—	—	√	—	—	—	—	—	—	√	必要时,可考虑地下水产生的扬压力
	正常蓄水位情况	√	√	√	√	√	√	√	√	—	—	—	√	按正常蓄水位组合计算水重、静水压力、扬压力及浪压力
	设计洪水位情况	√	√	√	√	√	√	√	√	—	—	—	—	按设计洪水位组合计算水重、静水压力、扬压力及浪压力
	冰冻情况	√	√	√	√	√	√	√	√	√	√	—	√	按正常蓄水位组合计算水重、静水压力、扬压力及浪压力
特殊组合	校核洪水位情况	√	√	√	√	√	√	√	√	—	—	—	—	按校核洪水位组合计算水重、静水压力、扬压力及冰压力
	施工情况	√	—	—	—	√	—	—	—	—	—	—	√	应考虑施工过程中各个阶段的临时荷载
	检修情况	√	—	√	√	√	√	√	√	—	—	—	√	按正常蓄水位组合(必要时可按设计洪水位组合或冬季低水位条件)计算水重、静水压力、扬压力及浪压力
	地震情况	√	√	√	√	√	√	√	√	—	—	√	—	按正常蓄水位组合计算水重、静水压力、扬压力及浪压力

注:表中"√"为需要考虑的荷载,"—"为不考虑的荷载。

二、表层抗滑稳定验算

在水闸运用期内,当闸室作用于地基面的铅直力较小而水平力达到某一限值时,闸室即沿地基表层滑动。当闸室上下游两端齿墙较浅，或者底板较长时，闸室的这种表层滑动面可取为闸室底板与地基的接触面。对于平原地区大中型工程中的1、2、3级水闸，闸室抗滑稳定安全系数K_c，应按下列两式之一进行计算（以一个闸室段作为计算单元）：

$$K_c = \frac{f\sum G}{\sum H} \geqslant [K_c] \tag{5-30}$$

$$K_c = \frac{\tan\varphi_0 \sum G + c_0 A}{\sum H} \geqslant [K_c] \tag{5-31}$$

式中 $\sum G$——铅直方向作用力的总和，kN；

f——闸室基础底面与地基之间的摩擦系数，可按表5-12确定；

K_c——沿闸室基础底面的抗滑稳定安全系数；

$[K_c]$——抗滑稳定安全系数容许值，见表5-13；

$\sum H$——作用在闸室上的全部水平向荷载，kN；

A——闸室计算段底板的铅直投影面积，m^2；

φ_0——闸室基础底面与土质地基之间摩擦角，(°)；

c_0——闸室基础底面与土质地基之间的凝聚力，kPa。

表5-12 f值

地基类别		f值
黏土	软弱	0.20～0.25
	中等坚硬	0.25～0.35
	坚硬	0.35～0.45
壤土、粉质壤土		0.25～0.40
砂壤土、粉砂土		0.35～0.40
细砂、极细砂		0.40～0.45
中砂、粗砂		0.45～0.50
砂砾石		0.40～0.50
砾石、卵石		0.50～0.55
碎石土		0.10～0.50

表5-13 $[K_c]$值

荷载组合	水闸级别			
	1	2	3	4、5
基本组合	1.35	1.30	1.25	1.20
特殊组合Ⅰ	1.20	1.15	1.10	1.05
特殊组合Ⅱ	1.10	1.05	1.05	1.00

注：①特殊组合Ⅰ适用于施工情况、检修情况及校核洪水位情况；
②特殊组合Ⅱ适用于地震情况。

黏性土地基上的大型水闸，沿闸室基础底面的抗滑稳定安全系数宜按式(5-31)计算，该式中φ_0及c_0值随同地基情况而异，在黏性土地基上，φ_0值可采用室内饱和固结快剪试验内摩擦角φ值的90%，c_0值可采用室内饱和固结快剪试验凝聚力c值的20%～30%；在砂性土地基上，φ_0值可采用φ值的85%～90%，不计c_0值。按上述规定采用φ_0值和c_0值时，应按式(5-32)折算综合摩擦系数。对于黏性土地基，如折算的综合摩擦系数大于0.45，或对于砂性土地基，如折算的综合摩擦系数大于0.50，采用的φ_0值和c_0值均应有论证。

综合摩擦系数计算：

$$f_0 = \frac{\tan\varphi_0 \sum G + c_0 A}{\sum G} \tag{5-32}$$

式中　f_0——综合摩擦系数。

当闸室沿基础底面抗滑稳定安全系数小于允许值时，可在原有结构布置的基础上，结合工程的具体情况，采取下列一种或几种抗滑措施：

(1)将闸门位置移向低水位一侧，或将水闸底板向高水位一侧加长。

(2)适当增大闸室结构尺寸。

(3)增加闸室底板的齿墙深度。

(4)增加铺盖长度或在不影响防渗安全的条件下将排水设施向水闸底板靠近。

(5)利用钢筋混凝土铺盖作为阻滑板，但闸室自身的抗滑稳定安全系数不应小于1.0(计算由阻滑板增加的抗滑力时，阻滑板效果的折减系数可采用0.80)，阻滑板应满足限裂要求。

(6)增设钢筋混凝土抗滑桩或预应力锚固结构。

三、地基稳定及闸室沉降

(一)闸室基底压力

(1)当结构布置及受力情况对称时，闸室基底压力按下式计算：

$$p_{\min}^{\max} = \frac{\sum G}{A} + \frac{\sum M}{W} \tag{5-33}$$

式中　$p_{\min}^{\max}$——闸室基底压力的最大值或最小值，kPa；

$\sum G$——作用在闸室上的全部竖向荷载，包括闸室基础底面上的扬压力在内，kN；

$\sum M$——作用在闸室上的全部竖向荷载和水平向荷载对于基础底面垂直于水流方向的形心轴的力矩，kN·m；

A——闸室基础底面的面积，m^2；

W——闸室基础底面对于该底面垂直于水流方向的形心轴的截面矩，m^3。

(2)当结构布置及受力情况不对称时，闸室基底压力按下式计算：

$$p_{\min}^{\max} = \frac{\sum G}{A} \pm \frac{\sum M_x}{W_x} \pm \frac{\sum M_y}{W_y} \tag{5-34}$$

式中　$\sum M_x$、$\sum M_y$——作用在闸室上的全部竖向荷载和水平向荷载对于基础底面形心轴x、y的力矩，kN·m；

W_x、W_y——闸室基础底面对于该底面形心轴x、y的截面矩，m^3。

(二)闸基的沉降

由于土基压缩变形大，容易引起较大的沉降和不均匀沉降。沉降过大，会使闸顶高程降低，达不到设计要求；过大的不均匀沉降，会使底板倾斜，甚至断裂及止水破坏，严重地影响水闸正常工作。因此，应计算闸基的沉降，以便分析了解地基的变形情况，做出合理的地基处理方案。计算方法参阅土力学相关内容。

为了减小不均匀沉降及沉降差，可采取以下一种或几种措施：①采用沉降缝隔开；②改变基础形式或刚度；③调整基础尺寸与埋置深度；④必要时对地基进行人工加固；⑤安排合适的施工程序，严格控制施工速度；⑥变更结构形式(采用轻型结构或静定结构等)或加强结构刚度。

四、地基处理

水闸设计应尽可能利用天然地基。但对于淤泥质土、高压缩黏土和松砂等软弱地基，只采取改进上部结构的措施不能满足稳定和沉降要求时，则需进行必要的地基处理。目前，实际工程中常用的地基处理方法见表5-14。

表5-14 常用地基处理方法

处理方法	基本作用	适用范围	主要设计内容	说明
换土垫层法	改善地基应力分布，减少沉降量，适当提高地基稳定性和抗渗稳定性	厚度不大的软土地基	确定垫层厚度、宽度及所用材料	用于深厚的软土地基时，仍有较大的沉降量
桩基础	增加地基承载力，减少沉降量，提高抗滑稳定性	较深厚的松软地基，尤其适用于上部为松软土层、下部为硬土层的地基	确定桩型、桩的根数和尺寸，进行平面布置和桩的结构计算等	①桩尖未嵌入硬土层的摩擦桩，仍有一定的沉降量；②用于松砂、砂壤土地基时，应注意渗透变形问题
沉井基础	除与桩基础作用相同外，对防止地基渗透变形有利	适用于上部为软土层或粉细砂层、下部为硬土层或岩层的地基	进行平面布置，确定分节浇筑高度、下沉系数、是否封底及结构尺寸等	不宜用于上部夹有蛮石、树根等杂物的松软地基或下部为顶面倾斜度较大的岩基
强力夯实法	增加地基承载力，减少沉降量，提高抗振动液化的能力	透水性较好的松软地基，尤其适用于稍密的碎石土或松砂地基	夯点布置，确定锤重及落距、夯点夯击遍数、每遍击数和前后两遍的间歇时间及有效加固深度等	用于淤泥或淤泥质土地基时，需采取有效的排水措施
振动水冲法	增加地基承载力，减少沉降量，提高抗振动液化的能力	松砂、软弱的砂壤土或砂卵石地基	进行振冲孔布置，确定振冲孔孔距、孔深、选用的填料及挤扩成桩的桩径等	①处理后地基的均匀性和防止渗透变形的条件较差；②用于不排水抗剪强度小于20 kPa的软土地基时，处理效果不显著
预压加固法	对地基进行预压，增加地基承载力，减少沉降量，提高抗滑稳定性	透水性较好的松软地基	确定预压堆石（或土）的范围、荷重、分层堆筑的每层高度及间歇时间等	对含水量较大的黏性土地基可设砂井改善排水条件

注：①深层搅拌法、高压喷射法等其他处理方法，经论证后也可采用；

②各种地基处理方法中涉及的具体设计可参考有关资料。

近年来，随着科学技术的发展，不断提出了新的地基处理方法，如深层搅拌法、高压喷射法、硅化法、电渗法等，其中有的方法正在逐步推广应用。

单元七　闸室的结构设计

闸室为一受力比较复杂的空间结构。一般都将它分解为若干部件（如闸墩、底板、胸墙、工作桥、交通桥等）分别进行结构计算，同时又考虑相互之间的连接作用。本单元主要介绍整体式平底板结构计算，闸墩、胸墙、工作桥、交通桥等结构计算可以参阅建筑结构相关内容，桩基础参阅地基基础相关内容。

闸墩在顺水流方向的刚度很大，因而使底板在顺水流方向的弯曲变形较垂直水流方向小得多，这样就可以认为底板主要在垂直水流方向弯曲变形。因此，计算底板内力时，一般沿垂直水流方向截取单位宽度的板条作为梁来进行计算。计算方法有倒置梁法、弹性地基梁法及反力直线分布法等。

按照不同的地基情况采用不同的底板应力计算方法。相对紧密度 $D_r>0.5$ 的砂土地基或黏性土地基，可采用弹性地基梁法。相对紧密度 $D_r\leqslant0.5$ 的砂土地基，因地基松软，底板刚度相对较大，变形容易得到调整，可以采用地基反力沿水流流向呈直线分布、垂直水流流向为均匀分布的反力直线分布法。对小型水闸，则常采用倒置梁法。

一、倒置梁法

倒置梁法是假定地基反力沿闸室纵向呈直线分布，横向（垂直水流方向）为均匀分布，它是把地基反力当做荷载，底板当做梁，闸墩当做支座，按倒置连续梁计算底板内力。其计算示意图如图5-29所示。

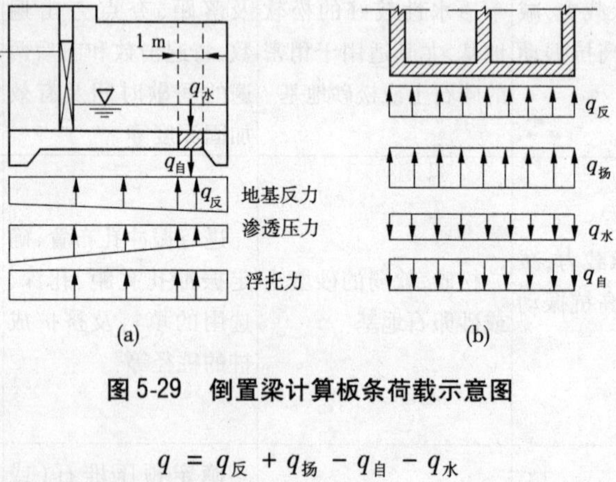

图5-29　倒置梁计算板条荷载示意图

$$q = q_{反} + q_{扬} - q_{自} - q_{水} \tag{5-35}$$

式中　$q_{反}$、$q_{扬}$——地基反力及扬压力；

$q_{自}$、$q_{水}$——底板及作用于底板上水的重力。

倒置梁法的缺点是没有考虑底板与地基变形协调条件，假设底板在横向的地基反力为均匀分布与实际情况不符，闸墩处的支座反力与实际的铅直荷载也不相等。因此，该法只适用于软弱地基上的小型水闸。

二、弹性地基梁法

弹性地基梁法认为底板和地基都是弹性体，底板变形和地基沉降协调一致，垂直水流方向地基反力呈不均匀分布（见图5-30），据此计算地基反力和底板内力。此法考虑了底板变形和地基沉降相协调，又计入边荷载的影响，比较合理，但计算比较复杂。

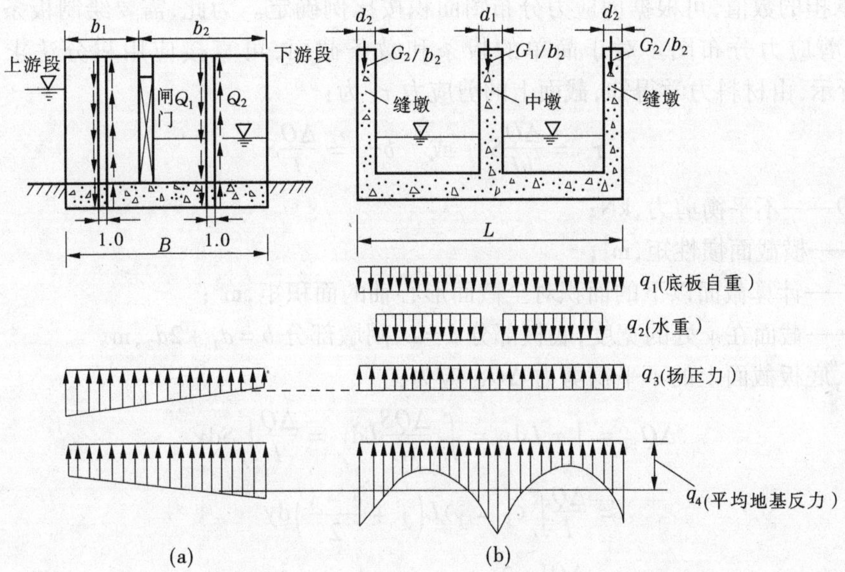

图5-30　作用在单宽板条上的荷载及地基反力示意图

当采用弹性地基梁法分析水闸闸底板应力时，应考虑可压缩土层厚度 T 与弹性地基梁半长 $L/2$ 之比值的影响。当$\frac{2T}{L}<0.25$时，可按基床系数法（文克尔假定）计算；当$\frac{2T}{L}>2.0$时，可按半无限深的弹性地基梁法计算；当$\frac{2T}{L}=0.25\sim2.0$时，可按有限深的弹性地基梁法计算。

弹性地基梁法计算地基反力和底板内力的具体步骤如下：

（1）用偏心受压公式计算底板纵向（顺水流方向）地基反力。

（2）在垂直水流方向截取单宽板条及墩条，计算板条及墩条上的不平衡剪力。以闸门槽上游边缘为界，将底板分为上、下游两段，分别在两段的中央截取单宽板条及墩条进行分析，如图5-30（a）所示。作用在板条及墩条上的力有底板自重 q_1、水重 q_2、中墩重 G_1/b_2 及缝墩重 G_2/b_2，中墩重及缝墩重中包括其上部结构及设备自重在内，在底板的底面有扬压力 q_3 及地基反力 q_4，见图5-30（b）。

由于底板上的荷载在顺水流方向是有突变的，而地基反力是连续变化的，所以作用在单宽板条及墩条上的力是不平衡的，即在板条及墩条的两侧必然作用有剪力 Q_1 及 Q_2，并由 Q_1 及 Q_2 的差值来维持板条及墩条上力的平衡，差值 $\Delta Q=Q_1-Q_2$，称为不平衡剪力。以下游段为例，根据板条及墩条上力的平衡条件，取 $\sum F_Y=0$，则：

$$\frac{G_1}{b_2}+2\frac{G_2}{b_2}+\Delta Q+(q_1+q_2'-q_3-q_4)L=0 \tag{5-36}$$

由式(5-36)可求出 ΔQ,式中假定 ΔQ 的方向向下,如算得结果为负值,则 ΔQ 的实际作用方向应向上,$q'_2=q_2(L-2d_2-d_1)/L$。

(3)将不平衡剪力在闸墩和底板上进行分配。不平衡剪力 Q 应由闸墩及底板共同承担,各自承担的数值,可根据剪应力分布图面积按比例确定。为此,需要绘制板条及墩条截面上的剪应力分布图。对于简单的板条和墩条截面,可直接应用积分法求得。如图 5-31 所示,由材料力学得知,截面上的剪应力 τ_y 为:

$$\tau_y=\frac{\Delta Q}{bI}S \quad 或 \quad b\tau_y=\frac{\Delta Q}{I}S \tag{5-37}$$

式中 ΔQ——不平衡剪力,kN;

I——横截面惯性矩,m^4;

S——计算截面以下的面积对全截面形心轴的面积矩,m^3;

b——截面在 y 处的宽度,底板部分 $b=L$,闸墩部分 $b=d_1+2d_2$,m。

显然,底板截面上的不平衡剪力 $\Delta Q_{板}$ 应为:

$$\begin{aligned}\Delta Q_{板}&=\int_f^e\tau_y L\mathrm{d}y=\int_f^e\frac{\Delta QS}{IL}L\mathrm{d}y=\frac{\Delta Q}{I}\int_f^e S\mathrm{d}y\\&=\frac{\Delta Q}{I}\int_f^e(e-y)L\left(y+\frac{e-y}{2}\right)\mathrm{d}y\\&=\frac{\Delta QL}{2I}\left(\frac{2}{3}e^3-e^2f+\frac{1}{3}f^3\right)\end{aligned} \tag{5-38}$$

$$\Delta Q_{墩}=\Delta Q-\Delta Q_{板}$$

一般情况,不平衡剪力的分配比例是:底板占 10% ~15%,闸墩占 85% ~90%。

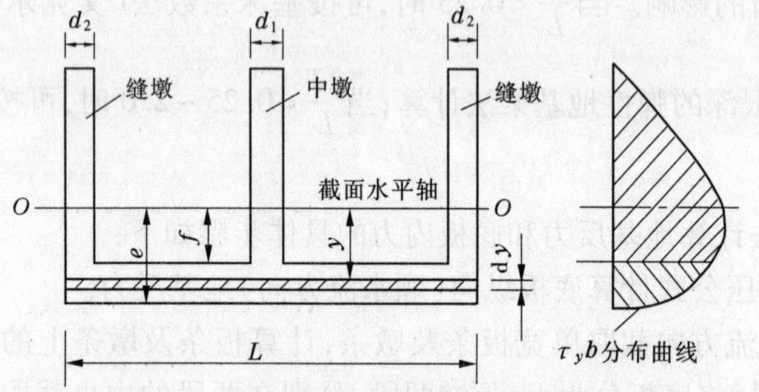

图 5-31 不平衡剪力 ΔQ 分配计算简图

(4)计算基础梁上的荷载。

①将分配给闸墩上的不平衡剪力与闸墩及其上部结构的重量作为梁的集中力:

$$\left.\begin{aligned}&中墩集中力 \quad P_1=\frac{G_1}{b_2}+\Delta Q_{墩}\left(\frac{d_1}{2d_2+d_1}\right)\\&缝墩集中力 \quad P_2=\frac{G_2}{b_2}+\Delta Q_{墩}\left(\frac{d_2}{2d_2+d_1}\right)\end{aligned}\right\} \tag{5-39}$$

②将分配给底板的不平衡剪力化为均布荷载,并与底板自重、水重及扬压力等合并,作为梁的均布荷载,即

$$q = q_1 + q'_2 - q_3 + \frac{\Delta Q_{板}}{L} \tag{5-40}$$

底板自重 q_1 的取值因地基性质而异:由于黏性土地基固结缓慢,计算中可采用底板自重的50%～100%;而对砂性土地基,因其在底板混凝土达到一定刚度以前,地基变形几乎全部完成,底板自重对地基变形影响不大,在计算中可以不计。

(5)考虑边荷载的影响。边荷载是指计算闸段底板两侧的闸室或边墩背后回填土及岸墙等作用于计算闸段上的荷载。如图5-32所示,计算闸段左侧的边荷载为其相邻闸孔的闸基压应力,右侧的边荷载为回填土的重力以及侧向土压力产生的弯矩。

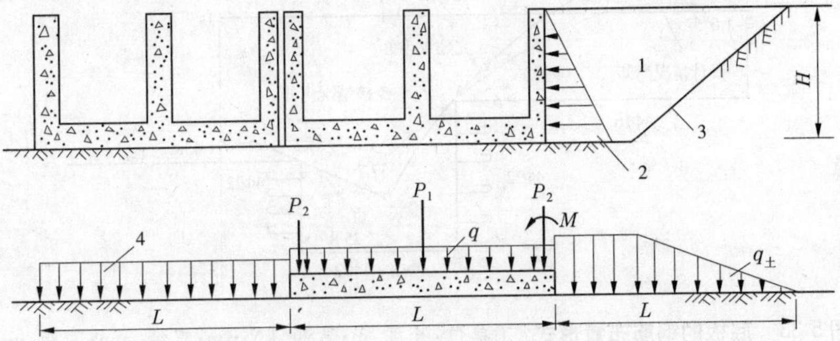

1—回填土;2—侧向土压力;3—开挖线;4—相邻闸孔的闸基压应力

图5-32　边荷载示意图

边荷载对底板内力的影响与地基性质和施工程序有关,在实际工程中,可按表5-15的规定计及边荷载的计算百分数。

表5-15　边荷载计算百分数

地基类别	边荷载施加程序	边荷载对弹性地基梁的影响	
		使计算闸段底板内力减少	使计算闸段底板内力增加
砂性土	计算闸段底板浇筑以前施加边荷载	0	50%
	计算闸段底板浇筑以后施加边荷载	50%	100%
黏性土	计算闸段底板浇筑以前施加边荷载	0	100%
	计算闸段底板浇筑以后施加边荷载	0	100%

注:①对于黏性土地基上的老闸加固,边荷载的影响可比本表的规定适当减小;

②计算采用的边荷载作用范围,可根据基坑实际开挖以及墙后回填土实际回填的情况研究确定,在一般情况下,边荷载作用范围可采用与弹性地基梁计算长度相等的尺度。

(6)计算地基反力及梁的内力。根据 $2T/L$ 值判别所需采用的计算方法,然后利用已编制好的数表(例如郭氏表)计算地基反力和梁的内力,并绘出内力包络图,再按钢筋混凝土或少筋混凝土结构配筋,并进行抗裂或限裂计算。底板的钢筋布置形式如图5-33所示。

底板的主拉应力一般不大,可由混凝土承担,不需要配置横向钢筋,故面层、底层钢筋

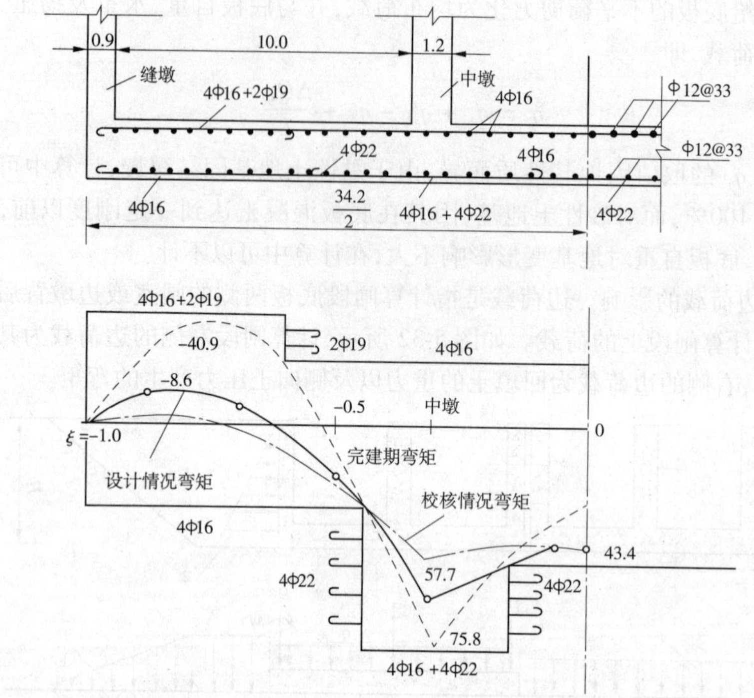

图 5-33　底板的钢筋布置形式　（单位：长度，m；弯矩，kN·m；直径，mm；间距，cm）

作分离式布置，见图 5-33。受力钢筋每米不少于 3 根，直径不宜小于 12 mm 和大于 32 mm，一般为 12～25 mm，构造钢筋为Φ 10～Φ 12。底板底层如计算不需配筋，施工质量有保证时，可不配置。面层如计算不需配筋，每米可配 3～4 根构造钢筋，以抵抗表面水流的剧烈冲刷。垂直于受力钢筋方向，每米可配置 3～4 根Φ 10～Φ 12 的分布钢筋。受力钢筋在中墩处不切断，相邻两跨直通至边墩或缝墩外侧处切断，并留保护层。构造钢筋伸入墩下 30 倍直径。

三、反力直线分布法

反力直线分布法假定地基反力在垂直水流方向也为均匀分布。其计算步骤如下：

（1）用偏心受压公式计算闸底纵向地基反力。

（2）确定单宽板条及墩条上的不平衡剪力。

（3）将不平衡剪力在闸墩和底板上进行分配。

（4）计算作用在底板梁上的荷载。

将由式(5-39)计算确定的中墩集中力 P_1 和缝墩集中力 P_2 化为局部均布荷载，其强度分别为 $p_1 = P_1/d_1$，$p_2 = P_2/d_2$，同时将底板承担的不平衡剪力化为均布荷载，则作用在底板底面的均布荷载为：

$$q = q_3 + q_4 - q_1 - q_2' - \frac{\Delta Q_{板}}{L} \tag{5-41}$$

（5）按静定结构计算底板内力。

单元八　水闸的两岸连接建筑物

一、连接建筑物的作用

水闸两端与河岸或堤、坝等连接处，必须设置连接建筑物，它们包括上、下游翼墙和边墩（或边墩和岸墙），有时还设有防渗刺墙和导流墙等，其作用是：①挡住两侧填土，维持土坝及两岸的稳定；②引导水流平顺进闸，并使出闸水流均匀扩散，减少冲刷；③阻止侧向绕渗，防止与其相连接的岸坡或土坝产生渗透变形；④保护两岸或土坝边坡不受过闸水流的冲刷；⑤在软弱地基上设有独立岸墙时，可减少地基沉降对闸身应力的影响，改善闸室受力状况。

二、连接建筑物的形式和布置

（一）闸室与河岸的连接形式

水闸闸室与两岸（或堤、坝等）的连接形式主要与地基及闸身高度有关。当地基较好，闸身高度不大时，可用边墩直接与河岸连接。在闸身较高、地基软弱的条件下，可在边墩外侧设置轻型岸墙，边墩只起支承闸门及上部结构的作用，而土压力全由岸墙承担。这种连接形式可以减少边墩和底板的内力，同时还可使作用在闸室上的荷载比较均衡，可减少不均匀沉降。当地基承载力过低时，可采用护坡岸墙的结构形式，如图 5-34 所示。

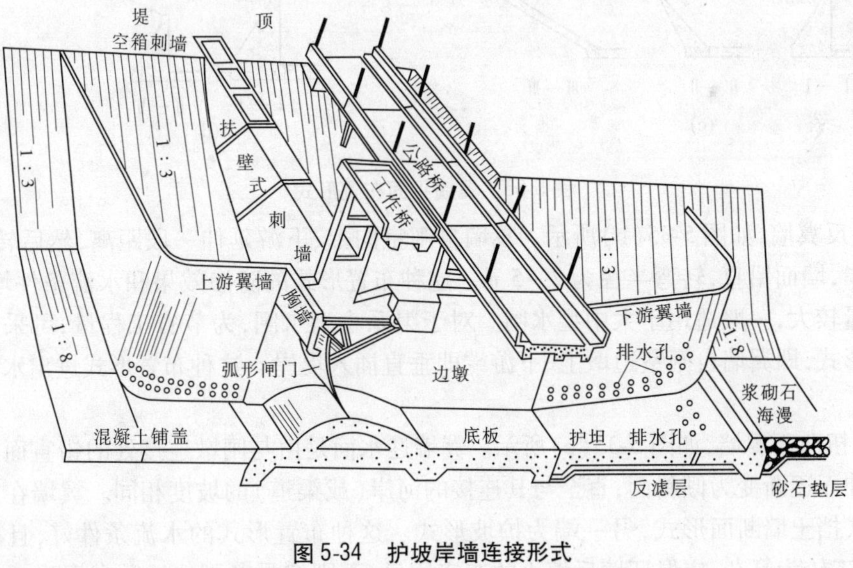

图 5-34　护坡岸墙连接形式

护坡岸墙的优点是边墩既不挡土，也不设岸墙挡土。因此，闸室边孔受力状态得到改善，适用于软弱地基。缺点是防渗和抗冻性能较差。为了挡水和防渗需要，在岸坡段设刺墙，其上游设防渗铺盖。

（二）上、下游翼墙的平面布置

上游翼墙应与闸室两端平顺连接，其顺水流方向的投影长度应大于或等于铺盖长度。

下游翼墙的平均扩散角每侧宜采用 7° ~ 12°,其顺水流方向的投影长度大于或等于消力池长度。上、下游翼墙的墙顶高程应分别高于上、下游最不利的运用水位。翼墙分段长度应根据结构和地基条件确定,可采用 15 ~ 20 m。建筑在软弱地基或回填土上的翼墙分段长度可适当缩短。

翼墙的平面布置通常有下列几种形式:

(1)圆弧式翼墙,如图 5-35(a)所示。从边墩开始,向上、下游用圆弧形的铅直翼墙与河岸连接。上游圆弧半径为 15 ~ 30 m,下游圆弧半径为 30 ~ 40 m,其优点是水流条件好;缺点是模板用量大,施工复杂。其适用于上下游水位差及单宽流量较大、闸身较高、地基承载力较低的大中型水闸。

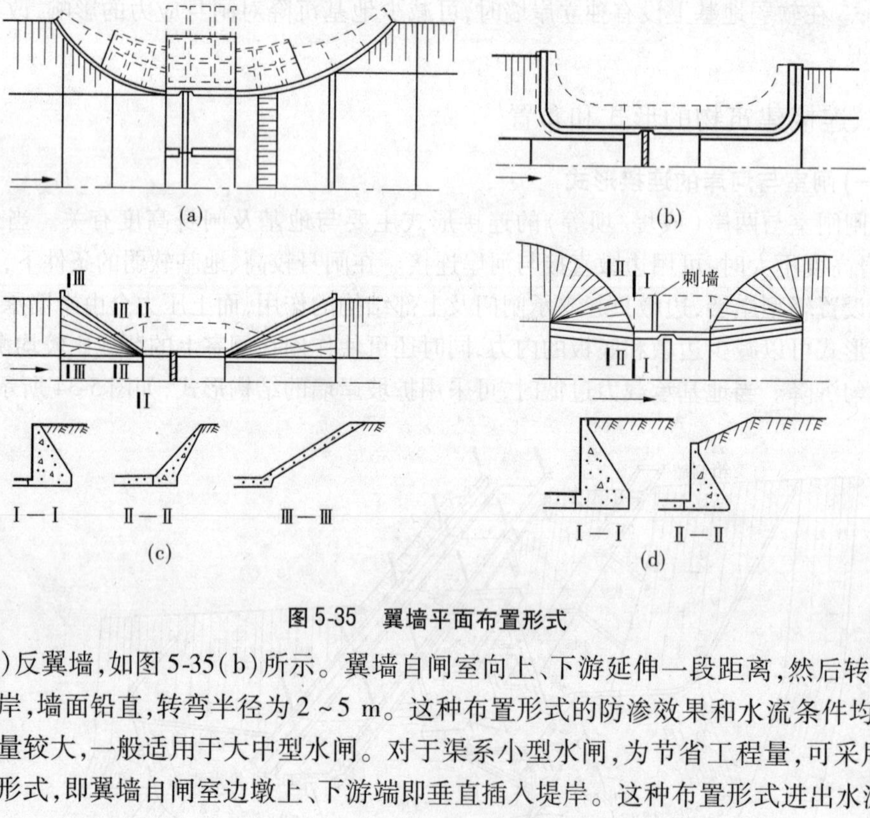

图 5-35 翼墙平面布置形式

(2)反翼墙,如图 5-35(b)所示。翼墙自闸室向上、下游延伸一段距离,然后转弯 90°插入堤岸,墙面铅直,转弯半径为 2 ~ 5 m。这种布置形式的防渗效果和水流条件均较好,但工程量较大,一般适用于大中型水闸。对于渠系小型水闸,为节省工程量,可采用一字形布置形式,即翼墙自闸室边墩上、下游端即垂直插入堤岸。这种布置形式进出水流条件较差。

(3)扭曲面翼墙,如图 5-35(c)所示。翼墙迎水面是由与闸墩连接处的铅直面,向上、下游延伸而逐渐变为倾斜面,直至与其连接的河岸(或渠道)的坡度相同。翼墙在闸室端为重力式挡土墙断面形式,另一端为护坡形式。这种布置形式的水流条件好,且工程量小,但施工较为复杂,应保证墙后填土的夯实质量,否则容易断裂。这种布置形式在渠系工程中应用较广。

(4)斜降翼墙,如图 5-35(d)所示。在平面上呈八字形,随着翼墙向上、下游延伸,其高度逐渐降低,至末端与河底齐平。这种布置的优点是工程量省,施工简单,但防渗条件差,泄流时闸孔附近易产生立轴旋涡,冲刷河岸或坝坡,一般用于较小水头的小型水闸。

三、两岸连接建筑物的结构形式

两岸连接建筑物的受力状态和结构形式与一般挡土墙基本相同,常用的结构形式有重力式、半重力式、衡重式、悬臂式、扶壁式、空箱式及连拱空箱式等,但在水闸工程应用最多的是重力式、扶壁式、空箱式三种。

(一)重力式

如图 5-36 所示,常用混凝土或浆砌石建造,主要依靠自身的重力维持稳定。其优点是可就地取材,结构简单,施工方便;缺点是材料用量大。其适用于地基较好,墙高为 6 m 以下的挡土墙。墙身较高时,可用混凝土做成半重力式的。

(二)悬臂式

如图 5-37 所示,由直墙和底板组成的主要利用底板上的填土维持稳定的一种钢筋混凝土的轻型挡土结构。其断面用做翼墙时为倒 T 形,用做岸墙时为 L 形。其优点是结构尺寸小,自重轻,构造简单。但建筑高度不能太高,适宜高度为 6 ~ 10 m。

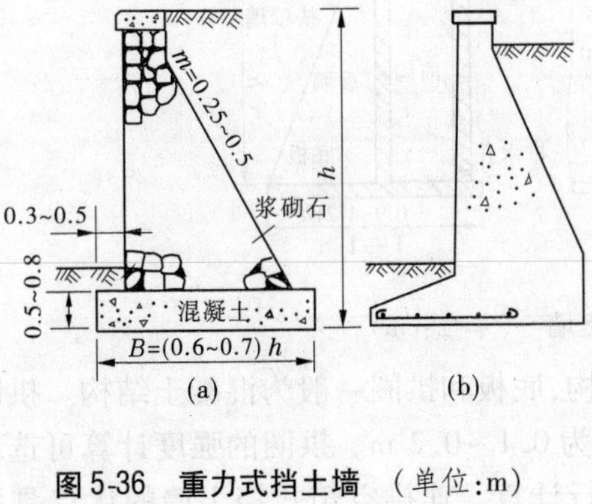

(a) (b)

图 5-36 重力式挡土墙 (单位:m)

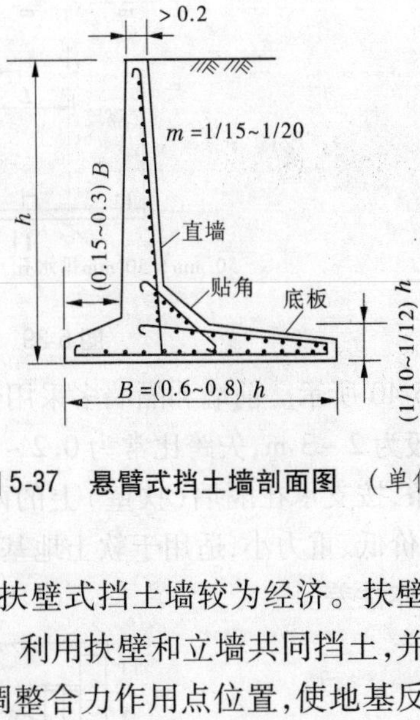

图 5-37 悬臂式挡土墙剖面图 (单位:m)

(三)扶壁式

当墙的高度超过 9 ~ 10 m 以后,采用钢筋混凝土扶壁式挡土墙较为经济。扶壁式挡土墙由立墙、底板及扶壁三部分组成,如图 5-38 所示。利用扶壁和立墙共同挡土,并可利用底板上的填土维持稳定,当改变底板长度时,可以调整合力作用点位置,使地基反力趋于均匀。

(四)空箱式

空箱式挡土墙由底板、前墙、后墙、扶壁、顶板和隔板等组成,如图 5-39 所示。利用前后墙之间形成的空箱充水或填土可以调整地基应力。因此,它具有重力小和地基应力分布均匀的优点,但其结构复杂,需用较多的钢筋和木材,施工麻烦,造价较高,故仅在某些地基松软的大中型水闸中使用,在上、下游翼墙中基本上不再采用。

顶板和底板均按双向板或单向板计算,原则上与扶壁式底板计算相同。前墙、后墙与扶壁式挡土墙的立墙一样,按以隔墙支承的连续板计算。

(五)连拱空箱式

连拱空箱式挡土墙也是空箱式挡土墙的一种形式,它由底板、前墙、隔墙和拱圈组成,

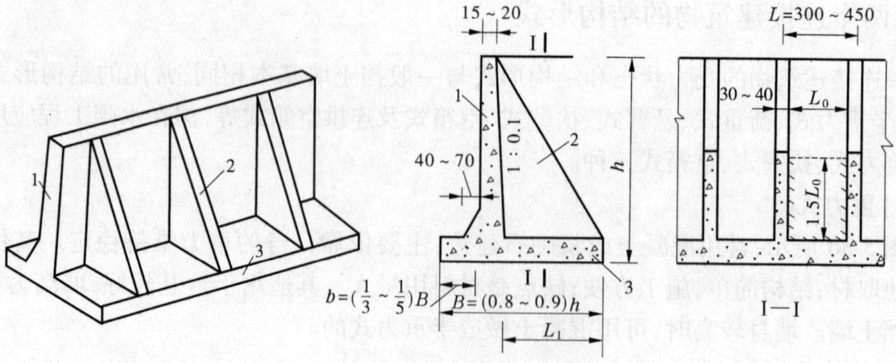

1—立墙;2—扶壁;3—底板

图 5-38 扶壁式挡土墙 (单位:cm)

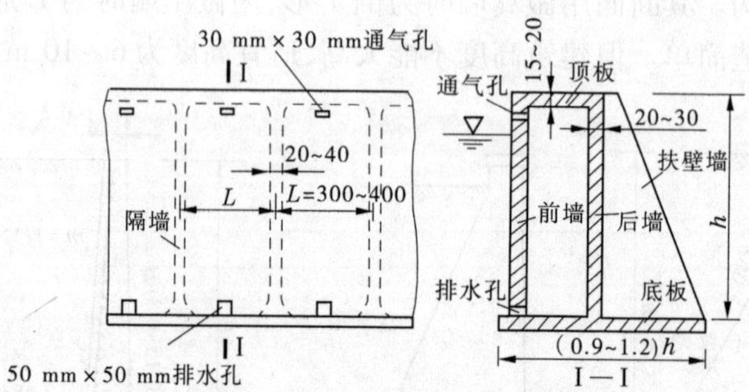

图 5-39 空箱式挡土墙 (单位:cm)

如图 5-40 所示。前墙和隔墙多采用浆砌石结构,底板和拱圈一般为混凝土结构。拱圈净跨一般为 2 ~ 3 m,矢跨比常为 0.2 ~ 0.3,厚度为 0.1 ~ 0.2 m。拱圈的强度计算可选取单宽拱条,按支承在隔墙(扶壁)上的两铰拱进行计算。连拱空箱式挡土墙的优点是钢筋省、造价低、重力小,适用于软土地基。缺点是挡土墙在平面布置上需转弯时施工较为困难,整体性差。

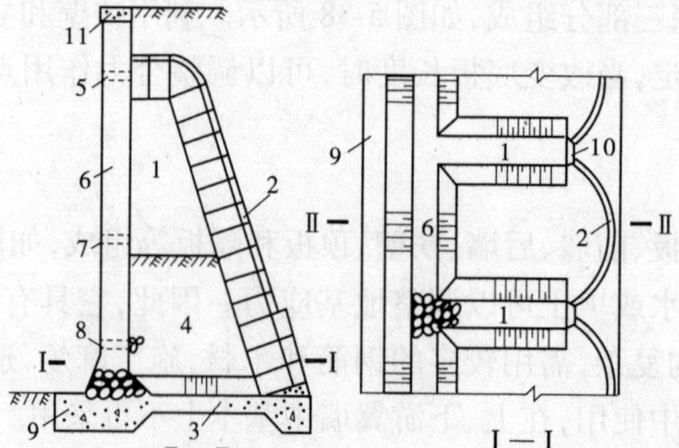

1—隔墙;2—预制混凝土拱圈;3—底板;4—填土;5—通气孔;
6—前墙;7—进水孔;8—排水孔;9—前趾;10—混凝土;11—盖顶

图 5-40 连拱空箱式挡土墙

小　结

本项目主要从孔口设计、消能防冲设计、防渗排水设计、稳定分析及闸室的结构计算这五部分进行分析。

孔口设计由过闸水流的形式，选定相应的计算公式初拟闸孔净宽及单孔宽度和孔数，并进行过流能力验算，使计算的过流能力与设计流量的差值一般不超过 ±5%。

水闸下游的消能形式通常采用底流式，其消能设施一般为挖深式消力池，因此需要确定消力池的池深和池长，以满足各种情况下消能的要求。消力池下游设海漫和防冲槽。

防渗设计时根据不同性质的地基拟定地下轮廓线布置形式，并由 $L \geqslant CH$ 初步拟定防渗长度。闸基渗流计算方法有流网法、改进阻力系数法和直线比例法。

闸室稳定计算包括三个内容：①在各种计算情况下，闸室平均基底压应力不大于地基容许承载力，最大基底压应力不应大于地基容许承载力的 1.2 倍；②闸室基底压应力的最大值与最小值之比值不大于容许的比值；③闸室抗滑稳定安全系数不小于容许的安全系数。在进行稳定计算时需正确地计算该设计工况下闸室受到的各种荷载。

进行闸室结构计算时要将它分解为若干构件分别计算。整体式平底板内力计算方法有弹性地基梁法、反力直线分布法和倒置梁法。当采用弹性地基梁法时，应计入边荷载的作用。

思考题

一、名词解释

1. 水闸

2. 闸基防渗长度

3. 波状水跃

4. 折冲水流

二、简答题

1. 什么叫水闸？按照其作用分为哪几类？按其结构形式又分为哪几类？

2. 分别说明水闸在完建无水期、关门挡水期和开闸泄水期的工作特点。

3. 闸孔形式有哪几种？适用条件分别是什么？

4. 如何设计消力池的池长和池深？计算出的水跃长度是否即为消力池长度？为什么？

5. 水闸下游产生的不利流态有哪几种？产生的原因是什么？防止措施是什么？

6. 水闸下游为什么要设置防冲槽？

7. 水闸渗流计算的目的和方法是什么？

8. 改进阻力系数法的基本原理是什么？

9. 闸底轮廓的布置原则是什么？有几种布置形式？各适用于何种地基？

10. 勃莱法和莱因法有何区别？

11. 闸室底板的作用是什么？整体式底板和分离式底板的适用条件是什么？

12. 请绘出水闸在关门挡水时受到的主要荷载图，并说明水平水压力的计算方法（当上游铺盖分别采用黏土铺盖和混凝土铺盖时）。

13. 写出水闸地基应力的计算公式，并说明各项参数的意义。地基应力应满足哪些要求？

14. 闸室沿基面的抗滑稳定安全系数如何计算？要求写出计算公式。

15. 倒置梁法的基本假设是什么？写出计算板条上单宽荷载的计算公式。

16. 请叙述弹性地基梁法的计算步骤。

17. 什么叫不平衡剪力？如何计算不平衡剪力？

18. 闸室底板受力筋是沿什么方向布置的？构造筋的作用是什么？如何布置？

19. 水闸两岸连接建筑物的作用分别是什么？在平面布置上有哪几种形式？

20. 两岸连接建筑物的结构形式有哪几种？在设计时如何进行选择？

三、计算题

某水闸的现有水位、地基土质条件及初拟的地下轮廓线情况如图 5-41 所示。根据钻探资料知底面以下 9.5 m 深处为相对不透水黏土层。用改进阻力系数法计算各渗流要素。

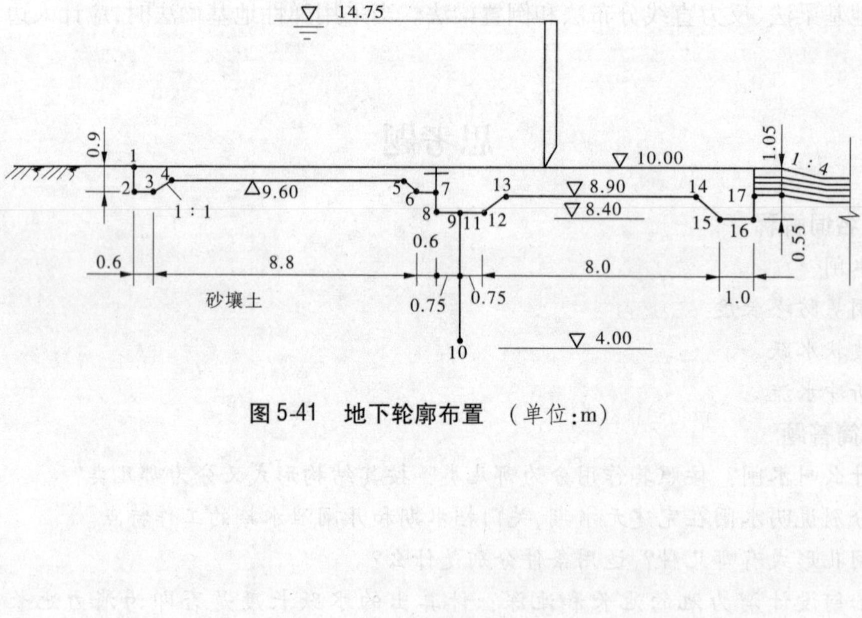

图 5-41　地下轮廓布置　（单位：m）

项目六　河岸溢洪道

教学基本要求

(1)单元一。理解泄水建筑物的分类,掌握正常溢洪道、非常溢洪道的分类,明确各种溢洪道的构成、特点及适用情况,了解河岸溢洪道的位置选择和布置要求。

(2)单元二。掌握正槽溢洪道的组成部分,明确进水渠、控制段、泄槽(陡槽)、消能防冲设施及出水渠5个部分的类型、特点、构造要求、设置条件等。

(3)单元三。明确侧槽溢洪道的布置特点和设计要求。

能力培养目标

(1)能对溢洪道的溢流孔口进行拟定,确定溢流堰堰顶高程和溢流前沿宽度。

(2)能对正槽溢洪道泄槽段进行纵、横断面设计。

学习重点与难点

重点是正槽溢洪道的控制段水力计算。

难点是正槽溢洪道的控制段溢流堰堰面曲线确定,泄槽段边墙高计算。

项目的专业定位

《城市防洪工程设计规范》(CJJ 50—92)指出,可以根据城市防洪要求修建小型水库,用于拦截山洪、泥石流等。当采用小型水库调蓄山洪时,应与城市供水、养鱼、旅游相结合,进行综合利用。根据国内相关资料统计,小型土石坝工程溃坝事故中由于泄水能力不足而导致洪水漫顶溃坝的占98%。由于小型水库多位于支流上游,地形陡峭,洪峰历时短、水量大,而其调节能力又较差,故容易出现溃坝事故。因此,对于小型水库土石坝工程,溢洪道的设计就显得尤其重要。河岸溢洪道的主要作用是宣泄多余水量,防止洪水漫顶失事,确保工程安全,其主要适用于土石坝、堆石坝等工程。

单元一　概　述

土石坝具有就地取材、易于施工等优点,但坝身不能过水,为了防止洪水漫坝,导致大坝失事,满足放空水库和防洪调节等要求,需修建河岸溢洪道或放水洞辅助泄洪,以保证土石坝的安全。对于大中型水库,多采用有闸门控制的溢洪道,以增大水库的调节能力。对于小型水库,多采用无闸门控制,以利于节省造价和管理方便。

一、泄水建筑物的类型

泄水建筑物主要用来泄放超过水库调蓄能力的洪水,以保证工程安全。其形式有深式泄水建筑物和溢洪道两大类。深式泄水建筑物有坝身泄水孔、水工隧洞、坝下涵管等形式，但其泄水能力较小，一般作为辅助的泄水建筑物。溢洪道分为河床溢洪道和河岸溢洪道。河床溢洪道即溢流坝，通常用于重力坝枢纽。河岸溢洪道一般适用于土石坝、堆石坝以及某些轻型坝等水利枢纽。

河岸溢洪道有正常溢洪道和非常溢洪道两种。非常溢洪道的作用是宣泄超过设计标准的洪水，由于这种洪水出现概率小，尽量采用简易结构，降低造价。一般情况下，当具备有利的地形、地质条件，校核洪水流量与设计泄量相差很大时，将正常溢洪道与非常溢洪道分开布置通常是经济可行的。用正常溢洪道宣泄常遇洪水，用非常溢洪道宣泄超标洪水。

二、正常溢洪道的类型

正常溢洪道常用的形式主要有正槽式、侧槽式、井式和虹吸式 4 种。

（1）正槽溢洪道。正槽溢洪道的泄槽轴线与溢流堰轴线正交，过堰水流方向与泄槽轴线方向一致，其水流平顺，超泄能力大，并且结构简单，运用安全可靠，是一种采用最多的河岸溢洪道形式（见图 6-1）。

（2）侧槽溢洪道。侧槽溢洪道的泄槽轴线与溢流堰的轴线接近平行，即水流过堰后，在侧槽内转弯约 90°，流经泄水槽泄入下游（见图 6-2）。侧槽溢洪道多设置于较陡的岸坡上，大体沿等高线设置溢流堰和泄水槽，易于加大堰顶长度，减小溢流水深和单宽流量，不需大量开挖山坡，但侧槽内水流紊乱，撞击很剧烈。因此，对两岸山体的稳定性及地基的要求很高。

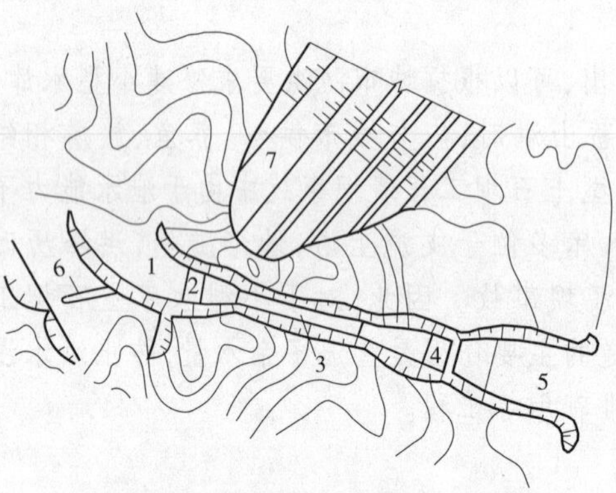

1—进水渠；2—溢流堰；3—泄槽；4—消力池；
5—出水渠；6—非常溢洪道；7—土石坝

图 6-1　正槽溢洪道

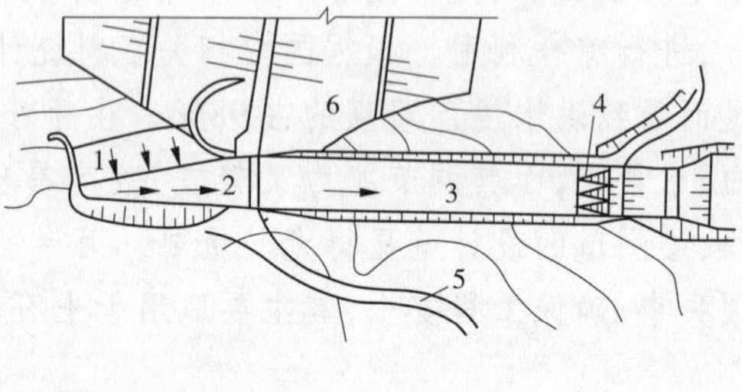

1—溢流堰；2—侧槽；3—泄水槽；4—出口消能段；
5—上坝公路；6—土石坝

图 6-2　侧槽溢洪道

（3）井式溢洪道。组成主要有溢流喇叭口段、渐变段、竖井、弯道段和水平泄洪洞段，如图 6-3 所示。适用于岸坡陡峭、地质条件良好，又有适宜的地形情况。可以避免大量的土石方开挖，造价可能较其他溢洪道低，但当水位上升时，喇叭口溢流堰顶淹没，堰流转变为孔流，超泄能力较小。当宣泄小流量，井内的水流连续性遭到破坏时，水流不稳定，易产生振动和空蚀。因此，我国目前较少采用。

（4）虹吸溢洪道。该形式溢洪道通常包括进口（遮檐）、虹吸管、具有自动加速发生虹吸作用和停止虹吸作用的辅助设备、泄槽及下游消能设备（见图 6-4）。溢流堰顶与正常高水位在同一高程，水库正常高水位以上设通气孔，当水位超过正常高水位时，水流将流过堰顶，虹吸管内的空气逐渐被带走达到真空，形成虹吸作用自行泄水。当水库水位下降至通气孔以下时，虹吸作用便自动停止。这种溢洪道可自动泄水和停止泄水，能比较灵敏地自动调节上游水位，在较小的堰顶水头下能得较大的泄流量，但结构复杂，施工检修不便，进口易堵塞，管内易空蚀，超泄能力小等。一般用于水位变化不大和需随时进行调节的中小型水库、发电和灌溉的渠道上。

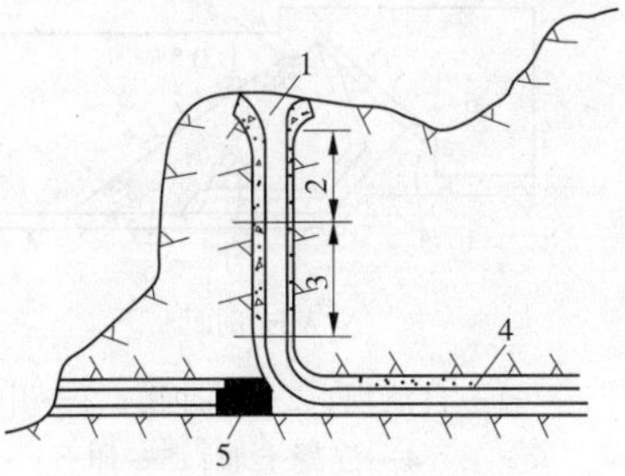

1—喇叭口；2—渐变段；3—竖井段；
4—隧洞；5—混凝土塞

图 6-3　井式溢洪道

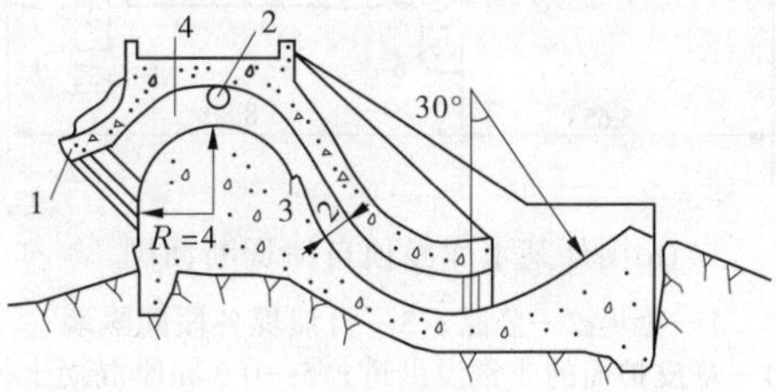

1—遮檐；2—通气孔；3—挑流坎；4—曲管

图 6-4　虹吸溢洪道　（单位：m）

三、非常溢洪道的类型

非常溢洪道一般分为漫流式、自溃式、爆破引溃式 3 种。

(1)漫流式非常溢洪道。这种溢洪道与正槽溢洪道类似，将堰顶建在准备开始溢流的水位附近，而且任其自由漫流。这种溢洪道的溢流水深一般取的较小，因而堰长较大，多设于垭口或地势平坦之处，以减少土石方开挖量。

(2)自溃式非常溢洪道。这种形式的溢洪道是在非常溢洪道的底板上加设自溃堤，堤体可根据实际情况采用非黏性的砂料、砂砾或碎石填筑，平时可以挡水，当水位达到一定高程时自行溃决，以宣泄特大洪水。按溃决方式可分为溢流自溃(见图 6-5)和引冲自溃(见图 6-6)两种形式。

溢流自溃式非常溢洪道构造简单、管理方便，但溢流缺口的位置、规模和自溃式非常溢洪道的安全运行无法进行人工控制，有可能溃坝提前或滞后。一般用于自溃坝高度较低，分担洪水比重不大的情况。当溢流自溃坝较长时，可用隔墙将其分成若干段，各段采用不同的坝高，满足不同水位的特大洪水下泄，避免当泄量突然加大时给下游造成损失。引冲自溃式非常溢洪道是在自溃坝的适当位置加引冲槽，当库水位达到启溃水位后，水流即漫过引冲槽，冲刷下游坝坡，形成口门并向两侧发展，使之在较短时间内溃决。在溃决过程中，泄量逐渐增大，对下游防护有利，在工程中应用较广泛，但控制过水口门形成和口门形成的时间尚缺少有效措施，溃堤泄洪后，调蓄库容减小，可能影响来年水库的综合效益。

(3)爆破引溃式非常溢洪道。这种形式的溢洪道是当需要泄洪时引爆预埋在副坝药室或廊道内的炸药，利用其爆炸能量，使非常溢洪道进口的副坝坝体形成一定尺寸的爆破漏斗，形成引冲槽，并将爆破漏斗以外的土体炸松、炸裂，通过坝体引冲作用使其在短时间内迅速溃决，达到泄洪的目的。

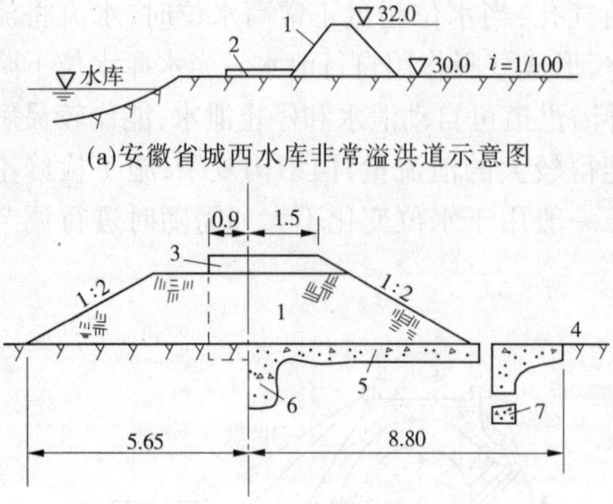

(a)安徽省城西水库非常溢洪道示意图

(b)国外某水库漫顶自溃堤断面图

1—土堤;2—公路；3—自溃堤各段间隔墙；
4—草皮护面的非常溢洪道；5—0.3 m厚混凝土护面；
6—0.6 m厚、1.5 m深混凝土截水墙；
7—0.6 m厚、3 m深混凝土截水墙

图 6-5　溢流自溃式非常溢洪道进口断面图　(单位:m)

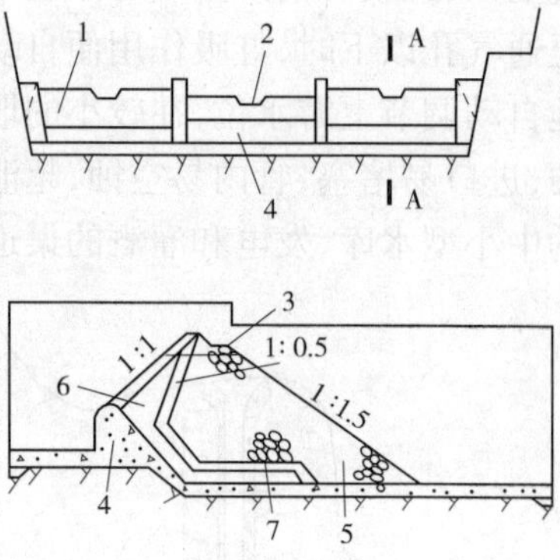

A—A剖面

1—自溃坝；2—引冲槽；3—引冲槽底；
4—混凝土堰；5—卵石；
6—黏土斜墙；7—反滤层

图 6-6　南山水库引冲自溃式非常溢洪道

四、河岸溢洪道的位置选择

河岸溢洪道在枢纽中的位置,应根据地形、地质、工程特点、枢纽布置的要求、施工及运行条件、经济指标等综合因素进行考虑。

溢洪道的布置应结合枢纽总体布置全面考虑,避免与泄洪、发电、航运及灌溉等建筑物在布置上相互干扰。

溢洪道位置应选择有利的地形和地质条件。布置在岸边或垭口,并尽量避免深开挖而形成高边坡,以免造成边坡失稳或处理困难;溢洪道轴线一般宜取直线,如需转弯,应尽量在进水渠或出水渠段内设置弯道。溢洪道应布置在稳定的地基上,并考虑岩层及地质构造的性状,还应充分注意建库后水文地质条件的变化对建筑物及边坡稳定的影响。

溢洪道进、出口的布置,应使水流顺畅。进口不宜距土石坝太近,以免冲刷坝体;出口水流应与下游河道平顺连接,避免下泄水流对坝址下游河床和河岸的严重淘刷、冲刷以及河道的淤积,保证枢纽中的其他建筑物正常运行。当其靠近坝肩时,其布置及泄流不得影响坝肩及岸坡的稳定,与土石坝连接的导墙、接头、泄槽边墙等必须安全可靠。

从施工条件考虑,应便于出渣路线及堆渣场所的布置;尽量避免与其他建筑物施工的相互干扰。

单元二　正槽溢洪道

正槽溢洪道由进水渠、控制段、泄槽(陡槽)、消能防冲设施及出水渠 5 个部分组成。其中,控制段、泄槽、消能防冲设施是溢洪道的主体。进水渠和出水渠是主体部分同上游水库和下游河道的连接段,可根据工程实际地形条件决定是否设置。

一、进水渠

进水渠的作用是将水库的水平顺地引向控制段。当溢流堰紧靠水库时，可布置成对称或基本对称的喇叭口形式，以引导水流，如图 6-7 所示。

进水渠平面布置应使进水顺畅，尽量短而直，避免断面突然变化和水流流向的急转弯，外形宜简单。在溢流堰前宜设置不小于 2 ~ 3 倍堰前水深的渐变段或直线翼墙，以防止出现旋涡或横向水流。当进口布置在坝肩时，靠坝一侧应设置顺应水流的曲面导水墙，靠山一侧可开挖或衬护成规则曲面（见图 6-7(b)）。

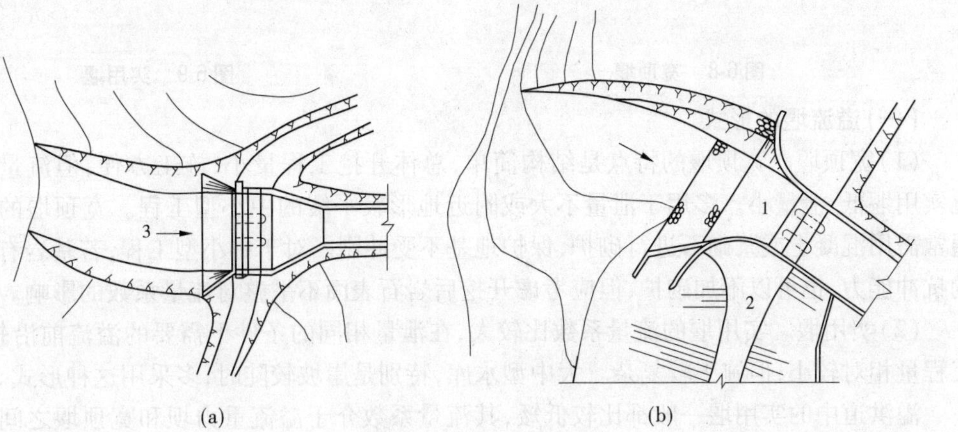

1—喇叭口；2—土坝；3—进水渠

图 6-7　溢洪道进水渠的形式

渠道需转弯时，其轴线的转弯半径不宜小于 4 倍渠底宽，弯道至溢流堰之间宜布置长度不小于 2 倍堰上水头的直线段。

进水渠底板一般为等宽或顺水流方向收缩，进口底宽与溢流堰宽之比宜为 1.5 ~ 3.0。渠道内的流速应大于悬移质不淤流速，小于渠道的不冲流速，且水头损失较小，渠道设计流速宜采用 3.0 ~ 5.0 m/s。对于山坡较陡，从山岩中开挖出来的岸边溢洪道，为了减少其开挖量，进水渠的设计流速可以适当提高，但应尽量缩短进水渠的长度，以减小水头损失。对于设计流速超限的情况应进行论证。其横断面在岩基上接近矩形，边坡根据稳定要求确定，新鲜岩石一般为 1:0.1 ~ 1:0.3，风化岩石可用 1:0.5 ~ 1:1.0。在土基上采用梯形，边坡一般选用 1:1.5 ~ 1:2.5。

进水渠的纵断面一般做成平底坡或具有不大的逆坡。当进水渠两岸岩性较好时，可不衬砌。当岩性差，为防止严重风化剥落或为降低渗透压力时，应进行衬砌。可采用浆砌块石、喷浆或混凝土护面，工程中多采用 0.3 ~ 0.5 m 厚混凝土衬砌，一般不设止水及排水。

二、控制段

控制段是控制溢洪道泄量的关键部分。控制段包括溢流堰及两侧连接建筑物。从水力特征来分,控制段分渠式和堰式两种。渠式控制段是指开挖的明槽长度大于10倍溢流水深的情况,其过水能力按明渠非均匀流计算。这种形式的缺点是泄流能力小,应尽量避免采用此种形式。堰式控制段是指控制段的底部为溢流堰,多采用宽顶堰(见图6-8)和实用堰(见图6-9)两种。

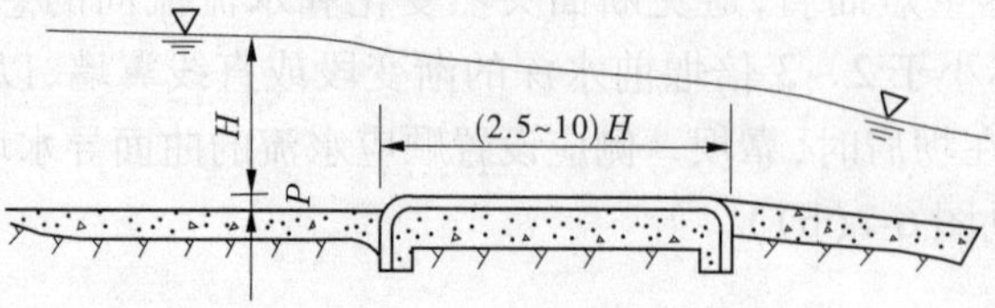

图6-8　宽顶堰

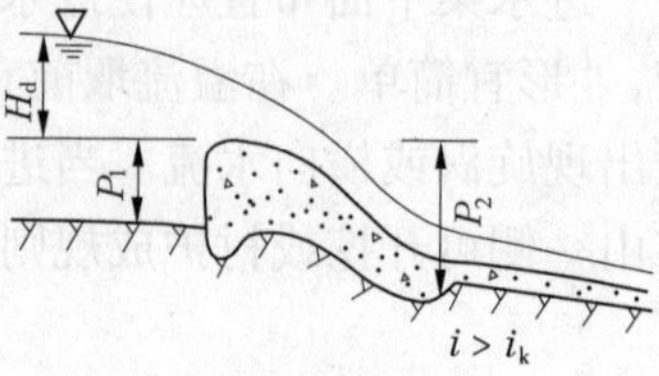

图6-9　实用堰

(一)溢流堰的形式

(1)宽顶堰。宽顶堰的特点是结构简单,总体开挖工程量小,施工方便,但流量系数比实用堰低,泄量小。多用于泄量不大或附近地形较平缓的中小型工程。宽顶堰的堰顶通常需用混凝土或浆砌石进行砌护,保护地基不受冲刷。对于中小型工程,若基岩有足够的抗冲能力,也可以不加砌护,但应考虑开挖后岩石表面不平整对流量系数的影响。

(2)实用堰。实用堰的流量系数比较大,在泄量相同的条件下需要的溢流前沿较短,工程量相对较小,但施工较复杂。大中型水库,特别是岸坡较陡时,多采用这种形式。

溢洪道中的实用堰一般都比较低矮,其流量系数介于溢流重力坝和宽顶堰之间。实用堰的泄流能力与其上下游堰高、定型设计水头、堰面曲线形式等因素有关。

堰顶以下的堰面曲线宜优先采用WES幂曲线,堰顶上游可采用双圆弧、三圆弧或椭圆曲线。WES幂曲线可按下式计算:

$$x^n = kH_d^{n-1}y \tag{6-1}$$

式中　H_d——堰面曲线定型设计水头;

x、y——原点下游堰面曲线横、纵坐标;

n——与上游堰坡有关的指数,见表6-1;

k——当 $P_1/H_d>1.0$ 时,k 值见表6-1,当 $P_1/H_d\leqslant1.0$ 时,取 $k=2.0\sim2.2$。

表6-1　堰面曲线参数

上游面坡度($\Delta y/\Delta x$)	k	n	a	b	R_1	R_2
3:0	2.000	1.850	$0.175H_d$	$0.282H_d$	0.50	$0.20H_d$
3:1	1.936	1.836	$0.139H_d$	$0.237H_d$	0.68	$0.21H_d$
3:2	1.939	1.810	$0.115H_d$	$0.214H_d$	0.48	$0.22H_d$
3:3	1.873	1.776	$0.119H_d$	—	0.45	—

设计溢流堰堰面曲线,首先要确定定型设计水头 H_d。对于 $P_1<1.33H_d$ 的低堰,$H_d=(0.65\sim0.85)H_{max}$($H_{max}$为校核流量下的堰上水头)。泄流时,由于下游堰面水深比较大,堰面一般不会出现危险负压,即使在最大水头超过 H_d 的1.18~1.54倍的情况下,堰面负

压也不会超过 0.06 MPa，不致发生破坏性的空蚀和振动。

堰顶上游堰面曲线可采用以下三种曲线：

①双圆弧曲线，如图 6-10 所示，图中的参数见表 6-1。

②三圆弧曲线，上游堰面铅直，如图 6-11 所示。

③椭圆曲线，可按下列方程计算：

$$\frac{x^2}{(aH_d)^2}+\frac{(bH_d-y)^2}{(bH_d)^2}=1$$

式中 a、b——椭圆曲线参数，当 $P_1/H_d<2$ 时，$a=0.215\sim0.28$，$b=0.127\sim0.163$，P_1/H_d 小时，a 与 b 取小值。

上游堰面采用倒悬时，应满足 $d>H_{max}/2$，如图 6-12 所示。

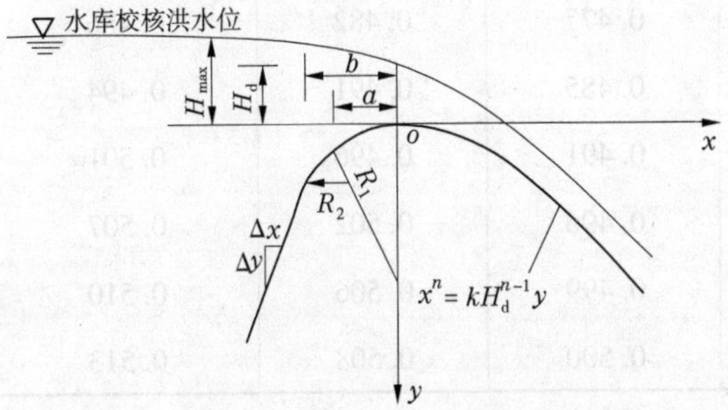

图 6-10 堰顶上游为双圆弧曲线、下游为幂曲线

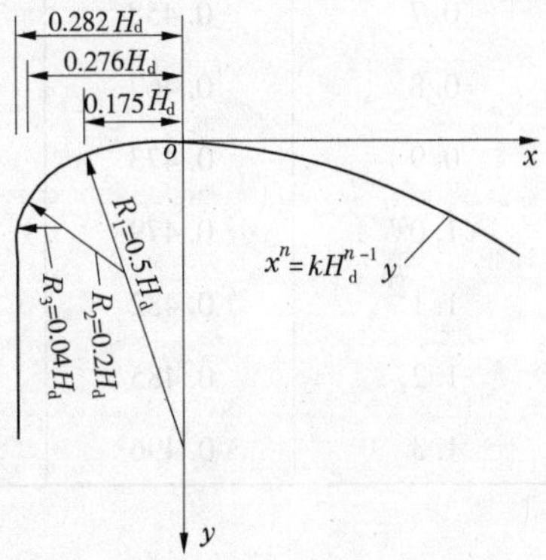

图 6-11 堰顶上游为三圆弧曲线、下游为幂曲线

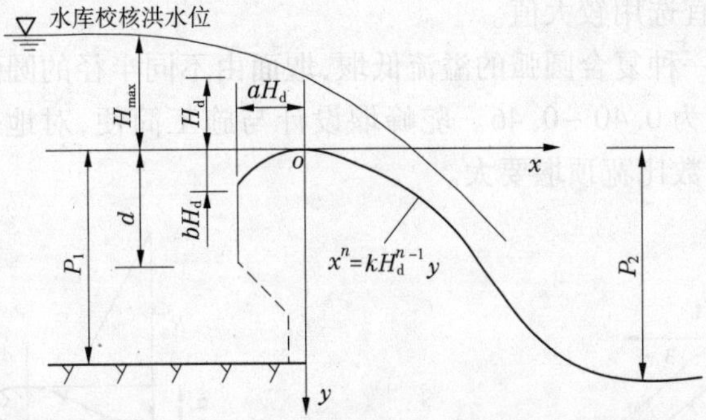

图 6-12 上游堰面倒悬，堰顶上游为椭圆曲线、下游为幂曲线

高堰的流量系数接近一个常数，一般不随 P_1/H_d 的变化而受影响；低堰的上、下游堰高对流量系数 m 影响较大。低堰的流量系数随上游相对堰高 P_1/H_d 的减小而降低，流量系数的变化如表 6-2 所示。为了获得较大的流量系数，一般上游堰高 $P_1\geqslant0.3H_d$。低堰的流量系数还与下游堰高 P_2 有关。为使过堰水流不受堰水流顶托影响以及不发生淹没出流状态，下游堰高 $P_2\geqslant0.6H_d$。

溢流堰顶部曲线的长度对流量系数也有影响。当堰顶曲线长度不足以保持标准实用堰的外形轮廓时，流量系数将受到影响而降低。对于克－奥Ⅰ型剖面堰，其曲线终点（切点)的坐标应满足:$x \geqslant 1.15H_d$,$y \geqslant 0.36H_d$;对于 WES 标准堰面,其大致范围是:$x = (-0.282 \sim 0.85)H_d$,$y = (0 \sim 0.37)H_d$。堰面曲线终点的切线坡度宜陡于1:1,见图6-13。

表6-2　随相对堰高变化的流量系数 m 值

(适用于双圆弧、三圆弧、椭圆堰头曲线)

H_0/H_d	P_1/H_d				
	0.2	0.4	0.6	1.0	≥1.33
0.4	0.425	0.430	0.431	0.433	0.436
0.5	0.438	0.442	0.445	0.448	0.451
0.6	0.450	0.455	0.458	0.460	0.464
0.7	0.458	0.463	0.468	0.472	0.476
0.8	0.467	0.474	0.477	0.482	0.486
0.9	0.473	0.480	0.485	0.491	0.494
1.0	0.479	0.486	0.491	0.496	0.501
1.1	0.482	0.491	0.496	0.502	0.507
1.2	0.485	0.495	0.499	0.506	0.510
1.3	0.496	0.498	0.500	0.508	0.513

实用堰末端一般设置反弧曲面段,当它与泄槽连接时,反弧半径 $R = (3 \sim 6)h$(h 为最大泄量时反弧段最低点的水深);当它与水平泄槽或消力池护坦连接时,反弧半径 $R = (6 \sim 12)h$,流速大时宜选用较大值。

(3)驼峰堰。是一种复合圆弧的溢流低堰,堰面由不同半径的圆弧组成,如图6-14所示。其流量系数一般为0.40~0.46。驼峰堰设计与施工简便,对地基的要求低,适用于软弱地基。其流量系数比宽顶堰要大。

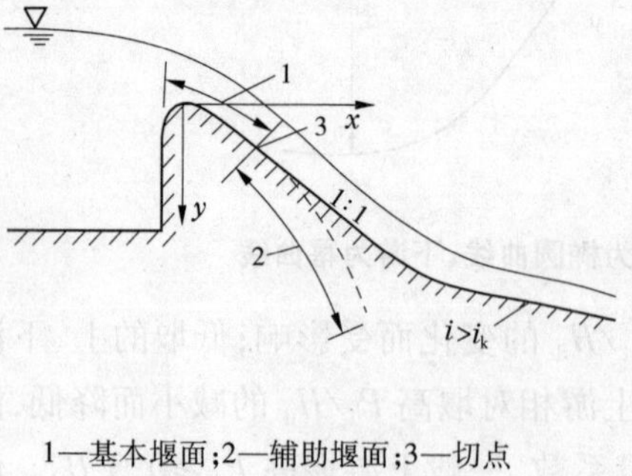

1—基本堰面;2—辅助堰面;3—切点

图6-13　实用堰基本剖面

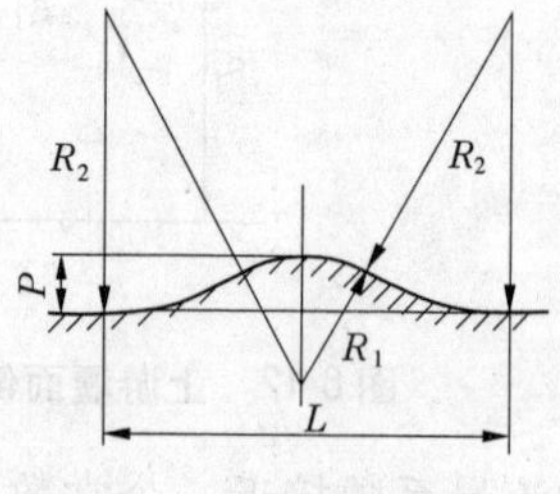

甲型:$R_1 = 2.5P$、$R_2 = 6P$、$L = 8P$、$P = 0.24H_d$;

乙型:$R_1 = 1.05P$、$R_2 = 4P$、$L = 6P$、$P = 0.34H_d$

图6-14　常见的驼峰堰剖面

(4)折线形堰。为获得较长的溢流前沿,在平面上将溢流堰做成折线形,称为折线形堰。

(5)带胸墙的堰。当水库水位变幅较大时,常采用带胸墙的溢流堰。这种布置形式,堰顶高程比开敞式的要低，在库水位较低时即可泄流，因而有利于提高水库的汛期限制水位，充分发挥水库效益。此外，还可以减小闸门尺寸。但在高水位时，超泄能力不如开敞式溢流堰大，且不能过漂浮物，不适于作河岸式溢洪道。

中小型水库溢洪道，特别是小型水库溢洪道常不设闸门，堰顶高程就是水库的正常蓄水位；溢洪道设闸门时，堰顶高程低于水库的正常蓄水位。堰顶是否设置闸门，应从工程安全、洪水调度、水库运行、工程投资等方面论证确定。侧槽式溢洪道的溢流堰一般不设闸门。

(二)溢流孔口尺寸的拟定

溢洪道的溢流孔口尺寸主要是溢流堰堰顶高程和溢流前沿宽度的确定。由于溢洪道出口一般离坝脚较远，其单宽流量可以采用数值大一些。闸墩的形式和尺寸应满足闸门(包括门槽)、交通桥和工作桥的布置，水流条件，结构及运行检修等的要求。当有防洪抢险要求时，交通桥与工作桥必须分开设置，桥下净空应满足泄洪、排凌及排漂要求。

三、泄槽

正槽溢洪道在溢流堰后通常布置泄槽，以便将过堰水流迅速安全地泄向下游。泄槽首末端高差一般占溢洪道整个落差的大部分或全部，其底坡较陡，槽内多为高速水流，冲刷能力大。

(一)水力特征

泄槽的底坡宜大于水流的临界底坡，所以又称为陡槽。槽内的水流处于急流状态，水流流速大。高速水流对边界条件的变化非常敏感，当边墙有转折时就会产生冲击波。当陡槽边墙向水流内部偏转时，冲击波使横断面上的水深局部增加，因而要求边墙也增高；同时，当冲击波传至出口处时，由于冲击波使水流部分集中，也增加了下游消能的困难。另外，泄水槽内极易产生掺气、空蚀等问题。

(二)平面布置

泄槽在平面上宜尽可能采用直线、等宽、对称布置，力求使水流平顺、结构简单、施工方便。当泄槽的长度较大，地形、地质条件不允许做成直线时，或为了减少开挖工程量，便于洪水归河和利于消能等原因，可以设置收缩段、扩散段或弯道。

收缩角或扩散角6°时流态较好，可以通过经验公式(6-2)计算确定：

$$\tan\theta \leqslant \frac{1}{KFr} \tag{6-2}$$

式中 Fr——扩散或收缩段起、止断面的平均弗劳德数($Fr = \frac{v}{\sqrt{gh}}$)；

K——经验系数，一般取3.0；

v——扩散段或收缩段起、止断面的平均流速，m/s；

h——扩散段或收缩段起、止断面的平均水深，m；

g——重力加速度，m/s^2。

溢洪道上设置弯道时，应尽量将其布置在进水渠或出水渠段上，而使控制段与泄槽保持直线。泄槽在平面上必须设置弯道时，应满足以下要求：横断面内流速分布均匀，冲击波对水流扰动影响小,在直线段和弯道之间可设置缓和过渡段,为降低边墙高度和调整水流,宜在弯道和缓和过渡段渠底设置横向坡,弯道半径宜采用6~10倍泄槽宽度。弯道段宜设置在流速小、水流比较平稳、底坡较缓且无变化的部位。

(三)纵剖面

泄槽的纵剖面应尽量按地形、地质以及工程量少、结构安全稳定、水流流态良好的原则进行布置。泄槽纵坡必须保证槽中的水位不影响溢流堰自由泄流和泄水时槽中不发生水跃,使水流处于急流状态。因此,泄槽纵坡必须大于水流临界坡度。常用的纵坡为1%~5%,有时可达10%~15%,坚硬的岩石上可以更大,实际工程中有用到1:1的。

泄槽纵坡以一次坡为好,因其水力条件好。当受地形条件限制或为了节省开挖方量而需要变坡时,变坡次数不宜过多,且宜先缓后陡。在坡度变化处要用曲线相连接,以免高速水流在变坡处脱离槽底引起空蚀或槽底遭到动水压力的破坏。当坡度由陡变缓时,可采用圆弧曲线连接,圆弧半径为$(3\sim6)h$(h为变坡处的断面水深),流速大者宜选用大值;当底坡由缓变陡时,可采用抛物线连接(见图6-15),其方程按式(6-3)计算:

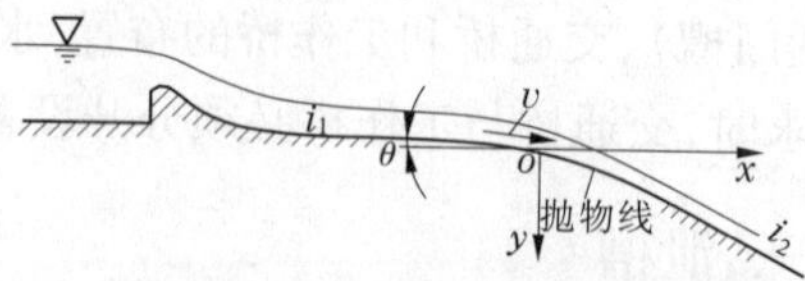

图6-15　变坡处的连接

$$y = x\tan\theta + \frac{x^2}{K(4H_0\cos^2\theta)} \tag{6-3}$$

$$H_0 = h + \frac{\alpha v^2}{2g}$$

式中　x、y——以缓坡泄槽末端为原点的抛物线横、纵坐标,m;

θ——缓坡泄槽底坡坡角,(°);

H_0——抛物线起始断面比能,m;

h——抛物线起始断面平均水深,m;

v——抛物线起始断面平均流速,m/s;

α——流速分布不均匀系数,取$\alpha=1.0$;

K——系数,对于落差较大的重要工程,取$K=1.5$,对于落差较小者,取$K=1.1\sim1.3$。

(四)横断面

泄槽横断面形状在岩基上宜做成矩形,以使水流均匀分布和有利于下游消能;若采用梯形断面,考虑结合开挖边坡衬砌作边墙,边坡也不宜过缓,因为若边坡过缓,则易形成水流分布不匀,恶化流态,甚至出现旋涡、水面波、翻水现象等。坡比一般为1:0.1~1:0.3;在土基上则采用梯形,但边坡不宜太缓,以防止水流外溢和影响流态,一般为1:1~1:2。

泄槽边墙顶高程应根据波动和掺气后的水面线加上0.5~1.5 m的超高来确定。对于非直线段、过渡段、弯道等水力条件比较复杂的部位,宜取大值。掺气程度与流速、水深、边界糙率及进口形状等因素有关,掺气水深h_b(m)可用式(6-4)估算:

$$h_b = \left(1 + \frac{\zeta v}{100}\right)h \tag{6-4}$$

式中　h、h_b——泄槽计算断面不掺气水深及掺气后水深,m;

v——不掺气情况下计算断面的平均流速,m/s;

ζ——修正系数,一般为 1.0～1.4 s/m,当流速大时宜取大值。

在泄槽转弯处的水流流态复杂,由于弯道离心力及冲击波共同作用,形成横向水面差,流态十分不利。弯道的外侧水面与中心线水面的高差 ΔZ 如图 6-16(a)所示。ΔZ 可按经验公式(6-5)计算:

$$\Delta Z = K\frac{v^2 b}{gR_0} \tag{6-5}$$

式中　ΔZ——横向水面差,m;

v——计算断面平均流速,m/s;

R_0——弯道段中心线曲率半径,m;

b——弯道宽度,m;

K——超高系数,其值可按表 6-3 查取。

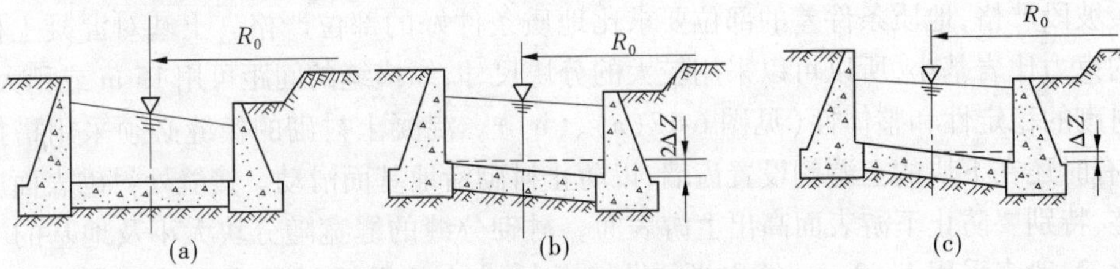

图 6-16　弯道横向水面超高示意图

表 6-3　横向水面超高系数 K 值

泄槽断面形状	弯道曲线的几何形状	K 值
矩形	简单圆曲线	1.0
梯形	简单圆曲线	1.0
矩形	带有缓和曲线过渡段的复曲线	0.5
梯形	带有缓和曲线过渡段的复曲线	1.0
矩形	既有缓和曲线过渡段,槽底又有横向倾斜的弯道	0.5

为消除弯道段的水面干扰,保持泄槽轴线的原底部高程、边墙高程等不变,以利施工,常将内侧渠底较轴线高程下降 ΔZ,而外侧渠底则抬高 ΔZ,如图 6-16(b)、(c)所示。

(五)泄槽的构造

1. 泄槽的底部衬砌

为了保护泄槽地基不受高速水流的冲刷破坏及风化破坏,泄槽底部通常都需衬砌。泄槽底板应满足:表面光滑平整,不致引起不利的负压和空蚀;分缝合理,止水可靠,避免高速水流渗入底板以下,因脉动压力引起破坏;排水系统通畅,以减小作用于底板上的扬压力;材料能抵抗水流冲刷;在各种荷载作用下能保持稳定;适应温度变化和具有一定的抗冻融循环能力。

影响泄槽衬砌可靠性的因素是多方面的,而且作用在底板上的荷载不易精确计算。

因此，泄槽底板的稳定主要依靠防渗、排水、止水、锚筋等工程措施来解决。

衬砌可以用混凝土、水泥浆砌条石或块石等形式。水泥浆砌条石或块石适用于流速小于15 m/s的中小型水库溢洪道，厚度一般为0.3~0.6 m。但如果砌得光滑平整，接缝止水和底部排水良好，也可以承受20 m/s左右的流速。

大中型工程，由于槽内流速较高，一般用混凝土衬砌，厚度一般为0.4~0.5 m，且不小于0.3 m。靠近衬砌的表面沿纵、横向需配置温度钢筋，含筋率约0.1%。土基上泄槽通常用混凝土衬砌，衬砌厚度一般要比岩基上的大，通常为0.3~0.5 m，需要双向配筋，各向含筋率约为0.1%。

2. 衬砌的分缝与止水

为防止产生温度裂缝，在衬砌上应设置横缝和纵缝。衬砌的纵、横缝一般用平缝（见图6-17(d)），当地基不均匀性明显时，横缝可采用搭接缝或键槽缝（见图6-17(c)）。纵横缝的间距应考虑气候特点、地基约束情况、混凝土施工（特别是温度）条件，根据类似工程的经验确定，其大小一般采用10~15 m。一般情况下，横缝要求比纵缝严格，陡坡段要求比缓坡段严格，地质条件差的部位要求比地质条件好的部位严格。土基对混凝土板伸缩的约束力比岩基小，所以可以采用较大的分块尺寸，纵横缝的间距可用15 m或稍大，以增加衬砌的稳定性和整体性（见图6-17(a)、(b)）。混凝土衬砌的横缝必须采用搭接的形式，有时还在下块的上游侧设置齿墙，以防止衬砌沿地基面滑动。接缝处衬砌表面应结合平整，特别要防止下游表面高出上游表面。衬砌分缝的缝宽随分块大小及地基的不同而变化，一般多采用1~2 cm，缝内必须做好止水，止水效果越良好，作用在底板上向上的脉动压力越小，底板的稳定性就越高。对于平行水流方向的纵缝，可适当降低要求，一般可用平接式（见图6-17(d)），但缝内必须做好止水。

3. 衬砌的排水

纵缝和横缝下面应设置排水设施，且互相连通，渗水集中到纵向排水内排向下游。纵向排水通常是在沟槽内放置缸瓦管，管径视渗水大小确定，一般采用10~20 cm。管接口不封闭，以便收集渗水，周围用1~2 cm的卵石或碎石填满，顶部盖混凝土板或沥青油毛毡等，以防止浇筑混凝土时灰浆进入造成堵塞。当流量较小时，纵向排水也可以在岩基上开槽沟，沟内填不易风化的砾石或碎石，上盖水泥袋，再浇筑混凝土。横向排水通常是在岩石上开挖沟槽，尺寸视渗水大小而定，一般采用0.3 m×0.3 m。为了防止排水管有可能被堵塞而影响排水，纵向排水管至少应有两排，以确保排水通畅。

4. 底板锚固

在岩基上应注意将表面风化破碎的岩石挖除。有时用锚筋将衬砌和岩基连在一起，以增加衬砌的稳定性。锚筋的直径、间距和插入深度与岩石性质、节理构造有关。一般每平方米的衬砌范围约需1 cm^2 的钢筋。钢筋直径不宜太小，通常采用25 mm或更大，间距1.5~3.0 m，插入深度为40~60倍的钢筋直径。对较差的岩石应通过现场试验确定。

对于可能发生不均匀沉陷或不设锚筋的泄槽底板，应在底板的上游端设置齿墙，并采用上、下游板块的全搭接横缝。或在板块的上、下游端均设置齿墙，但不应只在板块下游端设置齿墙，因为在下游端设齿墙，易在横缝处形成突坎，造成空蚀，而且会使水流钻入下游板块底部，抬动底板。齿墙的作用是阻滑、嵌固，减少纵向渗流。

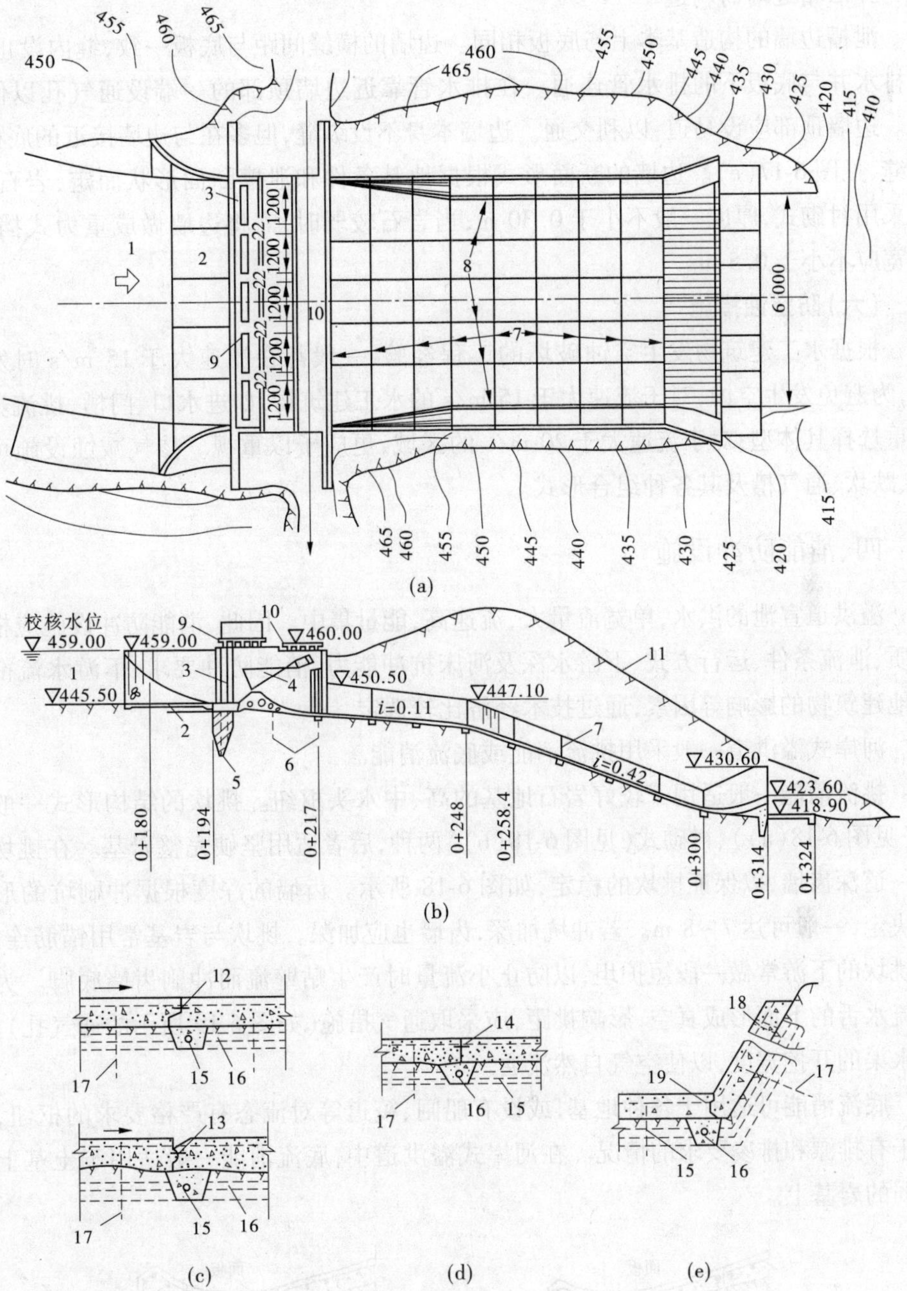

(a)平面布置图；(b)纵剖面图；(c)横缝构造；(d)纵缝构造；(e)边墙缝构造

1—进水渠；2—混凝土护底；3—检修门槽；4—工作闸门；5—帷幕；6—排水孔；

7—横缝；8—纵缝；9—工作桥；10—公路桥；11—开挖线；12—搭接线；13—键槽缝；

14—平接缝；15—横向排水管；16—纵向排水管；17—锚筋；18—通气孔；19—边墙缝

图 6-17　岩基上泄槽的构造　（单位：高程、桩号，m；尺寸，cm）

5. 泄槽边墙的构造

泄槽边墙的构造基本上与底板相同。边墙的横缝间距与底板一致,缝内设止水,其后设排水并与底板下的排水管连通。在排水管靠近边墙顶部的一端设通气孔以便排水通畅。边墙顶部应设马道,以利交通。边墙本身不设纵缝,但多在与边墙接近的底板上设置纵缝,见图6-17(e)。边墙的断面形式根据地基条件和泄槽断面形状而定,岩石良好时,可采用衬砌式,厚度一般不小于0.30 m;当岩石较弱时,需将边墙做成重力式挡土墙,其顶宽应不小于0.5 m。

(六)防空蚀措施

根据水工建筑物发生空蚀破坏的工程经验,一般都在流速大于15 m/s时发生。因此,为避免发生空蚀,对于流速大于15 m/s的水工建筑物,如进水口、门槽、挑流鼻坎等应慎重选择其体型;对于流速大于20 m/s的区域,更应予以重视。掺气减蚀设施可采用挑坎、跌坎、通气槽及其各种组合形式。

四、消能防冲设施

溢洪道宣泄的洪水,单宽流量大,流速高,能量集中。因此,消能防冲设施应根据地形地质、泄流条件、运行方式、下游水深及河床抗冲能力、消能防冲要求、下游水流衔接及对其他建筑物的影响等因素,通过技术经济比较选定。

河岸式溢洪道一般采用挑流消能或底流消能。

挑流消能一般适用于较好岩石地基的高、中水头枢纽。挑坎的结构形式一般有重力式(见图6-18(a))、衬砌式(见图6-18(b))两种,后者适用坚硬完整岩基。在挑坎的末端做一道深齿墙,以保证挑坎的稳定,如图6-18所示。齿墙的深度根据冲刷坑的形状和尺寸决定,一般可达7~8 m。若冲坑加深,齿墙也应加深。挑坎与岩基常用锚筋连为一体。在挑坎的下游常做一段短护坦,以防止小流量时产生贴壁流而冲刷齿墙底脚。为避免在挑流水舌的下面形成真空,影响挑距,应采取通气措施(如图6-19所示的通气孔),或扩大出水渠的开挖宽度,以使空气自然流通。

底流消能可适用于各种地基,或设有船闸、筏道等对流态有严格要求的枢纽,但不适用于有排漂和排凌要求的情况。在河岸式溢洪道中,底流消能一般适用于土基上或破碎软弱的岩基上。

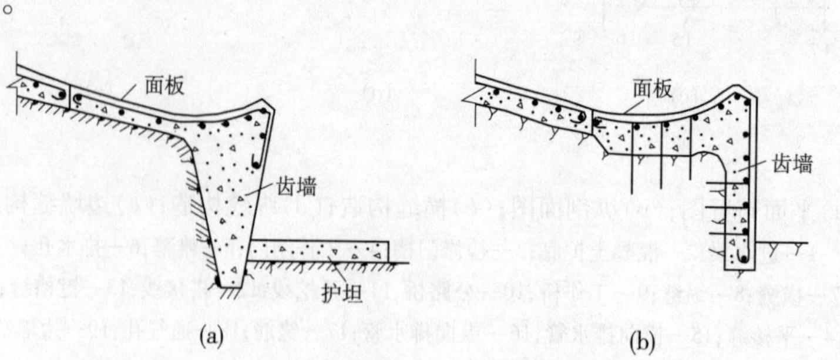

图6-18　挑坎结构形式

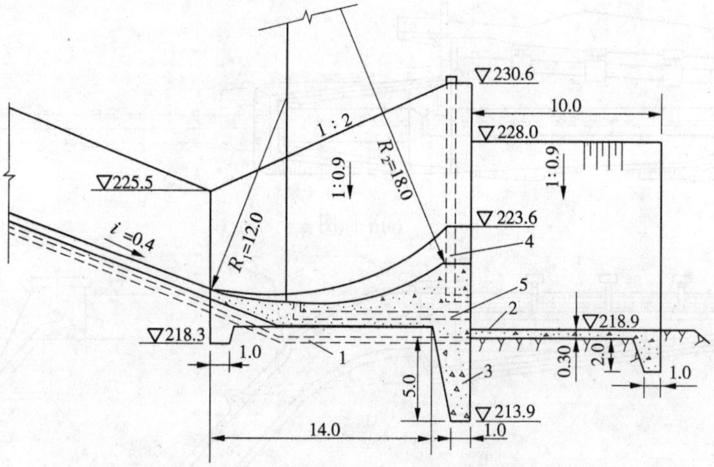

1—纵向排水；2—护坦；3—混凝土齿墙；4—Φ50 cm 通气孔；5—Φ10 cm 排水管

图 6-19　溢洪道挑流坎布置图　（单位：m）

五、出水渠

溢洪道下泄水流经消能后，不能直接泄入河道而造成危害时，应设置出水渠。出水渠的作用是将消能后的水流平顺地引入下游河道。选择出水渠线路应经济合理，其轴线方向应尽量顺应河势，利用天然冲沟或河沟，如无此条件，则需人工挖明渠，或在建设期间仅开挖引冲沟，利用泄洪时的水流将冲沟扩大，泄洪后进行断面整修。当溢洪道的消能设施与下游河道距离很近时，也可不设出水渠。当出水渠临近大坝、厂房等主要建筑物时，不宜采用引冲沟方式。

单元三　侧槽溢洪道

一、侧槽溢洪道的布置特点

侧槽溢洪道一般由控制段、侧槽、泄槽、消能防冲设施和出水渠等部分组成。溢洪道的布置如前所述，一般适用于坝址山头较高、岸坡较陡、岩石坚固而泄量较小的情况。当泄量很大时，沿山坡的开挖量过大。因此，这种形式的溢洪道多用于中小型工程。

为了保证正常泄洪，溢流堰上的水流应不受侧槽水位顶托的影响。溢流堰可采用实用堰，以利于与侧槽壁平顺连接，堰顶一般不设闸门。根据地形、地质条件，堰后可以是开敞明槽，也可以是无压隧洞，还可以利用施工导流隧洞，如图 6-20 所示。侧槽溢洪道与正槽溢洪道的主要区别在于侧槽部分，其他部分基本相同。

二、侧槽设计

侧槽设计应满足：泄流能力沿侧槽均匀增加；由于过堰水流转向约 90°，大部分能量消耗于侧槽内的水体旋滚，侧槽中水流的顺槽流速完全取决于侧槽的水力坡降，因此要保

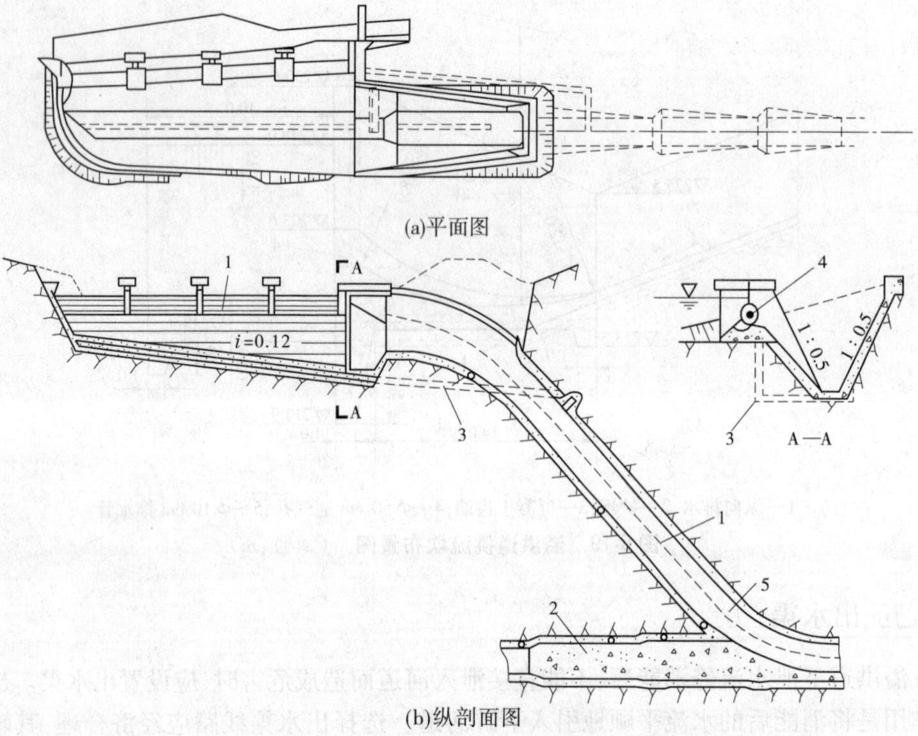

1—水面线；2—混凝土塞；3—排水管；4—闸门；5—泄水隧洞

图 6-20　隧洞泄水的侧槽溢洪道

证一定的坡度；侧槽中的水流应处于缓流状态，以使水流稳定；侧槽中的水面高程要保证溢流堰为自由出流，保证泄流能力和稳定流态。

（一）侧槽横断面

侧槽横断面形状宜做成窄深式。在过水断面面积相同的情况下，窄深断面比宽浅断面节省开挖量，如图 6-21 所示，虚线为窄深断面，实线为宽浅断面。若窄深断面的过水断面面积为 ω_1，宽浅断面的过水断面面积为 ω_2，当 $\omega_1=\omega_2$ 时，窄深断面可节省开挖面积 ω_3，而且窄深断面容易使侧向进流与槽内水流混合，水面较为平稳。靠岸一侧的边坡在满足水流和边坡稳定的条件下，以陡为宜，一般采用 1∶0.5 左右为宜，溢流堰一侧，溢流曲线下部的直线段坡度（即溢流边坡）一般可采用 1∶0.5～1∶0.9。

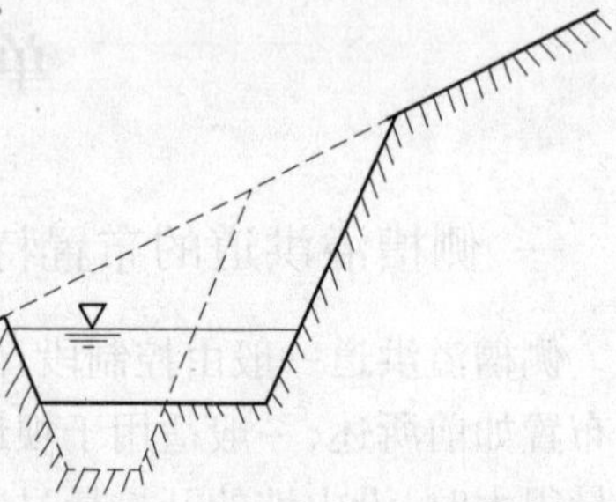

图 6-21　不同侧槽断面挖方量比较图

由于侧槽内的流量是沿流向不断增加的，所以侧槽底宽亦应沿水流方向逐渐增加。起始断面底宽 b_0 与末端断面底宽 b_l 的比值对侧槽的工程量影响很大。一般 b_0/b_l 越小，侧槽的开挖量越省，但槽底挖得较深，调整段的工程量也相应增加。所以，应根据地形、地质条件确定比较经济的 b_0/b_l 值，通常 b_0/b_l 采用 0.5～1.0，其中 b_0 的最小值应满足开挖设备和施工要求，b_l 一般选用与泄槽底宽相同的数值。

（二）侧槽的纵剖面

（1）槽底纵坡。侧槽应有适易的纵坡以满足泄水能力的要求。由于槽中水流处于缓流状态，因而侧槽的纵坡比较平缓，但如果槽底纵坡过缓，将使侧槽上游段水面壅高过多而影响过堰流量。但如果过陡，又会增加侧槽下游段的开挖深度。初步拟定时可采用 0.01～0.05。具体数值可根据地形和泄量大小选定。

（2）槽底高程。槽底高程加槽内水深等于水面高程，水面过高将淹没堰顶影响过堰流量。所以，确定槽底高程的原则应该是在不影响溢流堰过流能力的条件下，尽量采用较高的槽底，以减少开挖方量。根据试验，若槽内水面线在侧槽始端最高点超出溢流堰顶的高度 h_s 不超过堰顶水头 H 的 0.5 倍，可以认为对整个溢流堰来说是非淹没的。为了减少挖方，常以 $h_s = 0.5H$ 确定侧槽始端的水位。根据该水位减去水深可得槽首底部高程。槽内各断面水深则根据侧槽末端的水深 h_l 向上游逐段推算而得。根据江西水利科学研究所的分析，建议采用 $h_l = (1.2 \sim 1.5)\ h_k$ 较为适宜，h_k 为该断面的临界水深，当 $b_l/b_0 = 5$ 时，可取 $h_l = 1.5h_k$；当 $b_l/b_0 = 1.0$ 时，可取 $h_l = 1.2\ h_k$；当 $b_l/b_0 = 1.2 \sim 1.5$ 时，可按比例选用。

为了使水流平顺地进入泄槽，常在泄槽与侧槽之间设水平调整段，其长度 $L = (2 \sim 3)\ h_k$。由缩窄槽宽的收缩段或用调整段末端底坎适当壅高水位，使水流在控制断面形成临界水流，而后泄入泄槽或隧洞。

小　结

本项目介绍了泄水建筑物的类型和适用条件，正常溢洪道和非常溢洪道的分类，各种类型溢洪道的特点和适用条件；正槽溢洪道的进水渠、控制段、泄槽、消能防冲设施及尾水渠 5 个组成部分的构造和特点，各部分的设计原理和计算方法；侧槽溢洪道的布置特点和设计等。

思考题

1. 泄水建筑物如何分类？河岸溢洪道有几种形式？

2. 为什么要设置非常溢洪道？非常溢洪道有哪几种形式？

3. 正槽溢洪道和侧槽溢洪道的主要区别是什么？各由哪几部分组成？各组成部分的作用是什么？

4. 溢流堰有几种形式？各有什么特点？

5. 泄槽的水力特征是什么？

6. 说明泄槽平面、纵剖面、横剖面的设计要求。

7. 泄槽衬砌应满足什么要求？

8. 如何选择河岸溢洪道的消能方式？

9. 侧槽溢洪道布置有什么特点？如何进行侧槽的设计？

第三部分 输水建筑物

项目七 渠 道

教学基本要求

(1)单元一。理解渠道布置的基本原则和渠道设计的基本原则。

(2)单元二。掌握渠道横断面的常见形式,理解渠道横、纵断面设计的原则和基本方法。

(3)单元三。掌握无坝取水枢纽布置形式及常用的几种有坝取水枢纽布置形式。

(4)单元四。了解防渗衬砌设计原则,掌握渠道衬砌的主要结构形式。

(5)单元五。了解防止渠道淤积的一些常见工程措施。

(6)单元六。了解生态渠道设计原则,掌握常见的生态堤岸工程建设模式及生态渠道断面形式。

能力培养目标

(1)能进行渠道横、纵断面形式的设计。

(2)能进行取水枢纽形式的简单布置。

(3)能根据生态渠道设计原则选择生态渠道断面形式。

学习重点与难点

重点是渠道横、纵断面形式的设计及取水枢纽形式的简单布置。

难点是渠首取水枢纽形式的布置。

项目的专业定位

农田灌溉是人类与水旱灾害作斗争、发展农业生产的重要手段。我国第一个成功的大型水利工程都江堰至今仍灌溉着成都平原及四川盆地部分丘陵区约66.7万hm^2的农田。灌溉渠道是灌溉排水系统的重要组成部分,遍布整个灌区。随着中国水电事业的蓬勃发展,先后建成了大量动力渠道、航运渠道等。渠道在城市水利中,除满足行洪、排涝、引水、灌溉等功能外,还能营造适合人们休闲、居住、观赏的城市水环境,创造人水和谐的人居环境。

单元一 概 述

渠道是具有自由水面的人工水道。渠道按用途可分为灌溉渠道、动力渠道(用于引水发电)、供水渠道、排水渠道和航运渠道等。在实际工程中,常是一渠多用,如灌溉与通航、供水结合,灌溉与发电结合等。

灌溉渠道遍布整个灌区,线长面广,其规划和设计是否合理,将直接关系到土方量的大小、渠系建筑物的多少、施工和管理的难易以及工程效益的大小。因此,渠道的规划布置和设计工作一定要慎重进行。

一、渠道的布置

渠道布置关系到灌区合理开发、渠道安全输水及降低工程造价等关键问题,应综合考虑地形、地质、施工条件及挖填平衡、便于管理养护等各因素。

(一)地形条件

在平原地区,渠道路线最好是直线,并选在挖方与填方相差不多的地方。如不能满足这一要求,也应尽量避免深挖高填。转弯也不应过急,对于衬砌的渠道,转弯半径应不小于2.5倍水面宽度;对于不衬砌的渠道,转弯半径应不小于5倍水面宽度。

在山坡地区,渠线应尽量沿等高线方向布置,以免过大的挖填方量。当渠道通过山谷、山脊时,应对高填、深挖、绕线、渡槽、隧洞等方案进行比较,从中选出最优方案。渠道应与道路、河流正交。

(二)地质条件

渠道线路应尽量避开渗漏严重、流沙、泥泽、滑坡以及开挖困难的岩层地带。必要时,可采取防渗措施,以减少渗漏;采用外绕回填或内移深挖,以避开滑坡地段;采用混凝土或钢筋混凝土衬砌,以保证渠道安全运行。

(三)施工条件

施工时的交通运输、水和动力供应、机械施工场地、取土和弃土的位置等条件,均应加以考虑。

(四)管理要求

渠道布置要和行政区划与土地利用规划相结合,每个用水单位应有单独的用水渠道,以便于管理和维护。

总之,渠道的布置必须重视野外踏勘工作,从技术上、经济上仔细分析比较,才能使渠道布置较为合理。

二、渠道的设计要求

渠道设计的主要任务是确定满足灌溉要求的渠道断面尺寸、形状、结构和空间布置。根据实用、安全和经济的原则,对渠道断面设计的具体要求是:有足够的输水能力,以满足灌溉需要;有足够的水位,以满足自流灌溉的要求;渠道的流速适宜,以满足不冲不淤的要求;边坡稳定,不坍塌、不滑坡;渗透损失小,灌溉水利用系数高;适当满足综合利用要求;

工程量小，总投资少；施工容易，管理方便。

三、渠道横断面形式

过水渠道一般材料为混凝土或土，渠道一般根据实际需要，按照地质条件、选择的建筑材料及不同的防渗结构修筑成规则的对称断面，明渠可供选择的断面形式有梯形、弧形底梯形、弧形、坡脚梯形、复合形、U 形、矩形，无压防渗暗渠的断面形式可选用城门洞形、箱形、正反拱形和圆形，详见图 7-1。

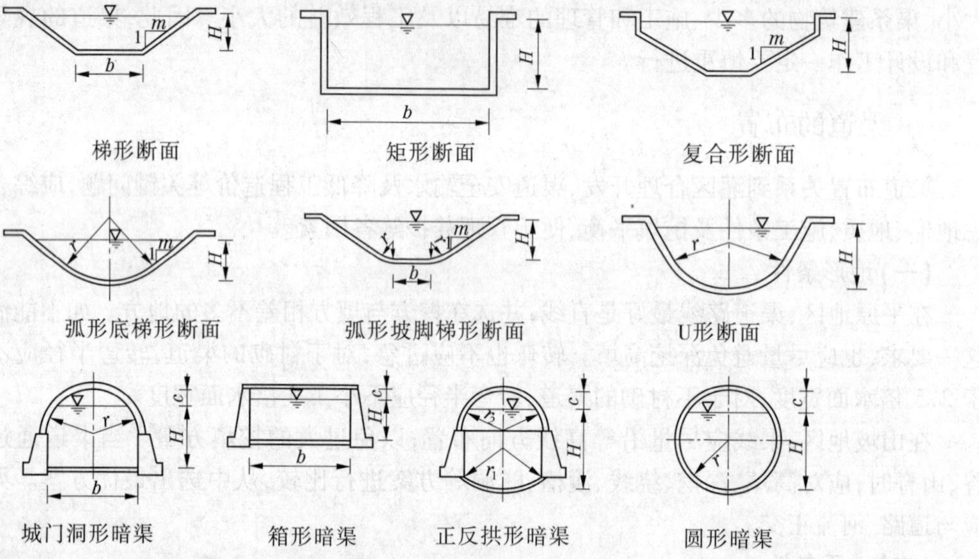

图 7-1　渠道横断面形式

四、渠道纵断面形式

渠道纵断面设计的任务是根据灌溉水位要求确定渠道的空间位置，主要内容包括确定渠道纵坡、正常水位线、最低水位线、渠底线和最高水位线。

确定渠道纵坡时，主要考虑以下几点：

(1) 地面坡度。渠道纵坡应尽量接近地面坡度，以避免深挖高填。

(2) 地质情况。容易冲刷的渠道，纵坡宜缓，地质条件较好的渠道，纵坡可适当陡一些。

(3) 流量大小。流量大时，纵坡宜缓，流量小时纵坡可陡一些。

(4) 水流含沙量等因素。含沙量小时，纵坡宜缓，含沙量大时，纵坡可适当陡一些。

灌区渠道纵坡可参考表 7-1 所列数值。

表 7-1　灌区渠道纵坡一般数值

渠道级别	干渠	支渠	斗渠	农渠
平原灌区	1/5 000 ~ 1/10 000	1/3 000 ~ 1/7 000	1/2 000 ~ 1/5 000	1/1 000 ~ 1/3 000
丘陵灌区	1/2 000 ~ 1/5 000	1/1 000 ~ 1/3 000	土渠 1/2 000 石渠 1/500	土渠 1/1 000 石渠 1/300
滨湖灌区	1/8 000 ~ 1/15 000	1/6 000 ~ 1/8 000	1/4 000 ~ 1/5 000	1/2 000 ~ 1/3 000

渠道的纵断面见图 7-2。

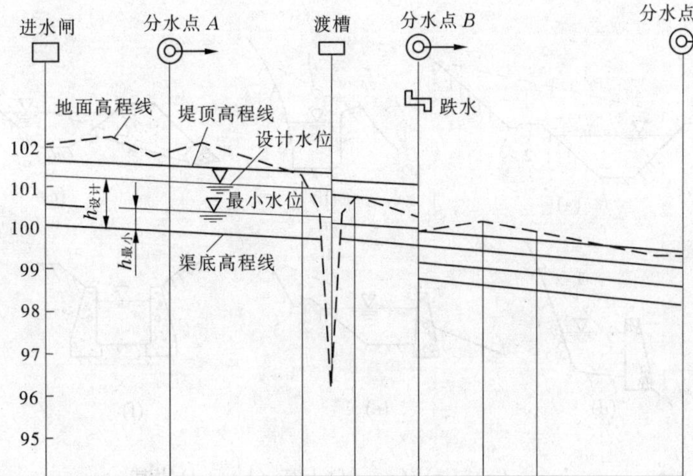

桩号	0+000	1+000	8+000	9+800	12+000	14+000	15+300	20+000
地面高程								
设计水位								
最低水位								
堤顶高程								
渠底高程								
比降								
分水口水位								
挖方深度								
填方高度								
渠段水力要素								

图 7-2　渠道纵断面

单元二　渠道横断面尺寸设计

一、渠道横断面设计

渠道横断面尺寸应根据水力计算确定。梯形土渠的边坡应根据稳定条件确定，土渠的边坡系数 m 一般取 1 ~ 2。对于挖深大于 5 m 或填高超过 3 m 的土坡，必须进行稳定计算，计算方法与土石坝稳定计算相同。为了管理方便和边坡稳定，每隔 4 ~ 6 m 应设一平台，平台宽 1.5 ~ 2 m，并在平台内侧设排水沟。渠道的糙率应尽量接近实际值，主要依据渠道有无护面、养护、施工情况加以选定。渠道的比降应根据纵断面设计要求进行确定。当渠道的流量、比降、糙率及边坡系数已定时，即可根据明渠均匀流公式确定渠道断面尺寸。

渠道横断面的形状常用梯形，它便于施工，并能保持渠道边坡的稳定，如图 7-3(a)、(c)所示。在坚固的岩石中开挖渠道时，宜采用矩形断面，如图 7-3(b)、(d)所示。当渠道通过城镇工矿区或斜坡地段，渠宽受到限制时，可采用混凝土等材料砌护，如图 7-3(e)、(f)所示。

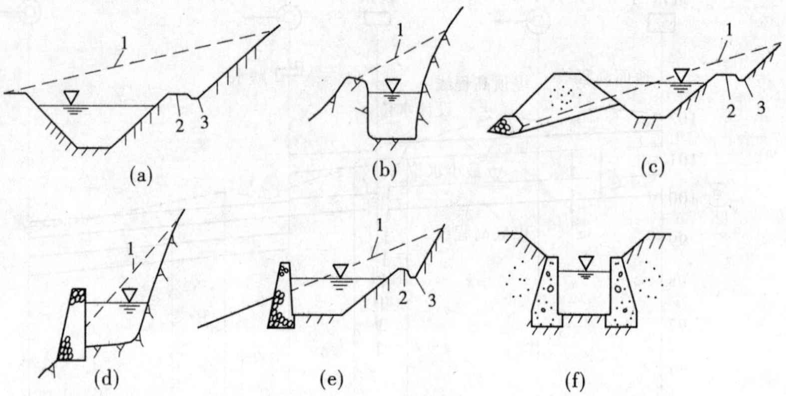

(a)、(c)、(e)、(f)土基；(b)、(d)岩基

1—原地面线；2—马道；3—排水沟

图 7-3　渠道断面

二、渠道横断面尺寸计算

在水利工程中，梯形断面渠道应用比较广泛，下面主要讨论梯形断面渠道的断面设计。渠道的断面尺寸设计就是在已知渠道的流量 Q、比降 i、糙率 n 及边坡系数 m 的条件下，根据明渠均匀流公式确定渠道的底宽 b 和水深 h。

（一）明渠均匀流的计算公式

明渠均匀流的流量计算公式可写为：

$$Q = AC\sqrt{Ri} \tag{7-1}$$

式中　A、C、R——过水断面的面积、谢才系数、水力半径；

i——渠道底坡。

梯形过水断面参数见表 7-2。

表 7-2　梯形过水断面参数

断面形式	断面面积 A	湿周 χ	水面宽度 B
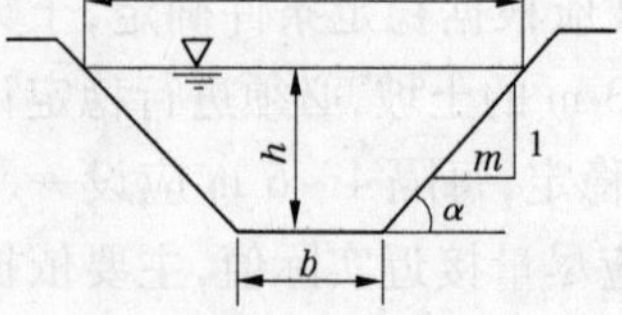	$(b+mh)h$	$b+2h\sqrt{1+m^2}$	$b+2mh$

最常用的谢才系数的计算公式是曼宁公式：

$$C = \frac{1}{n}R^{\frac{1}{6}} \tag{7-2}$$

式中　R——水力半径；

n——粗糙系数，简称糙率，是衡量边界形状不规则和边壁粗糙度影响的一个无量纲综合系数。

过流断面上流体与固体壁面接触的周界线，称为湿周，常用χ（希腊字母）表示。

过水断面面积与湿周之比即为水力半径。其表达式为：

$$R = \frac{A}{\chi} \tag{7-3}$$

根据式(7-1)和式(7-2)可得：

$$Q = \frac{A}{n}R^{\frac{2}{3}}i^{\frac{1}{2}} \tag{7-4}$$

（二）渠道断面设计实例

将表7-2中梯形过水断面参数带入式(7-4)后，在已知流量Q、比降i、糙率n及边坡系数m的条件下，式(7-4)中有两个未知量，一个方程式只能确定一个未知量，因此可以有多组解，进行渠道断面设计，就是对计算出的多组b、h值进行技术、经济比较，从中选出一组技术上可行、经济上合理的b、h值作为渠道的设计断面。计算b、h有两种方法：方法一是根据实际情况给定h求b，或给定b求h；方法二是给定宽深比$\beta(\beta=b/h)$，求b、h值。

【例题7-1】　一梯形断面的灌溉渠道，已知底宽$b=7$ m，底坡$i=0.000\ 3$，边坡系数$m=1.5$，因通过砂壤土地段，采用浆砌石护面，以提高渠道的抗冲能力和减少渗漏损失。求通过流量$Q=9.68\ m^3/s$，并保证超高$\Delta h=0.4$ m时渠堤的高度。

解：将已知参数代入式(7-4)后，可以看出计算h必须解复杂方程，所以常采用试算、迭代等方法进行。

方法1：迭代法。

迭代公式为：

$$h_0 = \sqrt{a_2^2 + a_1(b + 2h\sqrt{1+m^2})^{0.4}} - a_2 \tag{7-5}$$

式中：$a_1 = \frac{1}{m}\left(\frac{nQ}{\sqrt{i}}\right)^{0.6}$，$a_2 = \frac{b}{2m}$。

式(7-5)为正常水深h_0的迭代计算公式，具体步骤如下：

①由已知Q、b、m、n、i值计算a_1、a_2值。

②假设一个水深h_1，代入式(7-5)右端可计算一个水深，令其为h_2，判断h_1与h_2是否相等，通常第一次$h_1 \neq h_2$。

③以h_2代入式(7-5)右端计算一个水深h_3，再以h_3代入式(7-5)右端计算出h_4，直到所设水深与计算水深相等，此时的水深即为所求正常水深h_0。计算的整个过程是一个逐步逼近的过程，故又称逼近法。下面为具体的求解过程。

查表得$n=0.025$。

$$a_1 = \frac{1}{m}\left(\frac{nQ}{\sqrt{i}}\right)^{0.6} = \frac{1}{1.5} \times \left(\frac{0.025 \times 9.68}{\sqrt{0.000\ 3}}\right)^{0.6} = 3.244$$

$$a_2 = \frac{b}{2m} = \frac{7}{2 \times 1.5} = 2.333$$

将 a_1、a_2 值代入式(7-5)得 h_0 的计算简式：

$$h_0 = \sqrt{2.333^2 + 3.244 \times (7 + 3.606h)^{0.4}} - 2.333$$

设 $h_1 = 2.0$ m，代入上式，得 $h_2 = 1.52$ m。

重复上述过程得：$h_3 = 1.454$ m，$h_4 = 1.445$ m，$h_5 = 1.444$ m。

由于 h_3、h_4 已十分接近，故所求正常水深 h_0 为 1.44 m。

方法 2：Excel 单变量求解法。

①在 Excel 中输入已知数据，见表 7-3。

表 7-3　输入已知数据

	A	B	C	D	E	F
1	$Q=$	9.68	$b=$	7	$i=$	0.000 3
2	$m=$	1.5	$n=$	0.025		
3	h	A	χ	R	C	Q
4						

②假设水深为 2 m，然后在相应的单元格中输入相应的 Excel 计算公式，见表 7-4。

B4：=(D1 + B2 * A4) * A4

C4：= D1 + 2 * A4 * SQRT(1 + B2 * B2)

D4：= B4/C4

E4：= 1/D2 * D4^(1/6)

F4：= B4 * E4 * SQRT(D4 * F1)

表 7-4　计算结果

	A	B	C	D	E	F
1	$Q=$	9.68	$b=$	7	$i=$	0.000 3
2	$m=$	1.5	$n=$	0.025		
3	h	A	χ	R	C	Q
4	2	20.00	14.211	1.407	42.344 2	17.40

计算结果流量 $Q = 17.40$，与设计流量不符。

以 F4 单元格为目标单元格，设计流量 9.68 为目标值，A4 为目标单元格，单变量求解；

可以得出当 $h_0 = 1.44$ m 时，流量 $Q = 9.68\ m^3/s$。

所以，渠堤高度 $= h_0 + \Delta h = 1.44 + 0.4 = 1.84$(m)。

如果已知渠道过流量 Q、正常水深 h_0、糙率 n、底坡 i、边坡系数 m，要求计算渠道底宽，这也是一个复杂方程求解，同样可以使用迭代法和单变量求解法进行。

相应的迭代公式为：

$$b = \frac{A}{h} - mh_0 = \frac{m}{h_0}a_1(b + 2h_0\sqrt{1 + m^2})^{0.4} - mh \tag{7-6}$$

单元三　渠首工程

渠首工程位于渠道首部，又称取水枢纽，是指从河道取水的水利枢纽，其作用是获取符合水量及水质要求的河水，以满足灌溉、发电、工业及生活用水的要求。渠首工程分为无坝渠首枢纽和有坝渠首枢纽。当河道的枯水位和流量都能满足灌溉要求时，不需要在河道上修筑拦河坝(闸)，只需在河岸上选择适宜地点开渠并修建取水建筑物，从河流侧面引水，这种渠首称无坝渠首。当河道水量比较丰富，但水位较低，不能保证自流灌溉，或引水量较大，无坝引水不能满足要求时，则可拦河筑坝，壅高水位，保证引取灌溉所需流量，这种取水方式称为有坝取水。

一、渠首工程位置的选择

渠首工程位置的选择直接影响到取水口的正常工作。选择位置时应充分掌握地形、地质、洪水特性、含沙量及河床演变规律等情况，并考虑以下几个方面的问题：

(1)取水口高程应满足自流灌溉的要求及渠道输水输沙条件。

(2)取水口应选在河床稳定、河岸较坚实的河段。

(3)坝(闸)地址所在断面应较匀称，河道水流垂直于坝轴线，使过坝水流平顺。

(4)支流交汇处不应设置取水口，以避免干扰引水防沙。

(5)在渠首附近应有一定场地，以利于施工、交通运输。

二、无坝渠首枢纽

根据河岸的地质情况、河床演变规律以及引水量、含沙量情况，无坝取水枢纽布置形式一般有以下几种。

(一)位于弯道凹岸的取水枢纽

这种取水枢纽可以充分利用弯道环流特性，将取水口建在弯道的凹岸，引取表层较清水流，排走底沙。在河岸稳定、引水量小于河道流量的25%～35%时，常采用这种布置形式。

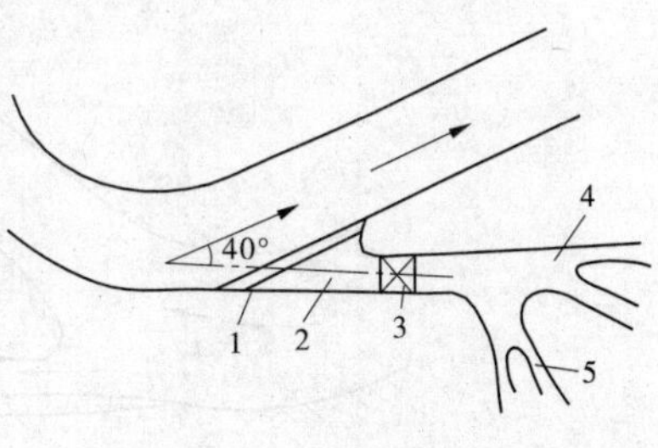

1—拦沙坎；2—引水渠；3—进水闸；

4—东沉沙条渠；5—西沉沙条渠

图7-4　无坝渠首平面布置示意图

取水枢纽一般由拦沙坎、进水闸、引水渠、沉沙池等建筑物组成，如图7-4所示。为了减少水头损失，可将引水渠缩短或不设引水渠。

取水口的位置设在弯道顶点以下水深最深、单宽流量最大、横向环流最强的地方，以引取表层清水，防止泥沙入渠。

拦沙坎的作用是防止推移质泥沙进入渠道。一般沿岸边布置在取水口的前缘，其轴线与水流的夹角应为锐角，以免砂砾跃过。拦沙坎的横剖面形状有梯形、矩形以及向前伸的悬臂板形，即┏形。拦沙坎的高度视河流泥沙情况而定，在含沙量小、河床稳定的情况下，一般高出渠底0.5～0.8 m。

进水闸的中心线与河道水流的夹角称为引水角。引水角的大小影响入渠泥沙的多少。引水角越小，水流越平顺，冲刷越轻，但过小会使渠首布置增加困难，一般采用30°～50°为宜。山东省打渔张渠首工程，经模型试验，引水角采用40°，并利用进水闸后的天然洼地作为沉沙条渠，经沉淀后的水流所含泥沙粒径大部分小于0.02～0.03 mm，达到了预期目的，工程运用情况良好。

（二）导流堤式取水枢纽

在不稳定的河道上或坡降较陡的山区河流，引取流量较大时，可在渠首设导流堤拦截水流，抬高取水口水位，使河道水流平顺地进入进水闸（见图7-5）。导流堤式取水枢纽中还设有冲沙闸，平时排沙，洪水期宣泄洪水。

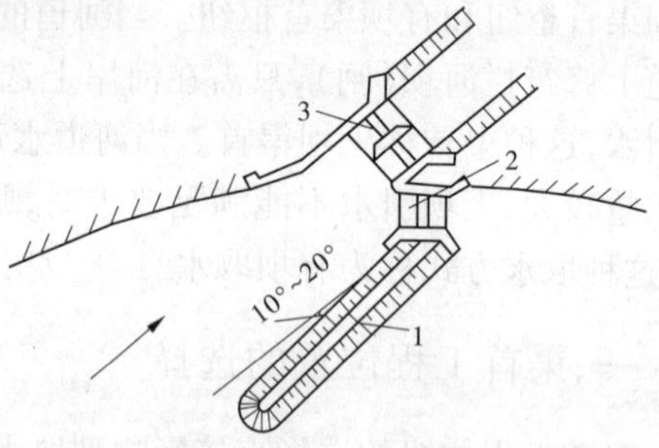

1—导流堤；2—泄水排沙闸；3—进水闸

图7-5　导流堤式渠首布置示意图

导流堤与主流方向的夹角 $\alpha=10°\sim20°$ 为宜，如果过小将增加导流堤的长度，过大导流堤易被洪水冲毁。

导流堤的长度取决于引水流量的大小，堤身愈长，引水愈多，但对泄洪的影响愈大。一般导流堤的上游端应接近河道主流，以满足引水需要。

泄水冲沙闸底板与该处河底相平或略低，但应比河流主槽高，以利于泄水和排沙。

进水闸底板高程应比引水段河床高出0.5～1.0 m，拦截推移质泥沙入渠。

（三）引水渠式取水枢纽

根据地形条件，为使冲沙闸的水流归入原河道，可将进水闸布置在离河岸较远的地方，如图7-6所示。这种布置形式可防止河岸冲刷变形影响，保证取水枢纽建筑物的安全。

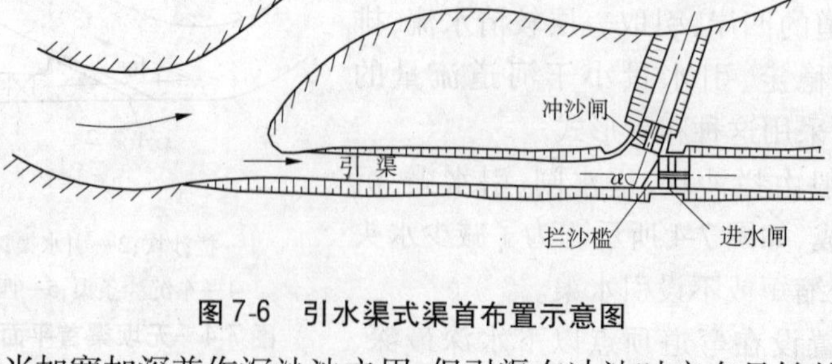

图7-6　引水渠式渠首布置示意图

引水渠可适当加宽加深兼作沉沙池之用，但引渠在冲沙时应有足够的水头，以达到水力冲沙的目的。

进水闸前设有拦沙坎及冲沙闸。冲沙闸的底板高程低于进水闸底板0.5～1.0 m。冲沙闸的中线与引水渠水流方向成30°～60°夹角，以便利用侧面排沙产生的横向环流减少泥沙进入干渠。

(四)多首制取水枢纽

在不稳定的多泥沙河流上,取水口常常由于泥沙淤塞而不能引水,这时采用多首制取水枢纽。多首制取水枢纽有两个以上的引水渠,各渠相距2~3 km,甚至3~4 km。当一个取水口淤塞后,可由其他引水口引水,或者引水渠淤积后,轮流清淤,保证灌区不致停水。图7-7所示为多首制取水枢纽的布置示意图。洪水期仅用一个取水口引水,其他取水口临时堵塞,以免引水过多和渠道淤积。枯水期则由几个取水口同时引水,以保证所需的水量。

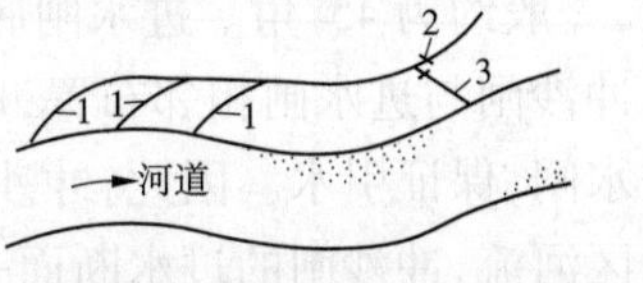

1—引水渠;2—进水闸;3—泄水排沙渠

图7-7 多首制渠首布置示意图

三、有坝渠首枢纽

有坝取水枢纽一般由壅水坝或拦河闸、进水闸及防沙设施等建筑物组成。如果河流上还有发电、航运、过木及过鱼等要求,有坝取水枢纽中需修建相应的专门建筑物。有坝取水枢纽布置应考虑泥沙问题。通常采用的防沙设施有沉沙槽、冲沙闸、冲沙廊道、冲沙底孔及沉沙池等。根据对泥沙处理方法的不同而有许多布置形式,下面介绍常用的几种有坝取水枢纽布置形式。

(一)沉沙槽式取水枢纽

这种取水枢纽由壅水建筑物、导流墙、冲沙闸、沉沙槽及进水闸等建筑物组成(见图7-8)。这种布置形式具有构造简单、施工方便等优点,在我国应用较多。

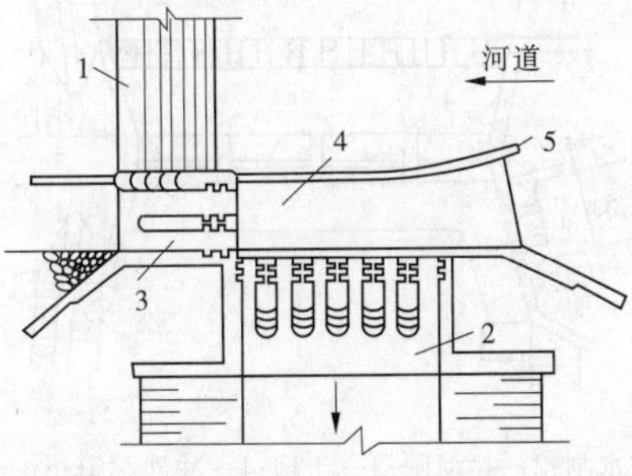

(a)原渭惠渠沉沙槽式渠道

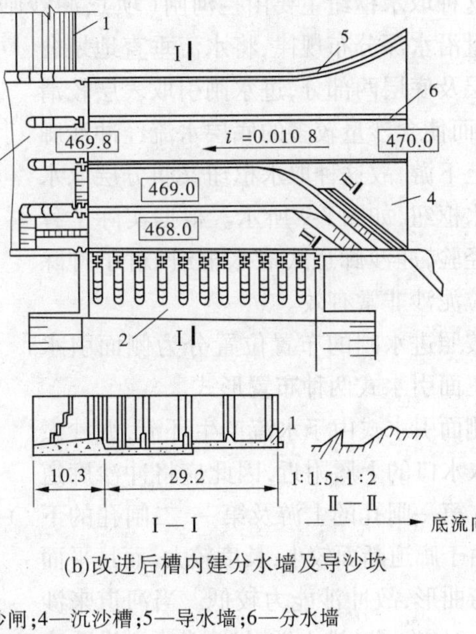

(b)改进后槽内建分水墙及导沙坎

1—壅水坝;2—进水闸;3—冲沙闸;4—沉沙槽;5—导水墙;6—分水墙

图7-8 沉沙槽式渠首布置图 (单位:m)

壅水建筑物一般是坝顶不设闸门的溢流坝。坝顶高程以满足引水要求为准,坝顶长度取决于泄洪时上游水位的限制。当河床宽度较窄,溢流坝长度受到限制,以致洪水期壅水过高时,可采用带闸门的溢流坝或拦河闸,以降低洪水期的上游水位。

进水闸位于坝端两岸,其作用是控制引取流量,进水闸的引水角应利于提高引水防淤效果,一般约为45°角。进水闸底板应高出沉沙槽底板1.0~1.5 m。

冲沙闸与进水闸相邻布置,用以冲刷沉沙槽内泥沙及宣泄部分洪水,并使河道主流趋向进水闸,保证引水。因此,冲沙闸必须有一定的过水能力,以增加冲沙效果和控制流向。在山区河流,冲沙闸的过水断面一般为筑坝处河道过水断面面积的1/5~1/20。在平原河流,其过水能力应大于灌溉期河道的正常流量。

导水墙与进水闸翼墙共同形成沉沙槽,并控制环流的影响范围。导水墙的长度,上游应伸至进水闸以上,下游导水墙应伸到壅水坝护坦末端,以便水流集中将泥沙冲到下游。导水墙的平面形状多为喇叭口形,以使水流平顺地进入沉沙槽。

沉沙槽的布置不仅要考虑沉沙所需要的容积,而且要考虑冲沙防沙的效果。为了便于冲沙集中水流,沉沙槽的宽度与冲沙闸的宽度相同。为了取得足够的沉沙容积,防止泥沙进入干渠,底板低于进水闸1.0~1.5 m。为了进一步提高防沙冲沙效果,有的工程将沉沙槽布置成弧形,并在槽内设置分水墙及导沙坎。沉沙槽的泥沙冲到坝下,待溢流坝泄洪时,把泥沙带走。实践证明,冲沙闸与河道水流方向成15°夹角,引水防沙效果较好。

若用拦河闸代替溢流坝,基本上不改变取水枢纽上下游河道的形状。与溢流坝相比,它既可壅水,又可开闸泄水冲沙,还可利用闸门启闭来调整上游河道主流的方向,使取水口保持良好的引水条件。因此,采用拦河闸壅水是改善引水条件的有效措施。

(二)冲沙廊道式取水枢纽

这种取水枢纽主要由拦河闸(坝)、冲沙闸、进水闸及冲沙廊道组成。它是根据水流含沙量沿水深分布规律,将水流垂直地划分为表层及底层两部分,进水闸引取表层较清水流,而使含沙量较多的底层水流经冲沙廊道排至下游,故这种取水枢纽又叫分层取水式取水枢纽,如图7-9所示。根据实际工程运用经验,冲沙廊道式取水枢纽,对于排除粗颗粒泥沙非常有效。

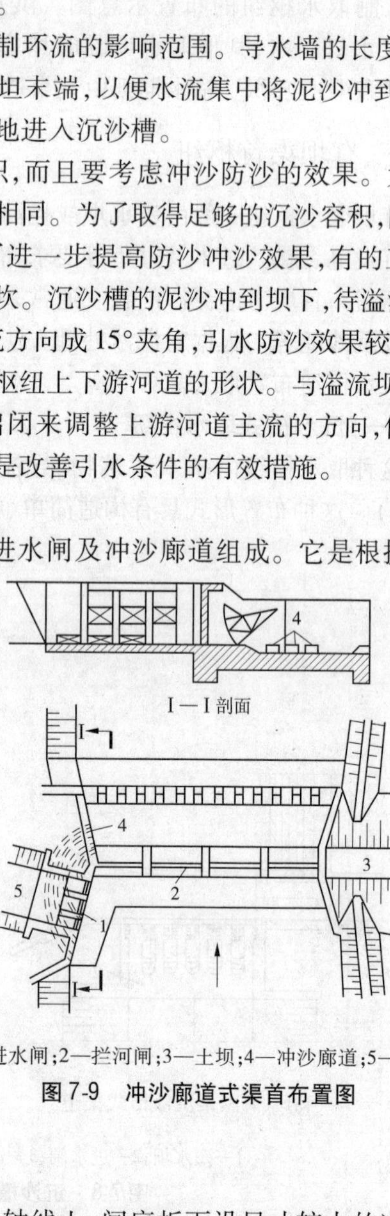

1—进水闸;2—拦河闸;3—土坝;4—冲沙廊道;5—干渠

图7-9 冲沙廊道式渠首布置图

按照进水闸的布置位置分为侧面引水式和正面引水式两种布置形式。

侧面引水式由于水流产生环流,泥沙淤积在取水口的上唇附近,因此应将冲沙廊道布设在第一闸孔的上游及第一、二闸孔的下面。由于廊道断面较小,长度较大,而且平面上呈弯曲形,故冲沙能力较低。当河道来沙量较大时,为了冲洗上游淤沙,常需增设冲沙闸。

正面引水式是将进水闸与壅水坝布置在同一轴线上,闸底板下设尺寸较大的冲沙廊道,一般不另设冲沙闸。这种布置方式,引水时闸前水流在平面上无弯曲现象,可减少粗沙入渠,冲沙廊道还可用于泄洪。

廊道的断面形状最好为矩形,底部和侧墙都应用耐磨材料衬砌。为了便于检修,廊道的高度不得小于0.5 m。廊道进口设工作闸门,出口淹没在水下时也应设闸门,以防止下游泥沙淤积在洞内。

冲沙廊道式取水枢纽的优点是可以边引水边冲沙,当枯水期来水及来沙量减少时,也可以利用廊道闸门控制进行定期冲沙。冲沙廊道式取水枢纽适用于来水量比较丰富、用水保证率高的情况。为使廊道内能产生4~6 m/s的冲沙流速,坝前水位应形成较大的水头。

(三)人工弯道式取水枢纽

人工弯道式取水枢纽是利用弯道环流原理,将河道整治为弯曲的引水弯道,造成人工环流,并在弯道末端按正面引水、侧面排沙的原则布置进水闸和冲沙闸,以引取表层水流,排走底沙。这种取水枢纽在我国新疆地区被广泛采用。

该种取水枢纽由人工引水弯道、进水闸、冲沙闸、泄洪闸以及下游排沙道等组成(见图7-10)。

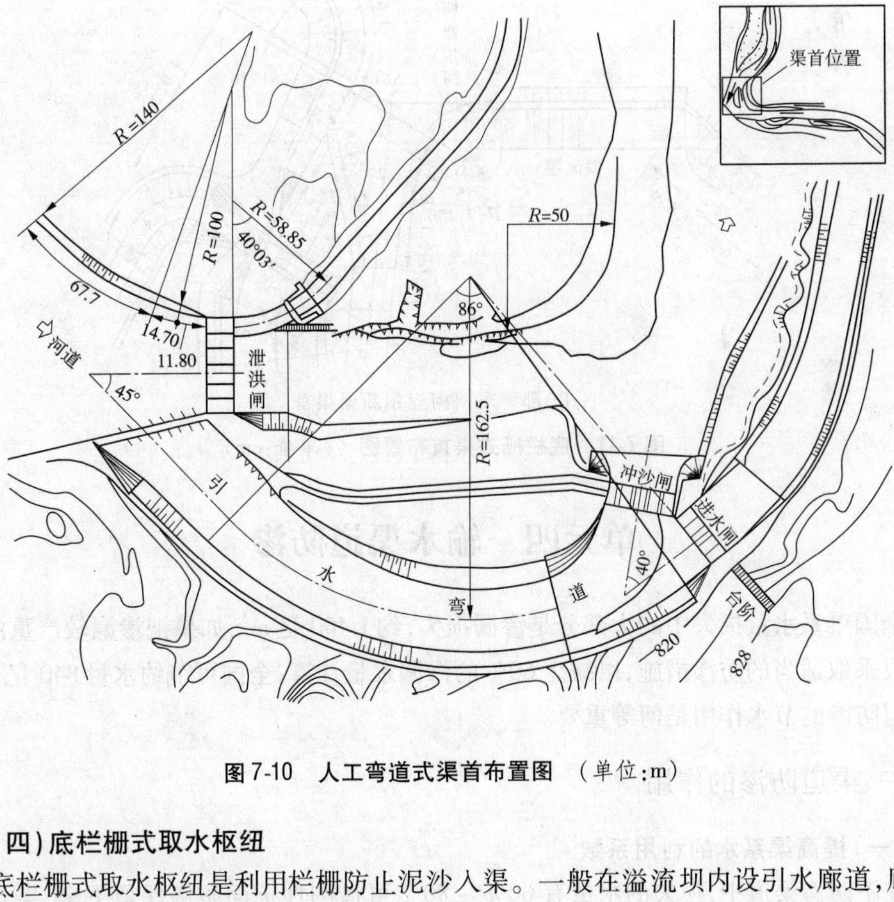

图7-10 人工弯道式渠首布置图 (单位:m)

(四)底栏栅式取水枢纽

底栏栅式取水枢纽是利用栏栅防止泥沙入渠。一般在溢流坝内设引水廊道,廊道顶部有金属栏栅,当河水从坝顶溢流时,一部分或全部水流经栏栅孔隙流入廊道,然后流入渠道。河流中的泥沙除细颗粒随水流入廊道外,卵石及砾石等则随水流泄到下游,如图7-11所示。这种渠道一般用于坡陡流急和河床为卵石、砾石且推移质细颗粒不太多的山溪性河道。

这种渠首由底栏栅坝、泄洪排沙闸、溢流坝、拦沙坎及导流堤等组成。

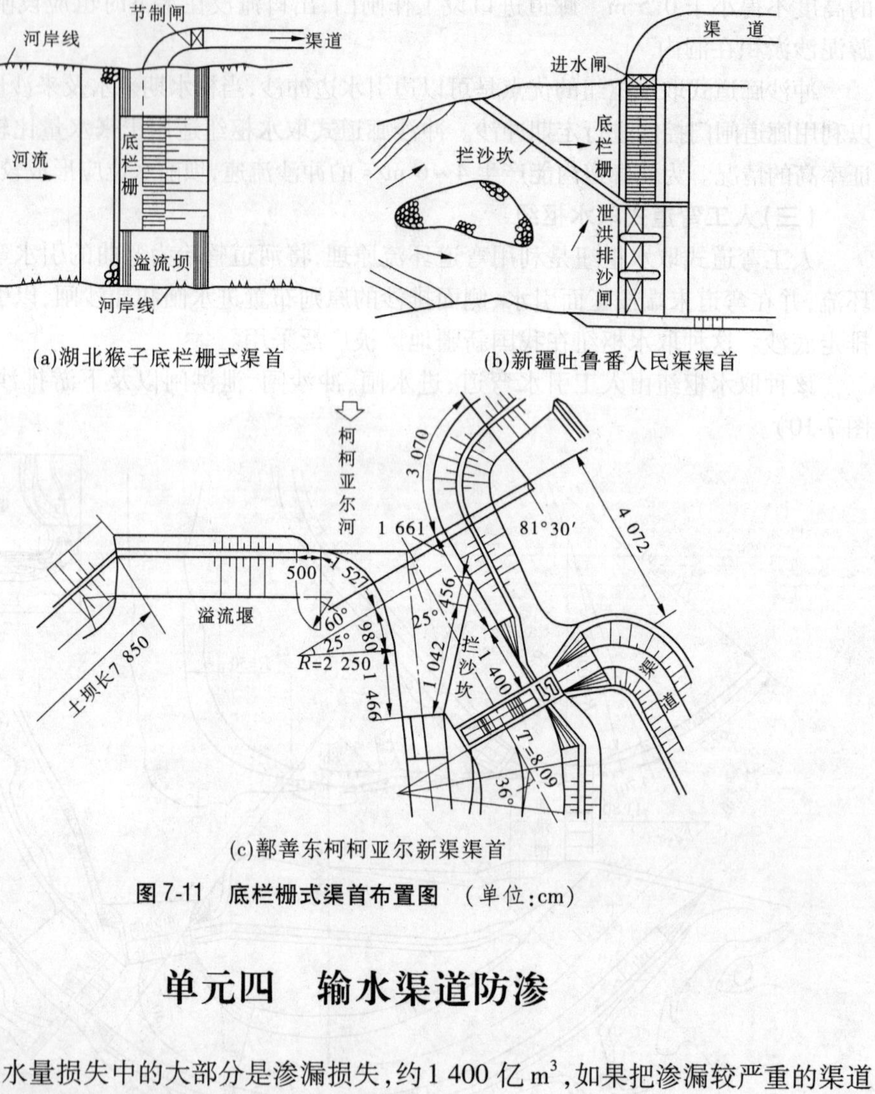

(a)湖北猴子底栏栅式渠首　　(b)新疆吐鲁番人民渠渠首

(c)鄯善东柯柯亚尔新渠渠首

图 7-11　底栏栅式渠首布置图　（单位：cm）

单元四　输水渠道防渗

全国渠系水量损失中的大部分是渗漏损失，约 1 400 亿 m^3，如果把渗漏较严重的渠道或渠段采取适当的防渗措施，以减少 60% 的渗漏水量计算，全国可节约水量 840 亿 m^3，可见渠道防渗的节水作用是何等重要。

一、渠道防渗的作用

（一）提高渠系水的利用系数

在不防渗渠道中，损失的水量有 60% ~80% 可借刚性护面防渗保留下来，渠道岸坡或水中潜生的杂草等植物能摄取大量水分，并通过蒸发作用散发到空气中。根据观测，某些亲水天然植物的耗水量比多数大田作物高出 50% ~100%。渠道防渗以后，可以防止杂草生长及输水渠道的部分渗漏损失，从而保住渠道的输水水量。

(二)渠道防渗是改造现有工程,使之充分发挥潜力,节约投资的好办法

根据实践经验,采取渠道防渗措施节约的 1 m^3 水的投资要比修建水库蓄 1 m^3 水的费用少得多,新渠道采取防渗方案比不衬砌的投资要节省。防渗虽在渠道上多花了一些钱,但由于防渗可减小工程规模,节省占地和土方开挖量,缩小建筑物的尺寸,从而会节省大量的投资,故渗漏较大的渠道进行衬砌,工程投资往往还会省些。

(三)防止土壤盐碱化及沼泽化

若输水渠道的输水水位较高不采取防渗措施,不仅因渗漏而损失大量的水,而且提高了地下水位,引起渠道两岸耕地盐碱化和沼泽化。

(四)防止渠道冲刷、淤积及坍塌

渠道防渗工程除防止渠道输水水量的渗漏损失外,还可防冲、防淤、防坍塌,稳定渠道,保证渠道的运行安全。我国新疆地区在戈壁滩上修建引水渠道,采用卵石砌渠,既防冲又防渗,且缩小了渠道断面,减少了渠道开挖量,其抗冲刷、防坍塌性能也是土渠所不能比拟的。

(五)防止渠水污染

渠道衬砌后能防止渠水从土壤中或地下水中吸入有害盐分或其他物质。

二、选择防渗工程的输水渠道基本要求

(1)在渠床底土渗透性强、地下水位相对较低、输水渗漏损失量大的情况下,宜采取防渗衬砌措施;对于高填方渠道、傍山渠道以及修建在陡坡地段的渠道,一般也宜采用衬砌加固。其他情况下应根据输水渠道的规模、改造要求、自然条件、经济状况和生态环境等因素,在技术经济论证的基础上合理确定。

(2)防渗措施应遵循因地制宜的原则,根据当地条件客观分析,选择适宜的断面形式。有条件地区应积极采用沥青混凝土、聚乙烯薄膜、土工布等防渗新材料、新结构、新工艺。寒冷与高寒地区必须采取防冻胀措施。

(3)对渠床底土较黏重,地下水位相对较高,本身的渗漏损失水量不大的渠道,可以不衬砌。对需用地表水回灌补源的井渠结合灌区,田间渠道除井灌渠道或渠井共用渠道外,一般不宜衬砌。引洪淤灌、引洪补源渠道,除险工险段外一般不宜衬砌。

三、防渗衬砌工程的设计原则

(1)针对渠床的地层岩性,确保衬砌坚固稳定,满足规范规定的设计防渗效果。

(2)分析地下水动态埋深与设计水位或设计渠底的关系,研究地下水对各项设计防护目标的影响,优先考虑排水、降水工程设计。

(3)依据工程所处地理位置,分析不利的气象参数、设计冻结深度,研究多方消减冻胀量的有效措施。

(4)充分发挥机械化衬砌设备施工的优质高效性能,以及人工半机械化的特点,力求衬砌设计方案形式新颖、结构周密、安全可靠、造价低廉。

四、防渗衬砌结构的适用条件

(一)渠道防渗技术与适用条件

渠道防渗应符合有关规范的技术要求。几种主要渠道防渗技术与适用条件见表7-5。

表7-5 渠道防渗结构的允许最大渗漏量及适用条件

防渗衬砌结构类别		主要原材料	允许最大渗漏量 $(m^3/(m^2 \cdot d))$	使用年限 (a)	适用条件
土料	黏性土 黏砂混合土	黏质土、砂、石、石灰等	0.07~0.17	5~15	就地取材,施工简便,造价低,但抗冻性、耐久性较差,工程量大,质量不易保证。可用于气候温和地区的中小型渠道防渗衬砌
	灰土 三合土 四合土			10~25	
水泥土	干硬性水泥土 塑性水泥土	壤土、砂壤土、水泥等	0.06~0.17	8~30	就地取材,施工较简便,造价较低,但抗冻性较差。可用于气候温和地区,附近有壤土或砂壤土的渠道衬砌
石料	干砌卵石(挂淤)	卵石、块石、料石、石板、水泥、砂等	0.20~0.40	25~40	抗冻性、抗冲性、抗磨性和耐久性好,施工简便,但防渗效果一般不易保证。可用于石料来源丰富,有抗冻、抗冲、耐磨要求的渠道衬砌
	浆砌块石 浆砌卵石 浆砌料石 浆砌石板		0.09~0.25		
埋铺式膜料	土料保护层 刚性保护层	膜料、土料、砂、石、水泥等	0.04~0.08	20~30	防渗效果好,质量轻,运输量小,当采用土料保护层时,造价较低,但占地多,允许流速小。可用于中小型渠道衬砌;采用刚性保护层时,造价较高,可用于各级渠道衬砌
沥青混凝土	现场浇筑 预制铺砌	沥青、砂、石、矿粉等	0.04~0.14	20~30	防渗效果好,适应地基变形能力较强,造价与混凝土防渗衬砌结构相近。可用于有冻害地区,且沥青料来源有保证的各级渠道衬砌
混凝土	现场浇筑	砂、石、水泥、速凝剂等	0.04~0.14	30~50	防渗效果、抗冲性和耐久性好。可用于各类地区和各种运用条件下的各级渠道衬砌;喷射法施工宜用于岩基、风化岩基以及深挖方或高填方渠道衬砌
	预制铺砌		0.06~0.17	20~30	
	喷射法施工		0.05~0.16	25~35	

(二)防渗结构适用的断面形式

不同防渗结构适用的断面形式见表7-6。

表7-6 不同防渗结构适用的断面形式

防渗结构类别	明渠						暗渠			
	梯形	矩形	复合形	弧形底梯形	弧形坡脚梯形	U形	城门洞形	箱形	正反拱形	圆形
混凝土	√	√	√	√	√	√	√	√	√	√
土保护层膜料	√			√	√					
刚性保护层膜料	√	√	√	√	√	√	√	√	√	√
沥青混凝土	√			√	√					
料石	√	√	√	√	√	√	√	√	√	√
块石	√	√	√	√	√	√	√	√	√	√
卵石	√		√	√	√	√	√		√	
石板	√		√	√	√					

五、输水渠道常用的几种衬砌结构形式

(一)现浇混凝土板衬砌形式

(1)铺设复合土工膜防渗,渠底换填砂砾石防冻胀,渠坡采用聚苯乙烯泡沫板保温、现浇混凝土板衬砌。

该类形式主要适用于输水渠开挖深度内为裂隙黏土、壤土或砂壤土的渠段,渠床土壤渗透系数大,砂壤土还存在结构松散、抗冲性差、渗漏较严重,且渠道设计流速大于土壤的不冲流速。由于渠床渗漏严重,全断面铺设复合土工膜,以增强渠道防渗效果。

(2)渠坡铺设聚氨酯黏合的单面钢丝网架聚苯乙烯泡沫板保温、防渗,依托网架现浇钢丝网混凝土大板保护层,渠底换填砂砾石防冻胀,现浇混凝土防渗。

该类形式主要用于输水渠开挖深度内为黏土、壤土的渠段,渠床土壤渗透系数较小,因此不需要采用专门的防渗材料防渗。而通过在渠坡上铺设聚氨酯黏合的单面钢丝网架聚苯乙烯泡沫板,既可满足防冻胀要求,又可满足防渗要求。另外,在钢丝网架上现浇混凝土大板保护层,使其类似于钢筋混凝土,既减小了混凝土板的厚度,又提高了混凝土板的整体强度。

(3)渠坡铺设复合土工膜防渗、聚苯乙烯泡沫板保温、现浇混凝土大板衬砌,固结土护底。

该类形式主要适用于控制建筑物上游且地下水位较高的渠段,渠底可长期处在水面以下,不会发生冻胀破坏,且固结土强度会不断提高。

(二)预制混凝土板衬砌形式

全断面铺设复合土工膜防渗、聚苯乙烯泡沫板保温,预制混凝土板干砌。该类形式适

用于输水渠影响深度内为黄土状壤土且渠道沿线无电源的渠段。该类衬砌形式在渠基不采取防水措施和工程措施进行处理的情况下，采用混凝土板干砌衬砌，以适应基础的变形。

根据已建的长距离渠道经验，冬季运行的渠道最好采用预制混凝土板衬砌，工程质量易保证，易维修，适应变形能力强。

（三）砌石衬砌形式

砌石可以干砌，也可以浆砌。干砌强度较低，抗冲流速也较低，一般为3～4 m/s，但易适应河床变形。浆砌块石整体性强，抗冲流速较大，一般为5～6 m/s，如表面光滑，抗冲流速可达10 m/s以上。但其刚性大，不易适应河床变形。砌石护坡应先铺砾石垫层，使坡面平整，且起反滤作用，以防岸坡土壤被冲洗出来。对干砌块石，垫层应较厚。砌石护坡对石料要求高，受料场存储量、可采性和运距的影响较大。中层砌石护坡如图7-12所示。

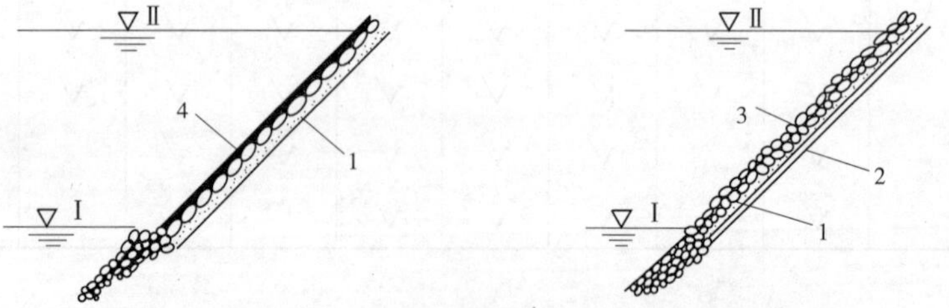

(a)浆砌块石护坡　　(b)干砌块石护坡

1—砾石垫层；2—粗砾层；3—双层干砌石；4—浆砌块石；Ⅰ—中水位；Ⅱ—洪水位

图7-12　中层砌石护坡

（四）模袋混凝土衬砌

前三种衬砌形式比较常见，模袋混凝土衬砌护坡现在被广泛应用于有水情况下护坡衬砌。它具有施工机械化程度高、施工速度快、地形适应性强等特点，特别是它可以在渠道（河道）不停水（截流）的情况下进行施工。该工艺由模袋、混凝土结构层及垫层3部分组成，见图7-13。

图7-13　模袋混凝土衬砌效果图

单元五　渠道防沙

在多泥沙河流上引水灌溉，必须防止或减少泥沙入渠。否则，大量泥沙入渠，造成渠道淤积，增加渠道维修费用，降低输水能力，影响农田灌溉。所以，防止大量泥沙入渠和防止渠道淤积是一个非常重要的问题。做好水土保持工作是减少河流挟沙量的根本措施。同时，采取一些行之有效的工程措施，防止泥沙入渠及防止渠道淤积也是十分必要的。本单元主要简单地介绍防止渠道淤积的一些工程措施。

一、渠道中修建沉沙池

为了防止或减少灌溉渠道的淤积，常设置沉沙池。它不仅用以澄清粗粒泥沙，同时还可以澄清中粒泥沙和部分细沙，使余下的泥沙不至于超过下游渠道的输沙能力。沉沙池断面远大于渠道断面，水流进入沉沙池后，由于断面扩大，流速减小（一般为0.2~0.35 m/s），水流挟沙能力降低，使水流中的泥沙逐渐沉淀下来。对沉沙池内的泥沙要按时冲洗。

当取水枢纽能够提供足够的冲洗水头时，在取水口下游的一段渠道（长2~4 km）展宽和加深，并加以衬砌，形成一个梯形断面的沉沙池，在其末端设置冲沙道和泄水渠，以冲洗和排泄泥沙。在无坝取水口中，没有足够的冲洗水头。因此，为了用水力冲洗的方法将泥沙从沉沙池中冲走，就须加大沉沙池前段的引水渠长度，以获得必要的水头。

二、在渠道中设置排沙闸

在渠道内设排沙闸能清除部分泥沙。根据渠道水流挟沙的规律，在干渠的首段设排沙闸，防沙入渠效果最好。

布置冲沙闸时应注意以下几点：有足够的冲沙流量及冲沙流速；闸后排沙出路顺利；排沙闸与节制闸相配合，且底槛较节制闸低0.3~0.5 m，排沙闸轴线与渠道水流成30°~60°角等，以便提高排沙闸的排沙能力，从而缩短其排沙时间。

单元六　生态渠道

一、生态渠道设计原则

生态渠道除具有行洪、排涝、引水、灌溉等功能外，以创建适合人们休闲、居住、观赏的城市水环境为目的。在具体设计中要遵循以下两点：

(1)以人为本。在水体得以生态修复的前提下，加大两岸的绿化力度，丰富水体景观。

(2)生态可持续发展。充分考虑生态的景观设计，弱化现有的人为硬质景观，创建可持续发展、人与环境和谐共生的环境。

二、生态堤岸工程建设模式

生态堤岸的建设方法较多，如生态混凝土护岸、阶梯式生态堤岸、栅栏护岸和木桩－石材复合型生态护岸等。

(一)生态混凝土护岸

生态混凝土是由低碱度水泥、粗骨料、保水材料等按照特殊工艺制成的混凝土。它不仅有一定的抗压强度,而且有大量连续孔隙,透气性、透水性良好,应用于生态堤岸建设既能保护堤岸不受侵蚀,又可在孔隙中播种小型植物,便于建成亲近自然的生态护岸。

(二)植物定植岸边工艺

将种植土装入编织袋,固定堆砌在河道底部,为植物生长提供基底,不仅可为河道内水生植物的生长创造条件,而且可有效减少现有堤岸的硬质感,还可以改善河流水质。

(三)石笼护岸

用镀锌、喷塑铁丝网笼或竹子编的竹笼装碎石(有的装碎石、肥料和适合植物生长的土壤)垒成台阶状护岸或做成砌体挡土墙,并结合植物、碎石以增强其稳定性和生态性。石笼尤其适用于碎石和沙子来源广泛而缺少大块石头的地区。石笼网眼大小一般为60~80 mm,也可根据填充材料的尺寸大小进行调整。其表面可覆盖土层种植植物,即使是全断面护砌,也可为水生植物、动物与微生物提供生存空间。石笼护岸比较适用于流速大的河道断面,具有抗冲刷能力强、整体性好、应用比较灵活、能随地基变形而变化的特点。

(四)栅栏护岸

栅栏护岸是以各种废弃木材和其他木质材料为主要护岸材料的护岸结构。该护岸结构先在坡脚处打入木桩,加固坡脚,然后在木桩上横向捆绑木材或已扎成捆的木质材料,做成栅状围栏。围栏可根据景观要求做成各种形状,围栏后堆积石料或回填土料的搭配不仅进一步加固坡脚,而且为微生物、水生动植物提供生存环境。围栏以上的坡面可植草坪植物并配上木质的台阶,最终实现稳定性、安全性、生态型、景观性与亲水性的和谐统一。

(五)木桩-石材复合型生态护岸

在坡底采用生态混凝土护岸,保证护坡的稳定性和安全性,并为水生植物生长提供条件;在上部用木桩框架护面,框架内嵌有砾石或卵石(见图7-14),是融合亲水性、景观性、净水功能于一体的生态护岸结构。

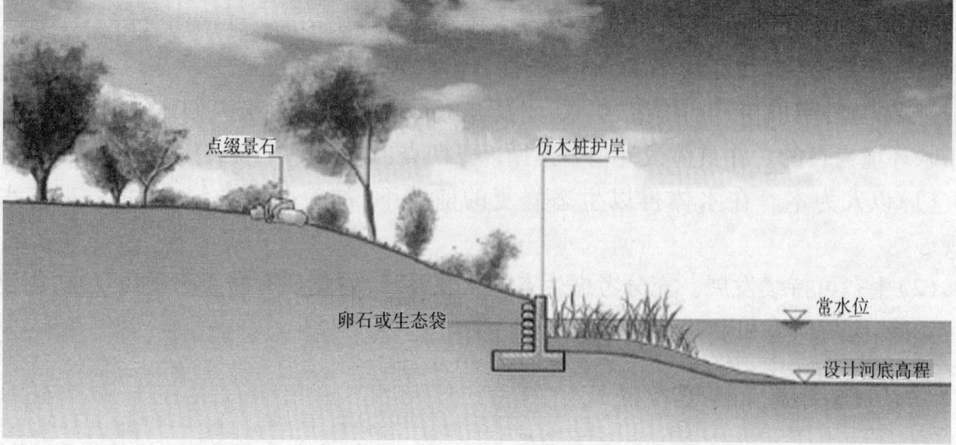

图7-14 木桩-石材复合型护岸工艺示意图

三、生态渠道断面形式

根据不同的功能要求，可以设计不同的渠道断面形式，主要分为四类：复式断面、梯形断面、矩形断面、双层断面等。

（1）复式断面适用于河滩开阔的河道。枯水期流量小，水流归于主槽，洪水期流量大，允许河水漫滩，过水断面大，洪水位低，一般不需要修建高大的防洪堤。枯水期可充分开发河滩的功能，如修建野外活动场所等。复式渠道断面见图 7-15。

图 7-15　复式渠道断面

（2）梯形断面结构简单，是常用的断面形式。位于城市等人口集居地周边的渠道，在绿化河岸与设置道路时，合理的布置能充分体现渠道安全、休闲和亲水的功能，营造人水和谐的人居环境，使河岸景观与防洪功能融为一体。梯形渠道断面见图 7-16。

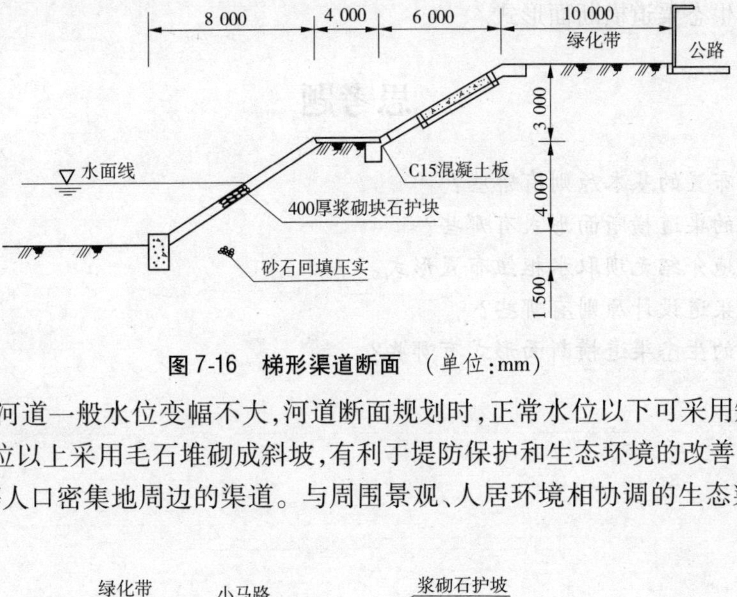

图 7-16　梯形渠道断面　（单位：mm）

（3）平原河道一般水位变幅不大，河道断面规划时，正常水位以下可采用矩形干砌石断面，正常水位以上采用毛石堆砌成斜坡，有利于堤防保护和生态环境的改善。这种断面适用于城镇等人口密集地周边的渠道。与周围景观、人居环境相协调的生态渠道断面见图 7-17。

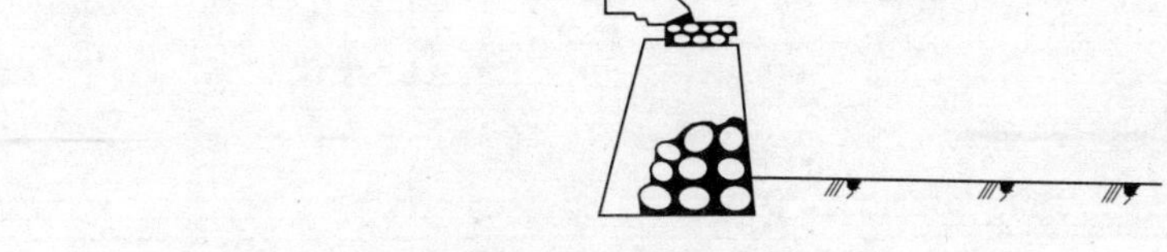

图 7-17　矩形渠道断面

（4）双层河道（上层为明河，下层为暗河）断面通常适用于城镇区域内河，下层暗河主要是泄洪、排涝；上层明河具有安全、休闲、亲水等功能，一般控制 20 cm 左右的水深，河中能放养各种鱼类。城镇区域内建双层河道，具有较好的安全性和亲水性，可美化渠道两岸的人居环境。双层河道断面见图7-18。

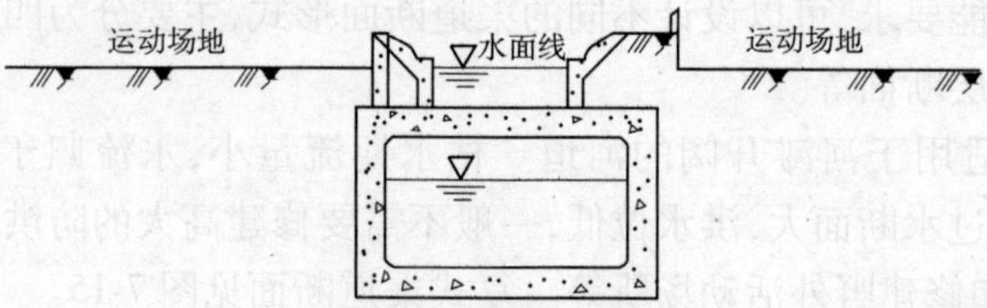

图7-18 双层河道断面

小 结

本项目介绍了渠道布置和渠道设计的基本原则。总结了渠道横断面的常见形式，讲解了渠道横、纵断面设计的原则和基本方法。介绍了无坝取水枢纽布置形式及常用的几种有坝取水枢纽布置形式。简单地介绍了防渗衬砌设计原则、渠道衬砌的主要结构形式及常见防止渠道淤积的一些工程措施。讲解了生态渠道设计原则、常见的生态堤岸工程建设模式及生态渠道横断面形式。

思考题

1. 渠道布置的基本原则有哪些?
2. 常见的渠道横断面形式有哪些?
3. 简单地介绍无坝取水枢纽布置形式。
4. 生态渠道设计原则有哪些?
5. 常见的生态渠道横断面形式有哪些?

项目八　交叉建筑物

教学基本要求

(1)单元一。了解交叉建筑物和渡槽的概念、作用、分类及构造,掌握渡槽的整体布置和基本水力计算方法。

(2)单元二。了解倒虹吸管的概念、作用、分类及构造,掌握倒虹吸管的布置和基本水力计算方法。

能力培养目标

(1)能根据工程实际对渡槽的整体布置进行简单设计。

(2)能够通过水力计算确定渡槽纵坡、过水断面形式和尺寸、进出口槽底高程等。

(3)能够通过设计确定槽身结构、槽墩和槽架结构、基础结构。

(4)能够对倒虹吸管的布置和构造进行整体把握。

学习重点与难点

重点是渡槽的整体布置、水力计算、结构设计,倒虹吸管布置、水力计算。

难点是渡槽水力计算的方法和步骤、倒虹吸管整体布置。

项目的专业定位

现在许多水利工程和引水工程等大量地使用渡槽和倒虹吸管,并创造出很多富有特色的新式交叉建筑物。相继出现了钢筋混凝土渡槽、轻型结构渡槽、大跨度拱式渡槽,并被广泛采用。渡槽和倒虹吸管作为一种水利设施,宜在城市排洪沟渠跨越铁路、公路、灌溉渠道沟壑时设置。

单元一　渡　槽

一、渡槽的作用、组成

渡槽是输送水流跨越渠道、河流、道路、山冲、谷口等的交叉建筑物。除输水外,当挖方渠道与冲沟相交时,为避免山洪及泥沙入渠,可在渠道上面修建渡槽,方便排泄冲沟来水及泥沙,起到排洪、导流作用。

渡槽由槽身、支承结构、基础、进口建筑物和出口建筑物等部分组成(见图8-1)。槽身置于支承结构上,槽身重及槽中水重通过支承结构传给基础,再传至地基。

渡槽一般适用于渠道跨越深宽河谷且洪水流量较大、渠道跨越广阔滩地或洼地等情况。它比倒虹吸管水头损失小,便利通航,管理运用方便,是交叉建筑物中采用最多的一种形式。

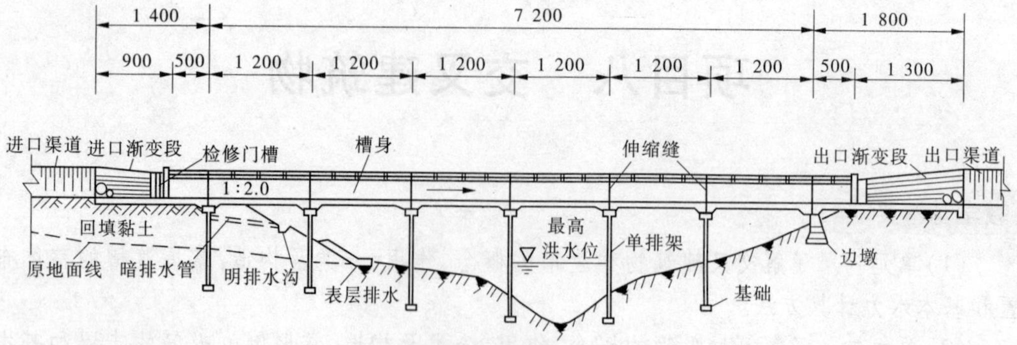

图 8-1　梁式渡槽纵剖面图　（单位：cm）

二、渡槽的类型

渡槽的分类方法很多，按其所用材料分，有木渡槽、砖石渡槽、混凝土渡槽、钢筋混凝土渡槽及钢丝网水泥渡槽等；根据其支承结构的情况，分为梁式渡槽和拱式渡槽两大类。

（一）梁式渡槽

梁式渡槽槽身置于槽墩或排架上，其纵向受力和梁相同，所以称为梁式渡槽（见图8-1）。槽身在纵向均匀荷载作用下，一部分受压，一部分受拉，故常采用钢筋混凝土结构。为了节约钢筋和水泥用量，还可采用预应力钢筋混凝土及钢丝网水泥结构，跨度较小的槽身也可用混凝土建造。

梁式渡槽的槽身根据其支承位置的不同，可分为简支梁式（见图8-1）、双悬臂梁式（见图8-2（a））、单悬臂梁式（见图8-2（b））和连续梁式4种形式，前三种形式最为常见。

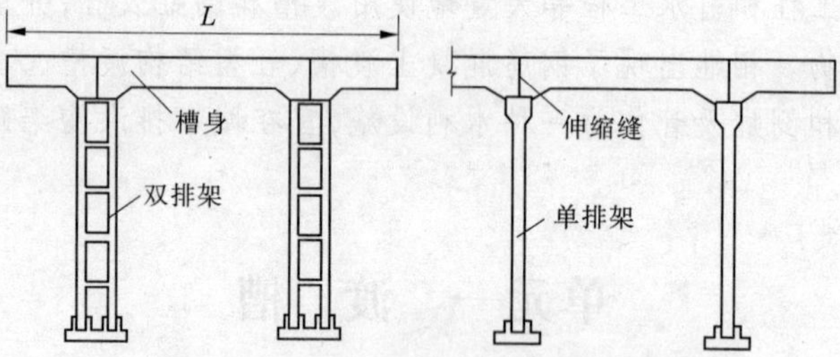

(a)双悬臂梁式　　(b)单悬臂梁式

图 8-2　悬臂梁式渡槽

简支梁式渡槽的优点是结构简单，施工吊装方便，接缝处止水构造简单。其缺点是跨中弯矩较大，底板受拉，对抗裂防渗不利。常用跨度为8～15 m，其经济跨度为墩架高度的0.8～1.2倍。

双悬臂梁式渡槽根据其悬臂长度的不同，又可分为等跨双悬臂式和等弯矩双悬臂式。双悬臂梁式渡槽因跨中弯矩较简支梁式渡槽小，每节槽身长度可为25～40 m，但其重量大，整体预制吊装困难，当悬臂顶端变形或地基产生不均匀沉陷时，接缝处止水容易被拉裂。

单悬臂梁式渡槽一般用在靠近两岸的槽身或双悬臂梁式向简支梁式过渡时采用。

（二）拱式渡槽

当槽身置于拱式支承结构上时，称为拱式渡槽（见图 8-3）。

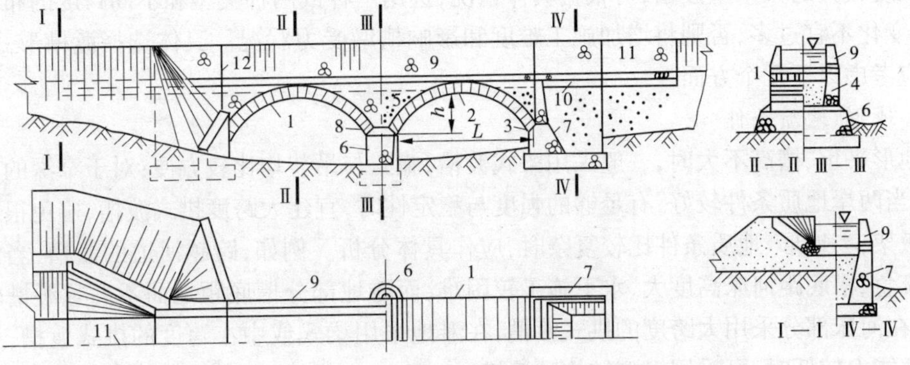

1—拱圈；2—拱顶；3—拱脚；4—边墙；5—拱上填料；6—槽墩；
7—槽台；8—排水管；9—槽身；10—垫层；11—渐变段；12—变形缝

图 8-3　拱式渡槽

拱式渡槽的主要承重结构是拱圈。槽身通过拱上结构将荷载传给拱圈，它的两端支承在槽墩或槽台上。拱圈的受力特点是承受以压力为主的内力，故可应用石料或混凝土建造，并可用于较大的跨度。但拱圈对支座的变形要求严格，对于跨度较大的拱式渡槽，应建筑在比较坚固的岩石地基上。多跨拱式渡槽在布置上应对称、均匀、尽量等跨度，当跨度不同时，应设置推力墩，以消除因拱推力不平衡而产生的不利影响。

三、渡槽的总体布置

渡槽总体布置的主要内容包括槽址选择、形式选择、进出口布置、基础布置。

渡槽总体布置的基本要求是：流量、水位满足灌区需要；槽身长度短，基础、岸坡稳定，结构选型合理；进出口顺直通畅，避免填方接头；少占农田，交通方便，就地取材等。

总体布置的步骤，一般是先根据规划阶段初选槽址和设计任务，在一定范围内进行调查和勘探工作，取得较为全面的地形、地质、水文、气象、建筑材料、交通要求、施工条件、运用管理要求等基本资料，在全面分析基本资料的基础上，按照渡槽总体布置的基本要求，提出几个布置方案，经过技术经济比较，选择最优方案。

（一）槽址选择

选择槽址时，一般须考虑以下几个方面：

（1）应结合渠道线路布置，尽量利用有利的地形、地质条件，以便缩短槽身长度，减少基础工程量，降低墩架高度。

（2）槽轴线力求短直，进出口要避免急转弯，并力求布置在挖方渠道上。

（3）跨越河流的渡槽，槽轴线应与河道水流方向正交，槽址应位于河床及岸坡稳定、水流顺直的地段，避免选在河流转弯处。有通航要求时，槽下应有足够的净空高度，以保证通航。

（4）少占耕地，少拆迁民房，并尽可能有较宽敞的施工场地，争取靠近建筑材料产地，以便就地取材。交通方便，水电供应条件较好，有利于管理维修。

（二）渡槽选型

长度不大的中小型渡槽，可采用一种类型的单跨或等跨渡槽。对于地形、地质条件复杂而长度较大的大中型渡槽，可根据具体情况，选用一种或两种类型和不同跨度的布置方式，但变化不宜过多，否则将增加施工难度和影响槽墩受力状况。具体选择渡槽形式时，主要应考虑以下几个方面。

1. 地形、地质条件

地形平坦、槽高不大时，一般采用梁式渡槽，施工与吊装均比较方便；对于窄深的山谷地形，当两岸地质条件较好，有足够的强度与稳定性时，宜建大跨度拱式渡槽，避免很高的中间墩架；当地形、地质条件比较复杂时，应作具体分析。例如，跨越河道的渡槽，当河道水深流急、槽底距河床高度大、水下施工较困难，而滩地部分槽底距地面不高且渡槽较长时，可在河床部分采用大跨度的拱式渡槽，在滩地采用梁式或中小跨度的拱式渡槽，当地基承载能力较低时，可采用轻型结构的渡槽。

2. 建筑材料

建筑材料方面，应贯彻就地取材和因材设计的原则，结合地形地质及施工等其他条件，采用经济合理的结构形式。

3. 施工条件

应尽可能采用预制构件进行装配的结构形式，以加快施工速度，节省劳力。同一渠系有几个渡槽时，应尽量采用同一种结构形式。

（三）进出口段布置

为了使渠道水流平顺地进入渡槽，避免冲刷和减小水头损失，布置渡槽的进出口段时，应注意以下几个方面：

(1)进出口前后的渠道上应有一定长度的直线段。渡槽进出口渠道的直线段与槽身连接，在平面布置上要避免急剧转弯，防止水流条件恶化，影响正常输水，造成冲刷现象，对于流量较大、坡度较陡的渡槽，尤其要注意这一问题。

(2)设置渐变段。渠道与渡槽的过水断面，在形状和尺寸上均不相同，为使水流平顺衔接，渡槽进出口均需设置渐变段。渐变段的形状以扭曲面形式水流条件较好，应用较多；八字墙式施工简单，小型渡槽使用较多。渐变段的长度 L_j 通常采用经验公式计算：

$$L_j = c(B_1 - B_2) \tag{8-1}$$

式中 B_1——渠道水面宽度；

B_2——渡槽水面宽度；

c——系数，进口取 $c=1.5\sim2.0$，出口取 $c=2.5\sim3.0$。

对于中小型渡槽，进口渐变段长度也可取 $L_1 \geqslant 4h_1$，h_1 为上游渠道水深；出口渐变段长度取为 $L_2 \geqslant 6h_2$，h_2 为出口渠道水深。

(3)设置护底与护坡，防止冲刷。

（四）基础布置

渡槽基础的类型较多，根据埋置深度可分为浅基础及深基础，埋置深度小于 5 m 时为浅基础，大于 5 m 时为深基础。应结合渡槽形式选定基础结构的形式，基础结构的布置尺寸需在槽墩或槽架布置的基础上确定。下面仅对基础高程的确定问题作简单介绍。

对于浅基础,基底面高程(或埋置深度)应根据地形、地质等条件选定。对于冰冻地区,基底面埋入冰冻层以下不少于0.3 m,以免因冰冻而降低地基承载力。耕作地内的基础,基顶面以上至少要留有0.5~0.8 m的覆盖层,以利耕作。软弱地基上基础埋置深度一般为1.5~2.0 m,如果地基的允许承载力较低,可采取增加埋深或加大基底面尺寸的办法以满足地基承载力的要求。当上层地基土的承载能力大于下层时,宜利用上层土作持力层,但基底面以下的持力层厚度应不小于1.0 m。坡地上的基础,基底面应全部置于稳定坡线以下,并应削除不稳定的坡土和岩石,以保证工程的安全。河槽中受到水流冲刷的基础,基顶面应埋入最大冲刷深度以下,以免基底受到淘刷危及工程的安全。对于深基础,计算的入土深度应从稳定坡线、耕作层深、最大冲刷深度等处算起,以确保深基础的承载能力。最大冲刷深度的计算可参考有关书籍和资料。

四、渡槽的水力计算

渡槽水力计算的目的是确定渡槽底纵坡、横断面形式和尺寸、进出口槽底高程,校核水头损失是否满足渠系规划要求。

渡槽的水力计算是在槽址中心线及槽身起止点位置选择的基础上进行的,所以上下游渠道的断面尺寸、通过各级流量时的水深、渠底高程和允许水头损失均为已知。计算时,一般按通过最大流量来拟定槽身的纵坡、净宽和净深,然后按通过设计流量计算水流通过渡槽的总水头损失值 ΔZ,如 ΔZ 等于或略小于规划定出的允许水头损失,则可最后确定纵坡、净宽和净深值,进而定出有关高程。

(一)渡槽纵坡 i 确定

进行渡槽的水力计算,首先要确定渡槽纵坡。在相同的流量下,纵坡 i 大,过水断面就小,渡槽造价低,但 i 大,水头损失大,减少了下游自流灌溉面积,满足不了渠系规划要求,同时,由于流速大,可能引起出口渠道的冲刷。因此,确定一个适宜的底坡,使其既能满足渠系规划允许的水头损失,又能降低工程造价,常常需要试算。一般常采用 $i=1/500\sim1/1\ 500$,槽内流速1~2 m/s,对于有通航要求的渡槽,要求流速在1.5 m/s以内,底坡小于1/2 000。

(二)槽身断面尺寸的确定

槽身过水断面尺寸,一般依据渡槽的最大流量按照水力学公式进行计算。当槽身长度 L 大于15~20倍水深 h 时,按明渠均匀流公式计算;当 L 小于15~20倍水深 h 时,按淹没宽顶堰公式计算。

需要指出的是,槽身糙率对过水断面面积及水流状态影响较大,应根据施工条件和工艺水平参照工程实测资料分析选取,初步设计时可按手册查用;槽身过水断面的宽深比不同,槽身的工程量也不同,为使工程经济,应有适宜的宽深比。从过水能力方面考虑,应取水力最优宽深比 $b/h=2.0$,但从受力条件考虑,梁式渡槽的槽身侧墙在纵向起着梁的作用,加高侧墙,可提高槽身的纵向承载能力,故宜适当降低宽深比,工程中常采用 $b/h=1.25\sim1.67$。

为了防止因风浪或其他原因而引起侧墙顶溢水,侧墙应有一定的超高。按建筑物的等级和过水流量不同,超高 Δh 可选用0.2~0.6 m,也可用经验公式计算:

矩形槽身 $\Delta h = h/12 + 5$ (cm) (8-2)

U 形槽身 $\Delta h = D/12$ (cm) (8-3)

式中 h——槽内水深,cm;

D——U 形槽身直径,cm。

对于有通航要求的渡槽,超高值应根据通航要求确定。

(三)水头损失计算

水流经过渡槽进口段时,随着过水断面的减小,流速逐渐加大,水流位能一部分转化为动能,另一部分因水流收缩而产生水头损失,因此进口段将产生水面降落 Z;水流进入槽身后,基本保持均匀流,沿程水头损失值 $Z_1 = iL$;水流经过出口段时,随着过水断面增大,流速逐渐减小,水流动能因扩散而损失一部分,另一部分则转化为位能,而使出口水面回升 Z_2,从而与下游渠道相衔接(见图 8-4)。

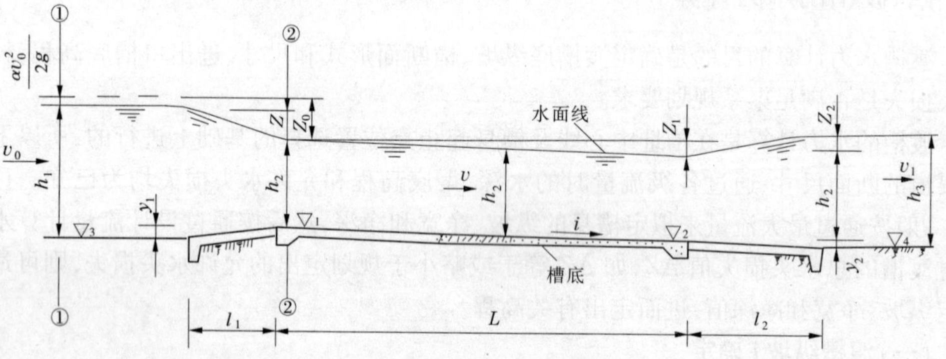

图 8-4 渡槽水力计算图

(1)进口水面降落 Z 可按下式计算:

$$Z = \frac{Q^2}{(\sigma\varphi A\sqrt{2g})^2} - \frac{v_0^2}{2g} \tag{8-4}$$

或

$$Z = \frac{1 + K_1}{2g}(v^2 - v_0^2) \tag{8-5}$$

式中 σ、φ——侧收缩系数和流速系数,可取 0.90~0.95;

A——槽深过水断面面积;

v、v_0——槽身与上游渠道的流速;

K_1——进口段局部水头损失系数,与渐变段形式有关:扭曲面为 0.1,八字斜墙为 0.2,圆弧直墙为 0.2,急变形式为 0.4。

(2)槽身沿程水头损失 Z_1 为:

$$Z_1 = iL \tag{8-6}$$

式中 i、L——槽身纵坡和长度。

(3)出口水面回升 Z_2 可按下式计算:

$$Z_2 = \frac{1 - K_2}{2g}(v^2 - v_1^2) \tag{8-7}$$

式中 K_2——出口局部水头损失系数,常取 0.2;

v_1——下游渠道流速。

上下游渠道断面相等时,可按下式计算:

$$Z_2 = \frac{1 - K_2}{1 + K_1}Z \tag{8-8}$$

根据原水电部北京勘测设计院的试验资料,$Z_2 \approx \frac{1}{3}Z$。

(4)渡槽总水头损失为:

$$\Delta Z = Z + Z_1 - Z_2 \tag{8-9}$$

如果按式(8-9)求得的 ΔZ 等于或略小于允许水头损失值,则槽底纵坡和槽身断面即为所求;如果 ΔZ 大于允许值,则应重新拟定槽底纵坡,重新计算,直到满足要求。如果 i 值已定得很小,再减小将会过多增加渡槽工程量,也可不改变 i 值,而降低下游渠底高程使渠水位与水面回升后的水位相等;或者由下游推算到上游,而将上游底抬高。

(四)渡槽进出口底部高程确定

为保证通过设计流量时,上下游渠道保持均匀流,而不致产生大的壅水或降水,进出口底板高程应按以下方法确定(见图8-4):

进口抬高值 $$y_1 = h_1 - Z - h_2 \tag{8-10}$$

出口降低值 $$y_2 = h_3 - Z_2 - h_2 \tag{8-11}$$

进口槽底高程 $$\nabla_1 = \nabla_3 + y_1 \tag{8-12}$$

出口槽底高程 $$\nabla_2 = \nabla_1 - Z_1 \tag{8-13}$$

出口渠底高程 $$\nabla_4 = \nabla_2 - y_2 \tag{8-14}$$

五、渡槽结构设计

(一)槽身结构

渡槽的槽身是搁置在槽墩和槽架上的,它既起输水作用又起纵梁作用。槽身横断面形式有矩形和U形两种(见图8-5)。大流量渡槽多采用矩形,中小流量可采用矩形也可采用U形。矩形槽身常是钢筋混凝土或预应力钢筋混凝土结构,U形槽身还可采用钢丝网水泥或预应力钢丝网水泥结构。U形薄壳槽身是一种轻型而经济的结构,它具有水力条件好、纵向刚度较大而横向内力小等优点。钢丝网水泥U形薄壳槽身槽壁厚度一般只有2~3 cm,省材料,弹性好,抗拉强度大,质量轻,吊装方便,施工可不立模板,造价较低。其缺点是抗冻和耐久性能差,施工工艺要求较高,如果施工质量不高,容易引起表面剥落、钢丝网锈蚀,甚至产生裂缝漏水等现象。

一般中小流量无通航要求,槽顶设拉杆(见图8-5(a)),其间距为1~2 m,以增加侧墙稳定并改善槽身横向受力条件;如有通航要求则不设拉杆,而适当加大侧墙厚度;也可做成变厚度的,或沿槽长方向每隔一定距离加一道肋,以增加侧墙的稳定(见图8-5(b))。对于通过流量40~50 m^3/s 以上的大型渡槽,或由于通航要求需要较大的槽宽时,为了减小底板厚度,可在底板下面两侧边纵梁内再设一根或几根中纵梁,而成为多纵梁矩形槽(见图8-6)。

槽身结构计算由于支承形式、跨宽比与跨高比的大小以及槽身横断面形式等的不同,槽身应力状态和计算方法也不同。对于梁式渡槽的槽身,跨宽比一般都大于4,跨高比也

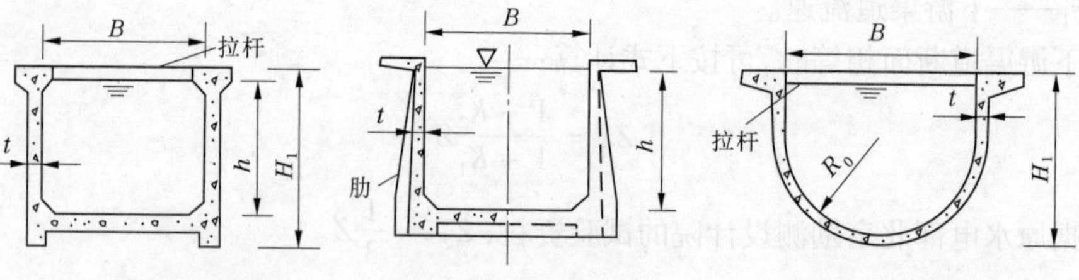

(a)设拉杆的矩形槽　　(b)设肋的矩形槽　　(c)设拉杆的U形槽

图 8-5　槽身断面形式

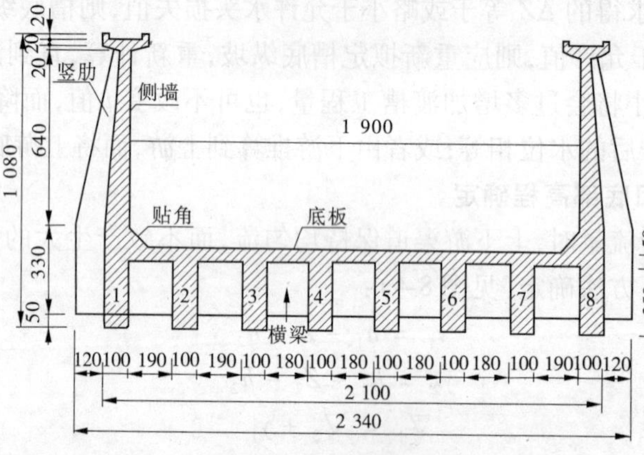

图 8-6　多纵梁矩形槽

比较大，可按照梁理论进行计算。当跨宽比小于 4 时，一般属于中长壳的梁式槽身，应按空间问题求解，计算方法较为复杂。

（二）渡槽的支承结构

梁式渡槽的支承形式有槽墩式和排架式两种。

1. 槽墩结构

槽墩一般为重力墩，有实体墩和空心墩两种形式。

（1）实体墩（见图 8-7）一般用浆砌石或混凝土建造，常用高度为 8～15 m。其构造简单，施工方便，但由于自身重力大，用料多，当墩身较高并承受较大荷载时，要求地基有较大的承载能力。

实体墩的墩头常做成半圆形或尖角形。墩顶长度应略大于槽身的宽度，每边外伸约 20 cm；墩顶宽度应大于槽身支承面所需的宽度，常不小于 0.8～1.0 m。墩顶设置混凝土墩帽，一般为 0.3～0.4 m，四周外挑 5～10 cm，并布置一定的构造筋。墩帽上设置油毡垫座或钢板支座，以便将上部荷载均匀传到墩体上，并减小槽身因温度变化而产生的水平力。为满足墩体强度和地基承载力的要求，墩身两侧做成 20∶1～30∶1的斜坡。

图 8-7　重力式实体墩

（2）空心墩的体型及部分尺寸与实体墩基本相同。其壁厚一般为 15～30 cm，与实体墩相比，可节省材料，与槽架相比，可节省钢材。其自身重力小，但刚度大，适用于修建较高的槽墩。其截面形式有圆矩形、双工字形、矩形等(见图 8-8)。

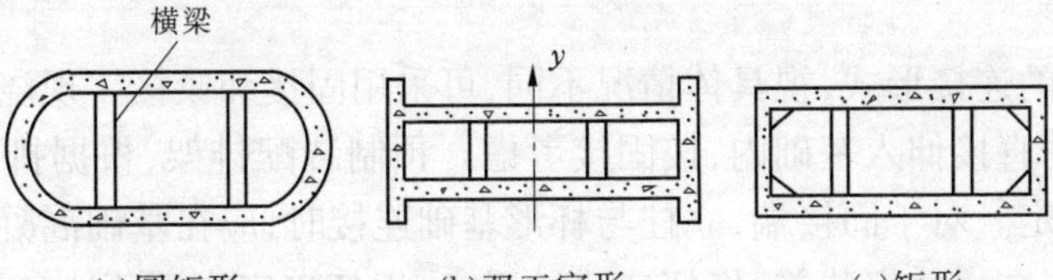

图 8-8　空心墩横截面形式

空心墩墩身可采用混凝土预制块砌筑,也可将墩身分段预制现场安装。在数量多、墩身较高时,可采用滑升钢模现浇混凝土施工,如湖北省的引丹干渠的排子河渡槽,空心墩平均墩高 24 m,最大墩高 49 m,就是采用滑升钢模整体现浇施工的。

(3)渡槽与两岸连接时,常用重力式边槽墩,亦称槽台(见图 8-9)。槽台的作用是支承槽身和挡土,其高度一般在 5 ~6 m 以下。槽台背坡一般为 $m = 0.25 \sim 0.5$ 。为减小槽台背水压力,常设孔径为 5 ~8 cm 的排水孔,并做反滤层保护。墩顶设混凝土墩帽,其构造同槽墩。

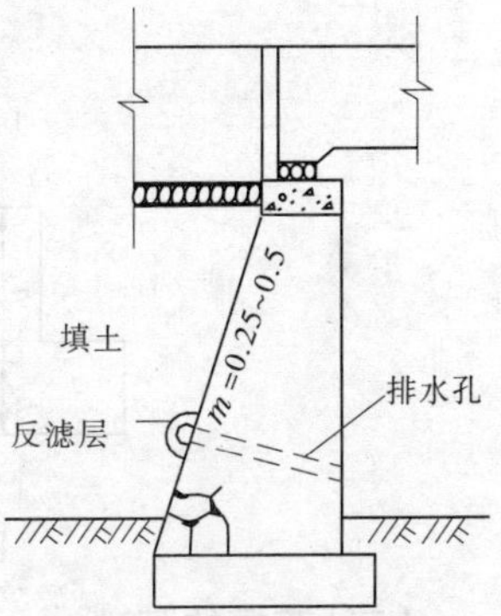

图 8-9　重力式槽台

重力墩的断面及惯性矩都较大,墩身应力一般较小,设计时只需验算墩身与墩帽、墩身与基础接合面上横槽向和顺槽向应力,按偏心受压构件计算。

重力墩应按一般稳定计算方法,验算空槽加风荷及有漂浮物撞击时的稳定性。

2. 槽架结构

槽架常采用钢筋混凝土排架结构,有单排架、双排架及 A 字形排架三种基本形式(见图 8-10)。

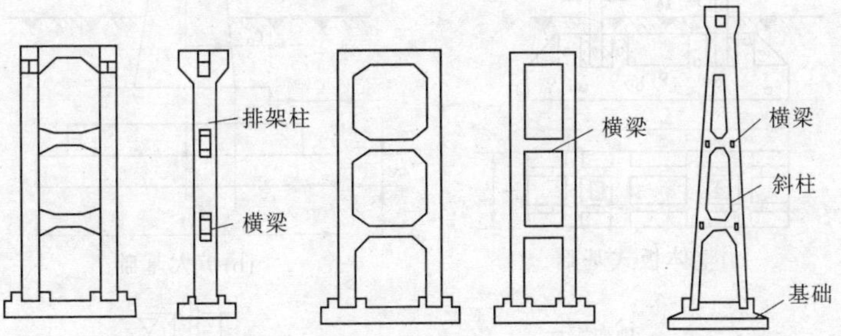

图 8-10　排架形式

单排架是由两根肢柱和横梁所组成的多层刚架结构,体积小,质量轻,可现浇或预制吊装,在渡槽工程中被广泛应用。单排架高度一般在 25 m 以内,湖南省的欧阳海灌区野鹿滩渡槽的单排架高度达 26. 4 m。

双排架由两个单排架及横梁组合而成,为空间框架结构。在较大的竖向及水平荷载作用下,其强度、稳定性及地基应力均较单排架容易满足要求。可适应较大的高度,通常为 25 m 以上。陕西省的石门水库灌区沥水沟渡槽,双排架高度为 26 ~28 m。

A 字形排架常由两片 A 字形单排架组成,其稳定性能好,适应高度大,但施工较复杂,造价较高。

排架与基础的连接形式,视具体情况不同,可采用固接和铰接。现浇排架与基础常整体结合,排架竖筋直接伸入基础内,按固接考虑。预制装配排架,根据排架吊装就位后的杯口处理方式而定。对于固接端,立柱与杯形基础连接时,应在基础混凝土终凝前拆除杯口内模板并凿毛,在立柱安装前,将杯口清扫干净,于杯口底浇灌不小于 C20 的细石混凝土,然后将立柱插入杯口内,在其四周再浇灌细石混凝土,如图 8-11(a)所示。对于铰接,只在立柱底部填 10 cm 厚的 C20 细石混凝土,在其上填沥青麻绳等柔性材料而成,如图 8-11(b)所示。

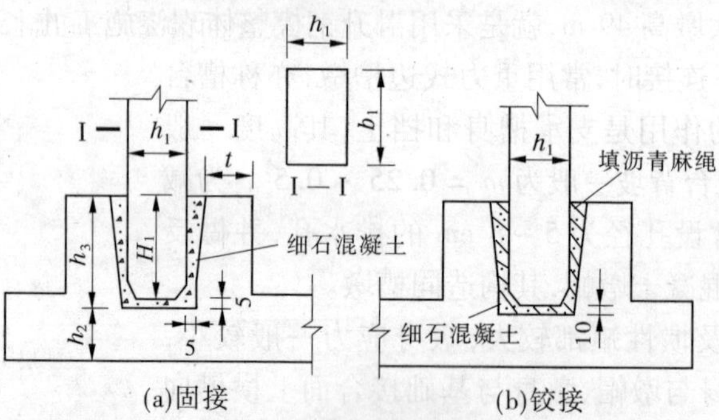

图 8-11　排架与基础连接形式　(单位:cm)

(三)渡槽的基础

基础是渡槽的下部结构,它将渡槽的全部重量传给地基。常用的渡槽基础的形式有扩大基础、整体板式基础、钻孔桩基础和沉井基础等(见图 8-12)。

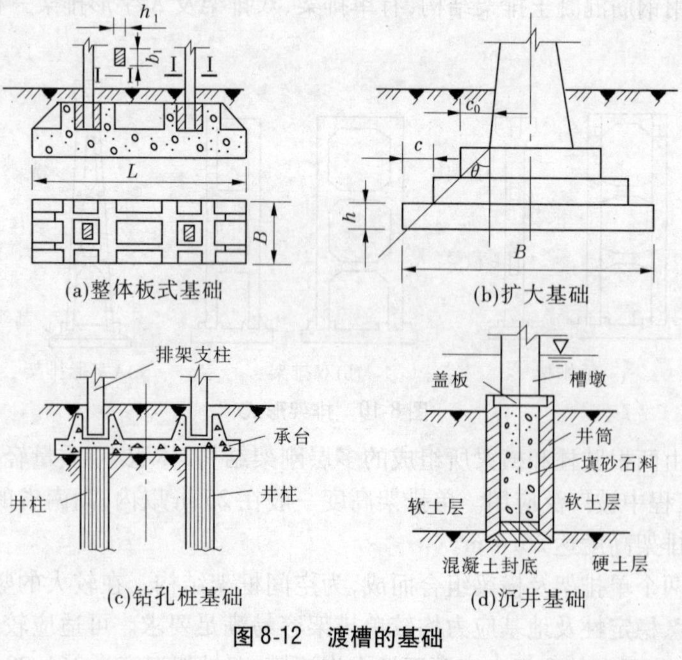

图 8-12　渡槽的基础

1. 整体板式基础

整体板式基础为钢筋混凝土梁板结构，因设计时考虑其弯曲变形而按梁计算，故又称柔性基础。其底面积大，可弹性变形，适应不均匀沉陷的能力好，常用做排架基础。

底板宽度一般取排架肢柱横截面长度的 3 倍，即 $B \geqslant 3b_1$；底板长度取两肢柱的净距加肢柱截面短边长的 5 倍，即 $L \geqslant s_1 + 5h_1$。当排架采用预制装配时，"杯口"的深度应略大于肢柱插入深度，即 $h_3 = H_1 + 0.05$ (m)，杯壁厚度取 15～30 cm。

整体板式基础设计应进行地基应力验算，内力及配筋按受弯构件计算。

2. 扩大基础

扩大基础常用于重力式实体墩和空心墩基础，一般用浆砌石或混凝土建造，基形状呈台阶形。因其抗弯能力小而抗压能力大，基础在墩底面的悬臂挑出长度不能太大，设计时不考虑其抗弯作用。

基础顶面伸出槽墩边缘的距离（襟边）按砌筑材料和施工条件确定，加襟边后不能满足地基承载能力要求时，应以台阶形式向下扩大。台阶高度一般为 0.5～0.7 m，每一台阶的悬臂长 c 与高度 h 保持一定比值，用刚性角控制，即 $\tan\theta = \frac{c}{h}$，$\theta = \arctan \frac{c}{h} < [\theta]$，$[\theta]$ 值与地基反力、基础形式及材料有关，一般为 30°～40°。

3. 钻孔桩（又称井柱）基础

钻孔桩基础适用于荷载大、承载能力低的地基。其施工机具简单，建造速度快，造价低。桩顶设承台以便与槽墩（架）连接，并将桩柱向上延伸而成桩柱式槽架。

4. 沉井基础

沉井基础的适用条件与钻孔桩基础相似，在井顶做承台（盖板），以便修筑槽墩（架）。井筒内可根据需要填砂石料或低强度等级混凝土。

单元二　倒虹吸管

倒虹吸管是设置在渠道与河流、山沟、谷地、道路等相交处的压力输水建筑物。它与渡槽相比，具有造价低、施工方便的优点，但水头损失较大，运行管理不如渡槽方便。一般在下列情况时采用：①渠道跨越宽深河谷，修建渡槽、填方渠道或绕线方案困难或造价高时；②渠道与原有渠、路相交，因高差较小不能修建渡槽、涵洞时；③修建填方渠道影响原有河道泄流时等。

一、倒虹吸管的布置和构造

（一）倒虹吸管管路布置

倒虹吸管一般由进口、管身和出口三部分组成。管路布置应根据地形、地质、施工、水力条件等分析确定。总体布置的一般原则是：管身最短，岸坡稳定，管基密实，进出口连接平顺，结构合理。根据流量大小及运用要求，可采用单管、双管或多管。根据管路埋设情况及高差大小，倒虹吸管的布置形式可分为以下几种。

1. 竖井式倒虹吸管

竖井式倒虹吸管多用于压力水头较小($H<3\sim5$ m)、穿越道路的情况(见图8-13)。这种形式构造简单、管路短。进出口一般用砖石或混凝土砌筑成竖井。竖井断面为矩形或圆形,其尺寸稍大于管身,底部设0.5 m深的集沙坑,以沉积泥沙,并便于清淤及检修管路时排水。管身断面一般为矩形、圆形或其他形式。竖井式水力条件差,但施工比较容易,一般用于工程规模较小的倒虹吸管。

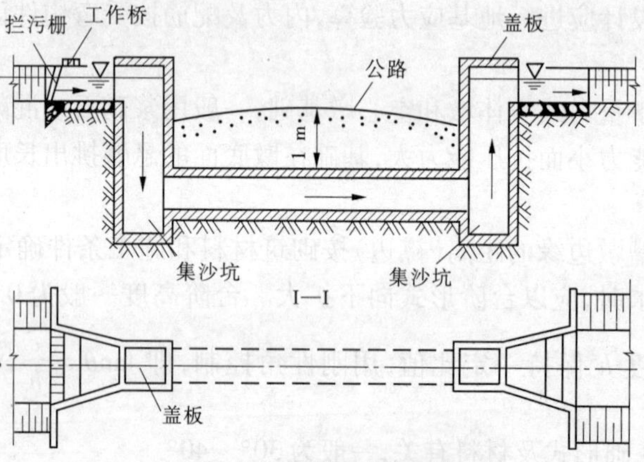

图8-13 竖井式倒虹吸管

2. 斜管式倒虹吸管

斜管式倒虹吸管多用于压力水头较小,穿越渠道、河流的情况(见图8-14)。斜管式倒虹吸管构造简单,施工方便,水力条件好,实际工程中常被采用。

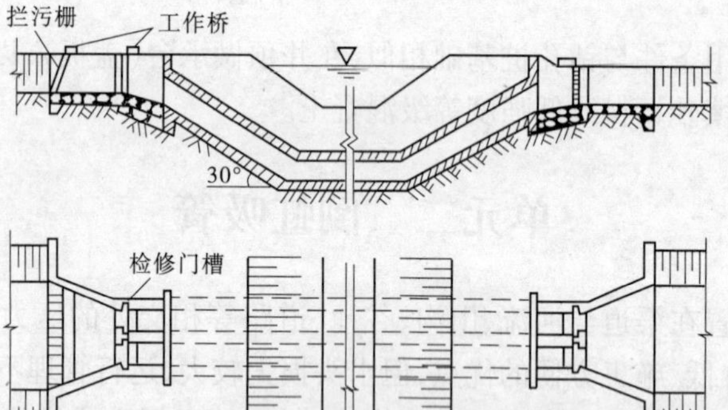

图8-14 斜管式倒虹吸管

3. 曲线式倒虹吸管

当岸坡较缓(土坡$m>1.5\sim2.0$,岩石坡$m\geqslant1.0$)时,为减少施工开挖量,管道可随地面坡度铺设成曲线形(见图8-15)。管身常为圆形的混凝土管或钢筋混凝土管,可现浇也可预制安装。管身一般设置管座。当管径较小且土基很坚实时,也可直接设在土基上。在管道转弯处应设置镇墩,并将圆管接头包在镇墩内。为了防止温度引起的不利影响,减小温度应力,管身常埋于地下,为减小工程量,埋置不宜过深。从已建倒虹吸管工程运行情况来看,不少工程因温度影响或土基不均匀沉陷,造成管身裂缝,有的渗漏严重,危及工程安全。

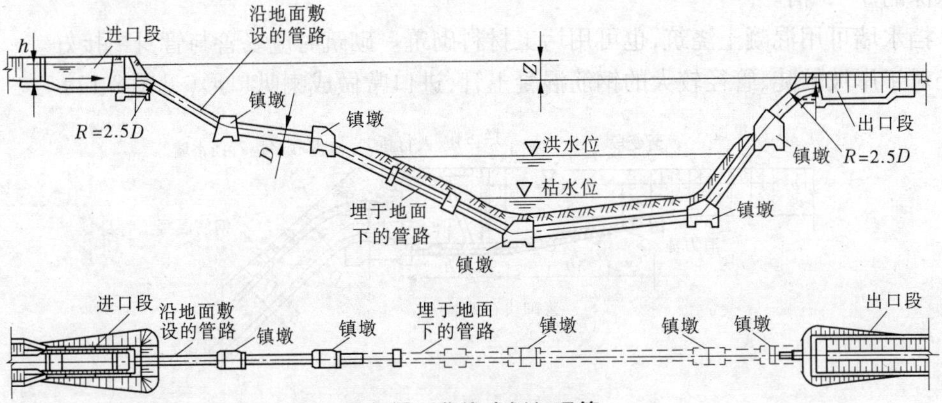

图 8-15　曲线式倒虹吸管

4. 桥式倒虹吸管

当渠道通过较深的复式断面或窄深河谷时，为降低管道承受的压力水头，减小水头损失，缩短管身长度，便于施工，可在深槽部位建桥，管道铺设在桥面上或支承在桥墩等支承结构上（见图 8-16）。

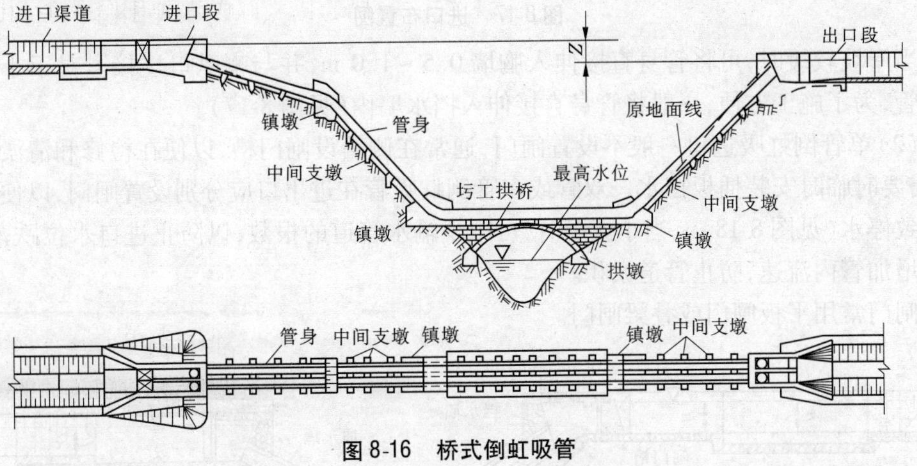

图 8-16　桥式倒虹吸管

桥下应有足够的净空高度，以满足泄洪要求。在通航河道上应满足通航要求。

管道在桥头山坡转弯处设置镇墩，并在镇墩上设置放水孔（亦可兼作进人孔），以便于检查修理。

（二）进出口布置

1. 进口段的形式和布置

进口段包括进水口、拦污栅、闸门、启闭台、进口渐变段及沉沙池等。进口段的结构形式应保证通过不同流量时管道进口处于淹没状态，以防止水流在进口段发生跌落、产生水跃而使管身引起振动。进口具有平顺的轮廓，以减小水头损失，并应满足稳定、防冲和防渗等要求。

（1）进口段应修建在地基较好、透水性小的地基上。当地基较差、透水性大时应作防渗处理。通常做 30～50 cm 厚的浆砌石或做 15～20 cm 的混凝土铺盖，其长度为渠道设计水深的 3 ~5 倍。

挡水墙可用混凝土浇筑,也可用圬工材料砌筑。砌筑时应妥善与管身衔接好。

对于岸坡较陡、管径较大的钢筋混凝土管,进口常做成喇叭口形(见图 8-17)。

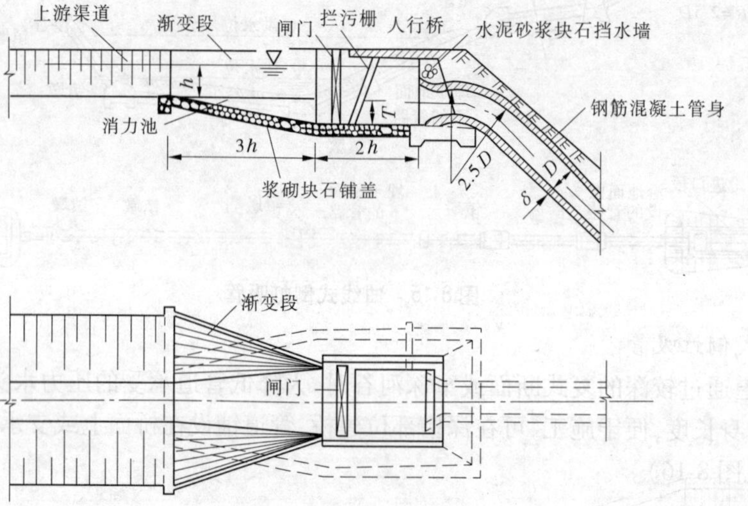

图 8-17　进口布置图

当岸坡较缓时,可将管身直接伸入胸墙 0.5 ~1.0 m,并与喇叭口连接。对于小型倒虹吸管,为了施工方便,一般将管身直接伸入挡水墙内(见图 8-17)。

(2)单管倒虹吸进口一般不设置闸门,通常在侧墙设闸门槽,以便在检修和清淤时使用,需要时临时安装插板挡水。双管或多管倒虹吸管在进出口应分别设置闸门,以便检修时不致停水(见图 8-18)。当小流量时,可减少输水管道的根数,以防止进口水位跌落,同时可增加管内流速,防止管道淤积。

闸门常用平板闸门或叠梁闸门。

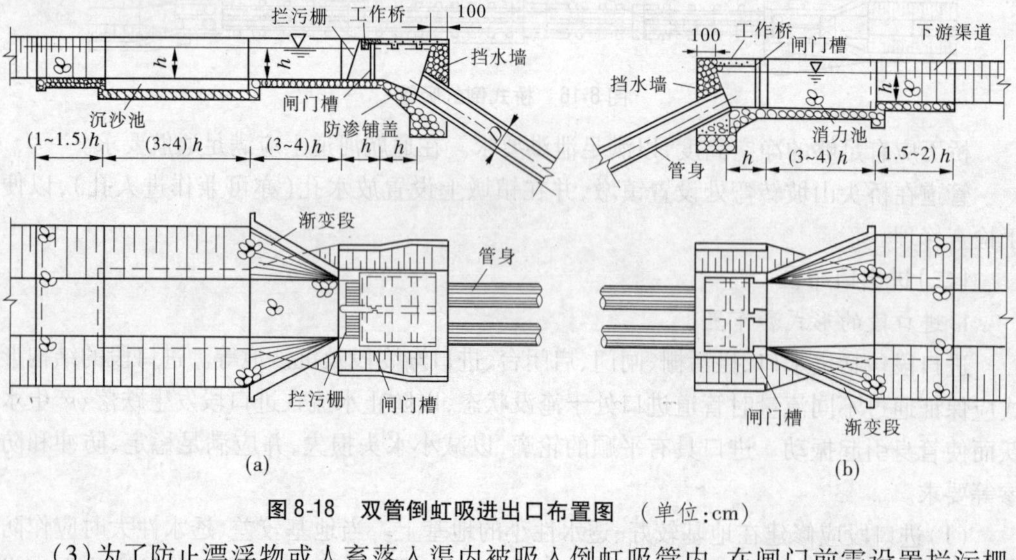

图 8-18　双管倒虹吸进出口布置图　(单位:cm)

(3)为了防止漂浮物或人畜落入渠内被吸入倒虹吸管内,在闸门前需设置拦污栅。

拦污栅的布置应有一定的坡度，以增加过水面积和减小水头损失，常用坡度为1/3～1/5。栅条用扁钢做成，其间距为20～25 cm。

为了清污或启闭闸门，可设工作桥或启闭台，如图8-19所示。启闭台台面高出闸墩顶的高度为闸门高加1.0～1.5 m。

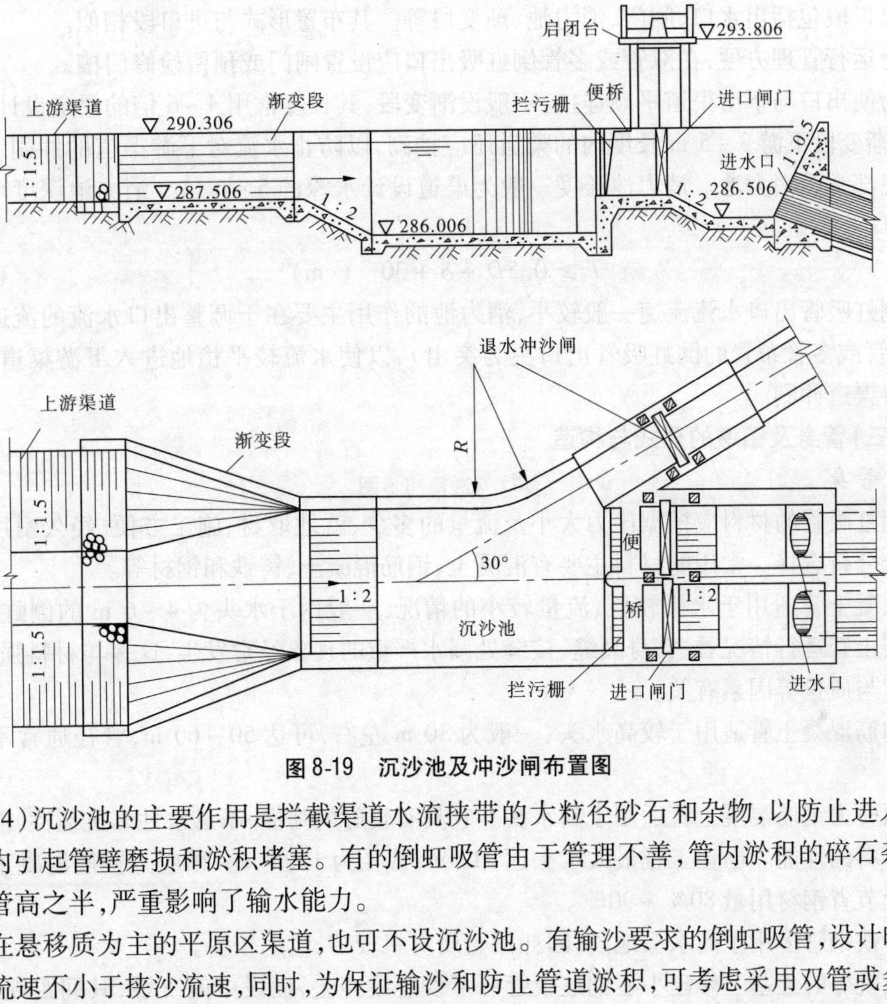

图8-19　沉沙池及冲沙闸布置图

(4)沉沙池的主要作用是拦截渠道水流挟带的大粒径砂石和杂物，以防止进入倒虹吸管内引起管壁磨损和淤积堵塞。有的倒虹吸管由于管理不善，管内淤积的碎石杂物高度达管高之半，严重影响了输水能力。

在悬移质为主的平原区渠道，也可不设沉沙池。有输沙要求的倒虹吸管，设计时应使管内流速不小于挟沙流速，同时，为保证输沙和防止管道淤积，可考虑采用双管或多管布置。在山丘地区的绕山渠道，泥沙入渠将造成倒虹吸管的磨损，沉沙池应适当加深。

沉沙池尺寸可按下面的经验公式加以确定：

池长
$$L \geqslant (4 \sim 5)h \tag{8-15}$$

池宽
$$B \geqslant 1.5b \tag{8-16}$$

沉沙池底部低于渠底的深度

$$T \geqslant 0.5D + \delta + 20 \quad (\text{cm}) \tag{8-17}$$

式中　b、h——渠道底宽与水深；

D、δ——管内径与管壁厚度。

(5)倒虹吸管进口前一般设渐变段与渠道平顺连接，以减少水头损失。渐变段形式有扭曲面、八字墙等。其底宽可以是变化的或不变的。渐变段长度一般采用3～5倍渠道设计水深。对于渐变段上游渠道应适当加以护砌。

(6)大型或较为重要的倒虹吸管进口一般设置退水闸。当倒虹吸管发生事故时,关闭倒虹吸管前闸门,将渠水从退水闸泄出。

2. 出口段的形式和布置

出口段包括出水口、闸门、消力池、渐变段等。其布置形式与进口段相似。

为运行管理方便,在双管或多管倒虹吸出口应设置闸门或预留检修门槽。

为使出口与下游渠道平顺连接,一般设渐变段,其长度常用4~6倍的渠道设计水深。同时,渐变段下游3~5 m长度内的渠道还应护砌,以防止水流对下游渠道的冲刷。渐变段的底部常设消力池。消力池长度一般为渠道设计水深的5~6倍。消力池深度可按下式估算:

$$T \geqslant 0.5D + \delta + 30 \quad (\text{cm}) \tag{8-18}$$

倒虹吸管出口水流流速一般较小,消力池的作用主要在于调整出口水流的流速分布(对双管或多管布置的倒虹吸管出口更为突出),以使水流较平稳地进入下游渠道,防止对下游渠道冲刷。

(三)管身及镇墩的形式与构造

1. 管身

倒虹吸管的材料应根据压力大小及流量的多少、就地取材、施工方便、经久耐用等原则综合分析选择。常用的材料主要有混凝土、钢筋混凝土、铸铁和钢材等。

混凝土管适用于水头较低、流量较小的情况,一般用于水头为4~6 m的倒虹吸管。从混凝土管运行情况看,管身裂缝、接缝处漏水严重的现象经常发生,这多与材料强度、施工技术与质量等因素有关。

钢筋混凝土管适用于较高水头,一般为30 m左右,可达50~60 m,管径通常不大于3 m。

预应力钢筋混凝土管适用于高水头。它具有较好的弹性、不透水性和抗裂性,能充分发挥材料的性能。已建工程最大水头达212 m,管径为1.25 m。预应力钢筋混凝土管比金属管节省钢材用量80%~90%。

铸铁钢管多用于高水头地段,因耗用金属材料较多,应用较少。

在较好的土基上修建小型倒虹吸管可不设连续座垫,而设中间支墩,其间距视地基、管径大小等情况而定,一般采用2~8 m。

为防止温度、冰冻、耕作等不利因素的影响,管道应埋设在耕作层以下;在冰冻区,管顶应布置在冰冻层以下;在穿越河道时,管顶应布置在冲刷线以下0.5 m;当穿越公路时,为改善管身的受力条件,管顶应埋设在路面以下1.0 m左右。

为了防止管道因地基不均匀沉陷及温度过低产生较大的纵向应力,使管身发生横向裂缝,管身应设置伸缩缝,缝内设止水。缝的间距应根据地基、管材、施工、气温等条件确定。现浇钢筋混凝土管缝的间距,在土基上一般为15~20 m,在岩基上一般为10~15 m。当管身与岩基之间采取设置油毛毡垫层等措施,以减小岩基对管身收缩约束作用,管身采用分段间隔浇筑时,缝的间距可增大至30 m。

伸缩缝的形式主要有平接、套接、企口接(见图8-20)以及预制管的承插式接头等(见

图 8-21）。缝的宽度一般为 1 ~ 2 cm，缝中堵塞沥青麻绒、沥青麻绳、柏油杉板或胶泥等。

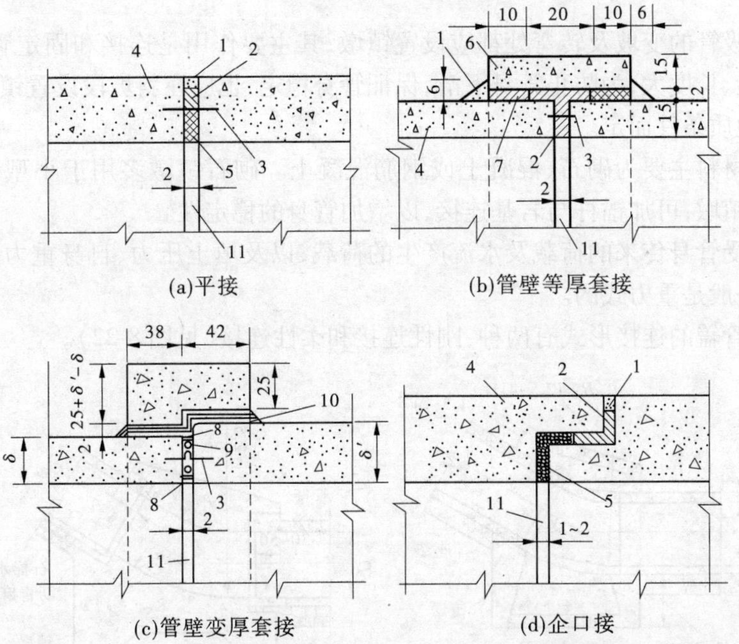

1—水泥砂浆封口；2—沥青麻绒；3—金属止水片；4—管壁；5—沥青麻绳；6—套管；7—石棉水泥；8—柏油杉板；9—柏油石棉线；10—外层油毛毡、内层柏油麻袋；11—伸缩缝

图 8-20 管身伸缩缝形式 （单位：cm）

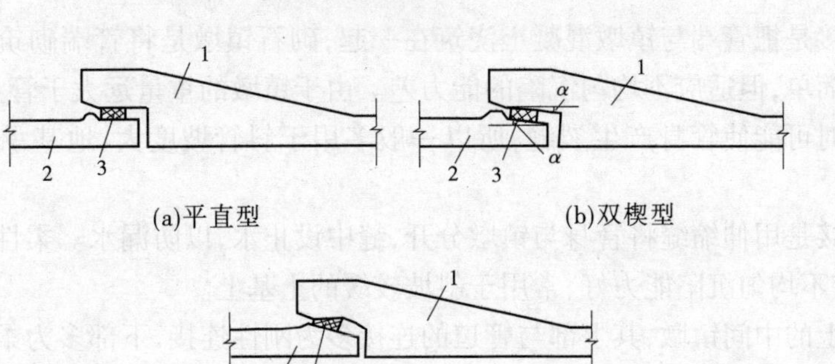

1—承口；2—插口；3—橡皮圈

图 8-21 钢筋混凝土管承插式接头

现浇管一般采用平接或套接，缝间止水用金属止水片等。近几年，用塑料止水带代替金属止水片，以及使用环氧基液贴橡皮已很普遍；PT 胶泥防渗止水材料在山东省引黄济青工程中被广泛采用，应用效果良好。

预制钢筋混凝土管及预应力钢筋混凝土管的管节接头处即为伸缩缝。接头形式有平口式和承插式。承插式接头安装方便，密封性好，具有较大的柔性，目前大多采用这种形式（见图 8-21）。

为了清除管内淤积的泥沙，放空管内积水和便于检修，在管段上应设置冲沙放水孔。

冲沙放水孔也常兼作进人孔，进人孔也可设在镇墩上。

2. 镇墩

在倒虹吸管的变坡及转弯处都应设置镇墩，其主要作用是连接和固定管道。在斜坡段，若坡度陡、长度大，为防止管身下滑，保证管身稳定，也应在斜坡段设置镇墩，其设置个数视地形、地质条件而定。

镇墩的材料主要为砌石、混凝土或钢筋混凝土。砌石镇墩多用于小型倒虹吸工程。在岩基上的镇墩，可加锚杆与岩基连接，以增加管身的稳定性。

镇墩承受管身传来的荷载及水流产生的荷载，以及填土压力、自身重力等，为了保持稳定，镇墩一般是重力式的。

镇墩与管盖的连接形式有两种：刚性连接和柔性连接（见图 8-22）。

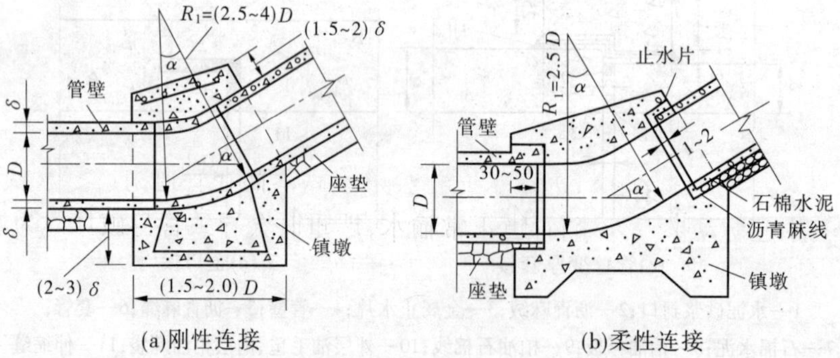

图 8-22　镇墩与管端的连接（单位：cm）

刚性连接是把管端与镇墩混凝土浇筑在一起，砌石镇墩是将管端砌筑在镇墩内。这种形式施工简单，但适应不均匀沉陷的能力差。由于镇墩的重量远大于管身，当地基发生不均匀沉陷时可能使管身产生裂缝，所以一般多用于斜管坡度大、地基承载能力较大的情况。

柔性连接是用伸缩缝将管身与镇墩分开，缝中设止水，以防漏水。柔性连接施工比较复杂，但适应不均匀沉陷能力好，常用于斜坡较缓的土基上。

斜坡段上的中间镇墩，其上部与管道的连接多为刚性连接，下部多为柔性连接。

镇墩的形式和各部分尺寸可参考下列经验数据：镇墩的长度为管道内径的 1.5 ~ 2.0 倍，底部最小厚度为管壁厚度 δ 的 2 ~3 倍，镇墩顶部及侧墙最小厚度为管壁厚度 δ 的 1.5 ~2.0 倍，管身与镇墩的连接长度为 30 ~ 50 cm。转弯时前后管在镇墩内用圆弧弯管段连接，圆弧外半径 R_1 一般为管内径的 2.5 ~4.0 倍，圆心角 α 与前后管段的中心线夹角相等。

砌石镇墩在砌筑时，可在管道周围包一层混凝土，其尺寸应考虑施工及构造要求。

二、倒虹吸管的水力计算

倒虹吸管的水力计算，主要是根据渠道规划所确定的上游渠底高程、水位、通过的流量和允许的水头损失，通过水力计算确定倒虹吸管的断面尺寸、水头损失值及进出口的水面衔接。

在实际工作中，渠道在规划时已确定渠道断面形式和上游渠底高程、倒虹吸管通过的流量和允许的水头损失值。因此，倒虹吸管的水力计算内容有下列几种情况：

(1)根据需要通过的流量和允许的水头损失，确定管道的断面形式和尺寸。

(2)根据允许的水头损失和初步拟定的断面尺寸，校核能否通过规定的流量。

(3)根据需要通过的流量及拟定的管内流速，校核水头损失是否超过允许值。

管内流速应根据技术经济比较和不淤条件进行确定。

当通过设计流量时，管内流速通常为 1.5 ~ 3.0 m/s，最大流速一般按允许的水头损失值控制，在允许的水头损失值范围内，应尽可能选择较大的流速，以减小管径。

当倒虹吸管的断面尺寸和下游渠道底部高程确定后，应核算小流量时是否满足不淤要求。若计算出的管身断面尺寸较大或通过小流量时管内流速过小，可考虑双管或多管布置。

当通过加大流量时，进口水面可能壅高，应核算其壅水高度是否超过挡水墙顶和上游渠顶。

当通过小流量时，应验算上下游渠道水位差 Z_1 是否大于管道通过小流量时计算得出的水头损失值 Z_2，当 $Z_1 > Z_2$ 时，进口水面将会产生跌落而在管道内产生水跃衔接（见图 8-23），这将引起脉动掺气，影响管道正常输水，严重时会导致管身破坏。为避免这种现象发生，可根据倒虹吸管总水头的大小，采用不同的进口结构布置形式。

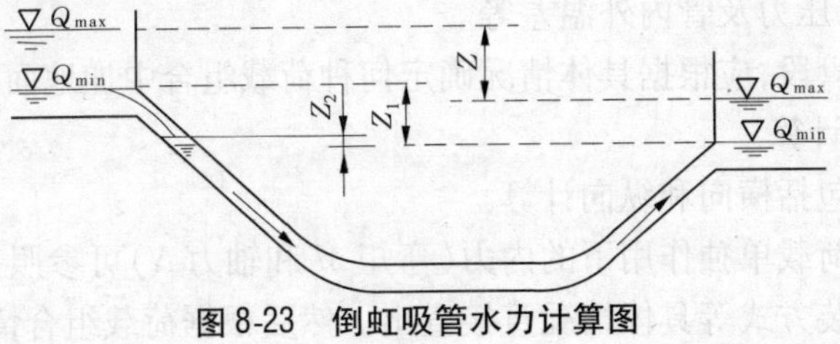

图 8-23　倒虹吸管水力计算图

当 $Z_1 - Z_2$ 值较大时，可适当降低进口高程，在进口前设置消力池，池中的水跃应为进口处水面所淹没（见图 8-24(a)）。

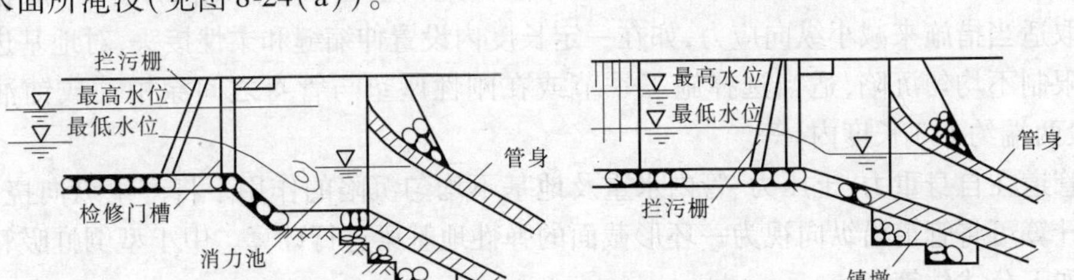

图 8-24　倒虹吸管进口水面衔接

当 $Z_1 - Z_2$ 值不大时，可降低进口高程，在管口前设斜坡段（见图 8-24(b)）。

当 $Z_1 - Z_2$ 值很大时，在进口设置消力池不便布置或不经济时，可考虑在出口处设置闸门，以抬高出口水位，使倒虹吸管进口淹没，消除管内水跃现象。此时，应加强运行管理，以保证倒虹吸管正常工作。

当通过加大流量，上下游渠道水位差值小于倒虹吸管通过加大流量时所需的水位差值时，应通过计算，适当加高挡水墙及上游渠道堤顶的高度，增加超高值。

三、倒虹吸管管身结构计算

倒虹吸管一般由进出口建筑物、管身及镇墩等部分组成。进出口建筑物常见的是挡土墙、梁、板、柱结构。其设计计算可参考有关规范和书籍。镇墩的设计计算可参考《水电站》、《抽水站》等教材及有关书籍。本书仅介绍管身结构设计计算。

（一）管壁厚度的拟定

管身结构设计的步骤一般是根据管径和压力水头的大小，初步拟定管壁厚度，确定各作用荷载，然后进行横向和纵向内力计算，校核管壁厚度，进行配筋计算和抗裂验算。

（二）作用荷载及荷载组合

管身结构设计时，一般根据荷载大小分为若干段进行计算，50 m 以下压力水头的以 10 m 高差为一级，50 m 以上压力水头的以 5 m 高差为一级。对于中小型倒虹吸管，如斜管段不长，内水压力等荷载的变化范围不大，可不分段，而按受力最大的水平段计算，作为确定整个管道构造的依据。

埋在河槽部分的管道，可能出现如下荷载组合：①河道枯水期管内正常输水，作用荷载有管的自重、土压力、内水压力及管内外温差等；②河道洪水期管内无水，作用荷载有管的自重、土压力、外水压力及管内外温差等；③管内正常输水，管外无水也无填土，作用荷载有管的自重、内水压力及管内外温差等。

交通道路下的管段，应根据具体情况确定何种荷载组合中加地面荷载。

（三）管身结构计算

管身结构计算包括横向和纵向计算。

管身横向在各荷载单独作用下的内力（弯矩 M 和轴力 N）可参照有关书籍所列图表，根据倒虹吸管的安装方式等具体情况直接查出。然后根据荷载组合情况将查得的数值组合叠加，即可求得截面的内力值。

管身纵向结构计算比较复杂。对于中小型倒虹吸管往往不作纵向计算，一般在构造上采取适当措施来减小纵向应力，如在一定长度内设置伸缩缝和柔性接头，对地基进行处理以限制不均匀沉陷，适当选择施工季节或在刚性座垫与管身之间涂柏油或铺油毛毡（管段两端约 1/3 长度内）等。

管道在自身重力、土压力、管内水重及地基不均匀沉陷的作用下将产生纵向挠曲，其结构计算可将管道沿纵向视为一环形截面的弹性地基梁进行计算。中小型倒虹吸管工程采用如下公式估算：

$$M = CWL \tag{8-19}$$

式中 M——纵向弯矩；

C——挠曲系数，其值与地基土质有关，砂性土取 $C = 1/100$，高压缩黏土取 $C = 1/50$，中等土质可取其中间值；

W——管道单位长度荷重，$W = G_1 + G_2 + G_3 + G_4$，其中 G_1 为管自身重力，G_2 为管内水重，G_3 为单位长度管顶铅直土压力，G_4 为管顶水平线至管腹间回填土重；

L——柔性接头间距。

对于一些大中型倒虹吸工程，应根据工作条件、施工方法、温度变化等影响，进行纵向结构计算。

小　结

本项目主要讲述了常见的输水建筑物渡槽和倒虹吸管。在介绍两个输水建筑物时，详细地阐述了这些建筑物的概念、作用、分类、构造和水力计算等，内容涉及土力学、水力学、工程水文学及工程力学等多门学科。因此，学习本项目内容，应该从两种输水建筑物的基本概念和工作特点及类型入手，结合多学科相关知识，循序渐进，逐步学习和深入。

思考题

1. 什么叫渡槽？简述渡槽的组成。
2. 渡槽的整体布置包括哪几部分内容？
3. 渡槽的水力设计包括哪几部分内容？
4. 渡槽的结构设计包括哪几部分内容？
5. 什么叫倒虹吸管？简述倒虹吸管的组成。
6. 倒虹吸管的布置形式包括哪几部分内容？
7. 简述倒虹吸管的进出口布置。
8. 倒虹吸管的水力设计包括哪几部分内容？

项目九　落差建筑物

教学基本要求

(1)单元一。理解落差建筑物的概念、用途和基本形式,了解落差建筑物的结构、设计要求和适用条件。

(2)单元二。理解跌水的概念,掌握单级跌水各个组成部分的结构形式和设计要求,了解多级跌水、斜管式跌水和竖井式跌水的特点及适用条件。

(3)单元三。理解陡坡的概念和适用条件,理解陡坡段的水力特性,掌握陡坡段的平面布置形式,掌握陡坡纵横断面和消力池的设计要求。

(4)单元四。理解落差建筑物位置形式的选定原则,了解落差建筑物的布置。

能力培养目标

(1)掌握落差建筑物的形式、特点,能根据具体情况选用适当的落差建筑物。

(2)能正确选择落差建筑物的进、出口连接段和消力池的形式,并对其拟定尺寸。

(3)能做陡坡的纵横断面设计。

学习重点与难点

重点:(1)单级跌水的五个组成部分及各部分的设计要求。

(2)陡坡段的平面布置形式。

难点:陡坡段的水力特性。

项目的专业定位

落差建筑物是输水建筑物中的重要组成部分。当渠道经过天然陡坎或坡度过陡的地段时,若保持渠道的原设计比降,则会造成大填方或深挖方,大大增加渠道的工程量。为了解决这一问题,一般根据实际地形,将水流落差适当集中,并在落差集中的地方修建建筑物连接上下游渠道,这种建筑物称落差建筑物。落差建筑物除作为输水建筑物发挥效用外,还可利用部分落差修建小型水电站或水力加工厂,以充分利用水能资源;在城市中的落差建筑物也可以作为水景观,起到美化城市环境的作用。

单元一　概　述

落差建筑物分为开敞式和封闭式两种类型。常见的开敞式落差建筑物有跌水和陡坡两大类,常见的封闭式落差建筑物有斜管式跌水和竖井式跌水(也称跌井)两种(见图9-1)。其中,跌水和陡坡应用最广。

落差建筑物的主要作用是在明渠工程中调节渠道纵坡,此外,还广泛地应用于渠道上的排洪、泄水和退水建筑物中。在沿山丘修建的灌溉和供水渠道上,为了保证安全输水,

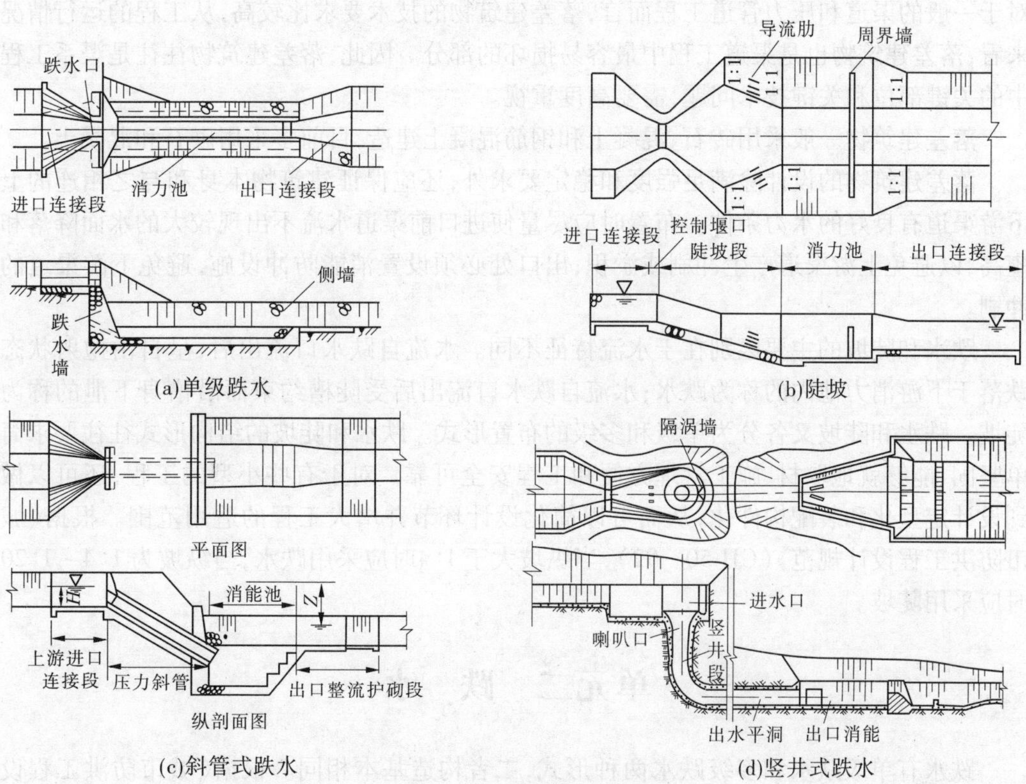

图 9-1　落差建筑物的形式

一般在渠道一定长度的渠段上退泄水方便的地方，或者渡槽、倒虹吸管、大填方渠段等重要工程的上游处设置泄水和退水建筑物（见图 9-2）。这些泄水和退水建筑物的闸下布置形式通常均为跌水、陡坡或者跌井。有时，为了适应地形的特点，往往采用多级跌水或者跌水、陡坡和跌井联合布置形式，这类建筑物的末端还常常采用悬臂式跌水和鼻坎挑流等方式，将水流挑入下游河道，达到保护渠道安全的目的。此外，在城市水利中，落差建筑物还广泛应用于城市的排洪和泄洪建筑物中。

图 9-2　渠道上的泄水建筑物

落差建筑物在渠道工程中应用十分普遍，一般占渠道工程的总量比重也比较大。相对于一般的渠道和压力管道工程而言,落差建筑物的技术要求比较高,从工程的运行情况来看,落差建筑物也是渠道工程中最容易损坏的部分。因此,落差建筑物往往是渠系工程中的关键部位和关键技术问题,需要高度重视。

落差建筑物一般采用砖石、混凝土和钢筋混凝土建造,目前多采用砌石和混凝土。

落差建筑物的设计除满足强度和稳定要求外,还应保证建筑物本身和与之相连的上下游渠道有良好的水力条件。布置时应尽量使进口前渠道水流不出现较大的水面降落和壅高,以避免上游渠道产生冲刷或淤积;出口处必须设置消能防冲设施,避免下游渠道的冲刷。

跌水和陡坡的主要区别在于水流特征不同。水流自跌水口流出后,呈自由抛射状态跌落于下游消力池内的称为跌水;水流自跌水口流出后受陡槽约束而沿槽身下泄的称为陡坡。跌水和陡坡又各分为单级和多级的布置形式。跌水和陡坡的结构形式往往要求简单坚固、能够就地取材、施工管理方便和工程安全可靠。对于有些小型的工程,还可以做到设计定型化和装配构件化,从而可以简化设计环节并增大工程的适用范围。根据《城市防洪工程设计规范》(CJJ 50—92),当纵坡大于1∶4时应采用跌水,当纵坡为1∶4 ~1∶20时应采用陡坡。

单元二　跌　水

跌水有单级跌水和多级跌水两种形式,二者构造基本相同。根据《城市防洪工程设计规范》(CJJ 50—92),跌水高差在3 m以内时,宜采用单级跌水,若跌水高差超过3 m,宜采用多级跌水。

一、单级跌水

单级跌水常由进口连接段、跌水口、跌水墙及侧墙、消力池和出口连接段五部分组成,如图9-3所示。

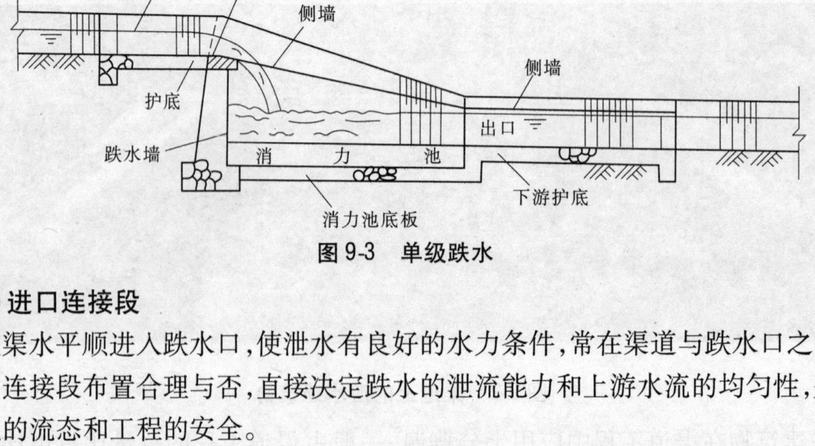

图9-3　单级跌水

(一)进口连接段

为使渠水平顺进入跌水口,使泄水有良好的水力条件,常在渠道与跌水口之间设连接段。进口连接段布置合理与否,直接决定跌水的泄流能力和上游水流的均匀性,并且影响下游水流的流态和工程的安全。

进口连接段一般要求在水力条件上满足在渠道通过各级流量时,均能保证上游渠道的水位要求，不发生壅水和降水；水流能尽量平顺地通过跌水口进入跌落段；还应保证通过水中漂浮物和在含沙量较大时满足排沙及防淤的需要。

进口连接段的形式通常有八字墙式、扭曲面式、横隔墙式和圆锥式等几类（见图9-4）。扭曲面式翼墙较好，进口水流收缩均匀平顺，水头损失小，过流能力大，是工程中最常用的连接段布置形式。八字墙式虽不如扭曲面式水力条件好，但是水流收缩也比较平顺，且施工较扭曲面简单，因此在实际工程中也常被采用。

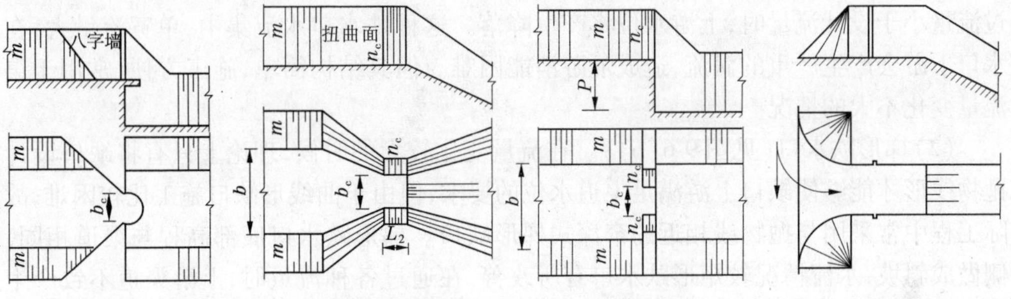

(a)八字墙式　(b)扭曲面式　(c)横隔墙式　(d)圆锥式

图 9-4　进口连接段的常见形式

连接段合理长度 L 与上游渠底宽 B 和水深 H 的比值 B/H 有关，B/H 越大，L 越长。根据《灌溉与排水工程设计规范》（GB 50288—99），当 $B/H<2.0$ 时，$L=2.5H$；当 $B/H=2.0\sim2.5$ 时，$L=3.0H$；当 $B/H>2.5$ 时，$L=3.5H$。连接段底边线与渠道中线的夹角 α 不宜超过 45°，如图 9-5 所示。

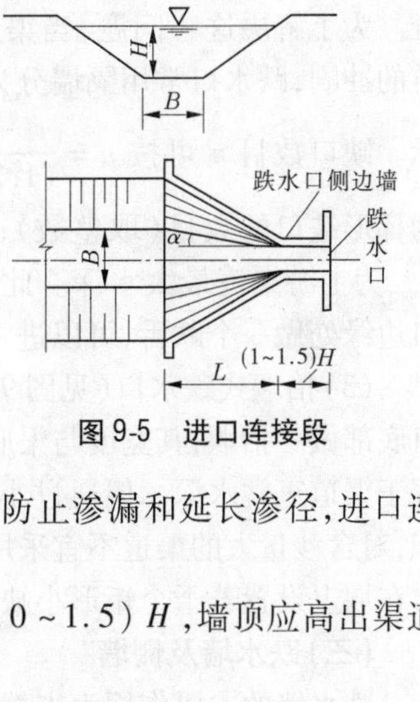

图 9-5　进口连接段

连接段常采用片石和混凝土衬砌，以防止水流冲刷和延长渗径，并防止绕渗及减小跌水墙后和消力池底板的渗透压力。连接段翼墙和护底均应设齿墙，齿墙一般深入两岸和渠底 0.3 ~0.5 m，以增加侧向滞渗作用。为了防止渗漏和延长渗径，进口连接段前的渠道应设置铺盖，铺盖长度一般为（2 ~3）H。

连接段翼墙在跌水口处应有一段直线段，其长度为（1.0 ~1.5）H，墙顶应高出渠道最高水位 0.3 m 以上，以防止渠水溅越。

（二）跌水口

跌水口又称控制缺口，是设计跌水和陡坡的关键部位。为使上游渠道水面在各种流量下不产生壅高和降落，常将跌水口缩窄，以减小水流的过水断面，从而保持上游渠道的正常水深。根据流量的大小和渠道的宽窄可布置成多缺口或单缺口形式。我国通常采用的跌水缺口的形式主要有矩形、梯形和抬堰式等三种（见图 9-6）。

（1）矩形跌水口（见图 9-6（a））。跌水口底部高程与上游渠底相同，利用两边侧墙的收缩来减小缺口的宽度，在跌水口处产生壅水，使壅水后缺口前的水深等于渠中水深。由于跌水口的宽度是根据设计流量确定的，故当通过设计流量时，跌水口前的水深与渠道水深相近，渠道水位不壅不降。但当通过流量大于设计流量时，上游水位将产生壅高，当通

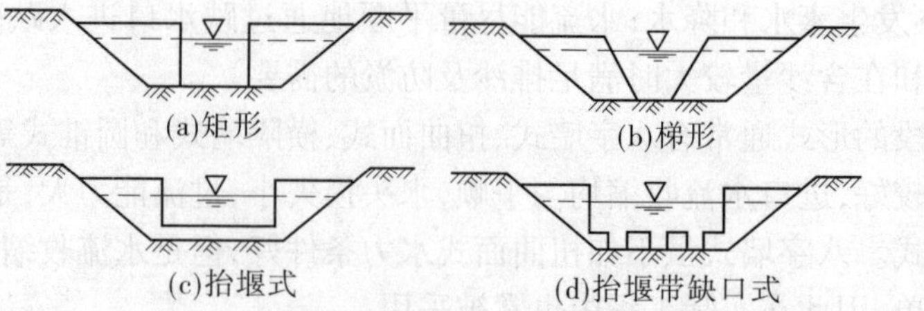

图 9-6　跌水口形式

过流量小于设计流量时，上游水位将产生降落。这种跌水口水流集中，单宽流量大，在跌水口下游会产生严重的涡流，造成下游消能困难。但其结构简单，施工方便，常用于渠道流量变化不大的情况。

(2)梯形跌水口(见图 9-6(b))。在流量变化较大的时候，理论上只有将缺口设计为抛物线形才能够使缺口上游满足渠道水位的要求，但由于曲线形缺口施工比较困难，故实际工程中常采用与抛物线相近的窄深式梯形缺口。梯形跌水口底部高程与渠道相同，两侧做成斜坡，水流情况较矩形跌水口有所改善，在通过各种流量时，上游渠道不致产生过大壅水和降水现象。梯形跌水口虽然单宽流量较矩形小，但仍保持较大值，水流缩窄厉害，仍然会造成下游消能困难。为了解决这一问题，当渠道流量较大时，为减少对下游的冲刷，跌水口常用隔墙分为几个梯形缺口，如图 9-7 所示。缺口数目 n 可按 $n=\dfrac{b}{(1.25\sim1.5)H_{max}}$ 计算。其中，n 为梯形缺口的数目(取整数)；b 为跌水口上游渠底宽度；H_{max} 为上游渠道最大水深。此外，实际工程中常在梯形缺口边缘处做一个跌舌，可以进一步改善下泄水流的扩散效果，如图 9-7 所示。

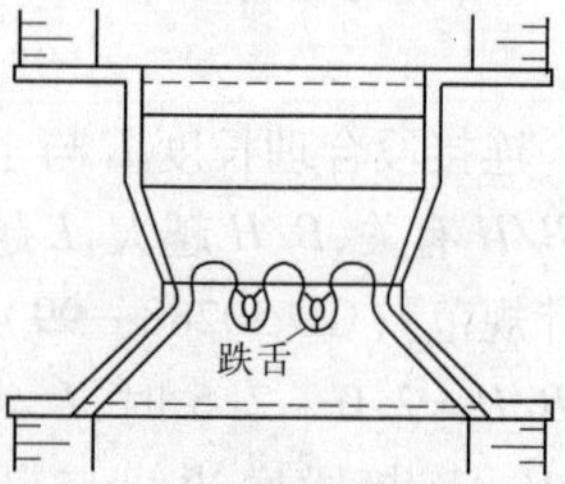

图 9-7　有跌舌的梯形跌水口

(3)抬堰式跌水口(见图 9-6(c))。为了控制上游水位和减小单宽流量，可以在跌水口底部做一抬堰，其宽度与渠底相等。这种跌水口在通过设计流量时，能使跌水口前水深等于渠道正常水深。但通过小流量时，渠道水位将产生壅高，同时抬堰前易造成泥沙淤积，对含沙量大的渠道不宜采用。有时为了解决上游渠道淤积问题和排出上游渠道余水，常在堰上设置若干个矩形小缺口(见图 9-6(d))。

(三)跌水墙及侧墙

跌水墙的主要作用为支撑墙后的填土，也是支撑整个进口段，并承受下游水流的撞击，多采用重力式挡土墙。由于跌水墙插入两岸，其两侧有侧墙支撑，稳定性较好，设计时常按重力式挡土墙设计，有铅直式和倾斜式两种(见图 9-8)。但考虑到侧墙的支撑作用，也可按梁板结构计算。

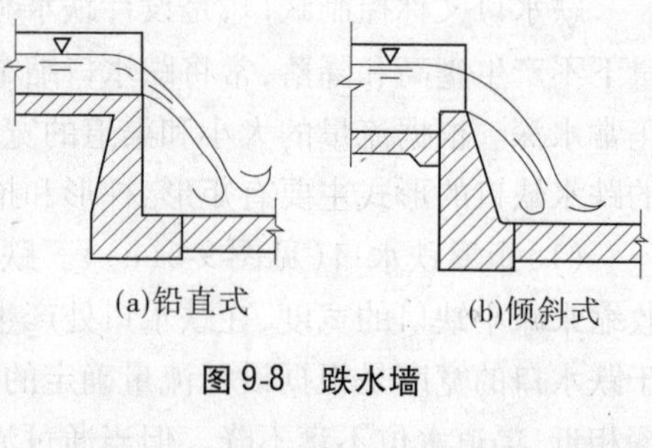

图 9-8　跌水墙

在可压缩性的地基上，跌水墙与侧墙间常设沉陷缝。在沉陷量极小的地基上，可不留接缝，将二者固接起来。侧墙也多采用重力式挡土墙结构，由于自重较大，为了适应地基的不均匀沉陷，常将侧墙与消力池底板分开。

为防止上游渠道渗漏引起跌水下游的地下水位抬高，降低墙背面地下水对墙的压力，减小渗流对消力池底板的渗透压力，跌水墙和侧墙应做好防渗排水设施。

（四）消力池

在跌水墙下设置消力池，修建消力池的目的是利用下泄水流在池中形成的强迫水跃来充分消耗下泄水流的能量，从而减轻对下游渠道的冲刷危害。

消力池在平面布置上有扩散和不扩散两种形式，它的横断面形式一般有矩形、梯形和折线形三种。其中，折线形布置为渠底高程以下为矩形，渠底高程以上为梯形。从消能的角度来看，消力池的横断面采用矩形比较好，这样可以避免池中出现边侧回流，但是，在实际工程中，为了减少工程量，梯形和折线形断面使用仍非常普遍。

消力池的各部分尺寸由水力计算来确定。其底板的衬砌厚度与单宽流量和跌差大小有关，一般取 0.4 ~ 0.8 m。

（五）出口连接段

下泄水流经消力池消能以后，在出口处仍然具有较大的能量，流速在断面上分布不均匀，常对下游渠道造成冲刷破坏。为改善水力条件，防止水流对下游冲刷，在消力池与下游渠道之间设出口连接段，以调整流速和平顺流态。消力池出口段形式如图 9-9 所示。

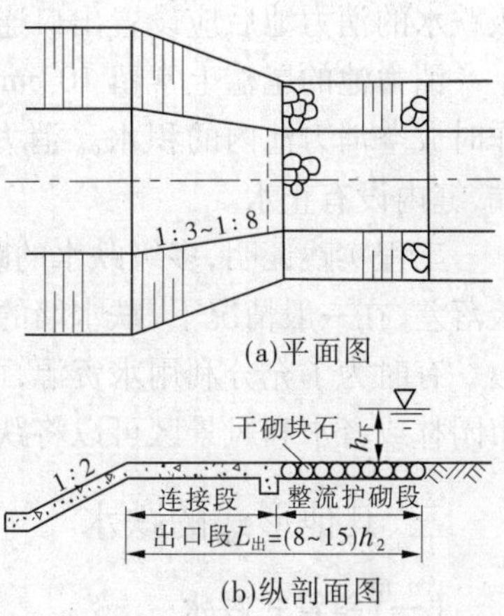

图 9-9　消力池出口段形式

消力池的出口连接段分为连接段和整流护砌段两部分，实践证明，若水流不能在消力池中得到充分的消能，水流的流态和流速不能在出口连接段得到有效的调整和平顺，则下游渠道将受到大范围的严重冲刷。

消力池末端底部可用 1∶2 或 1∶3 的反坡与下游渠底相连。扩散角度一般为 20° ~ 40°。在消力池内不加设消能工的情况下，若下游渠道为土渠，则出口段总长（包括连接段和整流护砌段）为 $L_{出} = (8 \sim 15) h_2$，在池内加设消能工的条件下，出口段一般可取 $L_{出} = (3 \sim 6) h_2$，当消力池边坡与下游渠道不一致时，连接段用扭坡连接。

二、多级跌水

当渠道上下游跌差超过 3 m 时，按照《城市防洪工程设计规范》（CJJ 50—92）要求，应布置为多级跌水。多级跌水的分级数目和各级落差大小，应根据地形、地质、施工条件及工程量大小等具体情况综合分析确定。一般各级跌差取相等值，最后一级跌水应作单独设计，以便与下游渠道连接。当受地形、地质条件影响较大时，也可修建不连续的多级跌水。

多级跌水的组成和构造与单级跌水基本相同，只是将消力池做成若干阶梯，各级落差和消力池长度一般相等，使每级具有相同的工作条件，并便于施工（见图 9-10）。

多级跌水有设消力槛和不设消力槛两种形式。一般在上级消力池末端设置一定高度的尾槛，用来造成淹没水跃，并作为下一级的控制堰口。以下各级布置依此类推。最后一

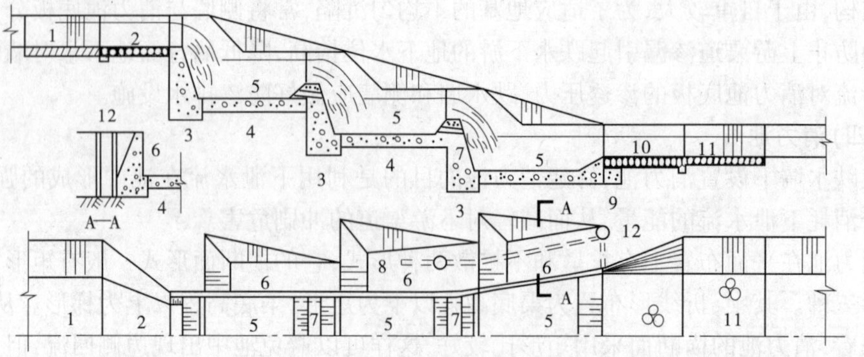

1—防渗铺盖;2—进口连接段;3—跌水墙;4—跌水护底;5—消力池;6—侧墙;
7—泄水孔;8—排水管;9—反滤体;10—出口连接段;11—出口整流段;12—集水井

图 9-10 多级跌水

级跌水的消力池后应设置出口连接段与下游渠道连接。

消力池的尾槛上常留 10 cm×10 cm 到 20 cm×20 cm 的泄水孔,以便在跌水停止工作时放空消力池内的积水。消力池的长度一般不超过 20 m,所以沉陷缝常设在池的两端,缝内设有止水。

工程实践证明,多级跌水的跌水墙工程量与其数目成反比,即增加跌水数目,减小各级落差,在一般情况下,跌水墙的工程量将较单级跌水有所减小。

有时为了充分利用水资源,可考虑在落差集中处修建小水电站或水力加工厂。在城市园林或者水利风景区可以将跌水做成水景观,以发挥其综合效益。

三、其他形式的跌水

(一)斜管式跌水

斜管式跌水是由上游进口连接段、埋藏式管身、消力池和出口连接段组成的落差建筑物(见图 9-11)。其具有工程量小、造价低、占地少、便于穿过道路等建筑物的特点。斜管式跌水的主要构件是混凝土管,可以实现预制构件装配化,施工简易,运行管理方便,也比较经济,因此在小落差跌水中得到了广泛应用。

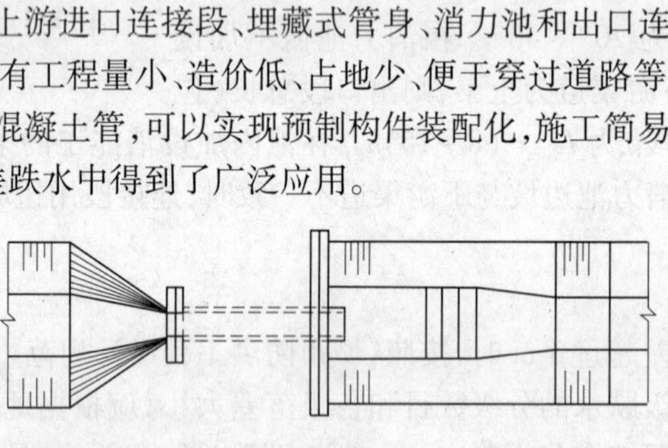

图 9-11 斜管式跌水示意图

斜管式跌水的进口连接段布置与跌水相似,连接段的长度一般取渠道设计水深的 3

倍左右，在用于泄水和退水工程时，常在斜管进口处设置闸门，以调控流量。为了防止产生涡流和漂浮物堵塞斜管，还可以在进口处加设防涡盖和拦污栅。

进口段的布置形式常有突然收缩、八字墙和扭曲面三种，如图 9-12 所示。其中，后两种水流流态较好，突然收缩一般只在小型跌水中使用。斜管多采用预制的钢筋混凝土圆管，较大的泄水和退水工程的斜压力管常采用矩形和正方形断面，并采用现浇钢筋混凝土结构。管身段坡度一般不大于 1∶2，斜管通常为单管布置，根据需要也可布置为双管和多管形式。管出口宜布置在水下，管顶上应有足够的淹没深度，由于斜管的出流较为集中，消力池应有足够的宽度和深度，并可加设适当的消能工。

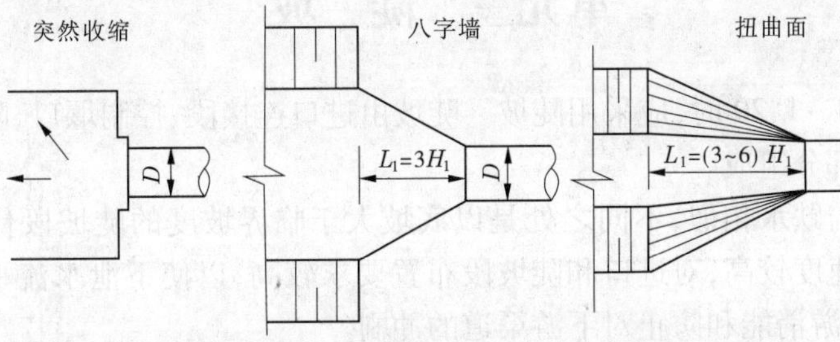

图 9-12　斜管式跌水进口段的布置形式

斜管式跌水的泄流能力一般按照压力管流进行水力设计，在小流量时，斜管内会出现明流流态，为防止不良流态对泄流产生影响，应使进口处斜管顶端保持一定的淹没度，以保证斜管内为稳定的压力流态。

（二）竖井式跌水

在高寒地区如采用开敞式跌水，容易受到冻胀的影响，会造成水工建筑物的裂缝、坍岸等破坏，加大维修任务。为了改善这一情况，高寒地区可以采用竖井式跌水来代替开敞式跌水。

竖井式跌水基本为地下封闭结构，能减少受冻部位和受冻面积。这种跌水在我国黑龙江省木兰县香么山灌区得到了广泛的应用，取得了良好的效果，如图 9-13 所示。

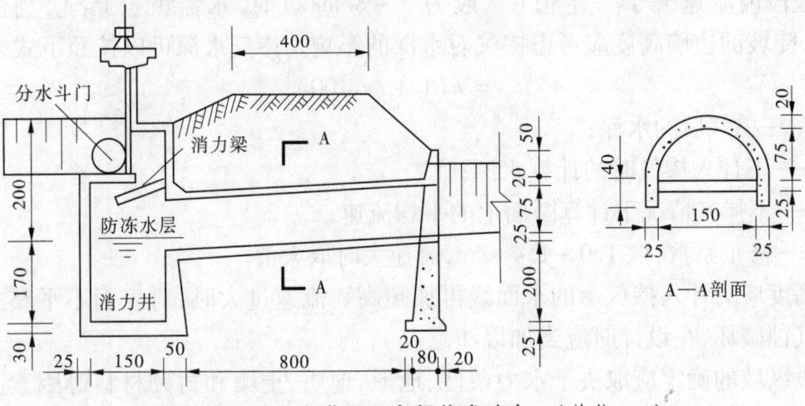

图 9-13　香么山灌区六支竖井式跌水　（单位：cm）

在竖井式跌水中，跌流泄入消力井中，水流在消力井中翻滚，消耗能量。为了避免消力井中产生强烈的横向旋涡，可在竖井中设置单层或双层的消力梁或消力网，在消耗一部分能量的同时分散水流，在水池中形成多个不同频率和相位的旋涡，这些旋涡相互作用，能够大大提高消能效率。

为了消除跌水经过消力井后残余的能量，可以将出口段平坡改为反坡形式，使水流缓慢下泄，达到消除水面波动的目的。为了便于管理，还可在进口设置分水闸和分水门。

竖井式跌水布置紧凑，减少了基础工程的开挖量和混凝土浇筑量，可以大大节省造价，是一种非常经济实用的跌水布置形式，除在高寒地区使用有其特殊的优势外，也适合在全国其他地区推广。

单元三　陡　坡

当纵坡为1:4～1:20时，应采用陡坡。陡坡由进口连接段、控制堰口、陡坡段、消力池和出口连接段五部分组成。

陡坡的构造与跌水相似，不同之处是以底坡大于临界坡度的陡坡段代替了跌水墙。由于陡坡段水流速度较高，对进口和陡坡段布置要求较高，以使下泄水流平稳、对称且均匀地扩散，以利下游消能和防止对下游渠道的冲刷。

为了减少土石方开挖工程量，底坡应沿天然地面坡度布置，其长度应根据地形、地质条件合理确定。在实际工程中，根据不同的地形条件和落差大小，可以布置成单级陡坡和多级陡坡两种形式。多级陡坡常建在落差较大且有变坡或台阶地形的渠段上。

一、单级陡坡

（一）陡坡段的水力特性

陡坡段的水力特性是坡陡、流急。水流湍急、紊动剧烈、惯性力大，边墙的收缩、扩散或转弯会影响水流流向，产生折冲波并向下游传播。折冲波会局部壅高水位，使边墙相应加高；还会造成横断面上的水深和流速分布不均匀，对下游消能产生不利影响。因此，应在陡坡的设计中尽可能避免折冲波的产生或减小其不良影响。

当陡坡段内流速大于一定值（一般为7～8 m/s）时，水流就会掺气，当流速大于10 m/s时，陡坡的边墙高度应考虑掺气对水深的影响。掺气水深可以按照下式来估算：

$$h_b = h(1 + \zeta v/100) \tag{9-1}$$

式中　h_b ——掺气后的水深；

h ——不计入掺气时的计算水深；

v ——不掺气情况下计算断面上的平均流速；

ζ ——修正系数，取1.0～1.4 s/m，流速大时取大值。

边墙高度应为计入掺气后的水面线再加超高。流速过大时，对表面不平整的槽壁可能会造成气蚀破坏，在设计时应当加以注意。

陡坡段纵坡的确定应取决于水力条件、地形、地质、土壤和衬砌材料等因素。当流量大、落差大、土质差时，陡坡的纵坡应当小些，反之则可取大些。坡度小的时候，开挖量较小，稳定性好，但衬砌量会加大；坡度较大的时候，衬砌长度可以减短，比较经济。工程中常采用的坡比为1:2.5～1:5，在软基上布置应当缓些，在坚硬的岩基上布置可以陡些。

若条件允许,尽可能采用一坡到底。对于大落差的陡坡,往往需要根据地质条件变化而改变坡度,但变坡点不宜过多。此时,可以做成先缓后陡的形式,即靠近进口的上段,纵坡缓一些,下段纵坡陡一些。变坡处的水流容易脱离槽底造成负压,引起气蚀破坏,因而变坡处应尽量选用符合水流运动轨迹的曲线段,使上下坡底能平顺相连。一般情况下,对于大落差的陡坡,采用多级陡坡的效果更好。

陡坡段的横断面常做成梯形或矩形,土基上的陡坡多采用梯形断面,边坡一般为1:1～1:1.5,并需要衬砌。在有破碎带或节理发育的岩基上,一般也采用梯形断面。边坡不宜过缓,以免水流外溢和流态不良。

陡坡的底宽一般与上游缺口和下游渠道底宽相同,也可采用扩散形式与下游消能段相连。在大落差的退水工程中,陡坡的底宽需要考虑消力池的特性,一般而言,底宽越大,越有利于消能。

(二)陡坡段的平面布置

由于陡坡段的水流流速很高,陡坡在平面上沿水流方向应尽可能采用直线、等宽、对称的布置形式。尽量避免转弯和横断面的不规则变化,力求使水流平顺,保证工程安全运行。但在一些泄水和退水工程中,由于地形和地质条件的约束,为了减小工程量,往往不得不在平面上缩窄和转弯,使水流条件恶化。

在平面布置上,陡坡底可做成等宽形、底宽扩散形和菱形三种形式。底部等宽的布置形式比较简单,但对下游消能不利,常用于小型渠道和跌差小的情况。

1. 扩散形陡坡(见图9-14)

陡坡段采用扩散形布置,可以使水流在陡坡上发生扩散,以减小单宽流量,对下游消能防冲有利。

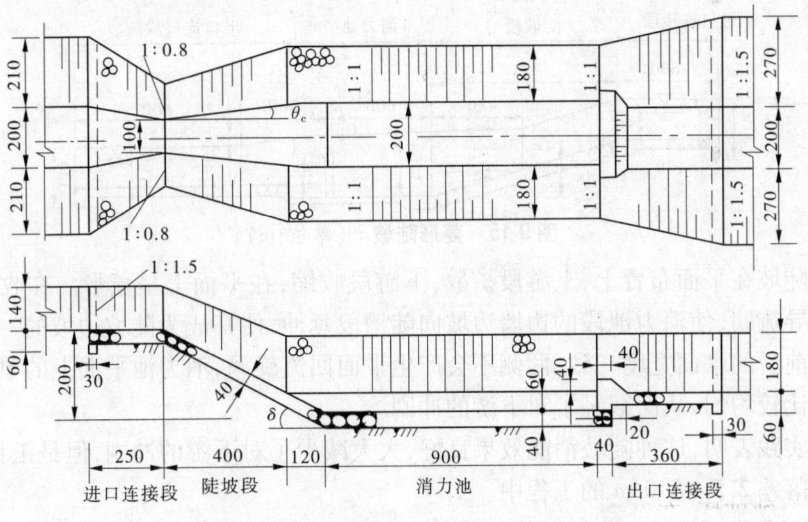

图9-14　扩散形陡坡　(单位:cm)

对于土基上的陡坡,单宽流量不宜太大。当落差不大时,多从进口后开始采用扩散形陡坡。陡坡平面扩散角 θ_c 可按下式计算:

$$\tan\theta_c = 1.02\frac{k}{\sqrt{\frac{p^5}{Q^2\tan^2\delta}}} \tag{9-2}$$

式中 p ——落差；

Q ——陡坡段设计流量；

k ——陡坡扩散系数，$k = 0.8 \sim 0.9$，$\tan\delta$ 大时，k 取小值，反之取大值（δ 为陡坡与水平面的夹角）。

式(9-2)的适应范围为：$p = 0.5 \sim 10$ m，$\tan\delta = 1/1.5 \sim 1/5$。

扩散角值 θ_c 一般在 5°~7°范围内。

2. 菱形陡坡(见图 9-15)

等宽和扩散形的陡坡都在下游产生一个问题，即跃前水面比跃后水面宽度小，这样就在消力池内两侧产生平面回流旋涡，中间部分单宽流量加大，出口流速分布不均，从而在下游引起严重冲刷。菱形陡坡的应用较好地解决了这一问题。

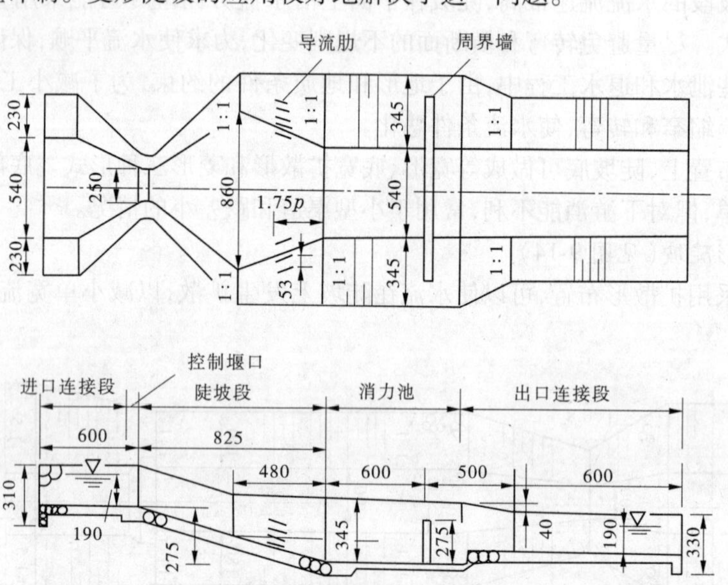

图 9-15 菱形陡坡 （单位：m）

菱形陡坡在平面布置上，上游段扩散，下游段收缩，在平面上呈菱形。在收缩段的边坡上设置导流肋，使消力池段的边墙边坡向陡槽段延伸，使其成为陡坡边坡的一部分。这样使水跃前后的水面宽度一致，两侧不会产生平面回流旋涡，消力池平面上的单宽流量和流速分布比较均匀，从而减轻了对下游的冲刷。

工程实践表明，这种陡坡消能效果良好，大大减少了对下游的冲刷，但是工程量较大，一般用于落差 2.5 ~ 5.0 m 的工程中。

3. 急流弯道

在受地形、地质条件限制的情况下，在陡坡段设置弯道时，高速水流在离心力的作用下，会形成弯道外侧水面高于弯道内侧水面的现象。此外，由于弯道的存在，陡坡中的急流会产生扰动而形成折冲波，水面不仅沿纵向产生起伏变化，在横断面上的水面也会产生局部壅高，从而造成陡坡段及其下游渠道内的水面形成交替的升高或降低，大大恶化流态，可能会造成这类工程漫溢冲毁等事故的发生。因此，对于急流弯道工程要慎重考虑，尽量避免采用。

（三）陡坡段的人工加糙

当陡坡的流速过大时，在实际工程中常采用人工的方法增加陡坡的糙度。陡坡段的人工加糙可促使水流紊动扩散、降低流速、改善下游流态、缩小消能工范围、防止或减轻下游渠道的冲刷。其对于改善水流流态作用的大小与人工加糙的布置形式、尺寸等均有密切关系，一般通过模型试验来确定。

通常人工加糙由一定形式的突出部分形成，突出部分以不同的形状、高度、尺寸及其相互的位置关系为特征。常见的人工加糙形式有交错式矩形糙条、单人字形槛、双人字形槛、棋布形方墩等，如图 9-16 所示。

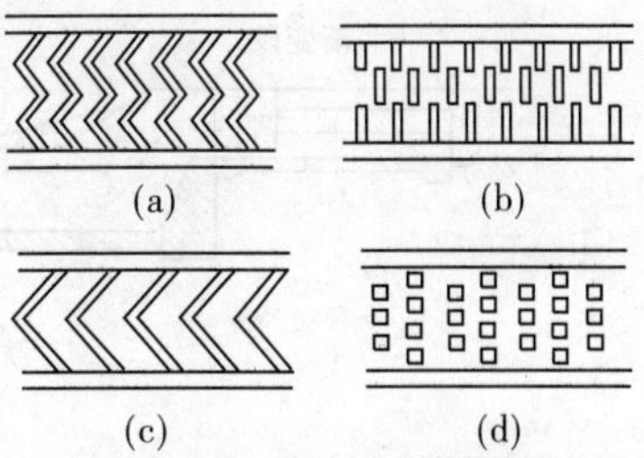

图 9-16　人工糙面的形式

（四）消力池及出口连接段

陡坡的出口一般都采用消力池消能，使水流在池中发生淹没水跃，以消减水流的能量，其布置形式与跌水相似。为了提高消能效果，消力池中常设置一些辅助消能工，如消力齿、消力墩、消力肋及尾槛等。

沿陡坡下泄的水流，受陡坡边界、坡度和糙度影响，对于梯形断面的消力池深度和长度可按下式计算：

消力池深度
$$d = h''_c - h_s \tag{9-3}$$

式中　h''_c——与收缩断面水深相应的共轭水深；

h_s——下游渠道水深。

水跃的共轭水深 h''_c 的计算式为：

$$\frac{h''_c}{h_c} = 1.74\lg\frac{\varphi_c E_0}{q^{2/3}} + 0.28 \tag{9-4}$$

式中　h_c——收缩断面水深，m，可由公式 $h_c = \dfrac{0.385pq^{4/3}}{\varphi_c^2 E_0^2}$ 计算；

E_0——控制堰口对下游消力池底的总水头，m，$E_0 = p + h_k + v_k^2/(2g)$，$h_k$、$v_k$ 为控制堰口的临界水深和相应流速；

q——陡坡末端收缩断面上的单宽流量，$m^3/(s \cdot m)$，$q = Q/B$，B 为收缩断面处消力池的底宽；

φ_c——流速系数，可由经验公式 $\varphi_c = 0.9(m_0 q^{2/3}/p)^{0.1}$ 计算；

m_0——消力池边坡系数。

当 $\dfrac{m_0 q^{2/3}}{p} \geqslant 3.0$ 时，取 $\varphi_c = 1.0$。

以上公式的适应范围为：陡坡段糙率 $n = 0.01 \sim 0.017$。

消力池长度
$$L = (6 \sim 7)h''_c \tag{9-5}$$

消力池出口常用连接段与下游渠道相连，当消力池底宽大于下游渠道底宽时，出口连接段可做为平面收缩形式，收缩率为1∶3～1∶8。消力池末端底部一般用1∶2～1∶3的反坡与下游渠道相连。

二、多级陡坡

在地面坡度较大且比较均匀，或有台阶地形的渠段，修建多级陡坡往往比多级跌水更加经济合理（见图9-17）。分级多少、每一级的落差和比降的大小应根据工程的实际情况来确定。多级陡坡的落差和纵坡不必强求一致，但在地形条件允许的情况下，将每一级陡坡的落差和纵坡布置成相同的尺寸有利于工程的设计、施工和管理。

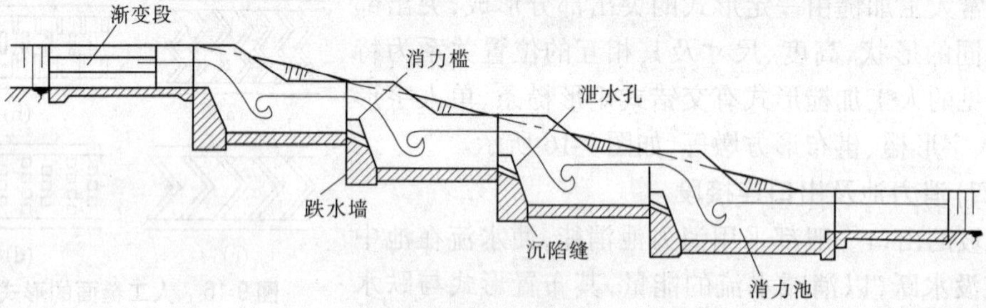

图9-17　多级陡坡

在山丘修建的渠道，其沿渠段设置的调节、分水和退水工程，往往采用多级陡坡的形式。陕西省宝鸡峡98 km长的塬坡干渠上，每隔一段距离（约10 km），或在渡槽、倒虹吸管和隧洞等建筑物的进口上游处，均设有多级陡坡（落差多在80～100 m），作为泄水、退水建筑物。

一般来讲，渠道上的多级陡坡，其第一级进口连接段和最后一级出口连接段的结构形式与单级陡坡基本相同。典型的多级陡坡，上下各级首尾互相连接，前一级的消力池末端出口即为后一级陡坡的上游进口。

单元四　落差建筑物的形式选择和工程规划布置

当渠道比降确定后，结合渠线通过的地貌地形，即可确定落差建筑物的位置、形式和数量。一般情况下，落差建筑物位置形式的选择应遵循以下几个原则：

（1）在选择落差建筑物形式时应比较各种方案，尽量采用开挖土石方工程量较小的方案。

（2）如建筑物需设置弯道，弯道前需设置一定长度的引渠，以保证上游来水均匀平顺，一般要求引渠长度至少相当于8～10倍渠底宽度。

（3）在落差较小的地段或高寒地区，应尽量采用跌水或跌井；在地形变化较均匀和落差较大的地段，应采用陡坡。

（4）当地形陡峻或呈台阶地貌且落差较大时，采用多级跌水或多级陡坡比较经济合理。

（5）在有通航要求的渠道上，应尽量布置小跌差的落差建筑物，跌差大小应和船闸水位升降幅度相适应，如选用跌差过大将使船闸工程变得复杂。

(6)如果需要结合落差建筑物修建小型水电站或水力加工厂，则应适当减少该地段的跌水或陡坡数目，将落差适当集中，并尽可能使各渠段的该种落差建筑物的落差大小相等或相近，以便于各水电站工程的设计施工、机组选型和运行管理。

(7)城市中的渠道，落差建筑物的修建可与城市绿化或园林工程结合起来，选取恰当的形式，使建筑物既能发挥其水利功能，也能形成美丽的水景观，美化城市环境。

需要指出的是，在实际工程中，跌水工程开挖量一般较大，且需要建造牢固的跌水墙，工程费用一般要比陡坡高。因此，陡坡的应用比跌水更加广泛。

落差建筑物的规划布置与渠系工程规划的线路、位置有着密切的关系。在地形平坦或有良好的防渗衬砌的渠道线路上，落差建筑物一般设置较少；反之，在丘陵山塬地带的渠道线路上，由于地形比较复杂，为调整渠道比降和保障沿渠建筑物的安全运行，一般需要设置较多的各类型的落差建筑物。

在渠系工程规划中，落差建筑物的设置量大面广，其作用各不相同，布置形式也是多种多样的。因此，在渠系中设置落差建筑物应从经济技术指标和运行安全两方面进行综合分析比较。经济技术方面应考虑因地制宜、能否就地取材和施工是否方便，安全运行方面则需重点考虑其泄流能力、消能效果和是否会对下游渠道造成冲刷等，最终确定最优的规划布置方案。该方案还应在充分利用水能资源，综合发挥水利工程建筑的经济效益、环境效益和社会效益方面有所考虑和体现。

小　结

(1)落差建筑物。落差建筑物的主要作用是在明渠工程中调节渠道纵坡，此外，还广泛地应用于渠道上的排洪、泄水和退水建筑物中。常见的落差建筑物有跌水和陡坡两大类。

(2)跌水。跌水有单级跌水和多级跌水两种形式，跌水高差在 3 m 以内时，宜采用单级跌水，当渠道上下游跌差超过 3 m 时，应布置为多级跌水。单级跌水常由进口连接段、跌水口、跌水墙及侧墙、消力池和出口连接段五部分组成。此外，还有一些其他形式的跌水，如斜管式跌水、竖井式跌水。

(3)陡坡。当纵坡为 1:4 ~ 1:20 时，应采用陡坡。陡坡由进口连接段、控制堰口、陡坡段、消力池和出口连接段五部分组成。陡坡可以布置成单级陡坡和多级陡坡两种形式，多级陡坡常建在落差较大且有变坡或台阶地形的渠段上。

思考题

1. 落差建筑物除集中渠道落差外还有什么作用？试举例说明。
2. 我国常用的跌水口的形式有哪几种？各有什么特点？
3. 竖井式跌水如何消能和改善流态？
4. 做陡坡段的水力设计应注意哪些问题？
5. 陡坡段的平面布置有哪几种常用形式？其各自的特点和适用条件是什么？
6. 落差建筑物位置形式的选择应遵循什么原则？

第四部分 取水建筑物

项目十 城市输水管网

教学基本要求

(1)单元一。理解城市水体存在的特点,掌握城市水网的工作特点与布置形式。

(2)单元二。理解地下管道的工作特点,掌握地下管道的工程要求,明确排水管道的形式、分类与连接手段。

(3)单元三。理解地下渠涵的工作特点与形式,掌握地下渠涵的工程构造。

(4)单元四。明确井的分类、作用、构成部分及质量要求。

能力培养目标

(1)能够熟练分析城市管网建筑物的形式、构成。

(2)能正确地选用各种不同类型管道、暗渠与井。

(3)能够正确、迅速、全面地识读相关的标准图集与施工图纸,为该类工程的设计、施工能力奠定基础。

学习重点与难点

重点是雨污渠、井的构造、材料与工作特点。

难点是该类建筑形式多样,需准确记忆并可以灵活应用于本专业的后续课程。

项目的专业定位

城市区域作为人口密集的地区,其用水、汇水、输水、排水过程与社会生活息息相关,所以其工作机理、布置形式和构造组成有着独特的方面,本部分内容试阐述城市水体流动中相关建筑物的基本构造与布置。

单元一 概 述

城市是人口集聚形成的较大居民点。通常来讲,城市一般包括住宅区、工业区和商业区三类,主要由居民区、街道、医院、学校、写字楼、商业卖场、广场、公园等部分组成。在城市的范围里,房屋、道路占据了大部分的面积,自然地面较少,人们日常的生活、工作、学习活动都在上述的人工建筑物中进行。那么,作为一个为了一定目的而人工建造的城市来讲,其水体的存在与流动形式必然与天然条件下的水体有着一定的差异。

一、城市输水管网的特点

城市水体的特点:

(1)城市的用水不能依靠天然降水,由于城市人口密度较大,用水集中且对于水质要求较高,所以城市需要专门的取水、输水工程来保证其正常的需水量。

(2)城市地面的硬化特点决定了天然降水的产汇流特点,由于水不能渗透硬化路面或房屋基础,所以必须设置专门的雨水汇集与输送系统。

(3)与城市人口集中相应,城市的生活废水与工业废水排放量很大,其水质又较差,容易对环境造成污染,所以必须对城市污水集中收集、处理后才能进行排放,应设置相应的污水系统。

(4)由于地面成为了人类活动的主要场所,上述城市水利建筑物不能影响人们的生活、交通、工作等日常活动,只能布置在地下,大多为隐蔽工程,所以城市水体的输排过程通常都在隐蔽部位进行。

与城市水体的存在、流动相适应,城市水利管网建筑与通常的水利工程建筑物相比,也有着一些特点:

(1)城市水利管网必须与城市规划相结合,其布置规划依赖于城市的发展。周围社会环境是该类建筑物施工、管理的主要影响因素,该类建筑物也将对其周边环境起到重要的影响。

(2)城市水利管网建筑需要避开城市人们正常的活动区域,通常都是地下隐蔽工程,所以设计、施工中需要考虑的因素较多。

(3)城市水利管网是一个大型的系统,由多种建筑物协同工作,才能完成城市水体的流动需求。在整个过程中环节多、范围大,并且对于整体网络的检查、维护的要求较高。

(4)由于我国大部分城市历史较长,发展迅速,当前城市内涝灾害日益严重,对城市水利管网建筑提出了更高的要求。

二、城市水利管网的构成

城市水利管网主要分为给水与排水两部分,是为人们的生活、生产、市政和消防提供用水和雨水、污水排除设施的总称。其主要作用是向各种不同类别的用户供应满足不同需求的水量和水质,同时承担雨水的收集、输送和废水的收集、处理、输送,达到维持城市正常运行和保护环境的目的。

给水系统是保障城市、工矿企业等用水的各项构筑物和输配水管网组成的系统。

根据系统的性质不同,有四种分类方法:按水源种类,分为地表水(江河、湖泊、水库、海洋等)给水系统和地下水(潜水、承压水、泉水等)给水系统;按服务范围,可分为区域给水、城镇给水、工业给水和建筑给水等系统;按供水方式可分为自流系统(重力供水)、水泵供水系统(加压供水)和两者相结合的混合供水系统;按使用目的,可分为生活给水系统、生产给水系统和消防给水系统。

根据用户使用水的目的，通常将给水分为生活用水、工业生产用水、消防用水和市政用水四大类。

废水收集、处理和排放工程设施，称为排水系统。

根据排水系统所接收的废水的性质和来源不同，废水可分为生活污水、工业污水和雨水三类。

给水排水系统的功能和组成如图 10-1 所示。城镇给水排水系统图如图 10-2 所示。

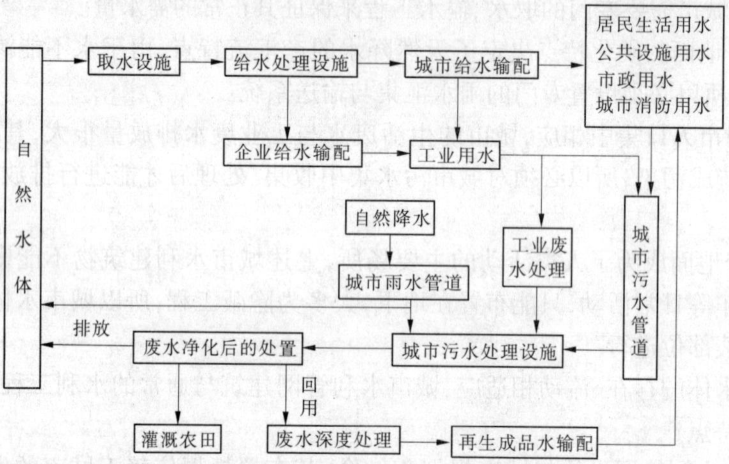

图 10-1　给水排水系统的功能和组成

在管网系统中主要的水利建筑物为管道、暗渠、井和涵，这些建筑物具有一般网络的特点，如分散性、扩展性等，同时又具有自身的特点，如隐蔽性。

三、城市给水管网系统的组成

管网系统一般由水收集设施、输水管(渠)、检修井、水量调节池、提升泵站、输水管(渠)和排放口等组成，如图 10-3 所示。

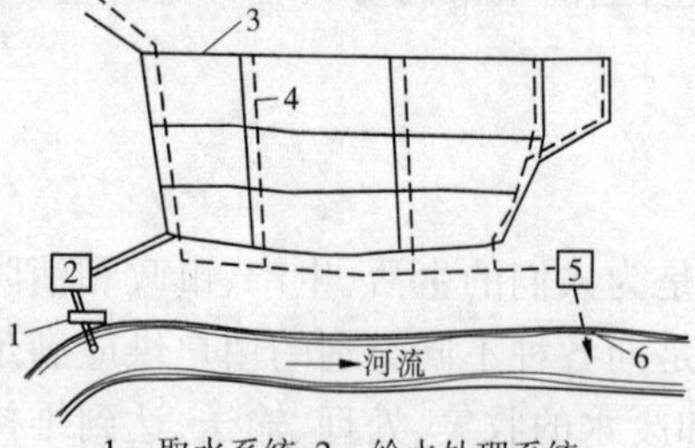

1—取水系统；2—给水处理系统；
3—给水管网系统；4—排水管道系统；
5—污水处理系统；6—污水排放系统

图 10-2　城镇给水排水系统

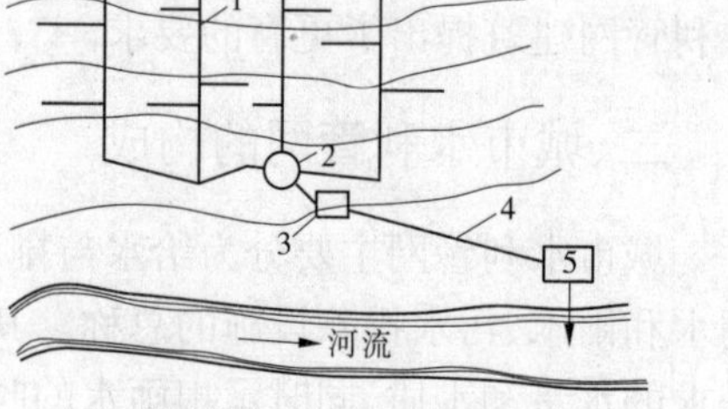

1—输水管(渠)；2—水量调节池；
3—提升泵站；4—输水管(渠)；
5—污水处理厂

图 10-3　管道系统示意图

(一)管网系统的布置原则

布置管道时，一般应遵循下述原则：污水应尽可能以最短的距离并以重力流的方式排泄到污水处理厂；管道应尽可能沿平行地面的自然坡度埋设，以减小管道埋深，地形平坦的小流量管道以最短路线与干管相接；当管道埋深达到最大允许值时，如再继续挖深将增加施工的难度而不经济，应考虑设置污水泵站中途提升，但应力求减少泵站的数量；管道应尽量避免或减少穿越河道、铁路及其他地下构筑物；当城市为分期建设时，第一期工程干管内应有较大的流量通过，以免因初期流速太小而影响管道的正常排水。为检查及清通排水管网，在管道坡度改变处、转弯处、管径改变处、支管接入处以及直管段长度超过一定距离处应设置排水检查井。埋地管道一般布置在道路两侧，检修较少的排水管道及雨水管道，也可布置在道路下面；管道的埋设深度，对无保温措施的生活污水管道或水温和它接近的工业废水管道，管内底部高程应在冰冻线以上 0.15 m，并应当保证管顶最小覆土厚度。

（二）管网系统的体制

城镇和工业企业排出的废水通常分为生活污水、工业废水和雨水三类，它们可以采用同一个排水管道系统来排除，也可以采用两个或两个以上各自独立的排水管道系统来排除。这种不同的排除方式所形成的排水系统称为排水体制。

排水系统的体制主要有合流制和分流制两种基本方式。

1. 合流制排水系统

将生活污水、工业废水和雨水混合在同一管道（渠）系统内排放的排水系统称为合流制排水系统。根据污水汇集后的处置方式不同，又可把合流制分为下列三种情况：

（1）直排式合流制排水系统，见图 10-4。

（2）截流式合流制排水系统，见图 10-5。

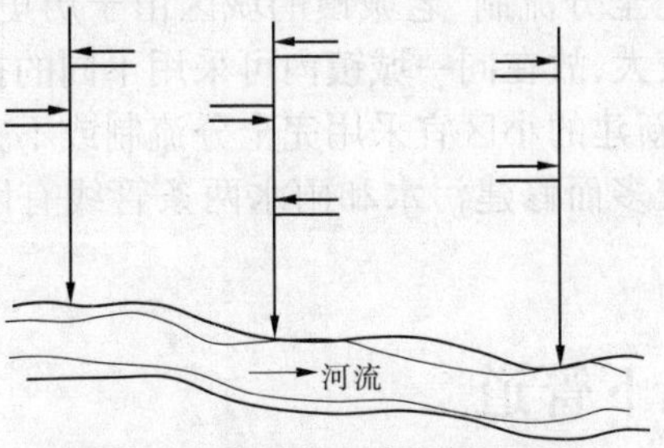

图 10-4　直排式合流制排水系统

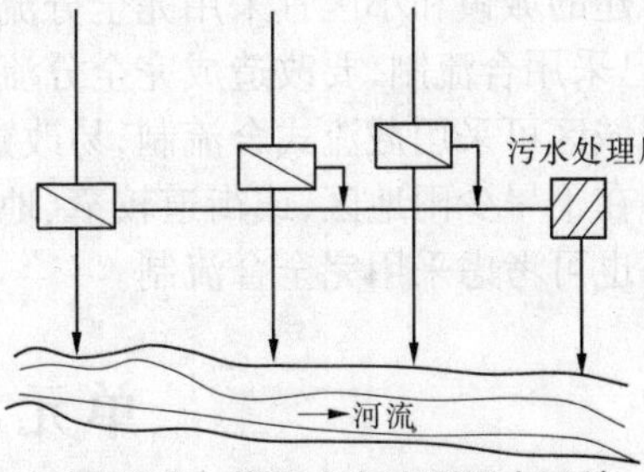

图 10-5　截流式合流制排水系统

（3）完全合流制排水系统，见图 10-6。

2. 分流制排水系统

将生活污水、生产废水和雨水分别在两种或两种以上管道（渠）系统内排放的排水系统称为分流制排水系统。根据雨水的排除方式不同，分流制又分为下列两种情况：

（1）完全分流制排水系统：在同一排水区域内，既有污水管道系统，又有雨水管道系统，见图 10-7。

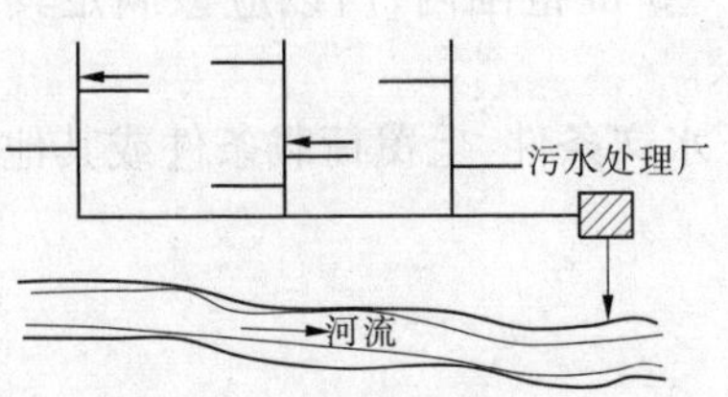

图 10-6　完全合流制排水系统

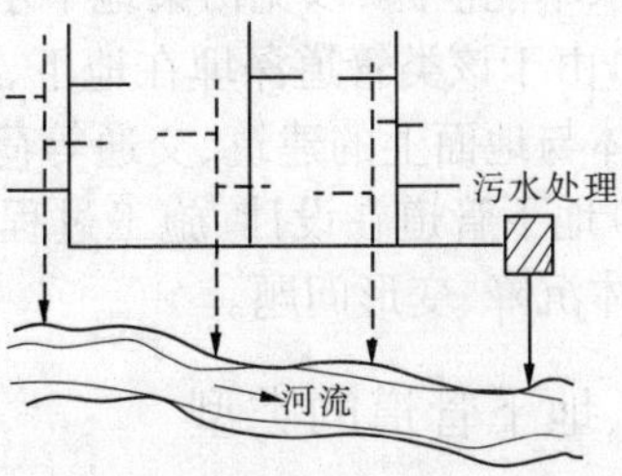

图 10-7　完全分流制排水系统

(2)不完全分流制排水系统:只有污水排水系统,没有完整的雨水排水系统,见图10-8。还有一种情况称为半分流制排水系统,见图10-9。

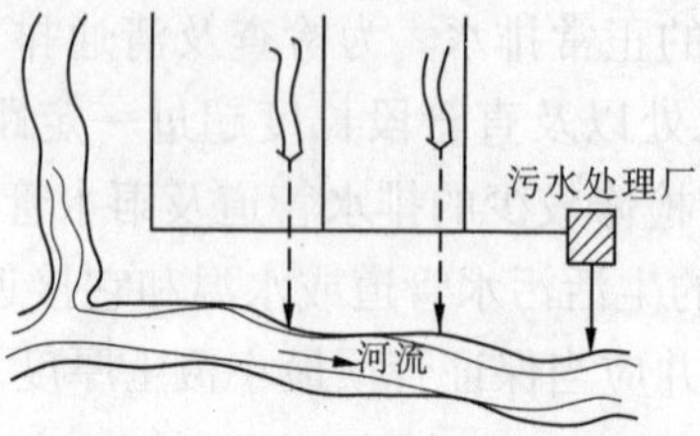

图10-8 不完全分流制排水系统

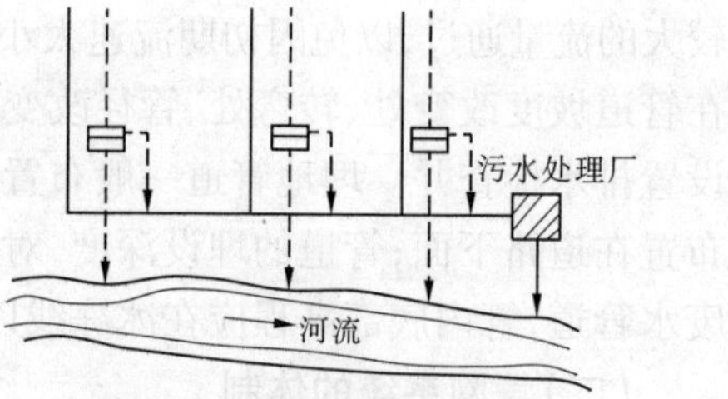

图10-9 半分流制排水系统

在一个城镇中,既有分流制,又有合流制,这种体制可称为混合制。

合理地选择排水体制是城镇和小区排水系统设计的重要问题,它不仅从根本上影响排水系统的设计、施工和维修管理,而且对城镇和小区的规划与环境保护影响深远,同时,也影响排水系统的工程总投资和初期投资。通常,排水体制的选择必须符合城镇建设规划,在满足环境保护要求的前提下,根据当地的具体条件,通过技术经济比较决定。其主要的考虑因素为城镇规划、环境保护、投资、系统的管理。

总的来看,排水系统体制的选择,应根据城镇和工业企业规划、当地降雨情况、排放标准、原有排水设施、污水处理和利用情况、地形和水体条件等,在满足环境保护要求的前提下,全面规划,按近期设计,考虑远期发展,通过技术经济比较,综合考虑而定。一般情况下,新建的城镇和小区宜采用完全分流制和不完全分流制,老城镇的城区由于历史原因,一般已采用合流制,要改造成完全分流制难度较大,故在同一城镇内可采用不同的排水体制,旧城区可采用截流式合流制,易改建地区和新建的小区宜采用完全分流制或不完全分流制;在干旱少雨地区,或街道较窄、地下设施较多而修建污水和雨水两条管线有困难的地区,也可考虑采用完全合流制。

单元二 地下管道

城市水利管网中的地下管道是整个体系中的主体建筑之一。城市中水体的流动很大一部分都要在管道中进行,所以该类建筑物是我们讨论的一个重点。

一、地下管道建筑物的特点

地下管道建筑物具有以下特点:

(1)城市水利中的地下管道一般用于生活污水或工业污水的输送。在输送过程中,城市污水不能泄露,以免污染地下水,对周围环境造成影响。

(2)由于该类管道深埋在地下,一般在地下3~5 m范围内,所以应该满足其上面覆盖的土体与地面上的建筑、交通等荷载的强度要求。

(3)地下管道在设计、施工过程中应考虑地下水文条件、上覆荷载条件或其他因素引起的土体沉降、变形问题。

二、地下管道的类型

城市水利中常用的地下管道按组成材料,主要分为混凝土排水管道和埋地塑料排水管道两大类。其中,混凝土排水管道又可细分为混凝土管道、钢筋混凝土管道、预应力混凝土管道三大类,而埋地塑料排水管道也可以细分为硬聚氯乙烯(PVC－U)、聚乙烯(PE)、增强聚丙烯(FRPP)三种结构壁排水管道。从管道的接口形式来分,混凝土管可分为平口管、企口管、承插管三种,埋地塑料管可分为承插式、熔接式、黏结式和机械式四种。从边壁结构形式来看,埋地塑料管有平壁管、加筋管、双壁波纹管、缠绕结构壁管及钢塑复合缠绕管。

三、地下管道建筑分析

(一)混凝土管

混凝土管适用于采用砂石基础(土弧基础)、混凝土基础和顶进法施工的室外埋地雨水、污水及合流等重力流无压排水管道工程。

该类管道设计中,对其按承载能力进行强度计算,其表达式为:$\gamma_0 S \leqslant R$。按正常使用极限状态进行验算时,其裂缝开展宽度不应大于0.2 mm。永久作用标准值结构混凝土自重取25～26 kN/m^3,永久作用标准管顶回填土重力密度取18 kN/m^3。可变作用包括车辆荷载和地面堆积荷载,地面堆积荷载通常取10 kN/m^2。

混凝土管道建筑通常由基础、管道、接口和回填土构成。管道的基础形式、接口方法、管材、施工方法应根据管道的用途、输送介质、水文地质条件、施工技术及材料供应情况选用,具体顺序是根据水文、地质条件,确定管道管顶计算覆土高度及施工方法,选定基础形式、管材等级及接口方法。管道基础及接口选用可参看表10-1。

表10-1　管道基础及接口选用

施工方法		开槽法施工						顶进法施工		
管口形式		平口管、企口管			企口管	承插管		双插口管	刚承口管	企口管
接口方法		钢丝网水泥砂浆抹带接口	现浇混凝土管环接口		橡胶圈	刚性填料	橡胶圈	橡胶圈	橡胶圈	橡胶圈
			加止水带	整体混凝土						
接口类型	柔性接口	—	—	√	√		√	√	√	√
	刚性接口	√	√		—	√	—	—	—	—
基础形式	混凝土基础	√	√	—	√	—	—	—	—	—
	砂石基础	—	—	√	—	√	√	√	√	√

1. 砂石基础的选择及其形式

当地基承载力特征值$f_{ak} \geqslant 100$ kPa时,宜优先采用砂石基础;当$f_{ak} < 100$ kPa,管道地基支撑强度大于管道的土压力、地面车辆荷载、管道自重和管内水重等作用在地基上的总荷载时,宜采用砂石基础。

砂石基础材料选择使用最大粒径不超过25 mm的天然级配砂,或中粗砂,或最大粒径不大于25 mm的级配碎石、石屑。材料回填的压实系数如图10-10所示,其腋角大小为$2\alpha + 30°$,其中2α为计算基础支撑角。

砂石基础适用于以下接口形式的管材:采用滑动胶圈接口的承插口管,采用滑动胶圈

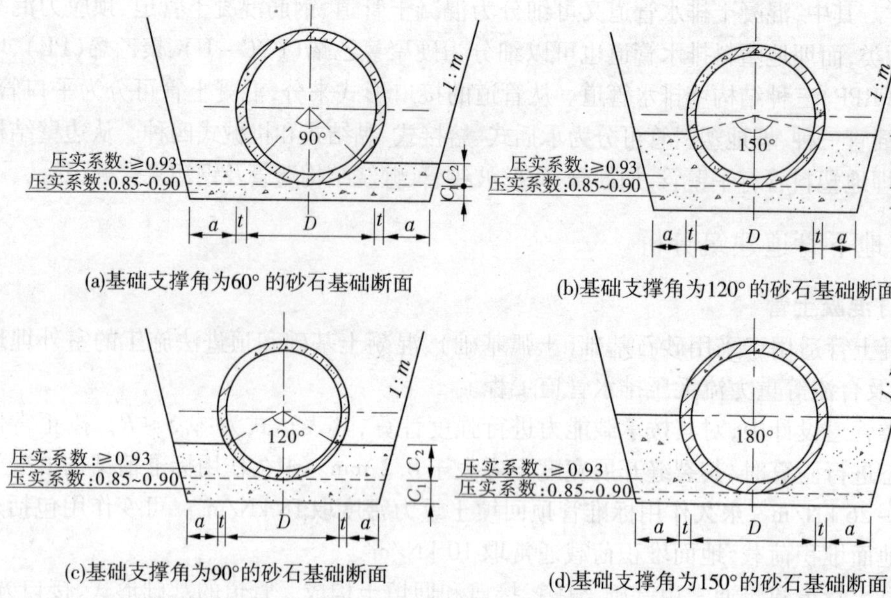

(a)基础支撑角为60° 的砂石基础断面　(b)基础支撑角为120° 的砂石基础断面

(c)基础支撑角为90°的砂石基础断面　(d)基础支撑角为150°的砂石基础断面

D—管材的内径；a—沟槽两侧的工作面宽度；t—管材壁厚；m—沟槽开挖的边坡系数

C_1—管底基础范围；C_2—腋角范围

图 10-10　砂石基础形式示意图

接口的企口管，采用滑动胶圈接口的双插口管，采用滑动胶圈接口的刚承口管。

各种接口形式见图 10-11。

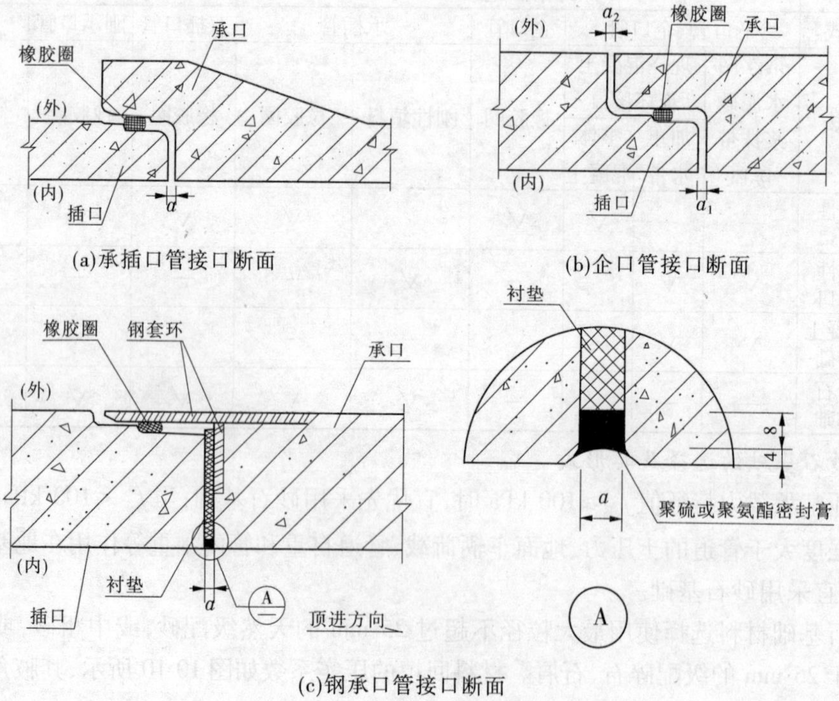

(a)承插口管接口断面　(b)企口管接口断面

(c)钢承口管接口断面

图 10-11　接口形式示意图

2. 刚性基础的选择及其形式

采用刚性接口的混凝土平口管、企口管及承插口管采用混凝土基础。但由于混凝土基础抗压强度大而变形能力差，所以每 20 ~ 25 m 管段长度应设置一个柔性接口，柔性接口处的混凝土基础部分应用变形缝分离，并且在混凝土基础管道的下述管段必须设置柔性接口：

管道上覆土高度突变对管道上作用的荷载变化较大的部分；

管道天然地基与经地基处理（桩基处理、复合地基处理、换土回填处理等）的交接部位；

地基土质变化，地基支承强度改变较大的部位；

管道与构筑物连接的管段，与相邻管段的接口处；

管道与管道、管道与构筑物交叉处，穿越的管段。

混凝土基础采用 C15 混凝土，分为管道底部和腋角范围两次浇筑，腋角取基础支撑角 2α，中间接触面要求在第二次浇筑前刨毛并冲洗干净。混凝土基础结构形式如图 10-12所示。

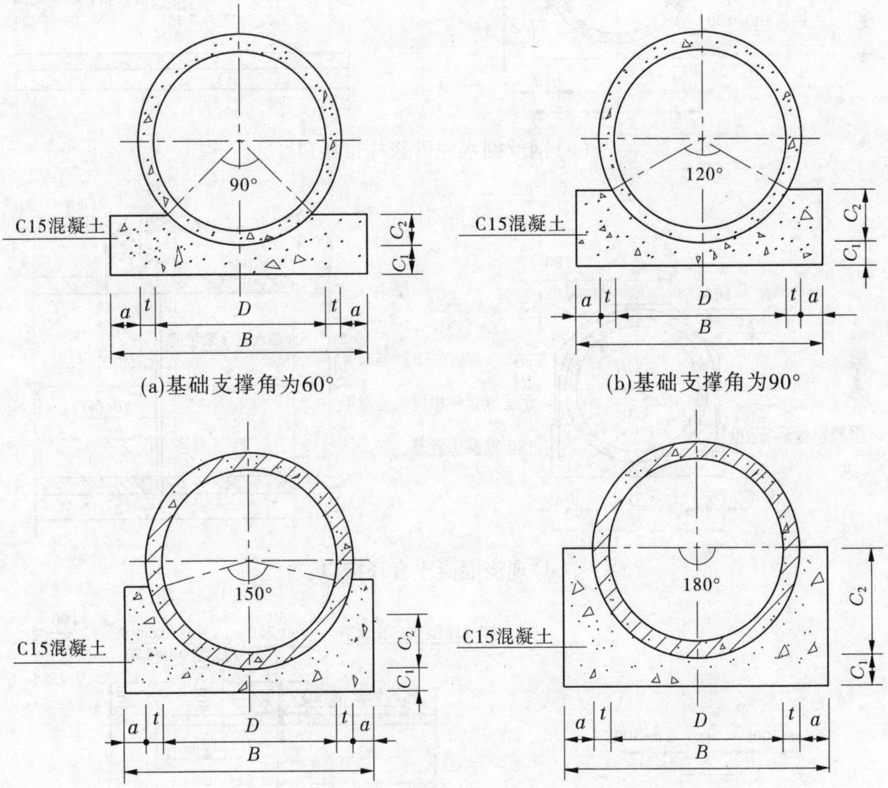

(a)基础支撑角为60°　(b)基础支撑角为90°

(c)基础支撑角为120°　(d)基础支撑角为150°

D—管材的内径；a—沟槽两侧的工作面宽度；t—管材壁厚；

C_1—第一次管底混凝土浇筑；C_2—第二次腋角范围混凝土浇筑

图 10-12　刚性基础形式示意图

3. 各种接口的形式与构造

各种接口的形式与构造如图 10-13 所示。

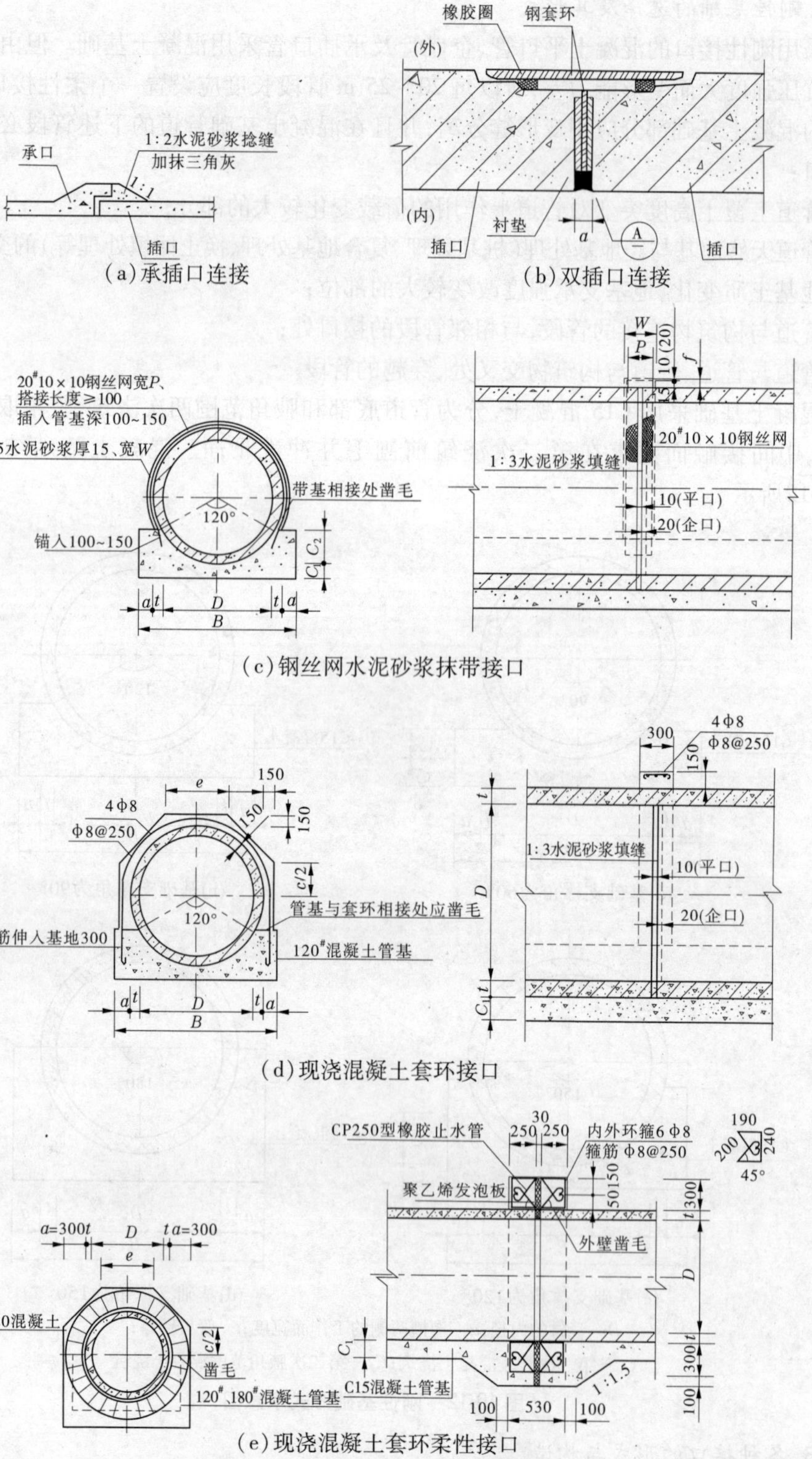

(a)承插口连接

(b)双插口连接

(c)钢丝网水泥砂浆抹带接口

(d)现浇混凝土套环接口

(e)现浇混凝土套环柔性接口

图10-13 各种接口的形式与构造

(二)埋地塑料管

1. 硬聚氯乙烯管材(PVC-U)

硬聚氯乙烯管材的弯曲强度高,弯曲模量大,具有较高的抵抗外部荷载的能力。当硬聚氯乙烯管材采用挤出工艺成型时,由于受原材料加工性能的限制,其管径一般都在600 mm以内;采用螺旋缠绕工艺生产的钢塑复合缠绕管最大管径可达1 200 mm。硬聚氯乙烯管材有平壁管、加筋管、双壁波纹管和钢塑复合缠绕管四种。

(1)硬聚氯乙烯平壁管具有较高的抗内压能力,由于管壁为实壁结构,同样等级的环刚度,其材料用量最高,常用于$DN \leqslant 200$ mm建筑小区排水工程。

(2)硬聚氯乙烯加筋管为管外壁经环形肋加强的异型结构壁管材。管材具有较好的抗冲击性能和抵抗外部荷载的能力,同样等级的环刚度,材料用量比平壁管要省。

(3)硬聚氯乙烯双壁波纹管外壁为梯形或弧形波纹状肋,内外壁波纹间为中空的异型结构壁管材。由于管壁结构合理,同样等级的环刚度更省。

(4)硬聚氯乙烯钢塑复合缠绕管由于管外壁采用钢肋增强管壁结构,两种不同材料的性能得到更好的发挥,同样等级的环刚度,硬聚氯乙烯原材料用量最省。

(5)由于硬聚氯乙烯管材低温抗冲击性能较差,其在北方寒冷季节的施工受到一定的限制,埋设管道应位于冰冻线深度以下。

2. 聚乙烯管材(PE)

(1)聚乙烯管材的韧性好,低温抗冲击性能佳,但管材的弯曲强度和弯曲模量较小,故制作相同管径、同等环刚度的管材,其材料用量最多。

聚乙烯管材有两种类型:一种是挤出工艺生产的双壁波纹管,其最大管径可达1 200 mm;另一种是用缠绕工艺生产的结构壁管,有A型和B型两种形式。A型结构壁管是具有平整的内外表面,在内外壁之间有螺旋形肋或螺旋形圆形中空肋的管材;B型结构壁管是内壁光滑、外壁为螺旋形肋的管材。聚乙烯缠绕结构壁管最大管径可达3 000 mm。

(2)聚乙烯钢塑复合缠绕管由于管外壁采用钢肋增强管壁结构,两种材料的性能得到更好的发挥,同样等级的环刚度,聚乙烯原材料最省。聚乙烯钢塑复合缠绕管的最大管径可达3 000 mm。

3. 增强聚丙烯管材(FRPP)

增强聚丙烯管材是在聚丙烯材料中掺入一定比例的短切玻璃纤维,以提高管材的弯曲模量和低温抗冲击性能。采用模压工艺生产,其最大管径可达1 200 mm,每节管材长2 m,对沟槽有支撑开挖施工时,下管较为方便。对于不掺玻璃纤维的聚丙烯管材,由于其低温抗冲击性能较差,在北方寒冷季节和冰冻线深度以上的埋管工程慎用。

(三)接口连接形式

埋地塑料管道的接口连接形式分为承插式、熔接式、粘接式和机械式四种。

(1)承插式连接属柔性连接,接口施工安装方便,密封性能好;管接口允许的偏转角度大,对地基的不均匀性沉降适应性好。由于管道连接处存在一定的孔隙,能消除施工期间由于温差作用导致的管道伸缩变形影响。

对用缠绕工艺生产的PE结构壁管及挤出工艺生产的PE双壁波纹管,当不能采用单承口连接时,可采用双承口连接,套管采用PE、玻璃钢或不锈钢材料,双向承插性密封圈连接,安装也较方便。

(2)熔接式连接有电熔连接、热熔连接和焊接连接三种方式。

电熔连接是利用镶嵌在连接处接触面的电热元件通电后产生的高温将接触面熔接成整体的方法,有承插式和套筒式等连接形式。

热熔连接是采用专门的热熔设备将连接部位表面加热,使其熔融部分连成整体的方法,有对接式和套筒式等连接形式。

焊接连接是采用专门的焊接工具和焊条,将相邻管端加热,使其熔融成整体的方法,有对接连接和搭接连接等形式。

(3)粘接式连接是采用 PVC - U 胶结剂将 PVC - U 管材连接部位粘接成整体的连接方法,有承插式和搭接式等连接形式。

(4)机械式连接是采用机械紧固方法将相邻管端连成一体的连接方法,包括相邻管端用螺栓紧固的法兰连接、相邻管端用螺栓紧固的两个外接半套管件的哈夫连接以及相邻管端用螺栓紧固的卡箍连接形式。机械式连接通常采用橡胶圈密封。

焊接式连接、粘接式连接和机械式连接属刚性连接。

(四)塑料管材基础及周围回填构造

塑料管材基础及周围回填构造如图 10-14 所示。

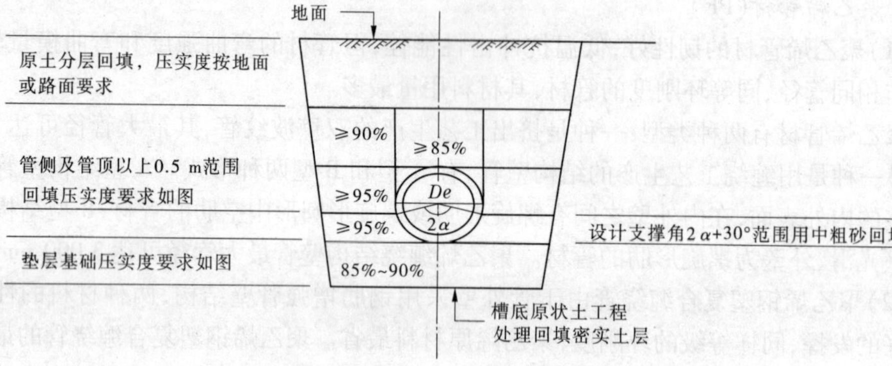

图 10-14　塑料管材基础及周围回填构造

单元三　地下渠涵

在城市水利工程的管网体系中,除管道外,地下渠道和涵洞也是重要的组成部分。

一、地下渠道

地下渠道是指埋设于地下,由钢筋混凝土、砖石等材料建造而成的输水通道,断面形式通常为矩形,结构一般分为砖混盖板渠和钢筋混凝土现浇渠两种。相对于地下管道,地下渠道设计、施工以及后期的维护更加复杂,有着其自身的特点。

(一)地下渠道的优缺点

(1)地下渠道的过水断面尺寸灵活,可根据实际情况进行专门的设计,并且一般来讲,过水能力可以远远大于管道工程。

(2)地下渠道结构中,一般采用钢筋混凝土材料来浇筑渠道顶板与底板,所以其强度较大,构造稳定,可以承受较大的上覆荷载。

(3)地下渠道侧墙一般为砖砌结构,所以该类建筑闭水性能不佳,一般不能应用于污水输送。

(4)地下渠道由于采用混凝土材料施工,其施工速度低于管道工程的铺设连接速度。

(二)地下渠道的构造特点

地下渠道属于重力流雨水矩形管道,其适用最大设计流速为5.0 m/s,最小满流设计流速应为0.75 m/s;管道的粗糙系数 n 值通常采用0.014。

地下渠道一般为混合式结构,由预制钢筋混凝土盖板或现浇钢筋混凝土顶板、砖砌体侧墙或专用混凝土模块砌墙、现浇混凝土底板三部分组成。若采用现浇混凝土施工方法,顶板和底板应设置沉降缝,其相应位置盖板安装时,板缝应与沉降缝一致。

(三)地下渠道的设计

地下渠道所受到的作用分为永久作用和可变作用。其中,永久作用包括土压力和结构自重。

土压力为渠道上覆土体所产生的荷载,通常情况下土的重力密度选取为18 kN/m^3,地下水位以下土的有效重力密度选取为10 kN/m^3。覆土厚度分为三个等级:

1级:$0.8\ m \leqslant H_s \leqslant 2.0\ m$;

2级:$2.0\ m < H_s \leqslant 3.5\ m$;

3级:$3.5\ m < H_s \leqslant 5.0\ m$。

结构自重根据设计方案进行计算,通常情况下钢筋混凝土重力密度为25 kN/m^3。

可变作用包括地下水压力、地面可变荷载、施工期间土压力三部分。地下水压力按三种不同工况分别计算:

①地下水位位于地面下0.5 m;

②地下水位位于侧墙顶部;

③地下水位位于底板以下。

地面可变荷载考虑路面汽车荷载或地面堆积荷载,取两者较大值。地面堆积荷载通常取10 kN/m^2。

由于矩形渠道均采用开槽施工进行设计,开槽施工土压力影响系数 C_d 取1.2,土的等效内摩擦角按30°、20°计算,底板压力按直线分布的反力计算。

(四)地下渠道的材料选择

预制盖板:C30混凝土;现浇底板:C25混凝土;垫层:C10混凝土或C15混凝土。

侧墙砌筑砂浆一般选取M10水泥砂浆,当位于地下水位以下时应选用M10聚合物防水砂浆。

钢筋采用Φ—HPB235、Φ—HRB335及ϕR—CRB550级冷轧带肋钢筋,预制构件吊环应采用HPB235级钢筋制作,严禁使用冷拉钢筋。

二、涵洞

横贯并埋设在路、堤中的供排泄洪水、灌溉或交通使用的渠道称为涵洞。但按中国公路桥涵设计规范规定：多跨桥梁的总长小于8 m或单孔跨度小于5 m者，也称涵洞。在半填半挖的路基上，为排泄侧沟积水，常在相邻轨枕之间（净距约0.3 m）修筑一孔或多孔的钢筋混凝土过水明渠，也属于涵洞范围，有时和涵洞一并称为涵渠。

涵洞按其截面形式，分为圆形、箱形和拱形，分别简称为圆涵（或管涵）、箱涵和拱涵。涵洞过水截面上的最大水平尺寸为涵洞的孔径，如圆涵是以其内径为孔径，而箱涵、拱涵的孔径为其两侧边墙间的净距。

（一）涵洞的构成

过水涵洞进出口两端设圬工端墙、翼墙和用片石铺砌的锥体，借以将涵洞两端和路堤边坡衔接起来，防止路堤边坡、坡脚受水流侵蚀而坍塌；沟床和附近路堤坡面也要铺砌，以防冲刷。锥体还有引导水流顺利流经涵洞向下宣泄的作用。非岩石地基的涵洞，每隔2～5 m还应设沉降缝。

（二）涵洞的形式

管涵是指用不同材料的管节铺设在工程基础上，并用要求土体回填夯实的涵洞。预制钢筋混凝土管、铸铁管、波纹铁管等，均可作圆涵的管节。铸铁管和波纹管价格较高，一般宜用于小孔径圆涵，且使用寿命不如预制钢筋混凝土管长，我国国内很少采用。预制钢筋混凝土管节经久耐用，应用最为广泛，但随着管径增大，钢筋用量剧增，自重随之增大，给管节运输、安装增添不便，因此孔径常在2 m以内。圆涵施工简便迅速，穿过铁路、公路并且流量不大的沟渠一般均适宜采用圆涵，因此铁路、公路工程所用圆涵座数总体数量是很多的。

箱涵，孔径较小时也可用预制钢筋混凝土箱形节段的方式建成。

孔径较大的箱涵和各种孔径的拱涵，通常都先用砌石或灌注混凝土修筑基础和边墙，而后在边墙上铺设预制钢筋混凝土盖板形成箱涵（称盖板箱涵），或砌筑拱圈形成拱涵。箱涵和拱涵孔径可达3～6 m，也可以两孔并列，以获得更大的排洪能力。交通用涵洞的孔径大小和最小净高应根据交通要求确定，一般采用箱涵或拱涵。过水涵洞的孔径应根据最大流量来确定。

（三）涵洞的设计

1. 涵洞承受的荷载

涵洞承受的荷载包括路堤土体重量给予涵身的压力和列车、车辆重量通过路堤土传到涵身的压力。涵洞顶面承受竖向压力，两侧承受侧压力。其各部分截面尺寸应根据上列荷载计算确定。各种涵洞现均有标准设计图。

2. 涵洞的长度

涵洞长度是指涵洞出入口两端墙外缘间的总长度，包括沉降缝、接缝在内，计算精确至0.01 m。

涵洞长度是按照路基宽度（包括曲线路基加宽及路线间距加宽等）、路堤边坡率、涵洞顶填土高度、出入口沟底高程、两端翼墙形状及斜交影响等因素确定的。计算时先结合上下游原沟床形状、路肩或路面与沟床高差算出长度，再结合实际地形，检查所拟定的出入口沟底高程和算得的涵洞长度是否合适，有无涵底悬空或深挖现象，反复进行试算，直到获得满意的出入口沟底高程及涵洞长度。也可在路线横断面图上绘出路堤坡脚线，确定出入口高程，计算涵洞长度。

3. 涵洞的分类

涵洞按建筑材料可分为砖涵、石涵、混凝土涵和钢筋混凝土涵，按涵洞断面形式可分为管涵、板涵、箱涵、拱涵，按涵顶填土情况可分为明涵（涵顶无填土）和暗涵（涵顶填土大于 50 cm），按水力性能分为无压涵、半压力涵和压力涵。

选择上述涵洞类型时应考虑净空断面的大小、地基状况、施工条件及工程造价等。

4. 涵洞和桥梁的区别

涵洞的孔径较小，最大的不超过 6 m，而桥梁的最大跨度理论上说为无穷大。

单孔 5 m、多孔 8 m 以下为涵洞，单孔 20 m、多孔 30 m 以下为小桥，单孔 40 m、多孔 100 m 以下为中桥，至于特大桥，则是单孔 100 m、多孔 500 m。管涵和箱涵无论跨径多少都叫涵洞。涵洞通常有填土，保持线路的连续性及整体性，而小桥则使路堤断开不连续。

单元四　井

城市排水管系中除管渠外的构筑物，还包括构造上和运行中所需要的各种窨井和雨水口。例如：衔接不同管径或多根管道交会的检查井，衔接沟底高度相差过大的管道的跌水井或阶梯式管段，穿越障碍的倒虹吸管和管桥，通向水体的出水口以及起节制流量作用的溢流井、闸门井、潮门井和管道养护用的冲洗井等。

一、检查井

检查井也称普通窨井，是设置在排水管道相交处、转弯处、变换口径或坡度处的井式地下构筑物。检查井之间的直通管段长度一般不超过 50 m，以便清通管道，保持流畅。检查井的井口不宜过大，井身则必须有足够的空间，以便需要时工人下井操作。检查井的作用是防止管道堵塞和清通方便。雨水和污水检查井的作用是一样的。个别检查井的底部低于管道，称落底检查井，目的是截留上游来的沉积物，以便清出。

检查井的构造如图 10-15 所示。

（一）检查井的布置

检查井的位置应设在管道交会处、转弯处、管径或坡度改变处、跌水处以及直线管段上每隔一定距离处。检查井在直线管段的最大间距应根据疏通方法等具体情况确定，一般宜按表 10-2 取值。

表 10-2　检查井最大间距

管径或暗渠净高（mm）	最大间距（m）	
	污水管道	雨水（合流）管道
200～400	40	50
500～700	60	70
800～1 000	80	90
1 100～1 500	100	120
1 600～2 000	120	120

检查井各部尺寸应符合下列要求：井口、井筒和井室的尺寸应便于养护和检修，爬梯

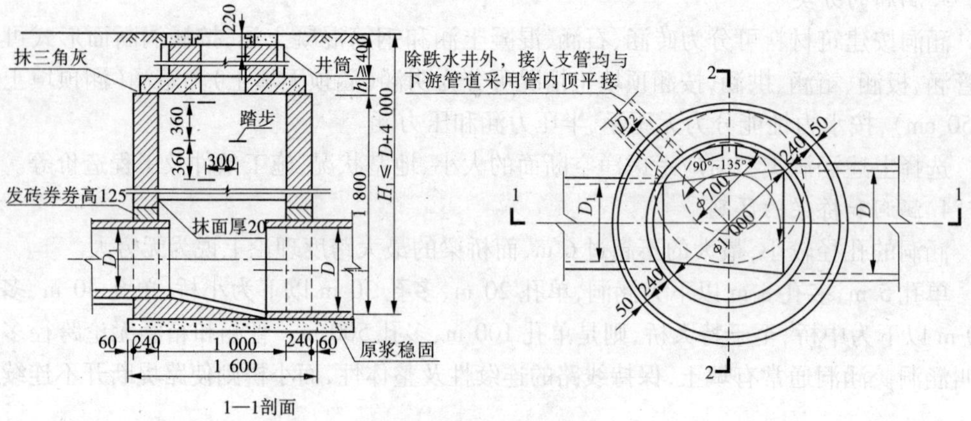

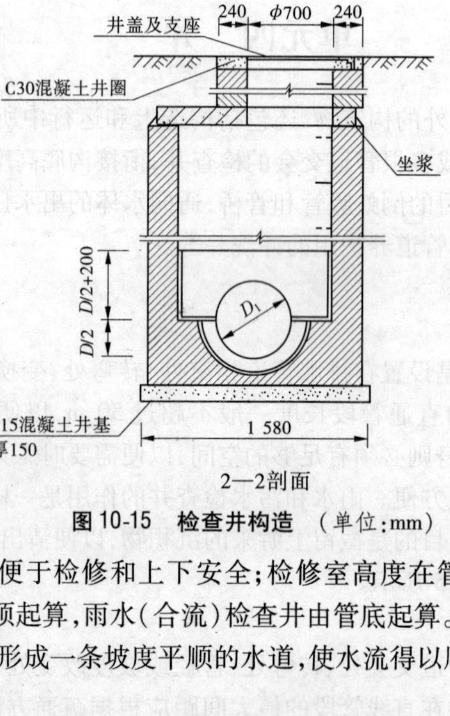

图 10-15　检查井构造　（单位:mm）

和脚窝的尺寸、位置应便于检修和上下安全;检修室高度在管道埋深许可时一般为 1.8 m,污水检查井由流槽顶起算,雨水(合流)检查井由管底起算。检查井底部的沟槽和上下游管道的底部相衔接,形成一条坡度平顺的水道,使水流得以顺畅地流过。

检查井布置要求:

(1)在污水干管每隔适当距离的检查井内,需要时可设置闸槽。

(2)接入检查井的支管(接户管或连接管)管径大于 300 mm 时,支管数不宜超过 3 条。

(3)检查井与管渠接口处应采取防止不均匀沉降的措施。

(4)在排水管道每隔适当距离的检查井内和泵站前一检查井内,宜设置沉泥槽,深度宜为 0.3 ~0.5 m。

(5)在压力管道上应设置压力检查井。

(二)检查井的构成

检查井通常由井盖、井筒、盖板、井室、踏步、脚窝、流槽和基础构成。

(1)井盖及其支座。井盖是通往地下设施的出入口顶部的封闭物,凡是安装自来水、电信、电力、燃气、热力、消防、环卫等公用设施的地方都需要安装井盖。位于车行道的检查井应采用具有足够承载力和稳定性良好的井盖与井座。检查井宜采用具有防盗功能的井盖。位于路面上的井盖,宜与路面持平;位于绿化带内的井盖,不应低于地面。

井盖的承载能力是衡量井盖能否在道路上使用的关键指标,如果承载能力不高,使用时被压坏则与铸铁井盖被盗并无区别。因此,井盖在道路上使用,至少要达到标准规定的36 t 的试验荷载。随着城市的发展,道路越来越宽,车流量越来越大,载重量越来越高,对井盖的承载能力要求也越来越高。我国当前通常采用的井盖材料主要有球墨铸铁、灰口铸铁两种;尺寸规格分别为ϕ500 mm、ϕ600 mm、ϕ700 mm、ϕ800 mm 四种;从支座结构形式区分,可分为 A 型和 B 型两种。

井盖和不同形式支座的连接如图 10-16 所示。

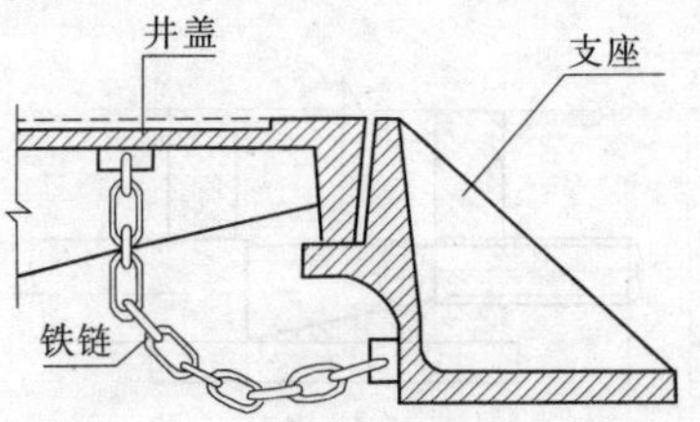

(a)铁链连接示意图

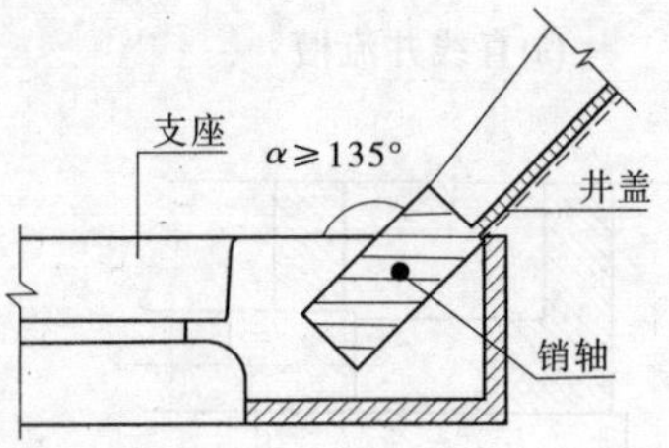

(b)翻转销轴连接示意图(一)

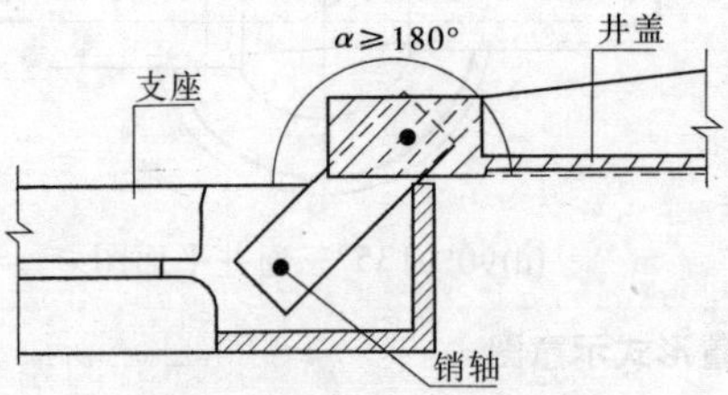

(c)翻转销轴连接示意图(二)

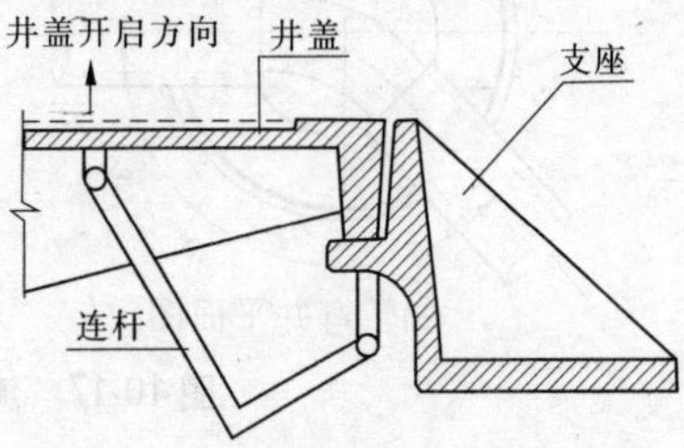

(d)连杆平移连接示意图

图 10-16　井盖连接形式示意图

(2)流槽。由于检查井与管渠衔接部位存在着过水断面的变化,为了使水流流态平稳,检查井井底宜设流槽。污水检查井流槽顶可与 0.85 倍大管管径处相平,雨水(合流)检查井流槽顶可与 0.5 倍大管管径处相平。流槽顶部宽度宜满足检修要求。图 10-17 为流槽布置形式示意图。

在管道转弯处,检查井内流槽中心线的弯曲半径应按转角大小和管径大小确定,但不宜小于大管管径。

(3)踏步。包括球墨铸铁、灰口铸铁和塑钢踏步三种。其常见形状如图 10-18 所示。其安装方法如图 10-19 所示。

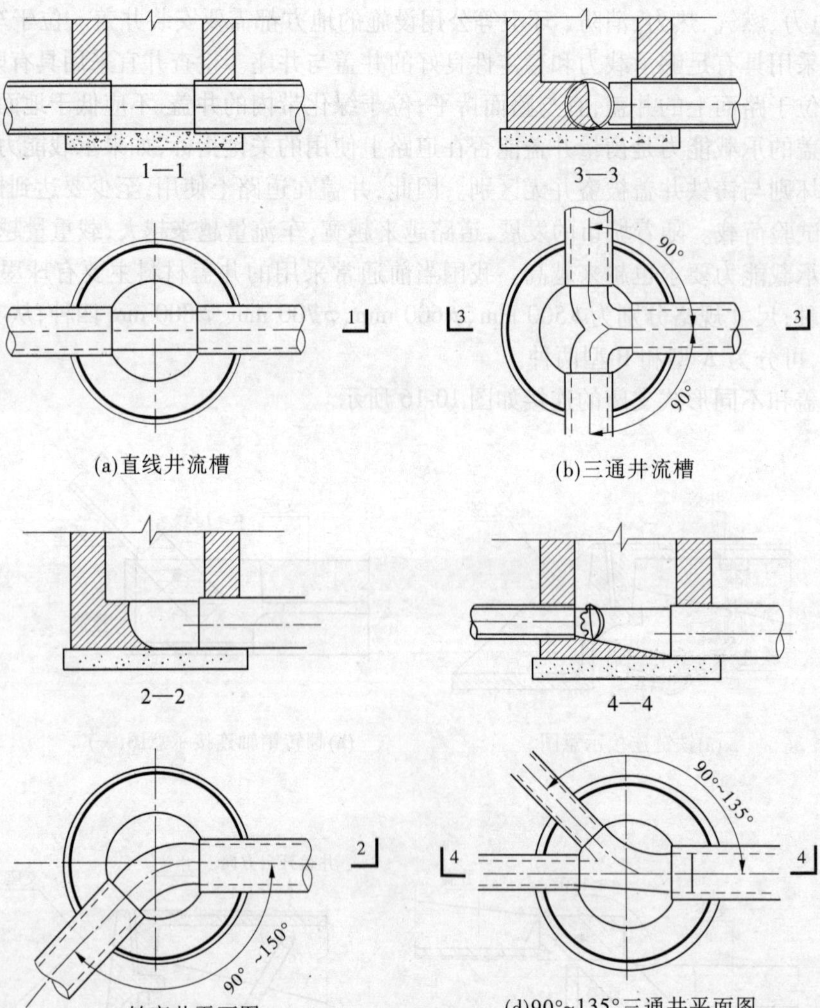

(a)直线井流槽　(b)三通井流槽
(c)转弯井平面图　(d)90°~135°三通井平面图

图 10-17　流槽布置形式示意图

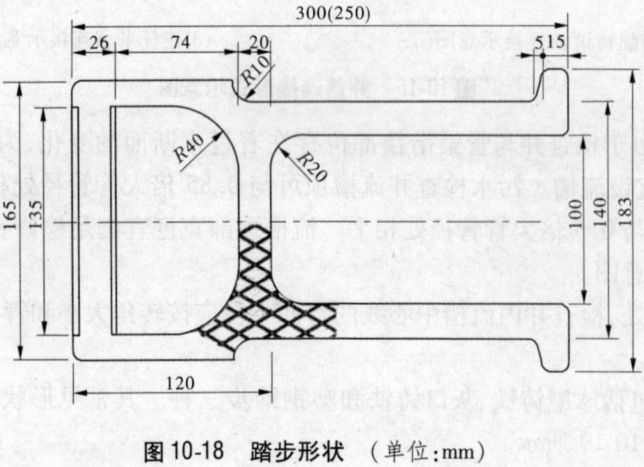

图 10-18　踏步形状　（单位:mm）

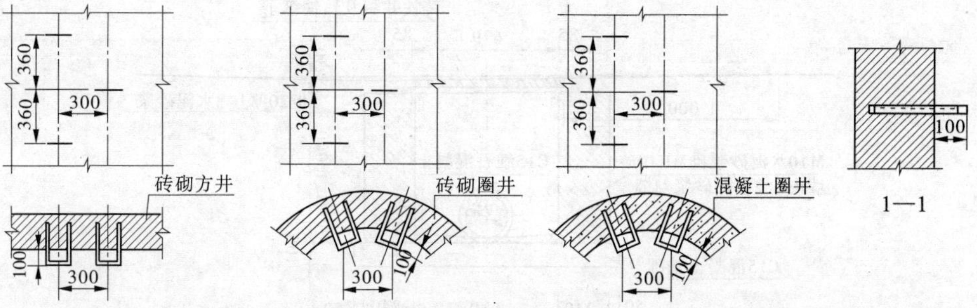

(a)塑钢踏步安装图

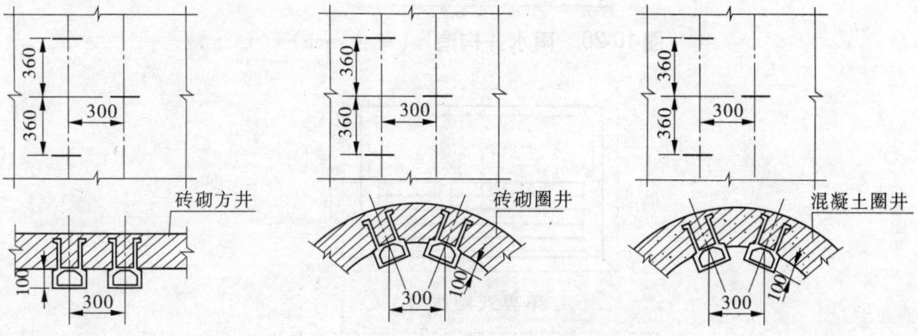

(b)铸铁踏步安装图

图 10-19　各类踏步安装图　(单位:mm)

二、雨水井

雨水管道和合流管道是接纳地面废水的构筑物,由进水箅和受水井构成,在一般情况下以连接支管和排水管道上的检查井连通,在大管上也可专设连接窨井。进水箅有多种形式:箅面直立和街道缘石立面相平,箅面平放和街道边沟沟底或场地地面相平,或者箅面呈 90°曲折,直立面部分和缘石立面相平。雨水口受水井底部一般和连接支管的沟底相平,井内不积水。如为截流雨水中的泥沙,井底低于连接支管沟底,称落底雨水口或留沙井。留沙井虽可减少进入排水管道的泥沙垃圾量,但它本身的养护工作量却很大,且因井内积水可能成为蚊蝇孳生地。

(一)雨水井的构成

雨水井一般由井圈、箅子、井室和井基础构成,如图 10-20 所示。

(二)雨水口的设计原则

平箅式雨水箅子形式有单箅式、双箅式和多箅式,如图 10-21 所示。

雨水口设计原则:

(1)雨水口的泄水能力与道路的坡度、雨水口的形式、箅前水深等因素有关。根据对不同形式的雨水口、不同箅数、不同箅形的 1∶1水力模型试验(纵坡 3%,横坡 1%,箅前水深 40 mm),各类雨水口设计泄水能力见表 10-3。

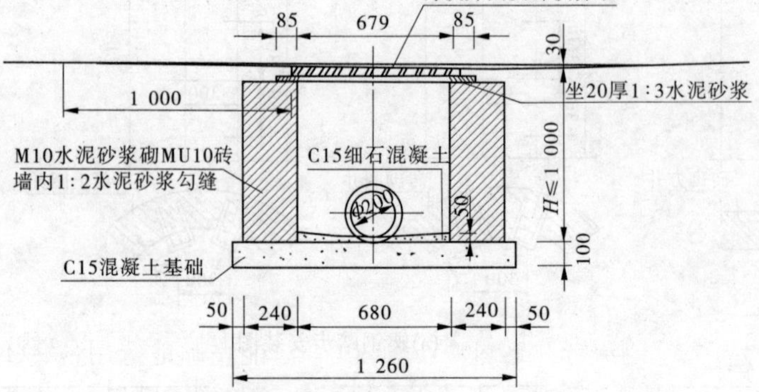

图 10-20　雨水井构造　（单位：mm）

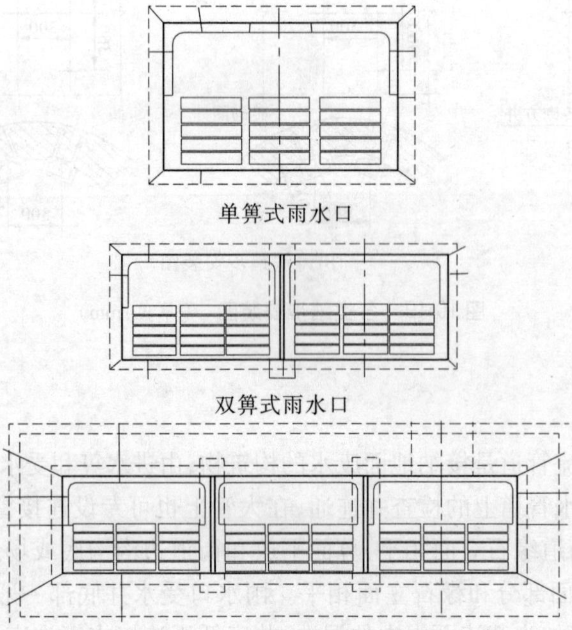

图 10-21　雨水箅形式示意图

表 10-3　雨水口设计泄洪能力

雨水口形式		泄水能力(L/s)
平箅式雨水口 偏沟式雨水口 立箅式雨水口	单箅	20
	双箅	35
	多箅	15(每箅)
联合式雨水口	单箅	30
	单箅	50
	单箅	20(每箅)

(2)连接管串联雨水口个数不宜超过 3 个,连接管长度不宜超过 25 m。

(3)雨水口深度不宜大于 1 m。

(4)雨水口箅子必须有可靠的措施连接在雨水井井圈或井壁上。

小　结

本项目主要内容包括:城市管网建筑物的基本概念和规划原则,城市输水管道的形式、分类、构造和材料及其适用范围,城市输水渠道的形式、分类、构造与设计原则,城市管网中的井的构造形式、构成等。通过本项目的学习,能正确地选用各种不同类型管道、暗渠与井,能够正确、迅速、全面地识读相关的标准图集与施工图纸,为该类工程的设计、施工能力奠定基础。

思考题

1. 城市管网的特点是什么？其规划体制有哪些？
2. 管道如何分类？有哪些不同材质？其连接是什么？
3. 如何选择合适的城市暗渠形式？该如何布置？
4. 试总结分析管涵工程的形式与特点。
5. 井的构造有哪些？各构造部分的形式是什么样的？

项目十一 水泵站

教学基本要求

(1)单元一。理解引渠、前池、进水池的设计要求,了解进水建筑物中的不良流态及改善措施。

(2)单元二。理解出水池的设计要求,理解出水管道的线路选择、布置形式,了解出水管道断面设计。

(3)单元三。了解移动式泵房的特点及使用条件,理解四种固定式泵房的结构特点,掌握其使用条件。

(4)单元四。理解泵房的设计要求,掌握泵房的布置形式,理解泵房的整体稳定分析。

能力培养目标

(1)能根据实际情况选取恰当的泵房形式和进出水建筑物。

(2)能拟定泵房和泵站进出水建筑物的尺寸。

(3)能对拟定尺寸的泵房进行整体稳定分析。

学习重点与难点

重点:(1)进出水建筑物的形式和尺寸的拟定。

(2)泵房的形式和泵房内的布置形式。

难点:泵房的整体稳定分析。

项目的专业定位

水泵站是用水泵机组及其辅助设备抽提水到一定高程以满足人们各种需要的建筑物,广泛应用于农业、工业、城市建设、防洪减灾和水环境工程中。农业的灌溉和排水大部分是通过水泵来实现的;自来水厂、发电厂、石油化工企业等大部分工业企业都有许多水泵在日夜运行。近年来,城市防洪排水工程迅速发展,沿江滨湖地区和山洪多发的城市建成了一大批排水泵站,用以保障城市的安全。随着环境要求的不断提高,各地兴建了大批的污水处理厂,污水的输送与排放都依赖水泵来实现。水泵在改善城市水环境方面也发挥着积极的作用,城市中清洁、流动的水和美丽壮观的喷泉都离不开水泵。水泵站在城市水利工程中发挥的作用将越来越大。

单元一 泵站进水建筑物

泵站的进水建筑物主要包括引渠(暗管、涵洞)、前池和进水池等。泵站的进水建筑物除要满足一般的水工设计要求外,还要尽可能节省土建投资。此外,合理的水力设计可以为水泵提供良好的进水条件，改善水泵装置的能量性能和气蚀性能，保证泵站的安全经济运行。因此，在泵站枢纽的布置及站址选择时，应充分考虑进水建筑物的水力设计要求，保证进水能力，保证进水水流平顺稳定，减小水力损失，避免或减少回流和旋涡的产生。

一、引渠

当泵站的泵房远离水源时，可设置引渠将水源的水均匀地引至前池和进水池。引渠一般采用明渠，也可采用管道，在一些岸边式泵站亦可采用涵洞来代替引渠。

（一）引渠的设计要求

（1）要有足够的输水能力，以满足引水的流量要求。

（2）应尽量避开地质构造复杂、渗透性强和有崩塌可能的地段，渠身宜坐落在挖方地基上，保证其安全稳定并节省工程投资。

（3）要有拦污、沉沙、冲沙、拦冰等设施，防止污物、泥沙和冰块进入前池。

（4）引渠应尽量顺直，为前池、进水池提供良好的水流条件，减少水力损失，渠中流速要小于不冲流速而大于不淤流速，以防止冲刷和淤积。

（二）引渠的类型

泵站的引渠分为自动调节引渠和非自动调节引渠两类。

1. 自动调节引渠

此类引渠渠首顶部与渠尾顶部高程相同，并高出水源设计最高水位。进口一般不设置控制建筑物，渠道具有一定的调节容积，可以适应泵站不同流量时的工作需要，故称这种渠道为自动调节引渠。其缺点是挖方量大，泵房应有防洪设施。

2. 非自动调节引渠

当引渠较长，且泵站附近的渠道处于半挖半填的地段时，如采用自动调节引渠，则挖方量较大，经济上不合理。此时，可采用非自动调节引渠，其堤顶线平行于渠底坡线。此类引渠没有调节容积，当渠中通过设计流量时，水面平行于渠底；当提水量小于设计流量或水泵停机时，引渠中会出现壅水。为防止水流漫溢渠顶，常在引水渠末端设置侧向溢流堰或在渠首设置控制闸调节渠中水量。

（三）引渠的断面设计

引渠采用泵站最大流量为设计流量，按明渠均匀流设计断面，以不冲不淤流速作校核。引渠断面设计需要与泵站的运行情况综合考虑，进行经济技术比较后确定。

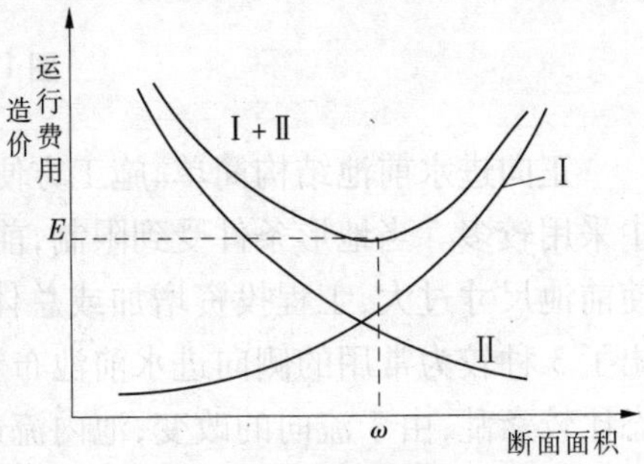

图 11-1　经济断面示意图

当引渠纵坡较大时，引渠断面减小，渠道工程量和投资相应减少，但渠内水头损失增加，造成泵站扬程加大，能源消耗和年运行费用也增大。若引渠纵坡放缓，则情况恰好相反。如图 11-1 所示，曲线Ⅰ为引渠断面面积与造价关系曲线，曲线Ⅱ为引渠断面面积与运行费用关系曲线。将曲线Ⅰ与曲线Ⅱ叠加后得到曲线Ⅰ + Ⅱ，其最小值 E 所对应

的断面面积 ω 相应的断面，即为工程造价和运行费用最低的断面，称为经济断面。经济断面常被选做引渠的断面设计方案。

二、前池

前池是连接引渠和进水池的建筑物，其作用是：平顺和扩散水流，将引渠的水流均匀地输送到进水池，为水泵提供良好的吸水条件；当水泵流量改变时，前池的容积能起到一定的调节作用，从而减小引渠和前池的水位波动；在有些多泥沙水源引水时，前池能起到一定的沉沙作用。

(一)前池的类型

根据水流的方向，可将前池分为正向进水和侧向进水两种形式。正向进水前池是指前池的来水方向和进水池的进水方向一致，引渠、前池和进水池的中心线在一条直线上，如图 11-2 所示。侧向进水前池是指两者的水流方向成正交或斜交，如图 11-3 所示。

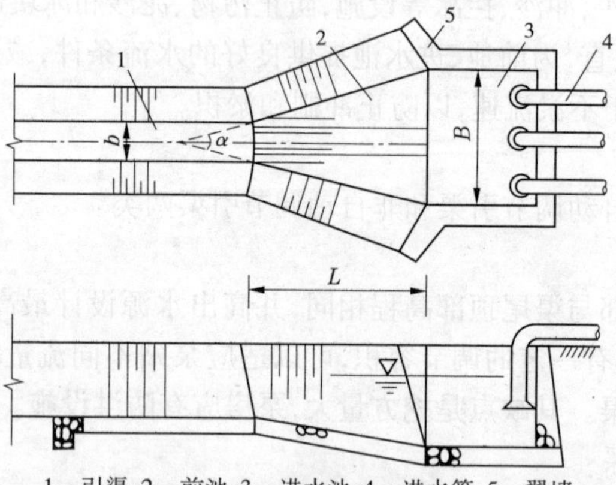

1—引渠；2—前池；3—进水池；4—进水管；5—翼墙

图 11-2　正向进水前池

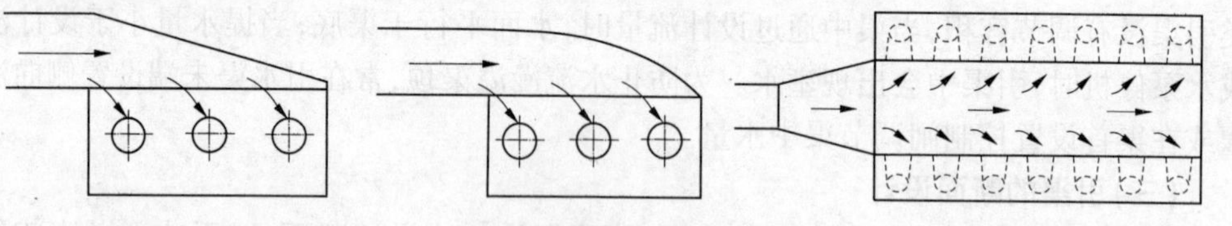

(a)锥形侧向进水　(b)曲线形侧向进水　(c)双侧向进水

图 11-3　侧向进水前池

正向进水前池结构简单、施工方便，池中水流平稳扩散，流速分布比较均匀，实际工程中采用较多。当地形条件受到限制，前池无法采用正向进水布置，或者机组台数较多，致使前池尺寸过大，工程投资增加或总体布置困难时，也可采用侧向进水前池。图 11-3 列出了 3 种较为常用的侧向进水前池布置形式。与正向进水前池相比，侧向进水前池的流态比较紊乱，由于流向的改变，池内流速分布不均匀，容易产生回流和旋涡，出现死水区和回流区，对水泵吸水造成影响。侧向进水前池宜设置导流设施，并通过水工模型试验加以验证。

(二)前池的不良流态及其改善措施

1.前池的不良流态

如果前池设计不当,易导致不良流态,在池壁附近产生回流区,如图11-4所示。由于主流流速较回流流速大,故回流区的水位和压力均大于主流区。在这种压力差的作用下,主流断面被进一步压缩,流速继续增大,导致池中水流状况更加恶化。不良流态会导致进水池流态紊乱,旋涡被带入进水池,进而进入水泵,导致水泵的气蚀和振动,增大水泵磨损,降低泵站效率。

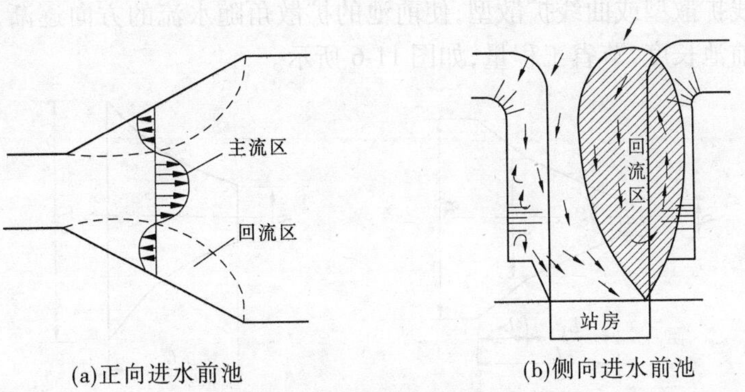

图11-4 前池中的不良流态

2.改善措施

在前池中设置底坎和立柱可以明显改善池内的不良流态,底坎和立柱可以有效地破坏边壁的回流和旋涡,达到使流速重新分布的目的。此外,在前池中增设隔墩和导流栅也可有效地改善前池流态,如图11-5所示。

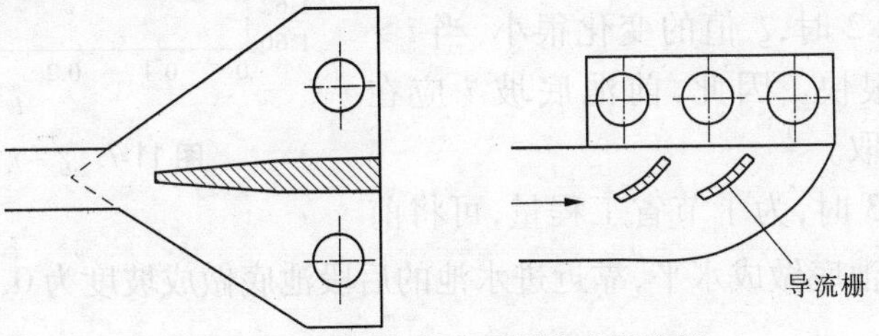

图11-5 在前池中增设隔墩或导流栅

(三)前池尺寸的确定

1.前池扩散角 α

前池扩散角是指前池底部梯形斜边的夹角,反映水流在池内的扩散程度。扩散角是影响池中流态及前池尺寸的主要因素。当扩散角较小时,前池水流比较平顺,但前池长度增加,造成工程量增大;当扩散角较大时,工程量相应减小,但急剧增大的过水断面会造成流速分布不均,造成旋涡和回流,导致池中产生淤积和水泵发生气蚀。

前池扩散角最好与水流的天然扩散角相吻合,根据有关试验和工程实践,前池扩散角一般可取20°~40°。在设置有隔墩的前池中,每台水泵都有独立的前池,每个独立前池的扩散角可取20°左右,这样,不仅可以改善水流条件,而且由于总扩散角的增大,缩短了前池的长度,减小了工程量。

2. 前池长度 L

在引渠末端底宽 b 、进水池宽度 B 和扩散角 α 已知的条件下,可用下式计算前池的长度 L:

$$L = B - b/2\tan\frac{\alpha}{2} \tag{11-1}$$

如果引渠末端底宽与进水池宽度相差较大,按式(11-1)求出的 L 值较大,因而工程量较大。但由于水流的天然扩散角随断面水深的增加和流速的减小而加大,因此可以将前池平面做成折线扩散型或曲线扩散型,使前池的扩散角随水流的方向逐渐加大。这样就可以有效缩短前池长度,节省工程量,如图 11-6 所示。

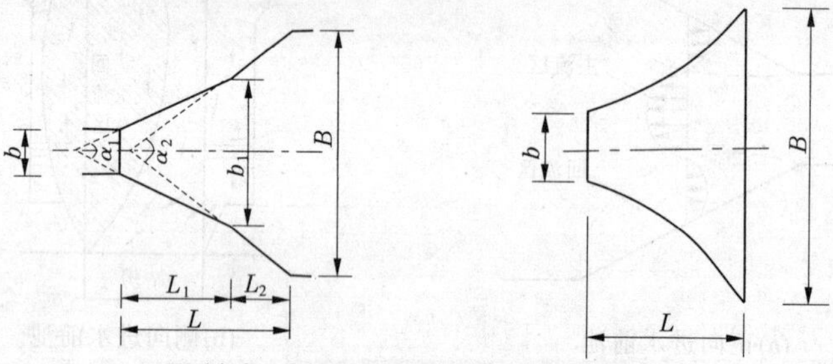

图 11-6　折线扩散和曲线扩散的前池

3. 前池底坡 i

引渠的末端渠底高程一般高于进水池池底高程,故前池池底需设置向进水池方向的纵坡。前池底坡 i 与进水管进口阻力系数 ζ 的关系曲线如图 11-7 所示。从图中可知,随着 i 增大,阻力系数 ζ 也增大。当 $i<0.2$ 时,ζ 值的变化很小,当 $i>0.3$ 时,ζ 值增长很快。因此,前池底坡 i 应在 0.2 ~0.3范围内选取。

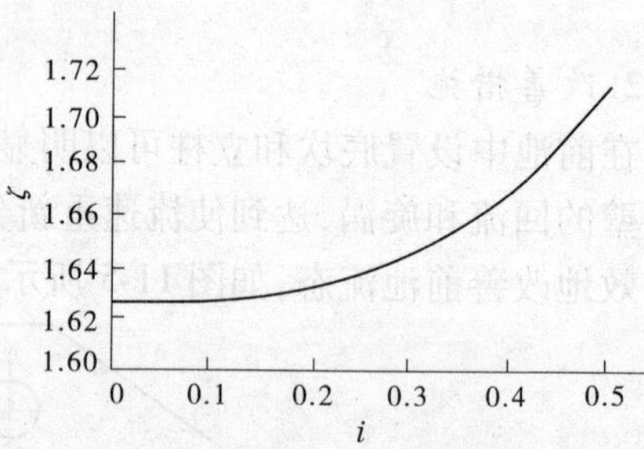

图 11-7　$\zeta \sim i$ 关系曲线

当 $i<0.2 \sim 0.3$ 时,为了节省工程量,可将前池靠近引渠的前段池底做成水平,靠近进水池的后段池底做成坡度为 0.2 ~0.3 的斜坡。

三、进水池

进水池是供水泵或进水管直接吸水的建筑物。一般布置在前池与泵房之间或泵房的下方,其主要作用是为水泵提供良好的吸水条件。进水池的水力设计应满足池内水流流速较小,流速分布均匀,进水池的边界与池内水流边界流线基本吻合,尽可能消除旋涡和回流的要求。

(一)进水池的平面形状

目前,使用较多的进水池平面形状如图 11-8 所示。不同形式的进水池有不同的流态。矩形进水池两角和水泵(或进水管)的后侧易产生旋涡,受前池流态影响,池中易产生回流;八字形进水池可以基本消除两角处的旋涡,但仍可能产生回流;半圆形进水池和圆形进水池与矩形进水池相比,没有两角旋涡,但如果泵吸水口安装于半圆的圆心处,易产生柱状旋涡和回流；弧线形和蜗壳形进水池水流条件最好，旋涡和回流都不易产生，可以获得满意的进水流态。因而，从水力角度看，弧线形和蜗壳形边壁布置最为理想，半圆形和圆形次之；但从施工角度来看，矩形和八字形更加便于施工，故在中小型水泵站中采用较多。在采用这些形式的进水池时，需采取消除旋涡和回流的措施。

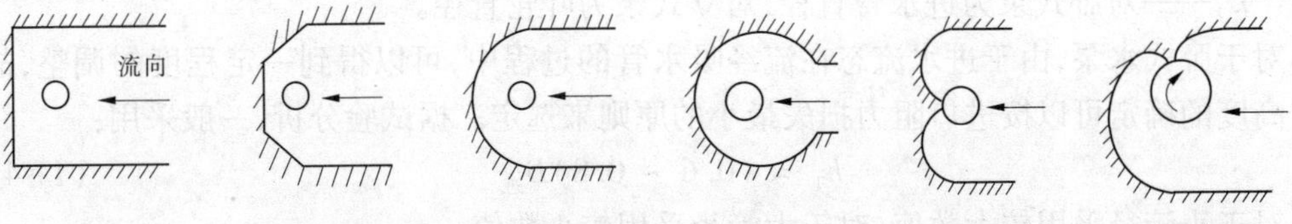

图 11-8　进水池的平面形状

(二)进水池的不良流态及其改善措施

如果进水池设计不当，进水池池壁和池底的水流往往会产生局部的压力下降，形成水中旋涡，称为附壁涡，或附底涡。如果管侧的旋涡向水面延伸，和大气接触，旋涡中心低压区吸入空气，则会形成水面旋涡，如图 11-9 所示。

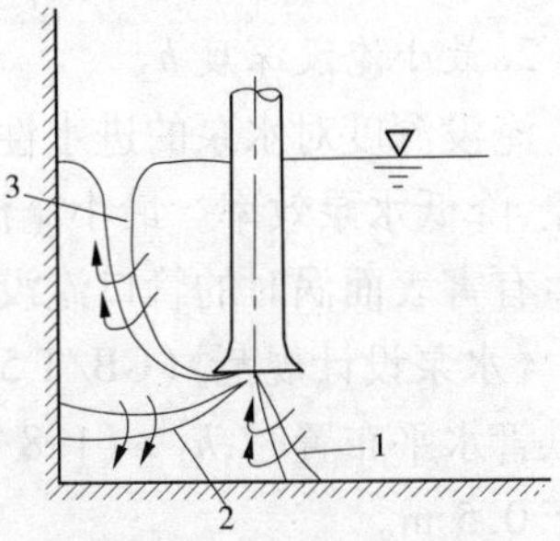

1—附底涡；2—附壁涡；3—水面涡

图 11-9　进水池中的旋涡

进水池中的旋涡会导致过水断面流速分布的不均匀，降低水泵的抽水性能。旋涡会把空气带入水泵中，空气的吸入会严重影响水泵的效率并诱发气蚀的产生。水泵叶轮切割涡带，会使叶轮受力不平衡，导致振动。池内旋涡方向的变化，会导致水泵流量和扬程的减小或使电机超载。因此，必须采取有效的防涡措施，改善进水池内的流态，减少对泵站运行的危害。

常用的防涡措施有两种：减小管口流速和增设防涡装置。减小管口流速可以通过加大喇叭口直径、扩大进水管直径和采用双进水管来实现。进水池内常用的防涡装置有各种水上盖板、水下盖板及导流锥等，如图 11-10 所示。

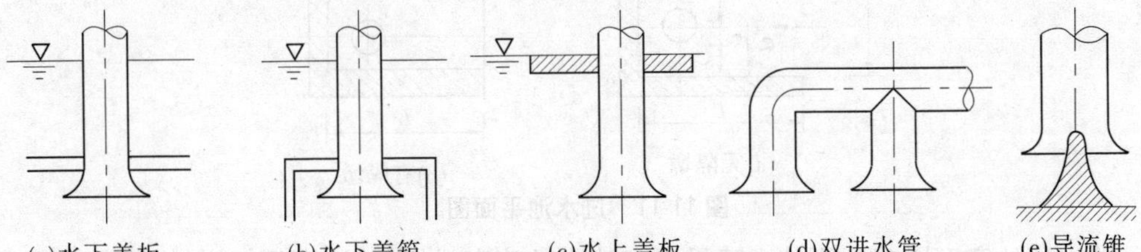

图 11-10　进水池各种防涡措施

(三)进水池尺寸的确定

1. 悬空高度 h_1

悬空高度过小时，进入喇叭口的曲线过于弯曲，水力损失增加，水泵效率显著下降，并会产生附底涡；悬空高度过大时，除增大工程量外，还会造成单面进水的情况，使管口流速和压力分布不均，有时还会形成附壁涡，产生振动和噪声。适宜的悬空高度可以保证进水口流态较好且水力损失较小。

中小型立式轴流泵站设计中,悬空高度一般可采用:

$$h_1 = (0.3 \sim 0.5)D_{进} \tag{11-2}$$

$$D_{进} = (1.3 \sim 1.5)D_1 \tag{11-3}$$

式中 $D_{进}$——喇叭口直径;

D_1——对卧式泵为进水管直径,对立式泵为叶轮直径。

对于卧式水泵,由于进水流态在流经吸水管的过程中,可以得到一定程度的调整,故悬空高度的确定可以按进口阻力损失最小的原则来选定。据试验分析,一般采用:

$$h_1 = (0.6 \sim 0.8)D_{进} \tag{11-4}$$

对于小管径采用较大数值,对于大管径采用较小数值。

对于立式轴流泵,考虑到安装检修的需要,h_1 不宜小于 0.5 m;对于任何管径的 h_1,均不得小于 0.3 m,以防砂石杂物被吸入,损坏水泵。

2. 最小淹没深度 h_2

淹没深度对水泵的进水性能影响极大,若选择不当,池中将产生旋涡,甚至产生进气现象,降低水泵效率。最小淹没深度应等于或大于其临界淹没深度,临界淹没深度即不致发生有害表面涡时的管口淹没深度,通常由试验来确定。

《水泵设计规范》(GB/T 50265—97)推荐:喇叭管垂直布置时,$h_2 > (1.0 \sim 1.25)D_{进}$;喇叭管水平布置时,$h_2 > (1.8 \sim 2.0)D_{进}$。同时,为了保证不发生气蚀,一般要求 h_2 不得小于 0.5 m。

3. 进水池宽度 B

进水池的平面布置如图 11-11 所示。

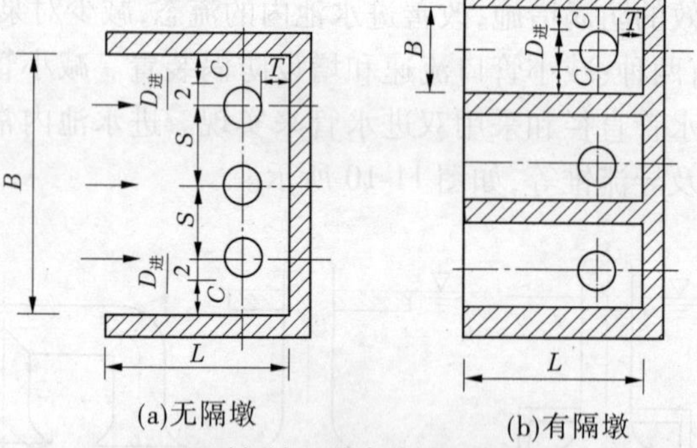

图 11-11 进水池平面图

进水池的宽度影响到泵站土建投资和池内的流态,过大的池宽不仅增加工程量,而且由于整流作用的减弱反而利于旋涡的形成,恶化进水条件;池宽过小时,由于池内流速的增加,亦易形成表面涡或侧壁的附壁涡。

对于单台水泵,进水池宽度一般为:

$$B = (2 \sim 2.5)D_{进} \tag{11-5}$$

对于多机组泵站,进水池宽度为:

$$B = (n-1)S + D_{进} + 2C \tag{11-6}$$

其中,$C \geqslant 0.5D_{进}$,$S \geqslant (2 \sim 2.5)D_{进}$。

对于有隔墩的进水池,计算池宽时应加上隔墩的厚度,其中 C 可参照 $C \geqslant 0.5D_{进}$ 选取。

4. 进水池长度 L

进水池要保证一定的长度,用以调整进水池中的流速,使之分布均匀,并要保持一定的容积,使进水池中的水流稳定。一般采用“秒换水系数法”来确定进水池的长度。秒换水系数的含义为进水池内水体的体积与水泵流量之比。

$$L = K\frac{Q}{Bh} \tag{11-7}$$

式中 Q——泵站总流量;

h——设计水位时的进水池水深;

K——秒换水系数,当 $Q < 0.5\ m^3/s$ 时,$K = 25 \sim 30\ s$,当 $Q > 0.5\ m^3/s$ 时,$K = 30 \sim 50\ s$,轴流泵取大值,离心泵取小值。

此外,在任何情况下,喇叭口中心到进水池进口的距离不得小于 $4D_{进}$。

5. 后壁距 T

后壁距关系到泵站的装置效率。按照消除水面旋涡的要求,$T = 0$ 时效果最好,但对于立式泵,T 值过小,会使进口流速和压力分布不均匀,导致水泵效率下降。此外,考虑到安装检修的方便,规范中推荐:

$$T = (0.8 \sim 1.0)D_{进} \tag{11-8}$$

单元二　泵站出水建筑物

泵站出水建筑物主要包括出水池(压力水箱)、出水管道等。泵站出水建筑物的合理设计可以获得良好的出水流态,减少对输水渠道或容泄区的冲刷,保证泵站建筑物的安全运行,节省泵站工程投资。

一、出水池

出水池是连接出水管道和下游渠道的建筑物,为开敞式,另有封闭式的出水建筑物,称做压力水箱。出水池的主要作用有:汇集出水管道的来流,有时也起分流作用,向连接于出水池的几条干渠分流;平稳扩散出水管水流,将水流平顺地引入干渠,以免造成渠道的冲刷;便于设置检修和断流设施。

(一)出水池的类型

根据水流的方向,出水池可分为正向出水池、侧向出水池和多向分流式出水池,如图 11-12所示。正向出水池出流顺畅,水力性能好,实际应用较多;侧向出水池出流方向改变,流态紊乱,一般只在地形条件受到限制时采用;多向分流式出水池用于同时向多条干渠供水的情况,池中流态介于前两者之间,通过采取适当的导流措施,可以改善水力性能。

此外,按照出流方式的不同,出水池可以分为自由出流式和淹没出流式;按断流方式的不同,可以分为拍门式、虹吸式和溢流堰式等多种形式,如图 11-13 所示。

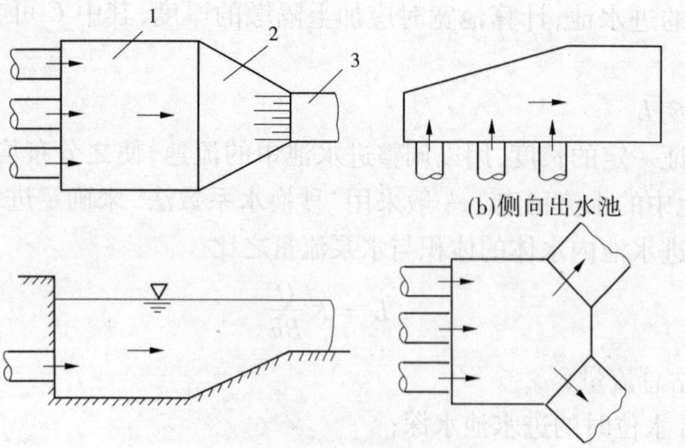

(a)正向出水池 (b)侧向出水池 (c)多向分流式出水池

1—出水池；2—过渡段；3—干渠

图 11-12 出水池的类型

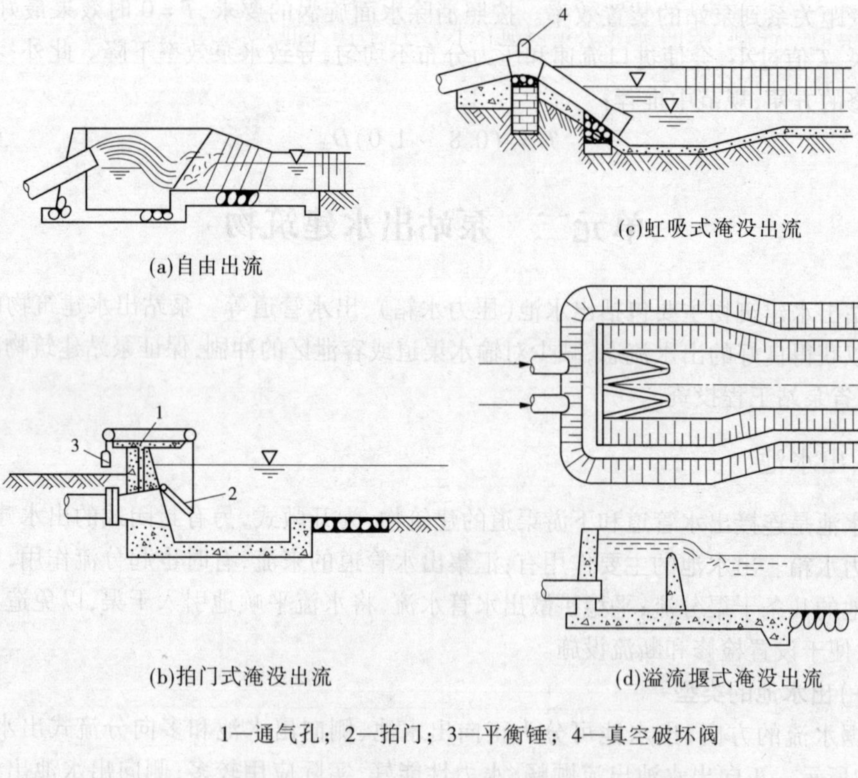

(a)自由出流 (b)拍门式淹没出流 (c)虹吸式淹没出流 (d)溢流堰式淹没出流

1—通气孔；2—拍门；3—平衡锤；4—真空破坏阀

图 11-13 出水池按出流方式和断流方式分类

(二)出水池尺寸的确定

1. 正向出水池

图 11-14 为一个淹没出流正向出水池,出水管以水平方向进入出水池。各几何参数的意义如图所示。

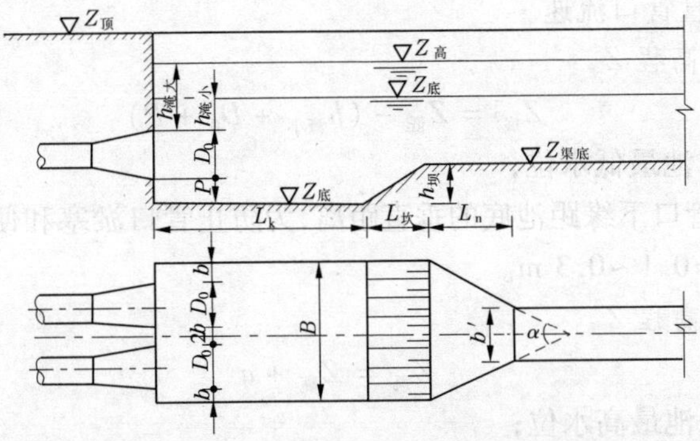

图 11-14　正向出水池各部分尺寸

1）出水池长度 L

出水池长度的计算方法一般均为试验研究结果，由于试验条件不同，所得计算公式均有一定局限性，迄今为止，尚无公认的合理方法，下面介绍水面旋滚法计算出水池长度。

水平式淹没出流会形成水面的旋滚，若出水池长度不够，将使水面旋滚延伸至出水干渠，造成渠道的冲刷，水面旋滚法是以旋滚长度作为出水池的长度，从而保证旋滚流动在出水池以内。计算公式为：

$$L_k = Kh_{淹大}^{0.5} \tag{11-9}$$

式中　K——试验系数；

$h_{淹大}$——管口以上最大淹没深度。

K 可按下式计算：

$$K = 7 - \left(\frac{h_{坎}}{D_0} - 0.5\right)\frac{2.4}{1 + \frac{0.5}{m^2}} \tag{11-10}$$

式中　$h_{坎}$——台坎高度；

m——台坎坡度；

D_0——出水管直径。

2）出水池宽度 B

出水池不宜过宽，过宽的出水池不仅会增加工程量，而且会增大池中平面方向的回流区。对于单管出水池，宽度为：

$$B = (2 \sim 2.5)D_0 \tag{11-11}$$

对于多管出流的出水池，宽度为：

$$B = (n-1)\delta + n(D_0 + 2b) \tag{11-12}$$

式中　n——出水管数目；

δ——隔墩厚度；

b——出水管至隔墩或后壁的距离，一般取 $b = \left(0.5 \sim 1\right)D_0$。

3）管口上缘最小淹没深度 $h_{淹小}$

$$h_{淹小} = 0.1v_0^2 \tag{11-13}$$

式中　v_0——出水管管口流速。

4)出水池底板高程 $Z_{底}$

$$Z_{底} = Z_{低} - (h_{淹小} + D_0 + P) \tag{11-14}$$

式中　$Z_{低}$——出水池最低水位；

P——出水管口下缘距池底的垂直距离,为防止管口淤塞和便于安装维修,一般采用 $P = 0.1 \sim 0.3$ m。

5)出水池墙顶高程 $Z_{顶}$

$$Z_{顶} = Z_{高} + a \tag{11-15}$$

式中　$Z_{高}$——出水池最高水位；

a——安全超高,一般情况下,$a = 0.5$ m。

6)出水池与渠道连接段

出水池宽度一般大于渠道底宽,为使水流平顺地进入渠道,两者之间应设渐变段。渐变段收缩角 α 可取 30°~40°,最大不超过 40°,渐变段长按下式计算:

$$L_n = \frac{B - b}{2\tan\frac{\theta}{2}} \tag{11-16}$$

式中　L_n——渐变段长；

b——渠道底宽。

出水池中的水流湍急紊乱,为防止冲刷渠道,靠近渐变段的一段渠道应该护砌,护砌长度可取渠中最大水深的 4~5 倍。

2. 侧向出水池

图 11-15 为一个多管侧向出水池,各几何参数的意义如图所示。

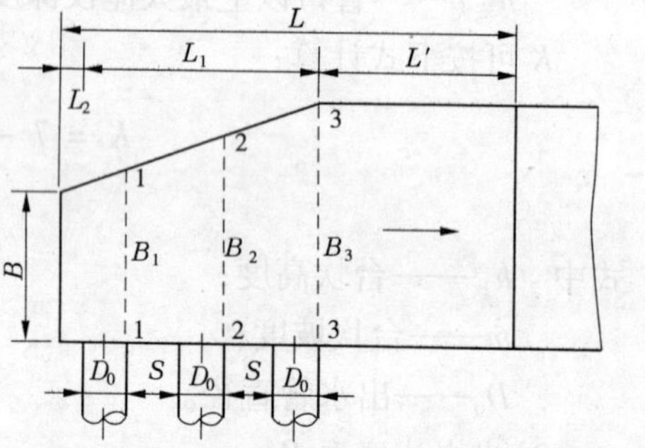

图 11-15　多管侧向出水池各部分尺寸

1)池宽 B

侧向出流时,水流受到对面池壁的阻挡形成反向回流,池壁距管口越近,出流所受阻力越大,出流流量越小。试验表明,当池宽 $B > 4D_0$ 时,池宽对出流流量影响已不明显。对于单管出流,一般可采用:

$$b = (4 \sim 5)D_0 \tag{11-17}$$

对于多管侧向出流,池宽应随汇流量的增大而适当加大,如图 11-15 所示。

$$\left.\begin{aligned} B_1 &= (4 \sim 5)D_0 \\ B_2 &= B_1 + D_0 \\ B_3 &= B_2 + D_0 \\ &\vdots \end{aligned}\right\} \tag{11-18}$$

2)池长 L

试验表明,随着水池的加长,池内流速分布逐渐趋于均匀,当 $L' \approx 5D_0$ 时,影响已不明显,故单管侧向出流池长为:

$$L = L_2 + D_0 + L' = L_2 + 6D_0 \tag{11-19}$$

式中 L_2——管口外缘至池边的距离；

L'——满足出流流速分布均匀的长度，一般为 5 D_0。

多管侧向出流的池长为：

$$L = L_2 + L_1 + L' = (n+6)D_0 + (n-1)S \tag{11-20}$$

式中 n——管道数；

S——管道间净距。

二、出水管道

出水管道是指从水泵至出水池之间的压力水管。高扬程泵站出水管道往往很长，在泵站总投资中占的比重很大。此外，出水管道的管径大小、管线长短及其铺设方式，还影响泵站运行的经济性和可靠性。因此，必须合理地设计出水管道，以保证泵站安全经济地运行。

1. 出水管道的线路选择

出水管道的线路选择应与进出水建筑物的位置统一考虑。按照投资和运行费用最小的原则来进行设计。管道线路选择时，应遵循以下几个原则：

(1)管线应尽量垂直于等高线，以缩短管道长度。管线铺设角应小于土壤的自然休止角，通常采用的管坡为1:2.5~1:3.0。

(2)尽可能减少转弯，以减少水头损失。

(3)地基应坚实，要避开地质不良地段和山洪威胁地段。当不能避开时，应采取安全可靠的工程措施。

(4)铺设在填方上的管道，填方要认真夯实，并做好排水设施。

(5)尽量布置在压坡线(发生水锤时，管道内水压降低过程线)以下，以免产生水柱中断现象，使管道失稳而破坏。

2. 出水管道的布置形式

(1)平行布置(见图11-16)。优点是管线直而短，水力损失小，管路附件少，安装方便。缺点是机组台数多时，出水池宽度大。适用于机组大、台数少的情况。

(2)收缩布置(见图11-17)。优点是镇墩可以合建，出水池宽度可以减小，可节省工程投资。适用于机组台数较多的情况。

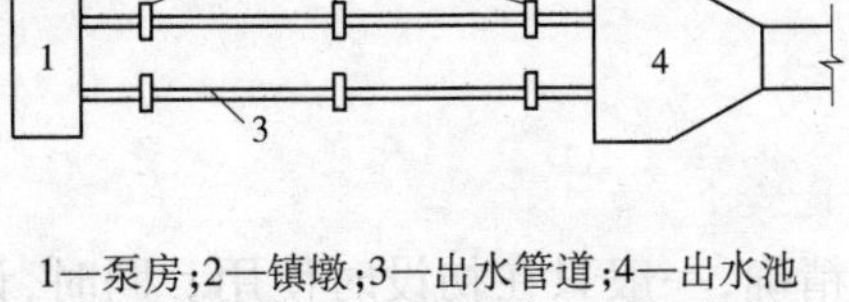

1—泵房；2—镇墩；3—出水管道；4—出水池

图11-16 出水管道的平行布置

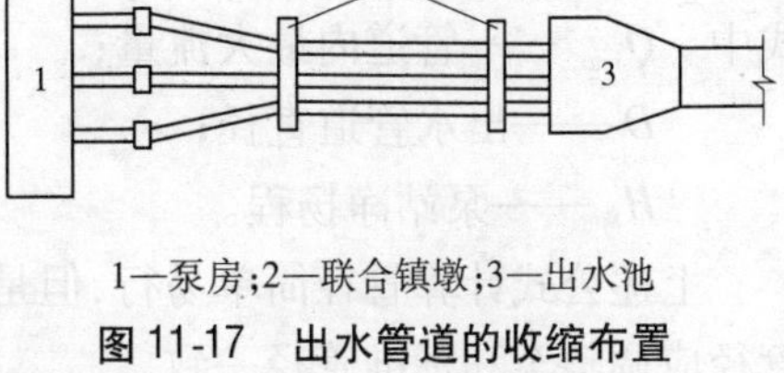

1—泵房；2—联合镇墩；3—出水池

图11-17 出水管道的收缩布置

(3)并联布置(见图11-18)。当泵站机组台数较多时，为了减小占地面积及出水池尺寸，可将两管或数管并联布置。并联后压力管道可平行布置，也可收缩布置。这种布置方式管路附件增多，总管出故障后对泵站工作影响较大。

3. 出水管道的铺设方式

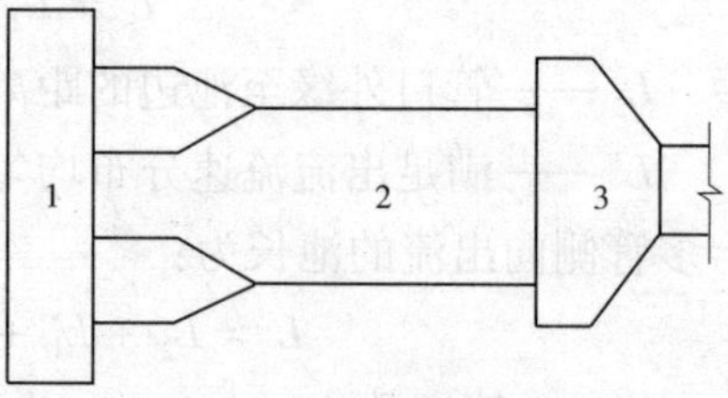

图 11-18　出水管道的并联布置

出水管道的铺设有明式和暗式两种。金属水管多为露天铺设,优点为不易生锈,安装检修方便。缺点是管道受外界温度变化影响较大,并需要进行经常性的维护。为了方便安装和检修,管间净距一般不应小于0.8 m。钢管底部应高出管槽地面0.6 m,预应力钢筋混凝土管应高出地面0.3 m。当管径大于或等于1 m且管道较长时,应设置检查孔,一般每条管道不应少于两个。

钢筋混凝土管既可埋设于地下,也可露天铺设。暗式管道埋置深度应在冻土层以下0.3~0.5 m,为保证非金属管道不因动荷载而被破坏,管顶覆土深度应不小于1.0 m,为了便于安装和维修,暗管之间的净距不应小于0.6 m。暗埋管道应做好防腐处理,当地下水对管道有侵蚀作用时,应采取防侵蚀措施。暗管回填土地面,应做横向及纵向排水沟,同时应设置检查孔,具体要求与明管相同。

4. 出水管道的断面设计

1)出水管管径的选择

当管长及流量一定时,管径选得较大时,则流速较小,水力损失和电能损失也小,但所需材料增多,造价较高;若选择较小管径,则情况恰好相反。因此,需要通过技术经济比较确定经济管径。

可以根据经济流速来确定经济管径:

$$D = 1.13\sqrt{\frac{Q}{v_{经}}} \tag{11-21}$$

式中　Q——管道设计流量;

D——出水管道的直径;

$v_{经}$——出水管道的经济流速,一般净扬程50 m以下时取1.5~2.0 m/s,净扬程为50~100 m时取2.0~2.5 m/s。

此外,还可根据扬程和流量来确定经济管径:

$$D = \sqrt[7]{\frac{5.2Q_{max}^3}{H_{净}}} \tag{11-22}$$

式中　Q_{max}——管道内最大流量;

D——出水管道直径;

$H_{净}$——泵站净扬程。

上述公式计算管径简单易行,但是并不够精确,一般只在初设时使用。同时,计算的管径应调整至和标准管径一致。

2)管壁厚度的确定

钢筋混凝土压力水管已经定型化生产,可以根据规格选用,不需另行设计。钢管管壁厚度应考虑内水压力,由其强度和刚度的要求确定。具体计算方法查看相关文献。

单元三　泵房的结构形式

泵房是装置水泵、动力机、管路及其辅助设备的建筑物，是泵站建筑物中的主体部分。其主要作用是为机电设备的安装、检修及运行管理提供良好的工作条件。

泵房结构形式主要与主机组的类型、水位（进出水池水位、地下水位）的高低和变幅大小、站址地质条件等因素有关。根据泵房采用的基础结构形式的不同可将泵房分为移动式和固定式两大类。

一、移动式泵房

移动式泵房可随水源水位的变化而升降，按建站条件的不同又可分为囤船式和缆车式两种。它们是用移动的船或车作为泵房，随着水源水位的变化而升降。这种泵房施工简单，造价低廉，常用于水源水位变化较大的河流和水库岸边提水的情况。

（一）囤船式泵站

囤船式泵站由泵船、联络管、输水斜管等部分组成。囤船式泵站的布置形式与站址的岸坡坡度、水源水位变幅、水位涨落速度和联络水管的形式及其连接方式等因素有关。图 11-19所示为一囤船式泵站，岸坡上敷设固定的输水斜管，斜管上每隔一定高差设置一个进水叉管，水泵出水管与岸坡进水叉管之间可用橡胶软管作联络管，两端用法兰连接。也可用钢管作联络管，两端用球形万向接头连接。水泵机组布置在泵船上。泵船的设备间分上承式与下承式两种。上承式水泵机组和进出水管道都布置在泵船甲板上。下承式水泵机组布置在船底骨架上，进出水管穿越船体两侧舷板。当机组容量较大、台数较多时，宜采用下承式布置。采用上承式布置时，应考虑船体的稳定性。

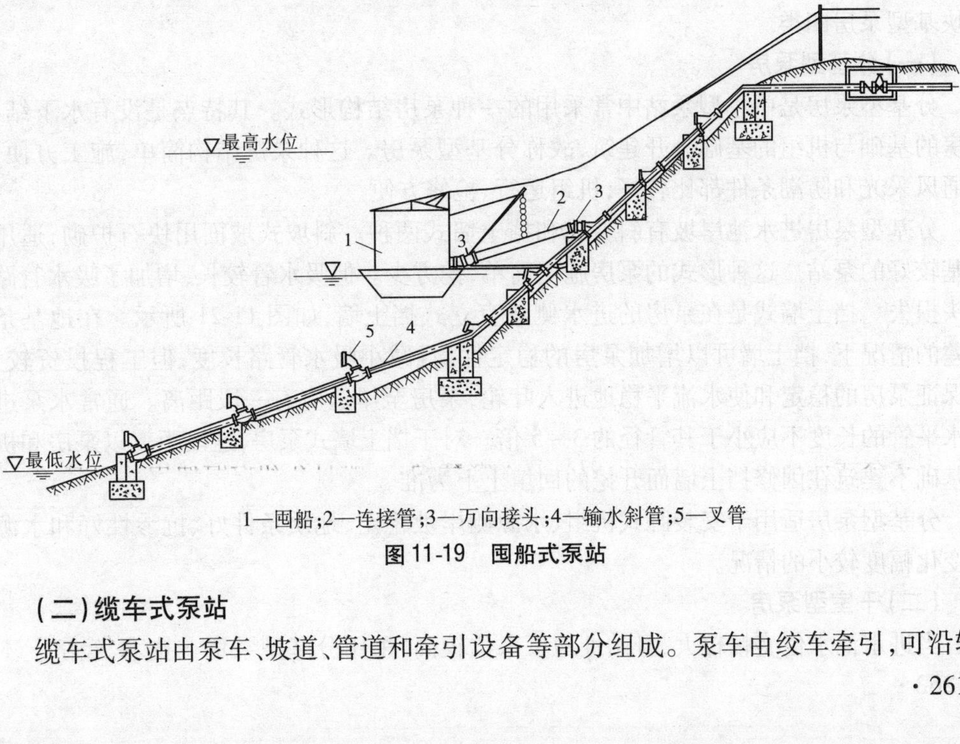

1—囤船；2—连接管；3—万向接头；4—输水斜管；5—叉管

图 11-19　囤船式泵站

（二）缆车式泵站

缆车式泵站由泵车、坡道、管道和牵引设备等部分组成。泵车由绞车牵引，可沿轨道上下移动以适应水源水位的变化，如图 11-20 所示。泵车的台数一般不少于 2 台，每台泵车房内装置 2 台水泵，水泵机组正反交错布置。坡道上设置泵车轨道和固定输水斜管，吸水管布置在车体的临水正面。水泵出水管与固定输水斜管的接头叉管之间采用曲臂式联络管（管径小于 400 mm 时，可采用橡胶管）连接。泵车的牵引设备包括绞车、钢丝绳、滑轮组、导向轮等。绞车房设置在岸边的最高洪水位以上。

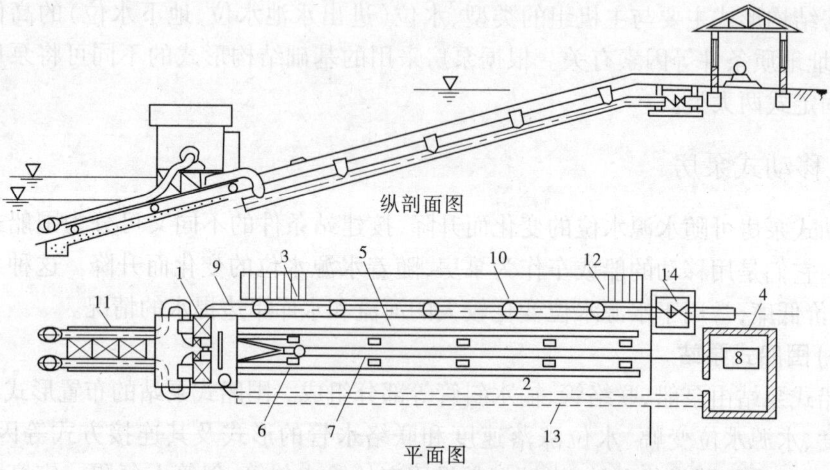

1—泵车；2—坡道；3—输水斜管；4—绞车房；5—钢轨；6—挂钩座；7—钢丝绳；8—绞车；9—联络管；10—岔管；11—尾车；12—人行踏步；13—电缆沟；14—阀门井

图 11-20　缆车式泵站

二、固定式泵房

固定式泵房位置固定不变，按其基础形式和结构特点可分为分基型、干室型、湿室型和块基型泵房四类。

（一）分基型泵房

分基型泵房是中小型泵站中常采用的一种泵房结构形式。其特点是没有水下结构，泵房的基础与机组的基础分开建筑，故称分基型泵房。这种泵房结构简单，施工方便，泵房通风采光和防潮条件都比较好，机组运行、检修方便。

分基型泵房进水池岸坡有斜坡式和挡土墙式两种。斜坡式坡面用块石护砌，适用于地基较好的泵站。这种形式的泵房施工简单，挖方少。但吸水管较长，增加了吸水管路的水头损失。挡土墙式是在泵房的进水侧建直立式挡土墙，如图 11-21 所示。在地基条件较差的情况下，挡土墙可以增加泵房的稳定性，且减小吸水管路长度，但工程投资较大。为保证泵房的稳定和使水流平稳地进入叶轮，泵房至岸边应有一段距离。通常水泵进口前水平管的长度不应小于其管径的 3 ~ 5 倍。对于挡土墙式泵房，这段距离以泵房和机组的基础不建筑在因修挡土墙而开挖的回填土上为准。

分基型泵房适用于安装卧式机组、水源侧岸坡稳定、地质条件好、抗渗性好和水源水位变化幅度较小的情况。

（二）干室型泵房

当进水池水位变幅较大，且站址地下水位较高，采用分基型泵房在技术、经济上不合理时，应考虑采用干室型泵房。其特点是泵房底板和洪水位以下的侧墙用钢筋混凝土整体浇筑，建成一个不透水干室，故称为干室型泵房，如图 11-22 所示。

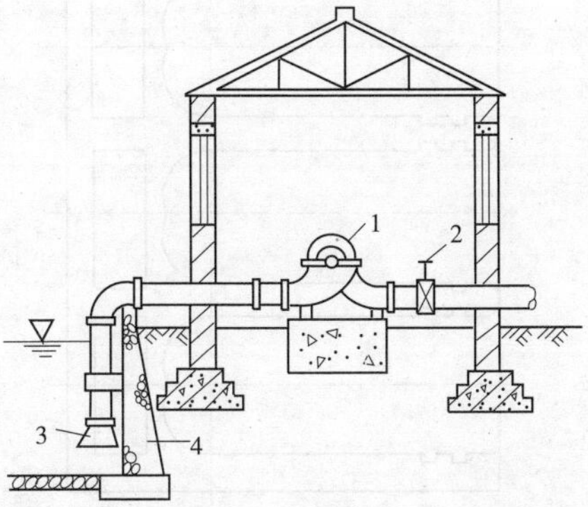

1—水泵；2—闸阀；3—进水喇叭；4—挡土墙

图 11-21　挡土墙式分基型泵房

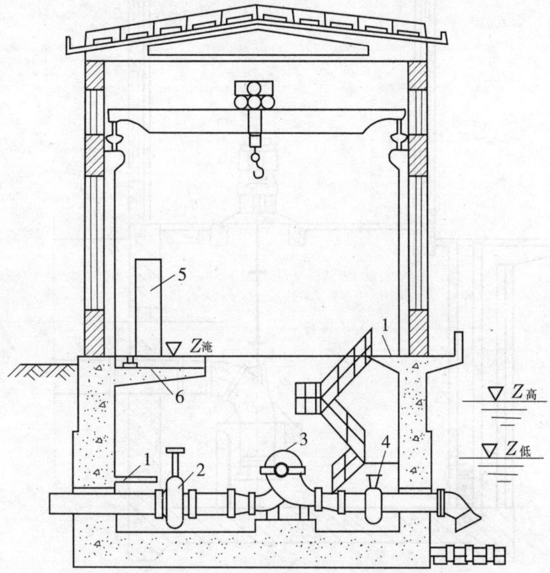

1—人行道；2—出水闸阀；3—水泵机组；4—进水闸阀；5—配电柜；6—电缆槽

图 11-22　干室型泵房

干室型泵房的平面形状有矩形和圆形两种。矩形干室适用于机组台数较多的情况，一般安装卧式离心泵和混流泵；圆形干室适用于机组数目较少的情况，一般安装立式离心泵。圆形泵房的优点是结构受力条件较好，可节省材料，但机组和管路布置比较困难，运行管理不便，通风采光条件较差。干室型泵房的水下部分应严格防止渗水。为排除泵房内积水，泵房四周应有排水沟。

干室型泵房一般适用于水源水位变化较大、泵房地基承载力较低和地下水位较高的情况。

（三）湿室型泵房

采用立式轴流泵和混流泵机组时，可以将进水池与泵房合并建筑，进水池设于泵房下部，故称湿室型泵房。这种泵房一般分为两层，上层安装电机及其辅助设备，称电机层；下层安装水泵，称水泵层。湿室型泵房的优点是湿室内有水，水的自重可以增加泵房的整体稳定性，水泵吸水管直接从湿室中吸水，吸水管短，水头损失小。但水泵安装在水下，检修不便。

湿室型泵房按其结构形式又分为墩墙式（见图 11-23）、排架式两种。

墩墙式湿室型泵房每台泵都有单独的进水室，泵与泵之间用隔墩隔开。由于泵房三面均为挡土墙结构，承受较大的土压力，为满足抗滑稳定，有时需要加大泵房总量，增大地基应力和工程造价。墩墙式泵房一般适用于地基条件比较好的地区。排架式湿室型泵房采用钢筋混凝土的梁柱结构支撑水泵机组和泵房上部结构，这种结构节省材料、结构轻、地基应力小，但交通和设备检修不便，由于没有隔墩，水泵进水时还会产生相互干扰，一般适用于小型泵站。

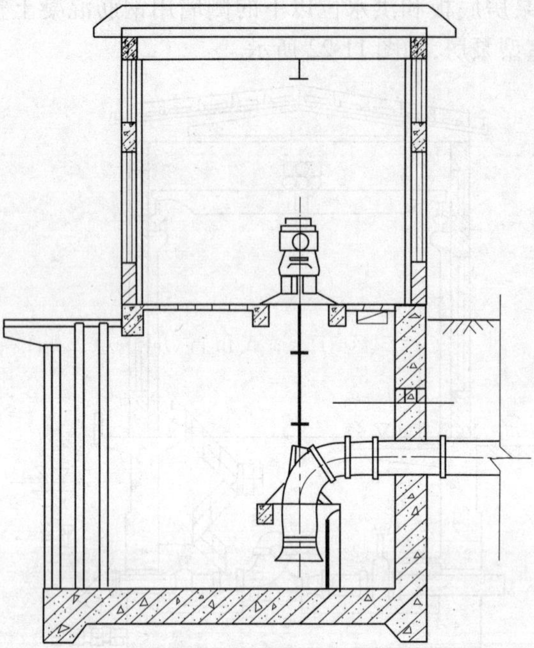

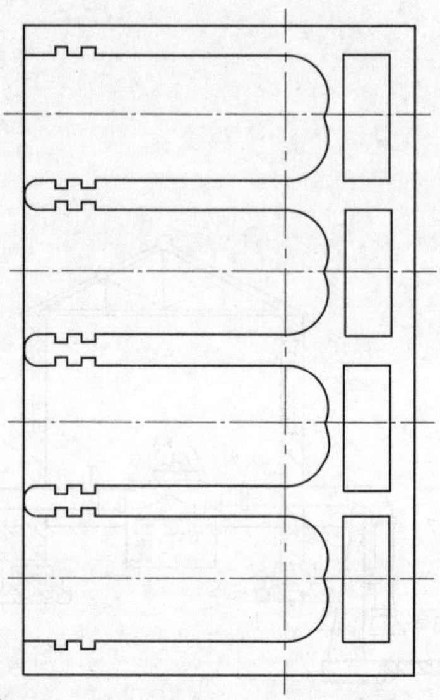

图 11-23　墩墙式湿室型泵房

(四)块基型泵房

对于大型机组,为了增大泵房的稳定性,常将水泵的底板和进水流道用钢筋混凝土浇筑成整体,形成大块的泵房基础,称为块基型泵房。

块基型泵房刚度大,抗震性能好。一般适用于大中型泵站。由于自重大,抗浮和抗滑稳定性较好,在需泵房直接挡水时,这种形式比较有利。此外,由于块基型泵房结构整体性好,可适用于各种地基条件,即使在软基上也可建造。

单元四　泵房的设计

合理地设计泵房,对提高泵站效率、降低投资成本、延长设备使用寿命、保证泵站的安全运行有着重要的意义。泵房的设计应满足以下要求:

(1)在保证设备安装、检修、运行工作正常进行的基础上,尽量使泵房尺寸最小。

(2)施工简单,安装方便,布置合理,造型美观。

(3)符合通风、采光、防火、防潮、防噪声的要求。

(4)满足内外交通运输的要求。

(5)在承受各种可能遇到的外力作用下,满足整体稳定的要求。

一、泵房的内部布置

(一)主机组布置

主泵房的尺寸主要取决于主机组的类型、台数及布置形式,主机组的布置形式一般有以下三类:

(1)一列式布置。各机组轴线在一条直线上，如图 11-24(a)所示。这种布置形式简单、整齐，泵房跨度小，在安装双吸离心泵的泵房中经常采用。其缺点是机组台数较多时，泵房长度较大，进水池和前池的宽度也相应增大。

(2)平行排列式布置。各机组轴线相互平行，如图 11-24(b)所示。与直线布置相比，泵房的长度和进水池的跨度较小，机组的间距较小，但泵房的宽度较大。由于增加两个弯头，会造成水头损失加大。

(3)双列式(交错式)布置。机组在泵房内双行排列，相互交错，同向或对向布置，如图 11-24(c)所示。这种形式可减小泵房长度，一般多用于机组台数较多的双吸离心泵泵房。其缺点是增加了泵房跨度，机组运行管理不便。如选用交错式布置，应注意订购设备时说明泵轴的转向。

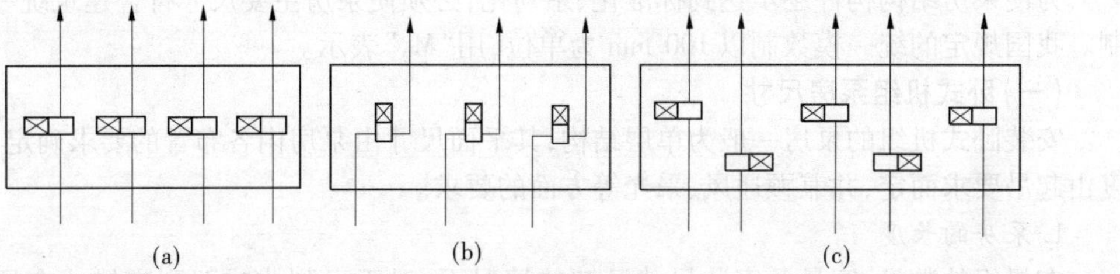

图 11-24　主机组的布置形式

(二)检修间布置

检修间一般布置在泵房大门的一端，其平面尺寸应能放下泵房内的最大设备或部件，还应留有足够的检修空间。泵房内设有吊车的泵站，要满足载重汽车的车厢驶入检修间。小型泵站一般不设检修间，可在机组附近就地检修。

(三)配电设备布置

配电设备布置有分散布置、一端布置和一侧布置三种形式。分散布置是将开关柜分散布置在各机组附近靠墙的空地上，一般适用于小型泵站。一端布置是在泵房进线端建配电间。其优点是可减小泵房跨度，且有利于通风和采光。但当机组台数较多时，操作人员不便监视远离配电间的机组运行情况，一般适用于机组较少的泵站。一侧布置是将配电间布置在泵房的进水侧或出水侧，一般以出水侧居多。其优缺点恰好与一端布置相反，多用于机组较多的泵站。

(四)交通道布置

为便于工作人员巡视和物件搬运，通常在泵房出水侧沿长度方向布置主要通道，其宽度一般不小于 1.5 m，靠近设备的各通道宽度不小于 0.7 m。主通道高程应高于泵房的地面高程，通常和配电间地面等高。当交通道兼作闸阀操作台时，还应考虑闸阀操作手柄的高度。

(五)通风采光设备

泵房中，由于电动机、电气设备的运行，会产生大量的热量，致使泵房内温度升高。这样不仅危害工作人员的身体健康，还会使电机绝缘老化，效率下降。此外，为了便于运行管理，还应考虑泵房的采光照明问题。因此，泵房的设计需要考虑通风采光的要求。一般泵房通风方式有两种：自然通风和机械通风。一般情况下采用自然通风，设上下两层前后对称窗户，窗地面积比不小于1:3.5～1:5。风大时靠风压通风，无风时靠室内外温度差形成的压差使泵房外温度较低的空气从下层窗口进入，泵房内温度较高的空气从上层窗口排出，形成泵房内外空气对流。为提高自然通风的效果，应尽量降低泵房进风口下缘距室内地面的高度和提高排风口的高度。当自然通风不满足要求时，可采用机械通风方式。

（六）排水系统布置

为了排除水泵水封用的废水、检修水泵时的废水和水泵房渗漏水，泵房地面应设置向进水池倾斜的坡度，并设排水沟，自流排水至进水池。如果不能满足自流排水，应在泵房设置集水井，用排水泵定时抽排至泵房外。

二、泵房尺寸的确定

为使泵房结构构件逐步达到标准化、系列化，必须使泵房主要尺寸符合建筑统一模数制。我国规定的统一模数制以100 mm为单位，用“M_0”表示。

（一）卧式机组泵房尺寸

安装卧式机组的泵房一般为单层结构，其平面尺寸由泵房内各布置的要求确定，其高度由起吊要求而定，并兼顾通风、采光等方面的要求。

1. 泵房的长度

在机组的数量、容量及安装尺寸已知的情况下，对于一列式或双列交错式布置的泵房，其长度可根据机组轴向尺寸，机组之间和机组与墙体之间的间距（见表11-1），以及真空泵、排水泵、集水池和检修间的尺寸来确定，即上述各值的累加便是泵房应有的最小长度尺寸。

表11-1 泵房内设备之间的间距 （单位：m）

间距	机组流量（L/s）		
	<500	500～1 000	>1 000
机组顶端与墙间	1.0	1.2	1.5
机组与机组间	1.2～1.5	1.5～1.8	1.8～2.0
机组与墙间	1.2	1.5	1.8
平行布置机组间	1.2～1.5	1.5～2.0	2.0～2.5
立式电动机组间	1.5～2.0	2.0～2.5	2.5～3.0

对于双列交错布置的机组，除满足机组间距要求外，还应满足每台泵对进水池宽度的要求。如果两者不一致，可通过调整间距使其同时满足。一列式布置的机组，其中心距（相邻水泵进口之间距）较大，一般均可满足进水要求。

拟定泵房的长度时需注意：

（1）如设检修间，必须考虑吊车能开到检修间。

（2）在底板分缝处，两侧均需设排架柱，水泵基础不能设在缝上。

（3）机组间距应等于每台水泵相应进水池的宽度与池间隔墩厚度之和。

（4）泵房柱距一般为$60M_0$的倍数，对于小型泵房，可采用4 m柱距，配电间、检修间柱距可与主泵房相同，也可根据需要选取。

（5）进出水管路不允许在墙柱下通过，以免超压。

2. 泵房的跨度

泵房的跨度应根据泵体在水流方向上的长度和需在室内装置的管件、阀件及必要的操作空间等来确定,同时使其与定型的屋架(或屋面梁)和吊车跨度相适应。泵房的跨度一般取 $30M_0$ 的倍数。

3. 泵房高度

大多数情况下泵房机组段的地面高程与检修间及交通道的高程相差较大,这是因为前者由水泵安装高程所确定(依据最低水位),后者取决于室外地面高程(依据最高水位)。对于装有吊车的泵房,其最小高度(检修间地面到屋面大梁下缘之垂距)应满足起吊最大设备的要求,如图 11-25 所示。

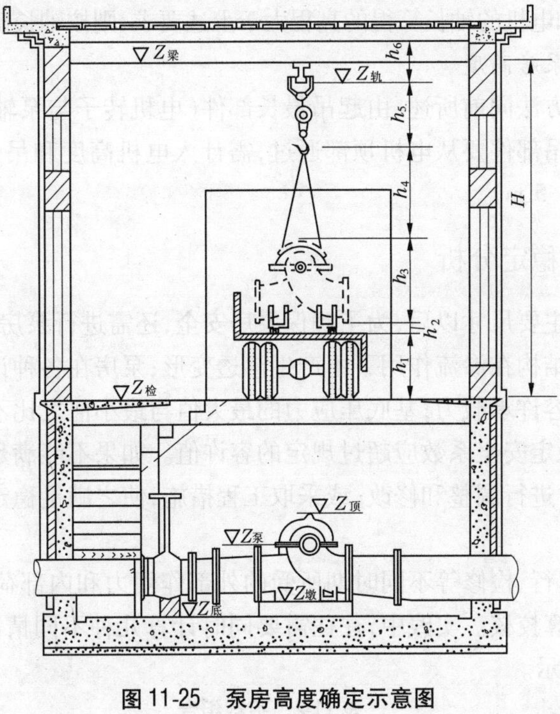

图 11-25 泵房高度确定示意图

对于不设吊车的泵房,其高度以不小于 5 m 为宜。这样可使泵房有条件设上、下两排窗,以利于通风和采光,同时也为机组就地检修提供了架立三脚架的空间。泵房高度一般取 3 M_0 的倍数。

(二)立式机组泵房尺寸

泵房尺寸是在满足各方面的布置要求后形成的结果,前面所述的有关确定泵房平面尺寸的一些基本方法和原则,对立式机组泵房亦适用,只是要兼顾到各层之间的尺寸协调、结构连接和泵房整体稳定方面的要求。

以下仅就湿室型立式机组泵房各部高程的确定予以介绍。

1. 水泵安装高程

立式轴流泵的叶轮需淹没于水下一定深度,一般不少于 0.5 m,也可按水泵样本提供的数据确定。

2. 进水室底板高程

$$\nabla_{底} = \nabla_{低} - (h_1 + h_2 + P) \quad (11\text{-}23)$$

式中 $\nabla_{底}$——进水室底板高程；

$\nabla_{低}$——进水室最低水位；

h_1——水泵基准面的淹没程度；

h_2——水泵基准面至喇叭口的高度（由水泵样本查得）；

P——水泵喇叭口悬空高度。

3. 电机层楼板高程

电机层楼板高程一般应高于进水室最高水位 0.5 ~1.0 m，并应高于室外地面 0.3 ~0.5 m。如果根据水泵和电机的轴长算得的高程大于上述要求，则按轴长确定该高程。

4. 电机层以上泵房高度

该高度的确定方法同前所述，由起吊最长部件（电机转子与泵轴两者间较长者）所需高度而定。如果起吊部件要从电机顶部通过，需计入电机高度和吊件与设备之间的安全操作间距（一般为 0.5 m）。

三、泵房整体稳定分析

拟定了泵房的主要尺寸以后，为了确保泵房安全，还需进行泵房整体稳定分析。即要保证泵房地基土体结构在渗流作用下不产生渗透变形；泵房在各种计算情况下，平均基底压应力不超过地基容许承载力；基底压应力的最大值与最小值之比不大于规定的容许值；泵房的抗滑、抗浮稳定安全系数应超过规定的容许值。如果不能满足要求，则应对泵房内部布置、结构和尺寸进行调整和修改，或采取工程措施，使之满足稳定要求。

（一）荷载组合

泵房在施工、运行、检修等不同时期所受的外部作用力和内部荷载不同，必须选择最不利的情况进行计算校核。实践中，往往需要同时计算几种不同情况进行比较分析。荷载组合如表 11-2 所示。

表 11-2 荷载组合

荷载组合及计算情况		荷载							
		自重	静水压力	扬压力	土压力	泥沙压力	波浪压力	地震作用	其他荷载
基本组合	完建情况	√	—	—	√	—	—	—	√
	设计运用情况	√	√	√	√	√	√	—	√
特殊组合	施工情况	√	—	—	√	—	—	—	√
	检修情况	√	√	√	√	√	√	—	√
	核算运用情况	√	√	√	√	√	√	—	—
	地震情况	√	√	√	√	√	√	√	—

（二）地基稳定分析

泵房的基础底面的边缘应力按下式计算：

$$\sigma_{\min}^{\max} = \frac{\sum V}{F} \pm \frac{\sum M}{W} \tag{11-24}$$

式中 $\sum V$——全部垂直荷载；

$\sum M$——全部荷载对底板中心的力矩和；

F——基础底板面积；

W——底板截面（底面）的抗弯模量。

计算出的最大地基应力必须小于地基容许承载力，最小地基应力必须大于0，即不能出现拉应力。

为保证不致产生过大不均匀沉陷，地基应力不均匀系数不可太大，应满足规范要求：

$$K = \frac{\sigma_{\max}}{\sigma_{\min}} \leqslant [K] \tag{11-25}$$

（三）抗滑稳定分析

修建在软基上的泵站，泵房在水平荷载和竖向荷载的共同作用下，可能发生表层滑动或深层滑动。滑动形式与基底压应力有关，通常泵房基底压应力平均值均小于100～120 kN/m^2，所以一般只需进行表层抗滑稳定验算。方法如下：

$$K_c = \frac{\sum V \cdot f}{\sum H} \geqslant [K] \tag{11-26}$$

当泵房基础前后均设置有齿墙，而齿墙较深时，泵房将连同齿墙间的土体滑动，此时的抗滑稳定计算公式为：

$$K_c' = \frac{\sum V \cdot f_0 + cA}{\sum H} \geqslant [K] \tag{11-27}$$

式中 $\sum V$——全部垂直荷载；

$\sum H$——全部水平荷载；

f——底板与地基间的摩擦系数；

f_0——沿滑动面土壤颗粒之间的摩擦系数，$f_0 = \tan\theta$，θ为土壤的内摩擦角；

c——齿墙间滑动面土体的凝聚力，取室内试验值的1/3～1/5；

A——齿墙间土体的剪切面积。

若计算出的K_c及K_c'值过大，则说明泵房断面尺寸定得过大，可以考虑减小，以节约投资；若计算出的K_c与K_c'值过小，则说明泵房不稳定，需要采取措施解决。具体方法如下：

（1）改变泵房结构的布置和尺寸。

（2）降低出水侧的填土高度，或在出水侧采取排水措施，降低墙后地下水位。

（3）适当增加底板齿坎的深度。

（4）增设阻滑板，但需满足在未加阻滑板之前，泵房抗滑稳定安全系数必须大于1.0。

（四）抗浮稳定分析

当泵房承受很大浮托力，有可能造成泵房失稳时，应进行抗浮稳定计算。一般计算情

况为泵房刚建好,机组尚未安装,四周未填土,此时泵房四周达到最高洪水位。方法如下:

$$K_f = \frac{\sum V}{V_f} \geqslant [K_f] \tag{11-28}$$

式中 V_f——扬压力;

$[K_f]$——泵房抗浮安全系数的容许值,不分泵站级别和地基类别,基本荷载组合为1.1,特殊荷载组合为1.05。

(五)抗渗稳定分析

与其他水工建筑物一样,防渗设计是泵站设计中的一项重要内容。渗透破坏通常有两种形式:黏土地基多为流土,砂性地基多为管涌。为防止地基的渗透变形,除要选择好泵房地下轮廓线外,还必须认真做好防渗和排水设施,以确保建筑物安全。

首先,可按勃莱法或莱因法确定最小渗径长度 L,该值必须大于或等于规定值,即

$$L \geqslant \Delta HC \tag{11-29}$$

式中 ΔH——上下游最大水头差;

C——勃莱法系数或莱因法系数。

当实际渗径长度不足时,通常可根据地基土质情况在上游增设防渗铺盖,以增加水平渗径长度;或通过在底板下设齿墙、板桩来增加垂直渗径长度。

小 结

(1)进水建筑物主要包括引渠、前池和进水池等,其布置形式和尺寸拟定必须做到经济、技术与安全的协调统一。

(2)出水池是衔接出水管道与干渠的建筑物,用来汇集水泵出水管道的水流,并在池中消散出水管道水流的余能,使水流平顺地进入灌溉干渠。对正向出水池和侧向出水池的选用及尺寸拟定应做到合理。

(3)泵房形式分为固定式和移动式两种。移动式泵房可随水源水位的变化而升降,按建站条件的不同又可分为囤船式和缆车式两种。固定式泵房位置固定不变,按其基础形式和结构特点可分为分基型、干室型、湿室型和块基型泵房四类。

(4)泵房尺寸确定应考虑机组的尺寸和辅助设备的布置要求空间,以及保证机组正常运行和检修等所要求的空间,兼顾房屋建筑模数综合考虑确定。

(5)泵房整体稳定分析。泵房结构形式不同,适用条件不同,稳定分析的内容也不同。一般分基型泵房由于地下水位低,只进行地基稳定分析;干室型泵房因地下水位高,除进行地基稳定分析外,还须进行抗浮、抗滑稳定分析;湿室型泵房四个分析内容全部进行。

思考题

1. 简述前池的作用。如何确定前池的尺寸?

2. 进水池有何作用?有哪些形式?其平立面尺寸如何拟定?

3. 出水池有哪些形式？其平立面尺寸如何拟定？

4. 水流在前池、进水池、出水池中有哪些不良的流态？如何改进？

5. 泵站有哪些类型？各自使用条件是什么？

6. 主机组的布置形式有哪几种？各自的优缺点是什么？

7. 泵房的尺寸如何确定？

8. 若泵房整体稳定分析不满足要求应该采取何种措施？试分别叙述。

项目十二 工程布置

教学基本要求

(1)单元一。了解城市水利枢纽设计阶段的划分和各阶段的设计任务,理解坝址(闸址)及工程类型的选择,掌握工程布置的一般原则、布置方案、步骤。

(2)单元二。通过工程布置实例,掌握橡胶坝枢纽、土石坝枢纽和取水枢纽的布置原则和方法。

能力培养目标

(1)培养学生能按水利枢纽的布置原则和要求进行工程初步布置。

(2)培养学生具有能够运用城市水利工程布置的方法和原则完成工程布置的能力。

学习重点与难点

重点是城市水利工程布置规律和原则、水利工程坝址(闸址)与水工建筑物类型的选择。

难点是城市水利工程不同布置方案的优化选择。

项目的专业定位

城市水利工程是需要不同的水工建筑物共同组合发挥作用的综合体,工程布置是将各个项目介绍的建筑物能够按照一定的布置原则、布置方案和布置步骤进行选用和总体规划的一个优化过程。通过城市水利工程中常见的一些工程实例,例如橡胶坝枢纽、土石坝枢纽和取水枢纽等,更加深入地理解和掌握工程布置的方法和原则。

单元一 城市水利工程布置

为了充分利用水资源,最大限度地满足城市发展防洪、灌溉、航运、工业及民用供水、养鱼等水利事业的需求,应对整个河流和河段进行全面开发和治理的综合利用规划。为了实现城市水利规划的内容,需要修建不同类型和功能的水利工程建筑物,用来壅水、蓄水、泄水、取水和输水等。若干种不同类型的水工建筑物组合在一起,便构成了水利工程(枢纽)。城市水利工程布置就是根据确定的各水工建筑物的形式,以及其功能、动行方式及相互影响等,布置这些建筑物之间的相互位置,是工程设计中的一项重要的、繁重而复杂的工作。影响工程布置的因素有自然的和社会的两种,包括地形、地质、水文、施工、运行和设计。工程布置的合理与否,不仅影响到工程的造价和能否顺利地按期完成,还关系到工程运用是否安全和工程效益能否充分发挥。所以,工程布置必须在充分掌握基本资料的基础上,进行综合分析,作多方案比较,选出最优方案。

一、设计阶段的划分

(一)项目建议书阶段

在城市流域综合利用规划、河流水电规划和电网规划的基础上进行的设计阶段称为项目建议书阶段。其任务是论证拟建的城市水利工程在国民经济发展中的必要性、技术可行性、经济合理性。其主要内容包括:河流概况及水文气象等基本资料的分析;工程地质与建筑材料的评价;工程规模、综合利用及环境影响的论证;初拟工程轴线、地址及引水系统线路;初步选择主要建筑物的基本形式与枢纽布置方案;初拟主体工程的施工方法、施工总体布置、工程布置、工程总投资估算、工程效益的分析和经济评价等;编制城市水利工程的项目建议书,报上级主管部门审批。

(二)可行性研究阶段

可行性研究阶段的任务是进一步论证拟建工程的技术可行性和经济合理性,并解决工程建设中重要的技术经济问题。其主要内容包括:对水文、气象、工程地质及天然建筑材料等基本资料进一步分析与评价,论证工程及主要建筑物的等级,进行水文水利计算,确定水库的各种特征水位及流量,选择电站的装机容量、机组机型和电气主接线以及主要机电设备;论证并选定坝址、坝曲线、坝型,确定枢纽总体布置和其他布置设计,提出主要建筑材料、施工机械设备、劳动力、供水、供电的数量和供应计划;提出水库移民安置规划;提出工程总概算,进行技术经济分析,阐明工程效益;最后提交可行性研究报告文件,包括文字说明和设计图纸及有关附件。本阶段要初定工程等别、建筑物级别、主要建筑物的形式、枢纽布置和投资估算等,并以《水利水电工程初步设计报告编制规程》(DL 5020—93)为准编制可行性研究报告。

(三)初步设计阶段

本阶段确定建设地点、建筑物尺寸、施工方法、施工进度,提出建筑材料、劳动力、风水电供应,编制工程预算,进行国民经济评价和财务评价。

(四)招标设计阶段

招标设计阶段是在批准的可行性研究报告的基础上,详细定出总体布置的各建筑物的轮廓尺寸、材料类型、工艺要求和技术要求等。要求做到可以根据招标设计图较准确地计算出各种建筑材料的规格、品种和数量,混凝土浇筑、土石方填筑和各类开挖、回填的工程量,各类机械电气和永久设备的安装工程量等。根据招标设计图所确定的各类工程量和技术要求及施工进度计划,进行施工规划,并编制出工程概算,作为编制标底的依据。编标单位可以据此编制招标文件,包括合同的一般条款、特殊条款、技术规程和各项工程的工程量表。施工投标单位也可据此进行投标报价和编制施工方案及技术保证措施。

(五)施工详图阶段

施工详图阶段是在招标设计的基础上,对各建筑物进行结构和细部构造设计,最后确定地基处理方案,确定施工总体布置及施工方法,编制施工进度计划和施工预算等,并提出整个工程分项分部的施工、制造、安装详图。施工详图是工程施工的依据,也是工程承包或工程结算的依据。

二、坝址(闸址)和工程类型的选择

坝址(闸址)、工程类型的选择和工程布置是城市水利工程设计的重要内容,二者相互联系,不同的坝址(闸址)可选用不同的工程类型和枢纽布置。不同的坝址选择不同的建筑物形式以及相应的枢纽布置方案,同一个坝址也应考虑几种不同的枢纽布置方案进行比较。例如,在城市河流的同一闸址,既可以布置水闸也可以布置橡胶坝。在选择坝址、工程类型和枢纽布置时,不仅要研究枢纽附近的自然条件,还需考虑枢纽的施工条件、运行条件、综合效益、投资指标以及远景规划等。

(一)地质条件

地质条件是坝址、坝型选择的重要条件。土石坝对地质条件要求较低,岩基、土基均可;而水闸、橡胶坝多是建在土基上。但天然地基总是存在这样或那样的缺陷,如断层破碎带、软弱夹层、淤泥、细沙层等。在工程设计中应通过勘测研究,了解地质情况,采取不同的地基处理方法,使其满足筑坝的要求。

(二)地形条件

不同的坝型对地形的要求不一样。选用土石坝坝型时,应注意库区内有无天然的垭口或天然冲沟可布置岸边溢洪道,上、下游是否便于布置施工场地。因此,经济与否由枢纽的总造价、总工期来衡量。对于多泥沙及有漂木要求的河道,还应注意河流的流态,在坝址选择时,要注意坝址的位置是否对取水防沙及漂木有利。对有通航要求的枢纽还应注意上下游河道与船闸、筏道等过坝建筑物的连接。此外,还希望坝轴线上游山谷开阔,在淹没损失尽可能小的情况下,能获得较大的库容。

(三)建筑材料

坝址附近应有足够数量符合要求的建筑材料。例如,挡水建筑物采用土石坝时,应在距坝址不远处有足够数量的土石料场。对料场分布、储量、埋深、开采运输及施工期淹没等问题均应认真考虑。

(四)施工条件

要便于施工导流,坝址附近应有开阔地形,便于布置施工场地;距交通干线较近,便于交通运输。在同一坝区范围内,施工条件往往是决定坝址的重要因素,但施工的困难是暂时的,工程运行管理方便则是长久的。应从长远利益出发,正确对待施工条件的问题。

(五)综合效益

对不同的坝址要综合考虑防洪、灌溉、发电、航运、旅游等各部门的经济效益和对环境的影响等。

三、工程布置

工程布置就是合理安排工程中各建筑物的相互位置。在布置时应从设计、施工、运用管理、技术经济等方面进行综合比较,选定最优方案。

(一)布置的一般原则

(1)工程布置应保证各建筑物在任何条件下都能正常工作。

(2)在满足建筑物的强度和稳定的条件下,使枢纽总造价和年运行费较低。尽量采用当地材料,节约钢材、木材、水泥等基建用料,采用新技术、新设备等是降低工程造价的主要措施。

(3)工程布置应考虑施工导流、施工方法和施工进度等,应使施工方便、工期短、造价低。

(4)工程中各建筑物布置紧凑,尽量将同一工种的建筑物布置在一起;尽量使一个建筑物发挥多种用途,充分发挥枢纽的综合效益。

(5)尽可能使工程中的部分建筑物早日投产,提前受益(如提前蓄水、早发电或灌溉农田等)。

(6)考虑工程的远景规划,应为远期改、扩建等留有余地。

(7)工程的外观与周围环境要协调,在可能的条件下尽量注意美观。

(二)布置方案的选择

在遵循布置一般原则的条件下,从若干具有代表性的布置方案中选择一个技术上可行、经济上合理、运用安全、施工期短、管理维修方便的最优方案是一个反复优化的过程。需要对各个方案进行具体分析、全面论证、综合比较而定。

进行方案选择时,通常对以下项目进行比较:

(1)主要工程量。如钢筋混凝土和混凝土、土石方、金属结构、机电安装、帷幕灌浆、砌石等各项工程量。

(2)主要建筑材料用量。如钢筋、钢材、水泥、木材、砂石、沥青、炸药等材料的用量。

(3)施工条件。主要包括施工期、发电日期、机械化程度、劳动力状况、物资供应、料场位置、交通运输等条件。

(4)运用管理条件。发电、通航、泄洪、灌溉等是否相互干扰,建筑物和设备的检查、维修与操作运用及对外交通是否方便,人防条件是否具备等。

(5)建筑物位置与自然界的适应情况。如地基是否可靠,河床抗冲能力与下游的消能方式是否适应,地形是否便于泄水建筑物进、出口的布置和取水建筑物进口的布置等。

(6)经济指标。主要比较分析总投资、总造价、年运行费用、淹没损失、电站千瓦投资、电能成本、灌溉单位面积投资以及航运能力等综合利用效益。

(7)其他。根据工程特定条件有待专门进行比较的项目。

上述比较的项目中,有些项目是可以定量计算的,但有不少项目是难以定量计算的,这样就增加了方案选择的复杂性。因此,应充分掌握资料,实事求是,进行方案选择。

四、工程布置的步骤

(1)综合考虑功能要求。根据城市水利事业各部门对工程提出的各种任务,并结合工程所在处的地形、地质、水文、气象、建筑材料、交通及施工等条件,确定工程中的组成建筑物以及各主要建筑物的形式和尺寸。

(2)结合整体规划的需求。按照工程布置的原则和要求,研究上下游、左右岸已有的、拟建的建筑物的相互关系,本建筑物与河流、河岸之间以及各建筑物相互之间的可能位置,编制不同的布置方案及相应的施工导流方案,绘制不同方案的工程布置图形。

(3)经济的合理性。根据工程中各建筑物的主要尺寸和地基开挖处理等情况,计算工程量与造价，并编制各方案的技术经济指标。从技术经济等方面对各方案进行综合分析比较，选出合理的枢纽布置方案。

单元二　布置实例

一、橡胶坝枢纽布置

橡胶坝枢纽布置具有其他低水头水工建筑物总体布置的一般原则，同时还具有工程特性所遵循的布置原则。橡胶坝一般应遵循以下规划布置原则：

(1)橡胶坝总长度、孔数的布设满足泄洪的流量要求。

(2)尽量不改变河道自然流态，且尽量避免折冲水流。

(3)橡胶坝、调节闸要结合形成闸坝结合的布置形式。

(4)拦蓄的水位满足资源开发利用的要求。

(5)塌坝泄洪与充坝蓄水要结合河道来水条件。

(6)坝址选择要分析河段河床的稳定条件。

(7)引水工程尽量侧面引水，且引水角度尽量减小，一般不超过30°。

(8)通航河段船闸的布设要使上下游航道与主水流方向尽量平顺。

(9)总体布置便于施工导流和管理检修。

(10)坝的纵轴线应与主流方向相垂直。

橡胶坝枢纽工程是以起到节制闸作用的橡胶坝为主的水利枢纽。与其他水利枢纽一样，水闸枢纽布置应根据坝址地形、地质、水流等条件，以及枢纽中各建筑物的功能、特点、运用要求等，合理安排好水闸与枢纽其他建筑物的布置。《橡胶坝技术规范》(SL 227—98)中仅提供了橡胶坝单一建筑物的工程布置要求，对枢纽工程中橡胶坝与其他建筑物的结合，未作交代。又因橡胶坝工程特性决定了总体布置的复杂性和特殊性。

临沂市小埠东橡胶坝枢纽工程以橡胶坝为主，经方案技术经济比较认为：以主体泄洪作用的橡胶坝，配以东西对称起调节、冲沙作用的水闸，采取“闸坝结合、对称布置”总体布置形式，达到了灵活调度，保证城市防洪安全，有利于控蓄和利用区间水量，便于冲沙、控制和管理运用，并有利于消能的综合效果，如图12-1所示。对大量时间的中小洪水通过调节间调节下泄，减少橡胶坝的频繁起落，节省充排水运行费用，减少对坝袋充排水的皱折次数，延长坝袋使用寿命。

在采用“闸坝结合、对称布置”枢纽总体布置优化形式的基础上，因对称布置调节闸仍然具有投资大、阻水影响较大的缺点，而目前无搭接缝坝袋制造技术发展及普及应用，工程规划原则上充分考虑所在流域、所在河段来水的时空分布，详细调查河道水利工程现状，分析河道特征和工农业及城市用水实际，充分利用现状已建水利工程。工程规划结合合理利用河滩地、改善区域环境，并带动城市的沿河开发；结合道路交通、景观绿化、旅游开发，并在能促进农业灌溉条件改善的同时，确保城市工业和环境用水，达到经济、社会、环境、效益的和谐统一。

小埠东橡胶坝位于沂河干流城市河段，临沂市城市规划中心区。工程集城市防洪、农业灌溉、工业及城市供水、发电、旅游开发于一体，为多目标综合开发利用项目。主体工程全长1 247.4 m，其中橡胶坝长1 135.0 m(分16节，每节净长70 m)，占主体工程全长的

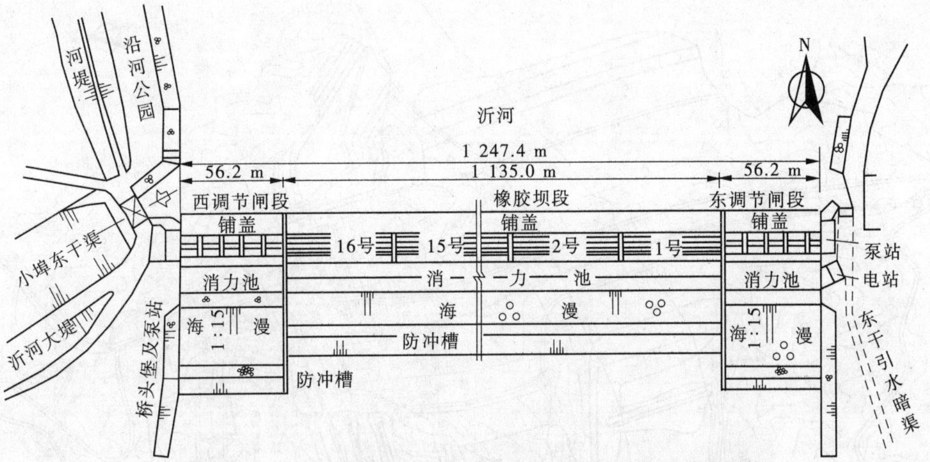

图 12-1　山东省临沂市小埠东拦河枢纽平面布置示意图

91%。调节闸全长 112.4 m,每孔净宽 10 m,左右各 5 孔。多跨橡胶坝满足河道泄洪的城市防洪要求;多跨橡胶坝两侧紧接的东、西调节闸可为下游灌区调配水源,同时兼东、西引水闸的冲沙功能,还兼有汛期小流量调洪作用,避免频繁塌落坝袋,便于管理运用,配套的启闭机房兼市区景观功能。橡胶坝充排水泵房为橡胶坝充排水系统控制所设,兼景观功能,使建筑依次从岸边到河槽中间高低有序排列,其高度成三位一体的等差数列,形成结合紧密的整体式建筑,协调一致,满足城市规划中心区景观要求。滨河景观大道、小黄山植物园与枢纽工程中美丽的鱼形隔墩及园林艺术灯、湖光日影盎然成趣,达到与周围自然风貌的和谐统一。工程直接效益、间接效益均十分显著。农业灌溉面积达 2 000 hm^2,城市供水达 20 万 m^3/d,年均发电收入 110 万元,形成湖面 11 km^2。还可发展旅游,改善城市环境,结合市区生态滨河大道工程建设,使城区小气候得到明显改善,提升两岸土地价值,美化临沂市区。目前,拦河枢纽工程形成的沂蒙湖,已成为首批国家级水利风景区,带动了沿河梯级开发项目和城市的建设。

二、土石坝枢纽布置

土石坝枢纽布置是在满足地质条件的前提下,充分利用有利的地形条件,即利用河道的弯曲段,把土石坝布置在弯道上,在河道的凸岸布置引水洞、泄洪洞、溢洪道等建筑物,不但缩短泄水建筑物长度,降低工程量,便于施工,而且水流条件良好。

小浪底水利枢纽工程位于黄河中游最后一个峡谷的出口段,上距三门峡水库大坝 130 km,是控制黄河下游洪水和泥沙的关键工程。小浪底工程开发目标为:以防洪(包括防凌)、减淤为主,兼顾供水、灌溉和发电,蓄清排浑,除害兴利,综合利用。

小浪底水利枢纽工程自 1975 年选定高坝方案开始研究枢纽总布置,至 1992 年最终选定枢纽总布置方案,经历了漫长的 18 年,最终选定的枢纽总布置方案由以下建筑物组成:拦河大坝、左岸哑口副坝、10 座进水塔、进水口引水导墙、3 条孔板泄洪洞(由 3 条导流洞改建而成)、3 条明流泄洪洞、3 条排沙排污洞、1 条灌溉洞、1 条溢洪道、1 条非常溢洪道(缓建)、消力塘、泄水渠及控导工程、6 条发电洞、地下主厂房、地下主变室、地下尾水闸门室、尾水洞、尾水明渠、尾水防淤闸、尾水导墙、开关站及地下副厂房。枢纽总布置见图 12-2。

拦河大坝的布置:坝轴线与两岸连接段稍带弯曲,右岸略向上游弯曲,左岸略向下游

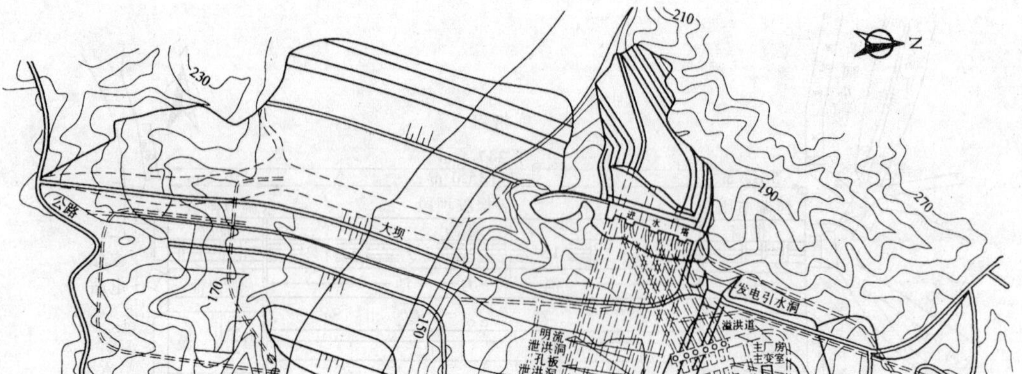

图 12-2　小浪底水利枢纽总布置

弯曲。上游坝坡基本上不影响泄洪、发电等建筑物的进水口布置。坝型选用带有水平内铺盖的斜心墙堆石坝，心墙底部做一道厚 1.2 m、最深达 80 m 的混凝土防渗墙。上游围堰是大坝的一部分，围堰基础防渗也采用厚 0.8 m 的混凝土防渗墙。大坝上游设内铺盖，两岸做灌浆帷幕，帷幕后设排水幕。其典型剖面见图 12-3。

①1B—壤土，1A 高塑性土；②2A—下游第一层反滤，2B—下游第二层反滤，2C—反滤；
③—过渡料；④4A、4B、4C—堆石；⑤—掺合料；⑥6A、6B—护坡块石；⑦—石渣

图 12-3　小浪底水利枢纽拦河大坝剖面图

发电系统布置:根据小浪底坝址地质情况,对四种厂房位置的布置方案进行比较和充分论证,最终选定地下厂房方案。

主厂房位于左岸T形山梁交会处的腹部,山体较厚,地质条件属坝址区最好的。厂房顶部岩层厚度在70 m以上,地层比较稳定。主厂房轴线方向在适应进水口的前提下,综合考虑尽量避免与围岩主要构造面走向平行、流道不要过分弯曲以及避免设置调压塔等因素,选定接近南北走向,与主厂区主要节理走向成25°夹角。

主变室曾比较过地面布置和地下布置两种方案,最终选定地下布置方案,与主厂房及尾水管闸门室平行。发电尾水出闸室后,1、3、5号机组尾水直接流入3条长尾水洞,2、4、6号机组尾水用短洞分别接上3条尾水洞,然后接尾水明渠,明渠末端设防淤闸,防淤闸后设尾水导墙防止桥沟河砂卵石及砾石淤堵尾水。防淤闸紧靠泄洪建筑物的消力塘尾部,避免闸后淤积,影响发电尾水位。

副厂房布置采取集中与分散相结合、地下与地面相结合的原则,将必须靠近主机的电气附属设备布置在地下紧靠安装间的左端地下副厂房内,其余布置在开关站西侧的地面副厂房内。开关站设在对应地下主变室东偏北方向、距主变室左端水平投影距离约100 m的地面石渣压实平台上,高程230 m,由2条电缆斜井与主变室连接。此位置既接近主变室,又避免了泄洪挑流泥雾的影响。地下厂房的主要交通道有进厂交通洞,直达安装间;对外沿黄河北岸距焦枝铁路约13 km,在大坝下游约3 km处可经黄河公路桥和南岸公路连接直抵洛阳。

泄水建筑物布置:泄水建筑物布置最终选用组合泄洪洞方案。组合泄洪洞方案共包括16条隧洞,根据高水位用高洞,低水位用低洞,以减轻泥沙对低位泄洪排沙洞的磨损的运用原则,势必有部分泄洪排沙洞在汛期不一定过水或不一定全汛期过水,发电洞、灌溉洞在洪水期也不一定都过水。又因黄河泥沙的特点,这些隧洞的进水口若无有效的冲沙措施,则很快就会被淤堵。因此,必须将所有进水口集中布置,互相保护,防止泥沙淤堵。右岸地形地质条件不适宜布置隧洞,16条隧洞只能集中布置在左岸,进水塔布置在风雨沟内。

16个进水口组成10座进水塔呈一字形排列,见图12-4。其中,3条明流泄洪洞设3座独立的进水塔,编号分别为1、2、3号明流塔,进口高程分别为195 m、209 m、225 m,塔宽分别为20 m、16 m、16 m。3条由导流洞改建而成的龙抬头式的孔板泄洪洞设3座单独的进水塔,编号分别为1、2、3号孔板塔,进口高程均为175 m,每座塔宽为20 m。3条排沙排污洞和6条发电洞组成3座进水塔,1、2号发电洞和1号排沙排污洞的进水口组成1号发电塔,3、4号发电洞和2号排沙排污洞的进口组成2号发电塔,5、6号发电洞和3号排沙排污洞的进口组成3号发电塔。排沙排污洞的进口高程为175 m,1~4号发电洞的进口高程为195 m,5、6号进口高程,考虑初期发电的需要,定为190 m,每座塔宽为48.3 m。灌溉洞设单独的进水塔,进水高程为223 m,塔宽为11 m。塔群总宽度为276.4 m。

三、取水枢纽布置

图12-5为韶山灌区洋潭引水枢纽平面布置图。该引水枢纽位于湘江支流涟水的中游,是一座以灌溉为主,兼有防洪、发电、航运和供水等效益的综合利用引水枢纽工程。

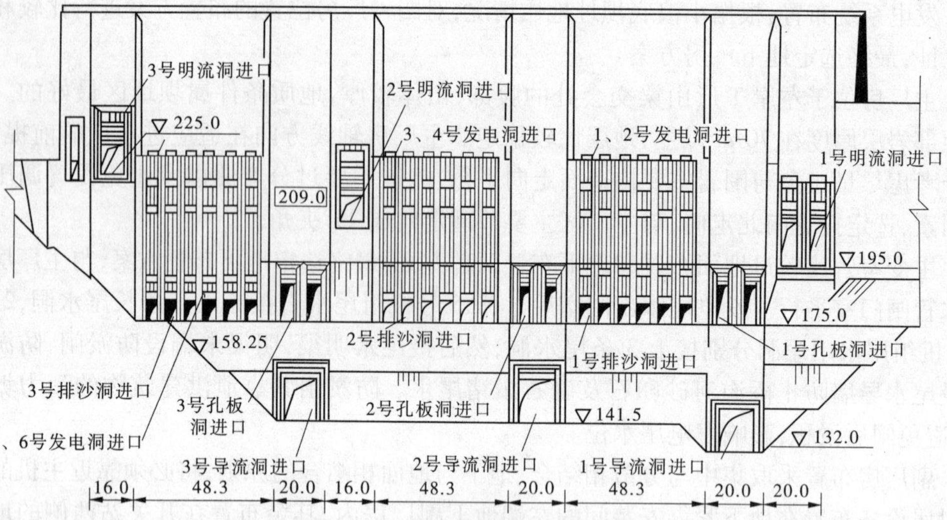

图 12-4　进水塔上游立视图　（单位：m）

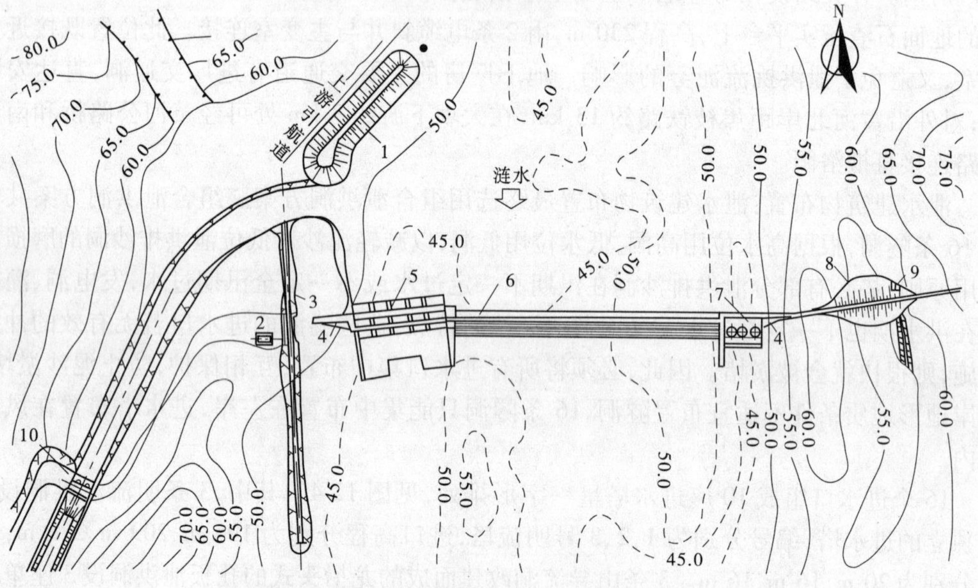

1—导航堤；2—机房；3—斜面升船机；4—重力坝；5—泄洪闸；
6—溢流坝；7—水电站；8—土坝；9—洋潭支渠进水口；10—进水闸

图 12-5　韶山灌区洋潭引水枢纽平面布置图

枢纽附近地质主要为板岩，壅高水位 10 m。在正常高水位 66.5 m 时，库容 2 100 万 m^3；200 年一遇洪水位 71.45 m 时，库容为 5 300 万 m^3。

由于地形开阔，壅水位不高，而洪水流量大，枢纽采用混凝土溢流坝及河床式电站。河床中央布置长 170 m、高 14.6 m 的开敞式溢流坝，可自行泄流；溢流坝右侧建有长 59 m 的 5 孔泄洪闸，每孔装有 10 m×9.3 m 的弧形钢闸门，可以降低洪水期的坝前水位，减少上游土地淹没和移民；为防止泄洪时对右岸的冲刷，改善升船机下游的通航条件，将闸轴线偏转 7°;泄洪闸右侧以混凝土重力坝与岸边相连;溢流坝左侧为原船闸封堵段,长 26 m 的水电站厂房设于此;厂房左侧仍以混凝土重力坝与左岸相连,左右岸重力坝共长 52 m;为避免与水电站厂房相互干扰,升船机布置于右岸,上游设有引航导堤,下游设有钢筋混凝土导堤,并利用山沟开挖停泊区;在左岸山坳冲沟处建均质坝,长 80 m,坝内设涵管,与洋潭支渠相接,右岸则建 3 孔泄水闸,设计流量为 44.5 m^3/s 的进水闸供水。

小 结

本项目介绍了水利枢纽设计阶段的划分、各阶段的任务,坝址及坝型的选择因素,橡胶坝枢纽、土石坝枢纽、取水枢纽布置内容和一般原则,并结合工程实例对不同枢纽的布置作了一般分析。枢纽布置不仅具有同一性,又具有个别性,在遵守枢纽布置一般原则的前提下,应结合实际、具体分析、充分论证,优化枢纽布置方案。

思考题

1. 水利工程设计分哪几个阶段?说明各阶段的设计任务。
2. 水利工程坝址和坝型的选择应考虑哪些条件?
3. 水利工程布置的一般原则是什么?
4. 水利工程布置方案选择时,通常对哪些项目进行比较?

参考文献

[1] 中华人民共和国水法. 2002.
[2] 中华人民共和国防洪法. 1987.
[3] GB 18306—2001 中国地震动参数区划图[S]. 2001.
[4] 中华人民共和国水利部. SL 252—2000 水利水电工程等级划分及洪水标准[S]. 北京:中国水利水电出版社,2000.
[5] 中华人民共和国水利部. GB 50201—94 防洪标准[S]. 北京:水利电力出版社,1994.
[6] 中华人民共和国水利部. SL 265—2001 水闸设计规范[S]. 北京:中国水利水电出版社,2001.
[7] 中华人民共和国水利部. SL 27—91 水闸施工规范[S]. 北京:水利电力出版社,1992.
[8] 中华人民共和国水利部. SL 227—98 橡胶坝技术规范[S]. 北京:中国水利水电出版社,1998.
[9] 中华人民共和国水利部. SL 269—2001 水利水电工程沉沙池设计规范[S]. 北京:中国水利水电出版社,2001.
[10] 中华人民共和国水利部. SL 274—2001 碾压式土石坝设计规范[S]. 北京:中国水利水电出版社,2001.
[11] 中华人民共和国水利部. SL 189—96 小型水利水电工程碾压式土石坝设计导则[S]. 北京:中国水利水电出版,1996.
[12] 中华人民共和国水利部. SL 228—98 混凝土面板堆石坝设计规范[S]. 北京:中国水利水电出版社,1998.
[13] 中华人民共和国水利部. SL 253—2000 溢洪道设计规范[S]. 北京:中国水利水电出版社,2000.
[14] 中华人民共和国水利部. DL 5021—93 水利水电工程初步设计报告编制规程[S]. 北京:水利电力出版社,1993.
[15] 中华人民共和国水利部. SL 47—94 水工建筑物岩石基础开挖施工技术规范[S]. 北京:水利电力出版社,1994.
[16] 中华人民共和国水利部. SL 60—94 土石坝安全监测技术规范[S]. 北京:水利电力出版社,1994.
[17] 中华人民共和国水利部. DL/T 5039—95 水利水电工程钢闸门设计规范[S]. 北京:中国水利水电出版社,1995.
[18] 中华人民共和国水利部. SL 203—97 水工建筑物抗震设计规范[S]. 北京:中国水利水电出版社,1997.
[19] 中华人民共和国水利部. DL 5077—1997 水工建筑物荷载设计规范[S]. 北京:中国水利水电出版社,1997.
[20] 中华人民共和国水利部. GB 50290—98 土工合成材料应用技术规范[S]. 北京:中国水利水电出版社,1998.
[21] 中华人民共和国水利部. SL/T231—98 聚乙烯土工膜防渗工程技术规范[S]. 北京:中国水利水电出版社,1999.
[22] 中华人民共和国水利部. SL/T 225—98 水利工程土工合成材料应用技术规范[S]. 北京:中国水利水电出版社,1998.
[23] 中华人民共和国水利部. GB 50287—99 水利水电工程地质勘察规范[S]. 北京:中国水利水电出版社,1999.

[24] 中华人民共和国水利部. GB/T 50123—99 土工试验方法标准[S]. 北京:中国水利水电出版社,1999.
[25] 中华人民共和国水利部. SL 18—2004 渠道防渗工程技术规范[S]. 北京:中国水利水电出版社,2005.
[26] 中华人民共和国水利部. GB 50265—2010 泵站设计规范[S]. 北京:中国水利水电出版社,2010.
[27] 中华人民共和国建设部,国家质量监督检验检疫总局. GB 50332—2002 给水排水工程管道结构设计规范[S]. 北京:中国建筑工业出版社,2002.
[28] 中华人民共和国建设部. GB 50014—2006 室外排水设计规范[S]. 北京:中国建筑工业出版社,2006.
[29] 中华人民共和国建设部. GB 50268—97 给水排水管道工程施工及验收规范[S]. 北京:中国建筑工业出版社,1997.
[30] 北京市市政工程设计研究总院 CECS 143:2002 给排水工程埋地预制混凝土圆形管管道结构设计规程[S]. 北京:中国计划出版社,2002.
[31] 华东水利学院. 水工设计手册(4、5、6 册)[M]. 北京:水利电力出版社,1984.
[32] 祁庆和. 水工建筑物[M]. 3 版. 北京:水利电力出版社,1986.
[33] 祁庆和. 水工建筑物[M]. 北京:水利出版社,1981.
[34] 张光斗,王光纶,等. 水工建筑物(上、下册)[M]. 北京:水利电力出版社,1992,1994.
[35] 吴媚玲. 水工建筑物[M]. 北京:清华大学出版社,1991.
[36] 王宏硕,翁情达. 水工建筑物(基本部分)[M]. 北京:水利电力出版社,1991.
[37] 王宏硕,翁情达. 水工建筑物(专题部分)[M]. 北京:水利电力出版社,1991.
[38] 潘家铮. 水工建筑物设计丛书. 重力坝[M]. 北京:水利电力出版社,1983.
[39] 陈德亮. 水工建筑物[M]. 3 版. 北京:水利电力出版社,1994.
[40] 陈德亮. 水工建筑物[M]. 4 版. 北京:中国水利水电出版社,2005.
[41] 林继镐. 水工建筑物[M]. 4 版. 北京:中国水利水电出版社,2006.
[42] 左东启. 水工建筑物[M]. 南京:河海大学出版社,1995.
[43] 高本虎. 橡胶坝工程技术指南[M]. 北京:中国水利水电出版社,2004.
[44] 李安国,建功,曲强. 渠道防渗工程技术[M]. 北京:中国水利水电出版社,1998.
[45] 郭维东. 河道整治[M]. 沈阳:东北大学出版社,2003.
[46] 蒋屏,董福平. 河道生态治理工程——人与自然和谐相处的实践[M]. 北京:中国水利水电出版社,2003.
[47] 刘纯义,熊宜福. 水力学[M]. 北京:中国水利水电出版社,2005.
[48] 张朝晖. 城市水工程建筑物[M]. 郑州:黄河水利出版社,2010.
[49] 罗全胜. 治河防洪[M]. 郑州:黄河水利出版社,2004.
[50] 祁庆和. 水工建筑物[M]. 北京:中国水利水电出版社,1996.
[51] 万亮婷,袁俊森. 水泵与水泵站[M]. 2 版. 郑州:黄河水利出版社,2008.
[52] 刘超. 水泵及水泵站[M]. 北京: 中国水利水电出版社,2009.
[53] 沙鲁生. 水泵与水泵站[M]. 北京: 中国水利水电出版社,1993.
[54] 刘韩生,等. 跌水与陡坡[M]. 北京: 中国水利水电出版社,2004.
[55] 陈德亮. 水工建筑物[M]. 5 版. 北京: 中国水利水电出版社,2008.